한 권으로 끝내는
3D프린터 마스터북
3D 프린팅 개론 및 실전활용서

피앤피북

한 권으로 끝내는 3D 프린터 마스터북

인쇄 2019년 1월 4일
발행 2019년 1월 11일

지은이 노수황
발행인 최영민
발행처 ⓒ 피앤피북
주소 경기도 파주시 신촌2로 24
전화 031-8071-0088
팩스 031-942-8688
전자우편 pnpbook@naver.com
출판등록 2015년 3월 27일
등록번호 제406-2015-31호

정가 : 28,000원

ISBN 979-11-87244-37-0 93550

이 도서의 국립중앙도서관 출판예정도서목록(CIP)은 서지정보유통지원시스템 홈페이지(http://seoji.nl.go.
kr)와 국가자료공동목록시스템(http://www.nl.go.kr/kolisnet)에서 이용하실 수 있습니다.(CIP제어번호:
CIP2018038377)

(주)메카피아는 오토데스크 공인교육센터(AATC:Autodesk Authorized
Training Center), 공인아카데믹파트너(AAP:Authorized Academic
Partner)로 오토데스크에서 검증된 공인 강사를 통해 전문적이고 표준화된
교육 서비스를 제공하며 기계제조 분야의 현업경험을 토대로 실무적용에
맞춘 제품교육을 진행하고 있습니다.

실전활용과 성공창업 완벽 가이드

3D 프린팅 기술이 전 세계적으로 주목을 받으며 발전을 거듭해 오고 있는 현재 3D 프린터는 더 이상 전문가나 특정 분야의 제조 기업에서만 사용하는 장비가 아니며, 일반인들과 학생들에게까지도 관심과 주목의 대상이 되고 있다. 국내외 주요 연구기관들이 3D 프린팅 기술을 미래의 유망기술로 손꼽고 있는 가운데 2015년 세계경제포럼(WEF)은 미래 10대 유망기술을 발표하면서 연료전지 자동차, 차세대 로봇공학, 재활용 가능한 열경화성 고분자, 정밀 유전공학기술, 첨삭가공, 응급 인공지능, 분산 제조업, '감지와 회피' 드론, 뉴로모픽 기술, 디지털 게놈을 선정한 바 있다.

여기서 첨삭가공(또는 첨삭식 제조, Additive Manufacturing)이란 기존의 절삭가공과는 달리 고체, 액체, 분말 등의 재료를 이용하여 디지털 방식의 입체형상으로 3차원 구조의 제품을 만드는 것을 의미한다. 3차원 제품은 대량생산 방식의 제품과는 달리 최종 사용자에게 개인맞춤형 제작이 가능하며 바이오 프린팅 기술은 이미 피부나 뼈 그리고 심장이나 혈관 조직 등의 재생에 이용되고 있는 추세이다. 현재 일반 제조 산업계나 디자인, 금형 업계에서 더 이상 3D 프린터는 신기한 장비가 아닌 필수적이고 당연히 갖추어야 할 디지털 도구로 정착되어 가고 있다. '개인의 상상력과 아이디어를 실제 제품으로 제작할 수 있는 이 장비는 머지않아 PC나 TV, 스마트폰, 태블릿 PC 등과 같이 우리의 일상생활에 아주 중요한 위치에 오를 수 있을 것'이라고 생각한다.

3D 프린팅은 산업 혁명을 이끌던 철도와 증기기관, 철강, 석유산업, 컴퓨터에 이어 디지털시대에 제3차 산업혁명을 이끌 대표적인 아이콘으로 꼽히고 있다. 실제 3D 프린팅은 여러 가지 3D CAD 프로그램에서 작성된 3D 모델링 데이터를 3D 프린터로 출력하여 손으로 만질 수 있는 물리적인 모델로 빠르고 정확하게 제작할 수 있는 기술이다. 현재 3D 프린터는 일반 사무실이나 가정에 보급되어 있는 복사기처럼 활성화되기 시작하면서 개인맞춤형 주문 제작이라든지, 1인 디지털 제조업 시대가 열리고 있는 것을 현장에서 어렵지 않게 경험할 수 있다.

특히 제조업의 디지털화는 우리가 알고 있는 생산방식의 종말을 촉진시키는 기술변화의 거대한 흐름으로, 국내외 글로벌 주요 IT 기업이라든지 주요 언론들, 미국의 대통령까지도 미래에 크게 성장할 신 성장 동력 엔진 사업으로 인식하고 있기 때문에 3D 프린터는 향후 제조업의 패러다임을 바꿀 수 있다는 관점에서 미래를 바꿀 100년만의 3차 산업혁명으로 불리기도 한다. 여기에 2016년 1월 스위스 다보스에서 열린 세계경제포럼에서 처음 언급된 '제4차 산업혁명'은 '3차 산업혁명을 기반으로 한 디지털과 바이오산업, 물리학 등의 경계를 융합하는 기술혁명'이라고 설명한다.

4차 산업혁명의 핵심 키워드는 융합과 연결로 IT 기술의 발달로 인해 전 세계적인 소통과 공유가 가능해지고 있으며 각 분야별로 발전한 각종 기술의 원활한 융합을 가능케 한다. IT 기술과 제조업, 바이오 산업 등 다양한 산업 분야에서 이뤄지는 연결과 융합은 새로운 부가가치를 창출해 낼 것이며, 일상생활의 변화가 예측되고 미래에는 바로 지금, 여기서, 사람들이 원하는 형태로 제품과 서비스를 즉시 제공할 수 있는 기술이 개발되고 활용될 것으로 전망한다.

앞으로 3D 프린팅 기술의 발전이 가져올 제3차 산업혁명뿐만 아니라, 4차 산업혁명까지 그 끝을 모를 만큼 기존 기술과 산업 간 융합을 통해 산업구조를 변화시켜 이전에는 없던 새로운 스마트 비즈니스 모델들을 만들어 낼 것이라고 생각한다.

끝으로 본서를 출간하기까지 많은 도움을 준 출판사 관계자 여러분과 이 책을 선택해 주신 독자들, 국내 3D 프린팅 산업 발전을 위해 노력하는 모든 분들께 깊은 감사의 인사를 드린다.

2019년 1월 저자 올림
이메일 : mechapia_com@naver.com

3 보급형 데스크탑 3D 프린터의 이해

4 3D 프린팅용 파일과 오류 검출 소프트웨어

5 3D 모델링 & 3D 프린팅의 활용과 지적재산권

6 3D 스캐닝과 3D 데이터 획득

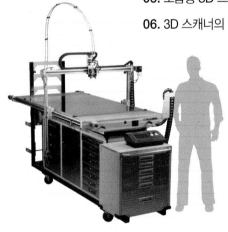

7 3D 프린터 출력물의 후처리

8 3D 프린터를 활용한 비즈니스 모델과 창업

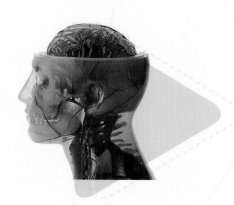

PART

1

Why
3D 프린팅?

4차 산업혁명과 3D 프린팅 기술

인더스트리(Industry) 4.0은, 유럽 최고의 경제부국이자 주요 선진국 가운데 제조업 비중이 가장 높은 것으로 알려진 독일이 2009년 경제 위기를 겪으면서 제조업의 중요성을 다시 한번 깨닫고 제조업 강국 유지를 위한 대책으로 찾은 묘책이다.

전 세계에서도 손꼽히는 기술 선진국인 독일의 메르켈 총리의 지시로 탄생한 전략으로, 자국 제조업이 직면한 문제를 정보통신기술(ICT)을 접목하여 대응하고자 향후 제조업 주도권을 지속하기 위해 구상한 차세대 산업혁명을 지칭하며, ICT와 제조업의 융합을 통한 경쟁력 유지가 핵심이다. 또한 독일은 주요 제조정책 중의 하나로 핵심기술을 지닌 생산기지를 반드시 자국 내에 둔다는 정책으로 중국이나 동남아 등 신흥 제조국가들의 저렴한 인건비나 생산체제 등과의 경쟁에서 우위를 점할 수 있는 전략을 찾으려 노력하면서 ICT와 제조업의 융합으로 인더스트리 4.0을 탄생시켰다.

일례로 독일의 유명 스포츠용품 제조사인 아디다스가 1993년 해외로 생산기지를 옮긴 지 23년 만인 지난 2016년 9월 자국으로 컴백하여 스마트 공장을 구축한 것을 들 수 있다. 정보기술과 로봇 등을 활용해 개인 맞춤형 신발을 제조하는 이 공장은 2017년 본격적으로 가동되며 독일 정부가 야심차게 추진하는 4차 산업혁명인 '플랫폼 인더스트리 4.0'의 한 사례가 된다. 스마트 팩토리가 독일 내 제조업에 도움이 될 수 있지만, 관련 일자리가 없어지거나 줄어들 수 있다는 우려를 불식시키고자 관리 인력 교육 프로그램에도 적극적이라고 한다.

일본이나 독일처럼 중소기업들이 허리 역할을 든든하게 하고 있는 산업구조와 달리, 현재 대기업 위주의 산업구조로 구성되어 있는 우리나라에서도 강점이 있는 ICT와 우수한 인력, 세계 최고 수준의 인터넷 인프라를 융합하여 한국형 4차 산업혁명 구축에 박차를 가하고 있는 실정이다.

4차 산업혁명(Fourth Industrial Revolution) 시대를 맞이하여 기존의 유망한 일자리가 줄어들거나 없어지면서 디지털 장의사, 드론 운용사, 3D 프린터 운용사, 곤충 컨설턴트, 핀테크 전문가 등 지금까지는 없었던 새로운 일자리가 생겨나는 등 사회 전반에 걸쳐 많은 변화가 매우 빠른 속도로 현실화되고 있다. 4차 산업혁명의 주요 키워드로 **스마트 팩토리, 사물 인터넷(IoT), 인공지능(AI), 가상현실(VR), 모빌리티, 빅데이터(Big Data), 3D 프린팅, 드론, 로봇, 클라우드, 커넥티드 카(Connected Car), 자율주행차, 공유 경제, 스마트팜** 등이 언급되고 있으며 이러한 키워드들은 **정보통신기술(ICT)과의 융합**으로 기존에 없었던 새로운 가치를 창출해내며 보다 빠르게 우리 일상 생활 속으로 파고 들고 있다.

인터넷 기반의 지식정보 혁명이라고 할 수 있는 3차 산업혁명과 연속성을 갖는 4차 산업혁명의 주요 특징 중 하나는 **초연결성**과 **초지능성**을 들 수 있다. 우리가 영화 속에서 먼 미래에나 생길 일로 예측했던 인간의 지능을 훨씬 뛰어넘는 지능형 로봇과 사물들이 컴퓨터와 소프트웨어 등의 비약적인 발전을 통해 모든 것이 스마트폰으로 연결되어 가는 시대로 접어든 것이다. 그 중에서도 **인더스트리 4.0, 스마트 팩토리** 등의 발전과 함께 3D 프린팅 기술도 점점 정밀화되고 고속화, 다양화, 대형화, 맞춤화되어 가면서 사용 가능한 소재가 거의 무한대로 발전해 감에 따라 미래 산업에 커다란 혁신과 기여를 할 것이라고 생각한다.

4차 산업혁명(Fourth Industrial Revolution)은 독일의 **인더스트리 4.0**에서 출발하여 지난 2016년 1월 스위스 다보스에서 개최된 세계경제포럼(WEF · 다보스포럼)을 통해 한국에도 소개되었다. 얼마 전 구글 딥마인드의 인공지능(AI) 알파고가 한국의 유명 프로기사 이세돌 9단에게 승리하면서 더욱 많은 관심을 받으며 4차 산업혁명은 우리 사회를 뒤흔드는 용어가 되었다.

독일 Bosch사의 디렉터인 Stefan Ferber는 차세대 제조업에서 IoT의 중요성에 대해 다음과 같이 설명한다. "**인더스트리 1.0은 제조업의 기계적 지원도구의 발명 즉 기계화, 인더스트리 2.0은 헨리 포드가 개척한 대량생산, 인더스트리 3.0은 전자 및 통제 시스템의 공장 배치, 즉 부분 자동화가 가장 중요한 요인이었으며, 인더스트리 4.0은 제품, 시스템, 기계장치 사이의 커뮤니케이션이 가장 중요한 특징이다.**" 이 말은 완전 자동화, 지능형 네트워크화를 뜻하며 인더스트리 4.0은 '사물 인터넷(IoT : Internet of Things)'을 통해 제조설비장치와 제품 간의 상호 정보교환이 가능한 제조업의 완전한 자동생산체계를 구축하고 전체 생산과정을 최적화하는 4세대 산업생산 시스템인 **스마트 공장(Smart Factory)**'의 구축이 중요하다는 이야기이다.

인더스트리 4.0은 사이버 세계와 현실 세계를 연결하는 '사이버 물리 시스템(CPS : Cyber-Physical System)'을 강조하며, 다양한 물리, 화학 및 기계공학적 시스템(물리 시스템 : physical systems)을 컴퓨터와 네트워크 시스템(사이버 시스템 · cyber systems)에 연결해 공장이 자율적, 지능적으로 제어되는 것이다.

글로벌 기업들은 중국이나 인도, 베트남 같은 국가로 값싼 노동력을 찾아 공장을 건설하고 대량생산을 하여 가격경쟁에서 우위를 점해왔던 시대에서 벗어나, 점점 커져 가는 개인맞춤형 요구사항을 반영하기 위한 제조방식의 변화를 꾀하고 있다. 또한 대량생산 체제 수준 이하의 원가로 생산하는 것을 목표로 함과 동시에 높은 수익성 확보가 중요한 시대로 접어든 것이다. 이는 기존의 대량생산 방식만으로는 중국, 인도, 베트남 등 인건비가 저렴한 나라와의 가격경쟁은 더 이상 불가능하기 때문이다.

개인 맞춤형 생산은 표준화된 제품의 대량생산 방식 이후 추진되고 있는 대량 맞춤화(mass customization)의 다음 단계로서, 대량 맞춤화는 사전에 개발된 모듈을 조합하여 다양한 유형의 제품을 대량 생산하는 반면, 개인 맞춤형 생산은 개인이 제안하고 요구하는 까다로운 개별 디자인까지 수용할 수 있게 되는데 이때 3D 프린팅 기술이 주요한 역할을 하게 될 것이다.

이미 2014년 '백악관 메이커 페어'에서 버락 오바마 대통령이 '혁신(innovation)'이라는 수식어를 여러 번 사용하면서 극찬한 미국 기업 로컬모터스(Local Motors)는 기존의 자동차 제조 공장의 규모보다 훨씬 작은 '초미니 공장(Microfactory)'에서 3D 프린팅 기술로 전기자동차를 제작하고 있으며 IBM이 개발한 인공지능 컴퓨터 '왓슨(Watson)'을 차량에 도입했고, 영국의 레니쇼(Renishaw)는 3D 프린팅 기술로 티타늄 소재를 이용하여 자전거의 프레임과 부품을 생산해내고 있다. 또한 미국의 GE는 이미 많은 언론을 통해 소개된 바와 같이 항공기용 부품을 3D 프린터로 맞춤 제작하고 있는 상황이다.

1959년 최초로 지멘스 브랜드의 귀걸이형 보청기를 발명한 청각전문그룹 지반토스(Sivantos)의 지멘스 보청기도 3D 프린팅 기술을 접목하여 2016년 하반기부터 순차적으로 3D 프린팅 기술에 기반한 더욱 정교한 고객 맞춤형 보청기를 보급하고 있다고 한다. 사람들마다 모두 다른 귓속 모양을 3D 스캔 기술을 통해 데이터로 저장하여 모델링 작업을 한다. 보청기의 외형 교체나 추가 주문 제작시 귓본을 새로 채취할 필요가 없어 시간과 비용을 절약할 수 있으며, 개인 작업자의 숙련도와 컨디션에 따라 품질이 달라지는 수제작 공정에 비해 균일한 품질의 제품을 유지할 수 있다는 장점이 있다고 한다.

그림 1-1 **FFF 방식 3D 프린터로 출력한 치과기공소용 치아**

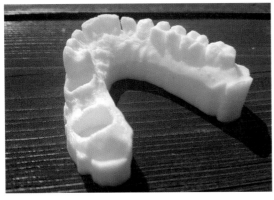

그림 1-2 **FFF 방식 3D 프린터로 출력한 투명 교정장치**

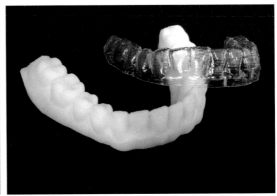

그림 1-3 **DLP 방식 3D 프린터로 출력한 임플란트 가이드**

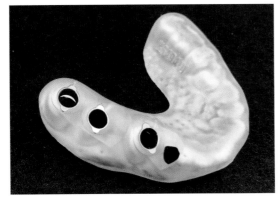

그림 1-4 **3D 프린팅 보청기**

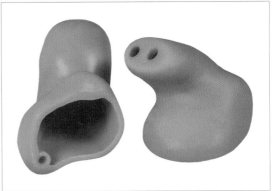

이처럼 3D 프린팅 기술은 의료 분야에서도 활발히 활용되고 있는데, 치과용 보철, 임플란트뿐만 아니라 의수, 의족 등도 저렴한 가격으로 제작하여 내전이나 불의의 사고로 인해 팔다리를 잃은 사람들에게 보급하고 있다.

그림 1-5 **3D 프린팅 의족 · 의수**

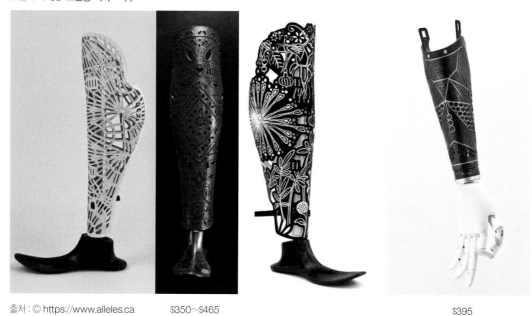

출처 : © https://www.alleles.ca $350~$465 $395

캐나다의 스튜디오 Alleles Design에서 만드는 아름다운 이 의족은 3D 프린터로 제작을 한 뒤에 수작업을 거쳐 완성이 되는데 개인 취향에 따라 다양한 디자인을 선택할 수가 있다고 한다.

그림 1-6 **3D 프린팅 의수**

출처 : https://www.bistandsaktuelt.no/

e-NABLE 프로젝트는 전 세계의 많은 사람들에게 '도움의 손'을 공유하기 위한 열정적인 자원 봉사자들의 글로벌 3D 프린팅 의수 제작 네트워크이다. 위 사진 속의 소년은 네덜란드의 당시 8살 된 루크(Luke)라는 친구인데 태어났을 때부터 왼손을 사용할 수 없었다고 한다. 이에 그의 아버지 그레그(Gregg)가 아들을 도

울 수 있는 해결책을 찾던 중 e-NABLE 프로젝트를 알게 되어 네덜란드의 보급형 3D 프린터 제조사인 얼티메이커사의 Ultimaker2 3D 프린터를 이용하여 아들에게 여러 가지 기능적인 손을 만들어 주었다고 한다.

현재 3D 프린팅 시장을 주도하는 소재는 주로 플라스틱 계열이지만, 향후 3D 프린팅 시장의 주도권은 금속(비철금속) 소재가 될 것으로 전망하고 있다. 이런 3D 프린팅 기술은 이제 특정 산업 분야의 전유물이 아니라 교육계를 비롯하여 사회 전반에 걸쳐 누구나 사용할 수 있는 디지털 페브리케이션 도구로서 점점 자리 잡아 가고 있는 추세이다.

그림 1-7 e-NABLE 3D 프린팅 의수

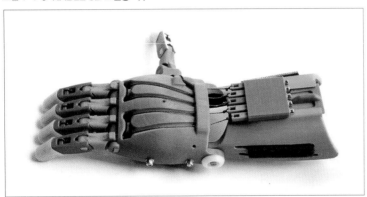

출처 : https://www.reuters.com

3D 프린팅 기술과 적층가공의 개요

우리가 실생활에서 사용하는 제품을 제조하는 방식은 크게 세 가지로 분류할 수 있는데 첫 번째는 주조 (Casting)를 하거나 금형(Mold)을 제작해서 대량으로 제조하는 방식이 있고, 두 번째는 봉이나 판재 류 등의 원소재를 범용공작기계나 정밀수치제어 장비로 절삭가공하여 후처리하는 방식이 있으며, 마 지막으로 '추가하고 더하는 방식' 즉 3D 프린팅(3D Printing)을 말하는데 정식 명칭은 Additive Layer Manufacturing(ALM)이라고 한다. 말 그대로 레이어(Layer)를 추가하면서 쌓아올리는 제조 방식으로 일 반적으로 줄여서 Additive Manufacturing(AM) 또는 Additive Fabrication(AF)이라고도 불린다.

제조업체들의 공장에는 제품 제작을 하기 위한 다양한 공작기계가 구비되어 있으며 주로 구멍을 뚫는데 사 용하는 드릴링 머신, 평면이나 홈을 절삭가공하는 밀링 머신 및 정밀가공에 필요한 CNC(컴퓨터 수치 제어) 머신, 연삭작업을 하는 그라인딩 머신 등의 범용 공작기계들이 있다. 이러한 공작기계들은 전용 공구를 사 용해 재료를 절삭하거나 가공하고, 연삭숫돌에 의한 정밀한 다듬질 가공 등을 하는데 우리가 과일의 껍질을 칼로 깎아내듯이 절삭할 때 반드시 버려지는 칩(Chip)을 발생시키며 부품을 완성해나가는 가공 방식이다.

그림 1-8 **CNC 밀링 가공**

그림 1-9 **대량 생산용 금형**

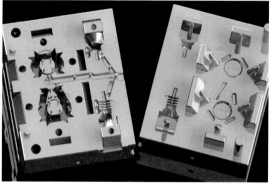

반면에 3D 프린팅 제작 방식은 절삭가공시 발생하는 칩과 같이 버려지는 재료의 낭비가 거의 없이 소재를 한층 한층씩 적층해가며 제작하는 조형 기술로 지금까지 알고 있었던 가공 방식과는 다른 새로운 개념의 제 조 프로세스라고 할 수 있다. 또한 3D 프린터는 입체 조형물을 한 번에 제작할 수 있는 디지털 제조 기계로 프린팅 기술방식에 따라서 사용 가능한 재료(고체, 액상, 분말 기반 등)도 다양하다. 현재는 저가형 개인용 데스크탑 3D 프린터가 각광을 받고 있는 상황으로 전문 산업용 3D 프린터는 아직까지 수입산이 대부분이 며 보통 수천만 원대에서 수억 원 이상을 호가하는 장비들이 대부분이다.

3D 프린팅은 다양한 3차원 모델링 소프트웨어(3D CAD)를 이용하여 디자인한 데이터를 해당 3D 프린터

에서 출력 가능한 파일 형식으로 변환시켜 실물로 만져 볼 수 있는 입체 조형물을 만들어내는 제조 방식을 말한다.

그림 1-10 **저가형 FFF 방식 3D 프린터(카르테시안형)**

출처 : https://www.lulzbot.com/

그림 1-11 **저가형 FFF 방식 3D 프린터(델타형)**

출처 : http://www.afinibot3dprinter.com/

일반적으로 3D 프린팅은 총 3단계의 프로세스로 제작이 되는데 맨 처음 단계는 3D CAD를 이용하여 모델링 작업을 하고 파일을 stl 포맷 등으로 저장하고 슬라이서(Slicer)에서 불러 들여 G-Code로 변환시키고, 3D 프린터에 데이터를 입력하여 출력을 실시한 후 출력물의 표면을 매끄럽게 마무리하는 등의 후처리 과정을 거치게 되는 것이 보통이다.

특히 보급형 3D 프린터로 출력한 후 후처리 작업을 하는 이유는 아직까지 PLA나 ABS와 같은 열가소성 플라스틱 소재를 사용하는 적층 방식의 저가형 3D 프린터 출력물은 모델의 특성에 따라 지지대를 제거한 부위나 출력물 특유의 레이어 흔적이 표면에 발생하는데 절삭가공이나 금형제작 방식과는 다르게 다소 표면 조도가 거칠게 나온다는 특성이 존재하기 때문이다.

3D 프린터는 제조사들마다 사용하는 기술 방식과 소재에 따라 차이가 있는데, CNC 같은 공작기계와 같이 원소재를 절삭가공하여 제품을 만드는 방식이 아니라 고체, 액상, 분말 기반의 3D 프린팅용 전용 소재를 고온이나 레이저, UV 등으로 녹여 굳혀가며 한 층씩 쌓아 올리며 제품을 제조하는 기술이라고 간단하게 정의할 수 있다.

우리가 사무실에서 흔히 볼 수 있는 잉크젯이나 레이저 프린터의 경우 종이에 인쇄를 하기 위해 프린터 헤드에서 잉크를 분사해 가며 인쇄하듯이, 3D 프린터는 디지털화된 3차원 조형 디자인 데이터를 2차원 단면으로 자르고 재구성하여 소재를 한 층씩 쌓아가면서 인쇄하는 원리이다.

그림 1-12 출력물의 후처리

철이나 알루미늄 같은 금속과 비금속의 소재를 자르고 깎아서 칩(chip)을 발생시키며 제품을 만드는 전통적인 제조방식을 **절삭가공**(Subtractive Manufacturing)이라고 부르는 반면, 3D 프린팅은 모델의 단면을 한 층 한 층씩 쌓아 가면서 조형을 완성하는 디지털 프로토타이핑 방식으로 흔히 **적층가공**(Additive Manufacturing)이라고 부른다.

금형을 이용한 대량생산 방식이나 기존의 밀링, 선반, 연삭 등과 같은 절삭가공 장비에서는 치수의 정밀도나 제품 표면의 거칠기면에서 우수한 장점이 있지만 내부가 비어있거나 제품의 형상이 아주 복잡한 물체를 하나의 기계에서 한 번에 완성하는 일은 어렵다.

하지만 3D 프린팅 기술은 소재를 한 층씩 쌓아가며 제작하는 방식이기 때문에 속이 비었다거나 구조가 아무리 복잡하든지 간에 상관없이 제작이 가능하고 소재를 적층하는 과정에서 발생하는 재료의 낭비도 거의 없다는 장점이 있는 혁신적인 제조방식이다.

비록 현재는 절삭가공에 비해 치수 정밀도나 표면거칠기, 강도 등이 떨어지지만 사용가능한 소재가 지속적으로 발전하고 3D 프린팅 기술도 날로 발전해 가고 있으므로 앞으로 이러한 문제들도 빠르게 개선될 것이라고 본다.

전통적인 제작방법이었던 절삭가공의 경우 재료를 자르고 깎는 데 많은 힘이 들었다. 초기에는 가공을 하면서 일일이 사람이 수치를 재고 오류를 측정하여 다시 가공하는 방법으로 작업하였는데 행여나 잘못될 경우 재료를 버리고 처음부터 다시 가공해야 하는 일이 수 없이 많았을 것이다.

이후 점점 복잡한 형태의 제품제작이 요구되고 원하는 치수만큼 엄격한 공차를 관리하며 소재를 정밀하게 가공하는 것이 기술의 척도가 되면서 절삭가공은 결국 수치제어(NC, Numerical Control)의 기술로 발전하게 되고 여기에 컴퓨터가 덧붙여진 CNC(Computerized Numerical Control) 분야로 발전하기에 이르른다. 아직도 이런 방식은 전 세계적으로 제조분야의 가장 핵심적인 생산방식이며 장비 또한 매우 고가이고, 장비를 제대로 다루기 위해서는 산업현장에서 전문지식과 경험을 쌓은 숙련된 기술자가 필요하다.

TIP ▶ **CNC**(Computerized Numerical Control) : 컴퓨터 수치제어, 부품을 제작하는 기계인 공작기계를 자동화한 것이 NC 공작기계인데 NC 공작기계는 정밀한 부품을 가공할 수는 있지만 내장된 기능과 방법이 고정되어 간혹 오작동을 일으키기도 함. CNC 공작기계는 컴퓨터를 내장하여 프로그램을 조정할 수 있어 오작동을 크게 줄일 수 있음.

물론 3D 프린터도 수억 원 이상을 호가하는 고가의 장비가 있지만 현재 출시되고 있는 보급형 3D 프린터의 경우 여러 가지 편의 사양을 갖추었다 해도 앞서 언급한 CNC 장비에 비해 상대적으로 저가에 속한다. 또한 누구나 모델링만 할 수 있고 데이터만 있다면 비숙련자나 일반인도 손쉽게 가정이나 사무실에서 제품을 제작할 수 있으며 비싼 돈을 들여 외주가공이나 금형을 제작하지 않고도 얼마든지 상상 속의 아이디어를 디지털 방식으로 즉시 구현할 수 있다는 커다란 장점은 아주 매력적인 일이다.

이것은 단순히 제품의 제작이 쉬워졌다는 문제가 아니며, 3D 프린터의 등장과 발전으로 지금까지 인류가 의존해 왔던 생산방식을 근본적으로 뒤집는 '혁명적인 변화'라고 불리는 가장 큰 이유라고 말할 수 있을 것이다.

3D 프린터는 이미 1980년대 초반에 일본과 미국에서 개발되어 상용화되기 시작했는데 처음에는 일부 기업이나 연구소에서 제한적으로 사용되었다. 그 당시에는 '3D 프린터'라는 말 보다는 **신속조형기술(RP, Rapid Prototyping System)**이란 용어로 관련 업계에서 사용하였고 장비의 가격 또한 일반인이 접근하기 힘들 정도로 비쌌으며, 장비의 크기도 상당히 커서 설치 공간도 많이 차지하였다고 한다.

이 시기에 RP 시스템은 **프로토타입(Prototype)**의 시제품 모형 제작용으로 많이 사용되었는데 그 이유는 금형을 제작하는 과정에 소요되는 시간과 비용이 문제가 되었기 때문인 것이다. 따라서 제품을 본격적으로 대량생산하기 이전에 다양한 설계 및 제품디자인 변경을 시도하면서 원하는 제품을 만들어 사전에 확인해 볼 수 있다는 장점 때문에 RP 시스템이 각광을 받기 시작한 것이며, 이것이 현재 3D 프린팅의 효시였다고 이해하면 될 것이다.

일반적으로 개인이나 기업에서 어떤 제품을 만들어 대량생산하고자 할 때, 처음에는 제품을 기획하고 설계하여 금형을 제작하기 전에 시제품을 만들어 보게 된다. 이 시제품을 이용하여 각종 테스트를 실시하게 되고 그 과정에서 디자인의 결함이나 치수의 오류 등과 같은 문제점을 발견하게 되면 수정보완하는 과정을 거쳐 최종적으로 상품화를 위한 대량생산을 결정하게 된다.

자동차의 경우를 예로 들자면 신차 개발에만 상당한 개발비와 기간이 소요되는 경우가 일반적인데, 어느 정도 검증되어 개발된 차를 모터쇼 같은 곳에서 대중들에게 공개하고 다양한 고객의 반응을 모아 최종적인 완성품을 만들게 되며 이러한 시제품 제작에 막대한 비용과 인력, 그리고 시간이 투자되곤 하는 것이다. 하지만 3D 프린터를 이용해 엔진과 같은 주요 부품과 자동차 바디 같은 외형의 제작을 손쉽게 할 수 있다고 가정하면 이에 따른 시간의 절약과 비용의 절감은 바로 기업의 이윤으로 직결될 것이다. 따라서 예전에는 3D 프린팅 기술이 신속히(Rapid) 시제품(Prototype)을 만들 수 있는 기술이라 불렸던 것이며, 이것이 산업적인 측면에서 3D 프린터의 비중이 앞으로 더욱 커질 수 밖에 없는 이유 중의 하나일 것이다.

또한 지속적으로 발전하며 진화하고 있는 지금의 3D 프린팅 기술은 단순하게 시제품을 제작하는 용도에 국한되지 않고 앞으로는 3D 프린터로 제작한 출력물을 다양한 분야에서 직접 사용이 가능한 제품을 제조하는 방향으로 급속도로 진화해 나갈 것이다.

TIP▶ **시제품**(Prototype) : 본격적인 대량생산 및 상품화에 앞서 성능을 검증하고 개선하기 위해 사전에 미리 제작해보는 제작물의 모형을 의미함

적층 가공의 일반적 용어 해설

- 적층 가공(Additive Manufacturing; AM) : 절삭 가공(subtractive manufacturing) 및 조형 가공(formative manufacturing) 방법의 반대 개념으로서, 3D 모델 데이터로부터 출력물을 만들기 위해 소재를 녹여서 겹겹이 층(layer)을 쌓아 제작하는 방식
- 적층 가공 시스템(Additive Manufacturing System) : 출력물 제작을 위한 제작 사이클을 완료하기 위해 필요한 장비, 장비 제어 소프트웨어, 출력 소프트웨어 및 주변 부속품 등을 포함하는 적층 가공 시스템
- 다단계 공정(Multi-step Process) : 첫 번째 공정에서는 기본적인 기하학적 모양을 제작하고, 나머지 공정에서는 사용되는 소재(금속, 세라믹, 폴리머 또는 복합)의 기본적 특성에 따라 출력물을 굳히는 것과 같이, 두 가지 이상의 공정을 통해 제작되는 적층 가공 공정
- 직접 용착(Directed Energy Deposition) : 소재에 집중적으로 열에너지를 조사(照射)하여 녹이고 결합시키는 방식의 적층 가공 공정
  – 적용 장비 : LENS(Laser Engineered Net Shaping), DMT(Direct Metal Transfer)
- 소재 압출(Material Extrusion) : 장비 헤드에 장착된 노즐 또는 구멍을 통하여 소재를 선택적으로 압출시키는 방식의 적층 가공 공정
  – 적용 장비 : FDM(Fused Deposition Modeling), FFF(Fused Filament Fabrication)
- 적층 가공 파일 형식(Additive Manufacturing File Format) : 출력물의 색상, 소재, 격자, 텍스처, 짜임 및 메타데이터 등의 3D 표면 기하학이 포함된 적층 가공 모델 데이터를 전달하는 파일 형식

출처 : 3D 프린팅(AM) 장비 · 소재 · 출력물 품질평가 가이드라인(2016.10 : 한국건설생활환경시험연구원)

3D 프린팅의 기본 출력 원리는 조형 방식에 따라 차이가 있지만 디지털화된 3차원 제품 디자인 파일을 출력용 파일로 변환하고 모델의 2차원 단면을 연속적으로 재구성하여 한 층씩 인쇄하면서 적층하는 개념의 제조 방식으로, 3D 프린터로 출력하기 위해서는 우선 3D 모델링 파일이 필요하며, 이 모델링 파일을 3D 프린터에서 제공하는 전용 슬라이싱 소프트웨어에서 G-Code로 변환한 후 프린터에서 출력을 실행하면 원하는 조형물을 얻을 수 있는 것이 기본적인 출력 프로세스라고 할 수 있다.

그림 1-13 **3D 프린팅의 기본 프로세스**

TIP- **G-Code** : G 프로그래밍 언어 혹은 RS-274 규격은 대부분의 수치제어에서 사용되는 프로그래밍 언어로 G코드는 수치제어 공작기계가 공구의 이송, 실제 가공, 주축의 회전, 기계의 움직임 등 각종 제어 기능을 준비하도록 명령하는 기능으로 어드레스로 'G'를 사용하므로 간단히 'G기능'이라고도 함

그림 1-14 **슬라이서 프로그램에서 오픈한 모델**

그림 1-15 **3D 프린터로 출력 중인 모델**

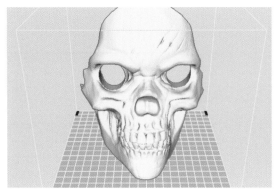

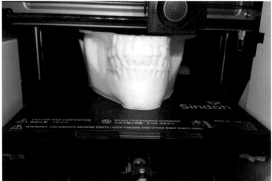

그림 1-16 출력이 완료된 모델

그림 1-16 출력이 완료된 모델

그림 1-17 후처리를 실시한 모델

위와 같이 3D 프린팅의 적층가공법을 이용하면 전통적인 절삭가공 방식에서는 한번에 제작이 불가능한 복잡한 형상의 모델도 별도의 추가 공정없이 한 번에 출력할 수 있다는 커다란 장점이 있다.

1.1 보급형 FFF 방식 3D 프린터의 출력 프로세스

전용 슬라이싱 소프트웨어에서 변환된 G-Code의 값에 따라 소재를 녹여 압출하기 시작하면서 정해진 경로를 따라 압출기 헤드가 X축과 Y축으로 이동하며 베드 바닥에 최초의 레이어를 출력하고 나면 Z축이 하강하고 그 위에 새로운 레이어를 적층하는 작업을 반복적으로 실행하며 하나의 모델을 완성해 나간다. 이런 원리에 의해 3D 프린팅은 범용 공작기계 한 대에서 가공하여 완성물을 만들기 힘든 복잡한 구조나 비정형적인 형상의 모델 또는 내부가 비어있는 형상의 모델들도 한 번에 출력이 가능한 것이다.

일반적인 3D 프린터의 출력 과정

① 3D CAD에서 3D 모델링 작업 또는 3D 스캐너로 스캔하여 데이터 생성

② 3D CAD에서 데이터를 stl, obj 등의 파일 형식의 포맷으로 변환

③ 변환된 stl 파일의 무결점 체크(Meshmixer, NetFabb 등 오류 검출 소프트웨어 사용)

④ 슬라이서(Slicer)에서 stl, obj 파일을 G-Code로 변환 저장

⑤ G-Code를 3D 프린터에 입력하여 출력 실시

그림 1-18 Meshmix와 오류 검출 예

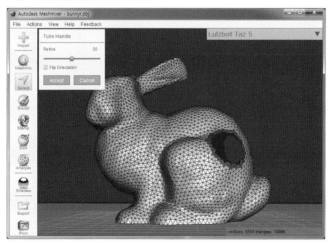

3D 프린팅의 요람 렙랩 프로젝트(RepRap project)

앞장에서도 잠시 언급한 '**렙랩 프로젝트**'는 영국에서 처음 시작된 3D 프린터의 개발과 공유를 위한 커뮤니티로서 지금처럼 전 세계적으로 3D 프린터가 대중화되는데 지대한 공헌을 한 비영리 단체로 오픈소스 프로젝트이다.

렙랩에서는 개방형 디자인을 지향하며 이 프로젝트에서 진행하는 모든 디자인을 누구나 사용할 수 있도록 자유 소프트웨어 사용권인 GNU GPL로 배포되고 있다.

스트라타시스사가 용융 적층 모델링(FDM, Fused Deposition Modeling)기술로 1989년에 획득한 특허 US 5121329호가 지난 2009년 10월 만료됨에 따라 그 이전까지는 꿈도 꾸지 못했던 수많은 분야에서 이 기술을 이용할 수 있게 되었고, 바야흐로 개인 제조 혁명이 시작되는 기폭제가 되면서 전 세계 각지에서 이른바 '메이커 운동(Maker Movement)'이 시작되고 개인들도 3D 프린팅 기술을 활용할 수 있게 된다.

이제 30여년이 조금 넘는 역사를 가진 3D 프린팅 기술이 지금처럼 대중화가 될 수 있었던 것은 3D 프린팅 기술의 핵심 특허가 만료된 덕분으로 지난 2014년을 기준으로 3D 프린팅 업계의 선구자 역할을 하던 미국의 3D 시스템즈와 스트라타시스 등이 보유하고 있던 특허 중 약 90여 건이 만료되었으며, 만료된 특허 기술 분야는 FDM, SLS, SLA 등 다양하며 FDM 기술의 특허 만료 덕분에 지금처럼 많은 3D 프린터 개발 업체가 등장하게 된 것이다.

RepRap.org는 FDM 특허 기간이 만료되기 몇 해 전에 당시 영국 배스(Bath) 대학교 강사로 있던 아드리안 보이어(Adrian Bowyer)박사가 2004년 자신의 논문(돈 안드는 복지, Wealth without money)을 통해 하나의 아이디어를 발표하였는데 이 아이디어는 스스로 복제하며 생산을 할 수 있는 기계, 즉 3D 프린터에 대한 개발이었으며 이 기계만 있으면 개인들도 누구나 소자본으로 생산할 수 있는 능력을 갖출 수 있다는 주장이었다.

렙랩은 2005년 3월 처음으로 RepRap 블로그가 시작되어 현재에 이르고 있으며 FDM이라는 기술 용어에 상표권 사용 문제가 발생할 소지가 있기 때문에 프린팅 기술 방식을 **FFF**(Fused Filament Fabrication)라 부르고 있으며 현재 상업화되어 출시중인 국내외의 많은 보급형 3D 프린터 제조사들이 이 기술방식으로 호칭하고 있는 배경이다. 3D 시스템즈사의 경우에도 2014년 초 퍼스널 3D 프린터인 Cube 시리즈를 선보인 바 있는데 프린팅 기술을 FDM이나 FFF 방식이 아닌 PJP(Plastic Jet Printing)방식으로 호칭하였다.

2007년 렙랩 프로젝트에서 공개한 다윈(Darwin)은 최초의 오픈소스형 3D 프린터였으며 그 후 2009년 보다 개선된 렙랩 모델인 렙랩 멘델(Mendel)이나 렙랩 헉슬리(Huxley)가 공개되며 렙랩 프로젝트를 통해 오픈소스 기반의 3D 프린터 혁명이 시작되게 된 것이고, 자기 복제 기능을 갖고 있는 '프로토타입의 빠른 재생산(Replicating Rapid Prototype)'을 지향하고 있으며 다가오는 미래의 소셜 매뉴팩처링 시대에 새로운 트랜드로 자리잡아 개인 제조의 혁명과 조화를 이루어 나가는 데 큰 역할을 한 것이다.

만약 렙랩이나 아두이노와 같은 오픈소스(open source)나 오픈플랫폼(open platform)이 존재하지 않았더라면 3D 프린팅 기술이 지금과 같이 빠른 속도로 대중화될 수 없었을 것이며, 앞으로도 10~20년 이상의 시간이 더 필요했을지도 모를 일이다.

그림 1-19 **아드리안 보이어 교수와 다윈(Darwin)**

렙랩에서는 3D 프린터 제작에 필요한 도면과 하드웨어 및 소프트웨어 정보가 모두 오픈소스로 공개되어 있다. 소프트웨어에 리눅스가 있다면, 3D 프린터에는 렙랩이 있다고 해도 과언이 아닐 정도로, 현재 개인이 직접 제작하는 거의 모든 3D 프린터 디자인은 렙랩의 오픈소스에 기초하고 있다는 것이 사실이다.

렙랩 3D 프린터의 재미있는 점은 자가복제(Self-replicating)가 가능하다는 점으로 스태핑 모터나 냉각팬과 같은 요소를 제외한 여러 가지 부품을 렙랩 3D 프린터를 이용해 또 다른 방식의 3D 프린터를 복제하고 만들 수 있다는 것이다. 3D 프린터가 또 다른 3D 프린터를 복제해내고, 그 3D 프린터가 또 다른 3D 프린터를 복제하고 마치 무언가 생물학적으로 번식한다는 느낌이 나는데, 그래서 모델 이름도 멘델(Mendel)이라고 명한 것 같다.

한편 렙랩 오픈소스 진영에서 유명했던 데스크탑 3D 프린터 제조사 메이커봇(MakerBot)은 창업한지 4년여 만에 약 2만여 명의 사용자를 확보하였고 3D 프린터 사용자들에게 유명한 싱기버스를 운영하던 중 스트라타시스사에 인수되어 지금에 이르고 있다.

테드(TED)라는 이름의 유명한 지식공유 컨퍼런스를 이끌고 있는 영국의 작가 크리스 앤더슨은 3D 프린터에 대해 이렇게 말했다.

"3D 프린터는 기술혁명이 아니라 사회적 혁명이다. 3D 프린터는 개개인에게 필요한 사물을 직접 생산할 수 있는 능력을 부여한다. 이것이 혁명이다."

3D 프린터의 대중화와 교육 활용

오늘날 점점 보편화 되어가고 있는 3D 프린팅 제조 기술 방식은 신속 제조 기술(Rapid Manufacturing Techniques), 디지털 제조(Digital Manufacturing), 직접 디지털 제조(Direct Digital Manufacturing), 빠른 프로토타이핑(Rapid Prototyping), 데스크탑 제조(Desktop Manufacturing) 등과 유사한 용어로 사용되고 있다.

국내외에서도 활발하게 실시되고 있는 3D 프린팅을 통한 이론과 실습 교육은 새로운 교육방향으로 현재 초·중·고등학교를 비롯하여 대학교 및 직업훈련기관뿐만 아니라 민간 학원에서까지 창의교육용 도구로 널리 활용되고 있다.

3D 프린팅 교육은 단순하게 도화지 위에 드로잉한다거나 물감을 이용하여 그림을 그리는 것만이 아닌 자신만의 디자인 컨셉을 가지고 실제 제품을 만들어내기까지 일련의 디지털 제조 과정을 경험할 수 있다는 장점을 지니고 있는데, 예를 들어 한글을 네모칸이 그려진 공책에 연필로 쓰는 교육에 한글의 자음과 모음을 가벼운 3D 프로그램으로 게임하듯이 모델링하고 자신이 모델링한 글자들을 3D 프린터를 활용하여 출력하여 글자를 조합해 가며 한글의 원리를 이해할 수 있는 교육이 조기에 병행된다면 아이들의 디지털 지식 능력을 한층 더 업그레이드 시킬 수 있지 않을 까 하는 생각을 해 본다.

비단 한글 이외에 알파벳도 마찬가지이며 나아가 태극기나 우리나라 지도, 문화재 같은 것들도 교육에 잘만 활용하면 주입식 교육에 지친 아이들의 스트레스를 풀어 주고 보다 흥미롭게 수업에 참여하게 될지도 모를 일이다.

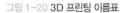
그림 1-20 **3D 프린팅 이름표**

그림 1-21 **3D 프린팅 학교(인하공업전문대학)**

그림 1-22 **3D 프린팅 자동차 실린더 엔진**

그림 1-23 **3D 프린팅 손목 보호대**

그림 1-24 **3D 프린팅 다보탑**

그림 1-25 **3D 프린팅 동력전달장치**

또한 인터넷 상에는 다양한 유무료 플랫폼들이 있으며 디자인을 하지 못하는 이들도 무료로 다운로드 받을
수 있는 3D 파일은 무궁무진하다. 여러 가지 오픈소스들을 이용하여 교육에 활용한다면 소요되는 시간을
절약하고 보다 효율적인 학습을 할 수 있기에 3D 프린터는 그 어떤 교구보다 다재다능한 능력을 갖춘 디지
털 도구라고 할 수 있다.

3D 프린팅 기술의 발전 과정

3D 프린터를 맨 처음 발명한 사람이 어느 나라의 누구냐는 질문을 받을 때 우스갯소리로 우리나라는 이미 고려시대 때부터 3D 프린팅 기술이 존재했다고 농담을 하곤 한다. 3D 프린팅의 원리와 개념을 누구나 이해하기 쉽도록 설명하고자 하는 말인데 우리 선조들이 컴퓨터와 같은 정밀한 손기술을 이용하여 도자기를 빚을 때 재료를 잘 반죽하여 맨 아래부터 한층 한층씩 반죽을 쌓아 올려가며 반복적으로 적층하고 무늬를 조각하고 색을 칠하여 가마에 구어 멋진 도자기를 만들어가는 방식을 연상한다면 좀 더 쉽게 이해할 수가 있지 않을까 해서이다. 아마도 대부분의 사람들은 우리의 전통적인 도자기를 빚는 기술과 3D 프린팅 기술을 연관시켜 머릿속에 그려본다면 상당수는 그 원리를 금방 이해하고 고개를 끄덕이게 될 것이다.

FDM/FFF 방식의 3D 프린터는 열가소성 필라멘트를 주 재료로 사용하고 있는데 스풀(Spool)에 감겨진 필라멘트의 직경은 보통 1.75~2.85mm 정도이며 약 180~300℃ 사이의 열에 녹으면서 압출된다. 이때 녹아서 압출되는 굵기는 인간의 머리카락 굵기와 비슷한 두께로 얇은 층을 이루며 쌓이게 되는 것이다.

레이어 적층 시뮬레이션

그림 1-26 **레이어 1층**

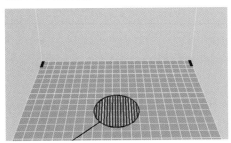

그림 1-27 **레이어 200층**

그림 1-28 **레이어 500층**

그림 1-29 **레이어 754층**

위 그림은 3D 프린터로 도자기를 적층 제작하는 과정을 각 레이어 별로 시뮬레이션한 것으로 이 모델은 총 754개의 레이어로 이루어져 있는 것을 알 수 있는데 결국 그 만큼의 레이어가 반복적으로 적층되어 완성된다는 의미이다.

서두에서도 언급했듯이 3D 프린팅은 최근 들어 갑자기 생겨난 기술이 아니며 2014년도부터 언론에 연일 보도되면서 이슈가 되기 시작하였고 관련 교육 또한 급증하기 시작했다. 지금부터 연도별로 3D 프린팅 기술에 관한 주요 이슈가 되는 사항을 정리한 발전사를 살펴보면서 오늘날 3D 프린터가 어떤 과정을 거쳐 급속도로 발전하게 되고 4차 산업혁명을 이야기할 때 빼놓지 않고 언급되는 것일까 한번 알아보도록 하겠다.

1980년

4월 12일 당시 일본 나고야시 공업 연구소의 연구원으로 재직 중이던 히데오 코다마(小玉秀男)가 광경화성 수지에 적외선을 쬐어 조형하는 기술인 '입체 도형 생성 장치'를 개발하여 세계 최초로 특허(특 56-144478)를 출원하고 1981년도에 일본 내 학회지와 미국의 잡지에 논문을 발표한다. 하지만 코다마는 이 기술에 대한 특허를 처음 출원한 사람이었지만 신청 마감 기한을 놓쳐버려 거부당했다고 하며, 현재 코다마는 나고야의 국제특허사무소에서 변리사 업무를 하고 있다고 한다.

그림 1-30 1980년 4월 특허 출원에 사용한 도면

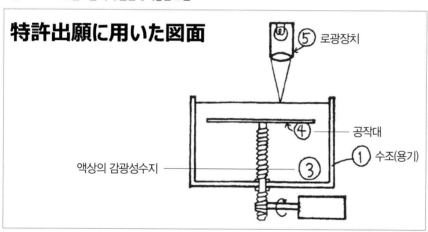

그림 1-31 1980년 4월 제1회 실험

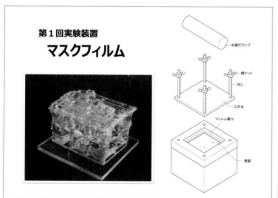

그림 1-32 1980년 12월 제2회 실험

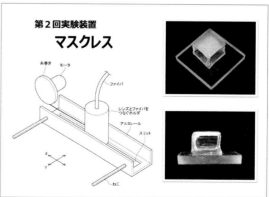

이어 히데오 코다마(小玉秀男)는 '기능성 포토폴리머(Photopolymer) RP system'에 관한 실험검증결과 보고서를 1981년 4월 자국 전자통신학회지에 발표했다.

당시 히데오 코다마가 근무하던 나고야시 공업연구소는 지역 중소기업들의 제조기술 향상 및 연구개발 지원 등을 위해 설립된 연구소로 이곳에서 근무하던 코다마가 3D 시스템 기술을 최초로 착안하게 된 계기는 출장 차 방문했던 두 곳의 기술 박람회에서 서로 다른 방식의 두 가지 기술을 본 후였다고 한다.

1977년, 첫 번째 박람회에서 본 기술은 현재 고등학교에서도 배울 정도로 일반화가 되어 가고 있는 기술인데 당시만 해도 만능제도기를 이용해 자를 가지고 설계 도면을 제도하던 것을 컴퓨터를 이용해 입체적으로 모델링하는 것이 가능한 3차원 CAD 기술이었다고 한다. 그리고 두 번째 방문한 박람회에서 본 기술은 반도체 가공 공정의 하나인 포토 레지스트(감광성수지) 기술에 대한 것이었으며, 이후 레이저 빔 같은 광원을 조사하면 순식간에 빛을 쪼인 부분만을 경화시켜 단단한 형태의 제품으로 만들어내는 '광경화성수지'를 이용한 조형기술이 탄생되었던 것이다. 이 보고서의 주된 내용은 '**모델의 단면에 해당하는 부분을 빛에 노출시켜 한 층(Layer)씩 파트(Part)를 쌓아가면서 솔리드 형상을 조형하는 것**'이라고 한다.

지금으로부터 약 38년여 전에 세계 최초로 고안되었던 이 기술은 당시 그 기술적 가치를 인정받지 못하고 그만 사장되어버리고 만 기술이라고 알려져 있다.

그림 1-33 **전자통신학회 발표 자료**

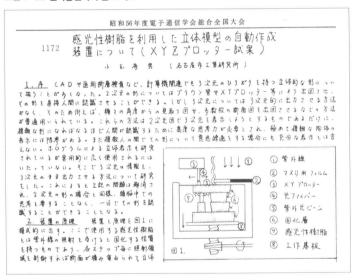

코다마의 영문 논문은 1981년 미국 물리학회지 11월호에 'Review of Scientific Instruments'에서 '**포토레지스트를 이용하여 3차원 플라스틱 모델을 자동으로 생성하는 방법**'이라는 제목으로 게재되었다.

이 논문은 광조형 장치와 3D 프린터의 역사를 논하는 데 있어 필수 자료로서 광조형기술의 원리를 학문적으로 설명하고 통나무 집처럼 완성된 모형 사진도 붙어 있다. 이 모형의 크기는 7㎝×5㎝×5.4㎝이며 제작에 4시간 30분 정도 소요되었다고 한다.

결국 적층기술은 1980년대 초반 최초로 일본에서 발명되었지만 컴퓨터와 3차원 CAD 소프트웨어 분야에서 상대적으로 약했던 이유로 관련 산업계에서 개발 및 상용화에 실패하고 미국에 3D 프린팅이라는 혁신적인 제조방식의 주도권을 넘겨주고 이 새로운 개념의 제품개발에 뒤쳐질 수 밖에 없었던 것으로 추측된다.

TIP 小玉 秀男(코다마 히데오) : 1950년 7월 22일 생으로 현재 일본에서 변리사로 활동 중이며, 세계 최초로 광조형장치를 발명하였다.

1982년

코다마의 논문이 게재된 직후인 1982년 8월 미국 3M사의 연구원 앨런 허버트가 코다마의 고안과 거의 유사한 원리로 광조형될 수 있다고 연구 결과를 발표했다.

1983년

지금은 USB나 스마트폰 등의 출현으로 거의 사라져버린 CD와 캠코더가 일반 대중에게 소개된 흥미로운 시기였는데 미국의 찰스 홀(Charles W. Hull)이라는 엔지니어가 STL 파일 형식을 개발하고 프로토타입 시스템을 선보이게 된다.

1986년

'조형에 의한 3차원 물체의 제조 장치'(미국 특허 No. 4575330)라는 기술로 미국의 찰스 홀(Charles W. Hull)이라는 엔지니어가 원천특허를 획득하게 되었는데 홀이 광조형 방식의 아이디어를 구상한 것은 1980년 Ultra Vilot Products사(UVP)에 입사한 직후였으며 1983년도에 3D 시스템즈의 홍보지 the Edge[6]에 기재되어 있다. 최초의 상업용 RP 시스템은 1987년 SLA-1이 개발되어 수많은 테스트와 개선을 거친 후에 1988년에 출시되었으며 이후 UVP사의 이사였던 레이몬드와 함께 3D 시스템즈라는 회사를 공동으로 설립하고 본격적인 3D 프린터 개발을 시작하여 현재에 이르고 있다.

그림 1-34 Charles W. Hull과 SLA-1 3D 프린터

1987~1989년

지금의 광경화성수지 조형기술의 시초인 SLA(Stereolithography) 방식의 3D 프린터 'SLA-250'을 세계 최초로 출시하며 상용화에 성공한 이래 3D 프린팅 시장은 본격적인 무한 가능성의 미래 단계로 진입하는 계기를 맞이하게 된다.

역시 미국의 Helisys사에서 '**라미네이션으로부터 일체 오브젝트를 형성하기 위한 장치 및 방법**'이라는 기술 특허(미국 특허 No. 4752352)를 획득했는데 바로 **LOM**(Laminating Object Manufacturing) 방식이다.

그리고 1988년 같은 해 현재는 미국 스트라타시스(Stratasys)의 이사회 의장인 스캇 크럼프(Crump ; S. Scott)가 자신의 딸을 위해 물총에 폴리에틸렌과 양초 왁스를 섞어 글루건에 담고 분사해 한층 한층 쌓으며 개구리 장난감을 만든 것이 신속조형시스템 기술의 시초라고 전해지고 있다. 이후 이 제작 기술은 '적층가공(Additive Manufacturing)' 또는 '3D 프린팅'이라 불리는 기술의 초석이 되었으며 현재 '생산의 민주화'로 대변되는 'DIY(Do Iy Yourself) 제조 시대를 이끌 핵심 기술로 주목을 받게 되었는데 이 기술은 오픈소스 렙랩(RepRap) 모델을 기반으로 전 세계의 수많은 개발자들이 사용하고 있다.

1987년 텍사스 대학에서 근무하던 칼 데커드(Carl Deckard)는 '**선택적 소결 부품의 제조 방법 및 장치**'라는 기술 특허(미국 특허 No. 4863538)를 출원하여 1989년에 특허를 취득하였는데 이후 DTM Inc.에 판매된 이후 2001년 3D 시스템즈사에 인수합병된다.

한편 1989년 독일에서는 레이저 분야 전문가인 한스 랑어 박사(Dr Hans Lange)가 EOS Gmbh를 설립하였으며 레이저 소결 분야에 집중하여 오늘날 산업용 프로토타이핑(Prototyping) 시장에서 인정받고 있다.

1990년

독일의 EOS Gmbh는 SLS 방식의 RP 시스템인 STEREOS 400 Laser Sterolithography 시스템을 출시한다. 또한 이 기술은 금속분말을 사용하는 DMLS(Direct metal laser sintering)의 개발로 이어지게 된다.

1992년

미국의 스캇 크럼프(Scott Crump)가 '**3차원 물체를 생성하는 장치 및 방법**'(미국 특허 No. 5121329)이란 기술로 특허를 획득했는데 이 기술이 바로 유명한 **용융적층모델링**(FDM : Fused Deposition Modeling) 기술이다. 같은 해 3D 시스템즈사에서는 MJM(MultiJet Modeling) 기술(미국 특허 No. 5141680)로 특허를 획득한다.

  스캇 크럼프 : 미국 Stratasys 공동 설립자 겸 회장으로 FDM(Fused Deposition Modeling) 기술의 발명가

1994~1995년

독일 EOS Gmbh에서 RP 시스템의 일대 전환점이 될 수 있는 플라스틱 분말(Plastic Powder)을 소재로 하는 레이저 소결(Laser Sintering) 방식의 EOSINT P 350 모델과 세계 최초로 금속 분말(Metal Powder)에 레이저 소결 방식을 적용한 DMLS(Direct Metal Laser Sintering) 방식의 EOSINT M 250 모델을 출시한다.

1995년도에 EOS Gmbh는 플라스틱 분말과 금속 분말 소재에 이어 주조용 모래에 '**직접 레이저에 의한 소결 방식**'의 장비인 EOSINT S 장비를 출시하여, 다양한 산업 분야에서 적용할 수 있는 기술을 소개하며 이를 통하여 Rapid Prototyping application을 최적화하는 새로운 레이어 메뉴팩쳐링(Layer Manufacturing)기술을 보유한 기업이 되었으며, EOSINT는 Rapid Tooling을 위한 Die & Mold를 Metal & Steel로 직접 제작하므로 기존의 RP Application의 영역을 넘어 서게 되었다고 할 수 있다.

 TIP **한스 랑어 박사** : EOS GmbH는 1989년 Hans J. Langer와 Dr. Hans Steinbichler가 설립한 Electro Optical Systems으로 산업용 DMLS 분야의 선두 기업 중의 하나

1997년

미국의 Z Corporation사에서 MIT의 잉크젯 기술을 기반으로 첫 번째 3DP 방식의 상업용 3D 프린터인 Z402 시스템을 출시하였는데 Z402는 석고분말 기반의 소재와 수성 액체 바인더를 사용하여 모델을 조형하는 방식으로 기술이 발전하여 현재는 컬러 프린팅이 가능하며 3D 피규어 등의 제작에 많이 사용하고 있는 방식의 시초이다.

2000~2004년

이스라엘의 Object Geometries사에서 폴리젯(PolyJet) 방식의 Quadra Tempo라는 3D 프린터를 발표한다. 이듬해인 2001년 독일의 Envisiontec Gmbh에서 DLP(Digital Light Processing)방식의 3D 프린터인 Perfactory 시리즈를 출시하는데 종래의 3D 프린팅 방식인 레이저와 잉크젯 프린트 헤드를 사용하던 방식에서 벗어나 DLP라는 기술을 적용하여 주목을 받게 된다. 또한 2004년도에는 지금처럼 3D 프린터가 대중들에게 널리 알려지는데 지대한 공헌을 한 렙랩(RepRap)프로젝트가 시작된 시기였다. 이 오픈소스 프로젝트는 FDM 데스크 탑 3D 프린터의 확산과 더불어 많은 제조업체들이 등장할 수 있는 지대한 역할을 하였다.

2005~2007년

미국 Z Corporation사에서 첫 고선명 컬러 3D 프린터인 Spectrum Z510 모델을 출시하였으며 공유와 개방의 3D 프린팅 커뮤니티인 렙랩 프로젝트에서 오픈소스 기반의 자기복제 3D 프린터를 공개하면서 대중들의 관심을 받기 시작하였다.

그림 1-35 Spectrum Z510 3D 프린터

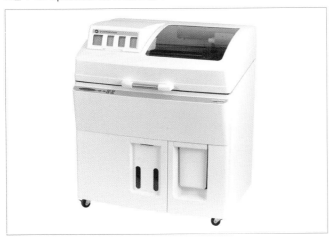

2007년에는 이스라엘의 Objet Geometries사에서 더욱 다양한 소재(Multimaterial)로 출력이 가능한 상
업용 3D 프린터인 Connex 500 모델을 발표하는데 이 시기에는 렙랩 프로젝트에서 스트라타시스사의
FDM 3D 프린터인 Dimension 모델로 부품을 복제하여 제작한 '다윈(Darwin)'이라는 오픈소스 방식의
3D 프린터를 공개하기에 이르른다. 또한 지금은 전 세계를 대상으로 출력물 서비스를 실시하고 있는 기업
인 쉐이프웨이즈(Shapeways)가 네덜란드에서 창업을 하였는데 2014년에는 뉴욕을 기점으로 하여 글로벌
3D 프린팅 서비스를 실시하고 있다.

그림 1-36 RepRap Darwin 3D 프린터

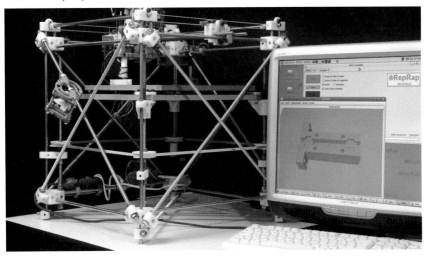

출처 : http://reprap.org/wiki/Darwin

그 후 스트라타시스는 2003년경 보다 소재의 강도가 높은 FDM 재료를 개발하면서 래피드 매뉴팩처링
(Rapid Manufacturing)이 빠르게 전개되었으며, 2009년 FDM 기술의 기본 특허 만료와 더불어 오픈소스
프로젝트인 렙랩(RepRap)을 기반으로 성장한 메이커봇(MakerBot)사에서 저가형 데스크탑 3D 프린터인

리플리케이터(Replicator)를 출시하면서 대중들의 많은 인기를 얻었다.

그림 1-37 Replicator Original 3D 프린터

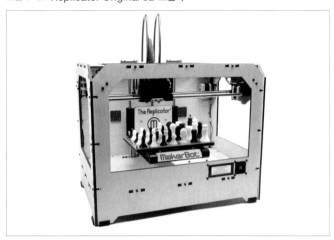

2008~2012년

2008년 미국의 Z Corporation사에서는 3세대 3D 프린팅 기술인 3DP(3D Printing) 방식의 컬러 출력이 가능한 ZPrint 650을 출시하며 대중적인 분말 기반 소재를 사용하는 3D 프린터를 출시하는데 2011년에 Z Corporation사는 3D 시스템즈에 인수합병된다. 현재는 컬러 출력이 가능한 실사적인 3D 출력물 제작 등에 많이 사용되고 있는 ProJet 시리즈로 개선하고 제품명을 바꾸어 판매하고 있다.

그림 1-38 Z Corporation 3D 프린터 ZPrint 650

한편 2009년 초반 설립된 메이커봇(MakerBot)사는 회사 설립 후 3~4년여 만에 3세대에 이르는 메이커봇 프린터를 전 세계에 약 2만 2천여 대를 판매했다고 한다. 이후 메이커봇사는 2013년도 중반에 미국의 스트라타시스사에 6억 400만 달러에 인수 합병되었으며 한때는 오픈소스를 활용한 하드웨어 개발의 선두주자로 많은 커뮤니티들의 지지를 받았으나 합병 이후 상업적으로 변화된 모습에 기존 오픈소스 기술 개발의 협

력자이던 일부 커뮤니티들로부터 거센 비난을 받기도 했다고 한다.

상업용 데스크탑 3D 프린터 제조사로 미국에 메이커봇이 있다면 유럽에는 네덜란드에 기반을 둔 얼티메이커(Ultimaker) BV 라는 회사가 유명하다. 지난 2010년 9월 이후 개인용 데스크탑 3D 프린터 시장은 메이커봇의 씽오매틱(Thing-O-Matic)이 주도해왔으며, 이 제품은 컴퓨터 상의 디자인을 현실 속의 실물로 제작해내는 CNC 장비로 이후 3인의 네덜란드 엔지니어가 이 씽오매틱의 아성에 도전하여 얼티메이커(Ultimaker)라는 데스크탑 3D 프린터를 선보이게 된다.

그림 1-39 메이커봇 Replicator+ 3D 프린터

그림 1-40 Ultimaker Original 3D 프린터

얼티메이킹은 2011년 마틴 엘스만(Martijn Elserman), 에릭 드 브루진(Erick de Bruijn), 시얼트 위니아(Siert Wijnia)가 설립하였으며 이들은 원래 오픈소스 렙랩(RepRap) 프로젝트에 참여했다가 독립하여 그해 5월 그들의 첫 번째 3D 프린터인 프로토박스 얼티메이커(protobox Ultimaker)를 출시한다.

이후 몇 개월 간의 개발과정을 거쳐 얼티메이커 오리지널(Ultimaker Original)을 키트 형태로 제작하였으며, 2018년 현재는 얼티메이커 S5(Ultimaker S5)를 선보이고 있으며, 메이커봇의 3D 프린터가 검은색의 외관으로 제작되는 것에 비해 얼티메이킹의 3D 프린터는 흰색으로 제작되는데 한때 오픈소스 업계의 양대 거물이었던 두 업체가 서로 보이지 않는 대립을 하고 있다는 느낌이 들기도 한다.

한편 국내에서도 서서히 3D 프린터가 대중들에게 알려지기 시작하게 되는데 그 계기는 지난 2009년 10월경 '강호동의 스타킹'이라는 TV 프로그램에서 방영되어 소개된 적 있는 3D 프린터인 미국 ZCorporation 사의 ZPrinter® 450이고, 이후 11월 방송을 통해 유명 연예인의 얼굴 모형을 프린팅하여 출연진과 시청자들에게 많은 호기심을 불러 일으켰으며, 재미있는 상황을 연출하며 일명 '도깨비 프린터'로 유명세를 탄 적이 있었지만 지금처럼 사회적인 이슈가 되지는 못했다.

현재 3D 시스템즈사에 인수된 ZCorporation사의 ZPrinter® 450은 Color 3D Printer로 디지털 데이터에서 적층 방식으로 3D 실물 모형을 만들어내는 고가의 장비이며 잉크젯 프린트 방식으로 파우더(분말)와 바인더(교결제)를 한층씩 분사하여 한번에 한층씩 모델을 제작하며 이 과정은 모든 층이 출력되고 해당 부품이 제거될 준비가 완료될 때까지 반복하며 출력을 진행한다.

이 프린터는 해상도가 300×450 dpi에 파트당 고유 색상 수로 18만 색상을 지원하며 분사구수만 604개인 장비로 일반인들이 쉽게 접근하기 어려웠던 비교적 고가의 3D 프린터이었으며, 3D 시스템즈사에서는 현재 풀 CMYK 컬러를 지원하는 ProJet CJP 860 Pro 모델까지 선보이고 있다.

그림 1-41 **ProJet CJP 860 Pro**

그림 1-42 **CJP 860 Pro 출력물**

출처 : https://ko.3dsystems.com/

또한 3D 시스템즈사는 2011년도부터 2013년도 사이에 무려 24건의 인수합병을 통해 다양한 라인업과 기술 특허를 보유하게 되었다고 하며, 2012년도 말에는 미국 스트라타시스사가 이스라엘 3D 프린터 기업 Object Geometries사를 인수합병한다.

2013~2015년

2013년도 초 미국의 버락 오바마 대통령이 연두 국정연설을 통해 "**3D 프린팅이 기존 제조 방식에 혁명을 가져올 잠재력을 가지고 있다**(3−D printing that has the potential to revolutionize the way we make almost everything)"고 하며 3D 프린팅을 '**거의 모든 것을 제조하는 방법의 혁신**'으로 언급하면서 3D 프린팅에 대한 관심을 전 세계적으로 더욱 고조시키며 국내에서도 커다란 이슈로 부상하게 되었다. 현재 미국은 익히 알려진 바와 같이 세계 3D 프린팅 업계를 리드하는 양대 산맥인 3D 시스템즈와 스트라타시스가 있는 기술 강국이다.

2014년 2월에는 3D 시스템즈사가 보유하고 있던 선택적 레이저 소결(SLS : Selective Laser Sintering) 방식의 주요 핵심 특허가 만료되고, 나사(NASA)는 3D 프린터를 우주 공간에 가져가서 3D 프린터로 출력한 모델을 지구로 보내기도 한다.

2015년 초에는 중국의 한 건설업체에서 3D 프린터를 이용해 5층짜리 아파트를 제작하여 세계적으로 큰 화제가 되기도 했다.

GE(General Electric)는 2017년 12월말 3D 프린팅에 블록체인 기술을 적용한 특허를 미국에서 출원한 바 있는데 블록체인(Block Chain)은 데이터를 '블록'이라고 하는 작은 형태의 연결고리 기반으로 여러 곳에 데이터를 분산시켜 저장할 수 있어 임의로 수정하는 것이 불가능하고 누구나 변경 결과를 열람할 수 있는 분산 컴퓨팅 기술 기반의 데이터 위변조방지 기술로 알려져 있다.

3D 프린팅에 사용되는 디지털 데이터는 그 특성상 무단으로 복사, 배포, 편집, 위변조 등을 할 수 있기 때문에 3D 프린터의 활용이 늘어날수록 데이터 보안에 대한 이슈들도 커질 것으로 예상된다.

2018년 HP에서 Metal Jet Printer를 선보였는데 기존 프린팅 방식 대비 50배 이상 생산적이라고 하며 금속사출성형(MIM, Metal Injection Molding)에서 사용하는 금속 소재를 사용한다는 장점이 있고 고품질의 기능성 금속 파트를 생산할 수 있다고 한다.

그림 1-43 **HP Jet Fusion 4200 3D 프린터**

출처 : https://3dcent.com/portfolio/jet-fusion-4200/

미국의 자동차 기업 GM은 오토캐드로 유명한 Autodesk사의 AI기반의 Generative Design 소프트웨어를 자동차 설계에 도입하였는데 이 융합기술은 미래 자동차의 각 파트들을 더욱 가볍고 효율적으로 제작하기 위해 어떤 방식으로 디자인하고 개발할지에 대해 많은 발전을 가져올 것으로 예상된다. 앞으로는 인공지능 기술을 활용하여 디자인하는 시대가 올 것으로 예측되며 엔지니어가 설정한 파트의 강도, 무게 등의 기본 제약사항을 기반으로 기존 파트보다 가볍고 더 강한 여러 개의 부품을 하나의 모듈 형태로 만들 수가 있게 될 것이다.

지금까지 3D 프린터의 발전사에 대해 연도별로 정리하여 주요 이슈들에 대해서 간략하게 살펴 보았다.

한편 국내에서도 2009년 스트라타시스가 보유하고 있던 특허 기술인 FDM 특허의 만료와 더불어 보급형 데스크탑 3D 프린터를 제조하는 개인이나 기업들이 등장하기 시작하였으며, 초기 렙랩(RepRap)기반의 오픈소스를 활용한 조립형 3D 프린터에서 진화하여 현재는 다양한 모델들이 제조사별로 출시되고 있는 상황이며 제품의 가격 또한 개인들도 크게 망설이지 않고 구입할 수 있는 가격대인 백만원 미만대에서 삼백만원대 이하로 떨어져 일선 교육기관이나 디자인 사무실 등에 설치되어 활용하는 것을 흔히 볼 수 있는 시대가 열렸다.

현재 국내 기술로 제작하여 판매하는 보급형 데스크탑 3D 프린터들은 주로 열가소성 수지(PLA, ABS 등) 재료를 사용하는데 이는 원래 FDM(Fused Deposition Modeling)방식 기반의 기술에서 나온 것이다. 얇은 직경(보통 1.75mm, 2.85mm)을 가진 플라스틱 와이어를 스풀(Spool)에 둥글게 말아놓은 형태의 필라멘트(Filament)라고 부르는 소재를 고온으로 녹여가며 압출하여 아래부터 위로 한 층씩 쌓아나가는 방식 (FFF, Fused Filament Fabrication)으로 프린터 가격이 상대적으로 저렴하지만 적층방식의 특성상 출력물 표면이 조금 거친 편이고 치수 정밀도가 제한적이라는 단점이 있는 방식이다.

하지만 3D 프린터 가격이 상대적으로 저렴하고 각종 편의 기능이 속속 추가되고 있기 때문에 누구나 쉽게 도전해 볼 수 있으며 나만의 아이디어를 모델링하여 현실에서 만져보고 확인할 수 있는 실물로 출력이 가능하다는 것이 가장 큰 장점이다.

유명한 미래학자인 제러미 리프킨은 "**3차 산업혁명은 누구나 기업가가 되어 혁식전 아이디어를 제품으로 만드는 것이다. 3D 프린터는 3차 산업혁명의 주인공이다**"라고 극찬했을 정도인데 이 책을 통하여 3D 프린팅 산업에 대해 좀 더 흥미를 갖고 독자 여러분 스스로 즐겁고 재미있는 여행이 될 수 있길 바란다.

그림 1-44 **FDM 3D 프린터용 필라멘트**

그림 1-45 **FFF 3D 프린터용 필라멘트**

3D 프린팅 기술의 장단점

3D 프린터라는 용어가 지금처럼 대중화되기 이전에는 서두에서 밝힌 것처럼 산업용으로 일부 기업이나 전문가들만이 사용하던 RP System(신속조형시스템)이 이미 있었는데 RP System은 지금처럼 분야를 막론하고 폭넓게 활용할 수 있는 3D 프린터가 아니라 고가의 전문화된 산업용 장비였던 것이다.

이 RP System은 장비의 크기나 기술방식, 사용하는 소재도 FFF 방식의 보급형 데스크탑 3D 프린터와는 다르며, 제조사마다 적용하는 기술방식도 많고 역사도 오래된 것이었다. 당시에는 3D 프린터라는 명칭은 잘 사용하지 않았으며 급속조형, 적층조형 또는 래피드 프로토타이핑(Rapid Prototyping)이란 용어로 불렸다.

TIP 래피드 프로토타이핑(Rapid Prototyping) : 어떤 제품 개발에 있어 필요한 시제품(prototype)을 빠르게 제작할 수 있도록 지원해주는 전체적인 시스템을 의미하는 용어

1980년대 초중반부터 여러 가지 RP System 관련 기술들의 특허가 등록되기 시작하고 본격적인 상업용 제품들이 출시되기 시작했다. 그러다가 2009년 미국의 스트라타시스사가 보유하고 있었던 FDM 기술의 기본 특허가 만료됨에 따라 3D 프린팅의 요람이었던 '랩랩 프로젝트'에 의한 오픈소스 형태의 저가형 3D 프린터가 속속 공개되기 시작하면서 지금처럼 일반 가정이나 사무실의 책상 위에 올려놓고 손쉽게 사용할 수 있는 데스크탑 형태의 3D 프린터가 등장하면서 3D 프린터라는 용어가 업계 전반에 걸쳐 폭넓게 사용할 수 있는 계기가 된 것이라는 것을 이해할 수 있었다.

흔히 말하는 3D 프린터는 컴퓨터로 모델링한 데이터를 사용하는 프린터의 종류에 따라 파일을 변환하여 제품을 제작하는 디지털 장비 중의 하나이다. 조형기술 방식에 따라 차이가 있지만 크게 분류한다면, ABS나 PLA와 같은 고체 상태의 플라스틱 소재를 녹여 압출하면서 한층씩 적층하는 방식이 있고, 빛에 민감한 반응을 하는 액체 상태의 소재를 자외선이나 UV, 산업용 레이저와 같은 광원으로 경화시켜가면서 적층하는 방식이 있다. 또는 플라스틱 분말이나 금속 분말 등의 소재를 기반으로 한 조형 방식의 차이인데, 어느 방식이나 기본적인 개념은 3D CAD 프로그램에서 생성한 모델링 데이터를 변환하여 층층히 쌓아올리는 유사한 원리의 제작 방식으로 **적층가공**(Additive Manufacturing)이라고도 부르는 것으로 이해하면 된다.

현재의 2D 프린터는 프린터 기능 이외에 복사, 스캔, 팩스 전송 등 다양한 편의 기능이 복합되어 있고, 용지가 끼인다거나 하는 문제도 거의 없을 정도로 사용자의 편의성이 대폭 향상되었다. 기술 또한 비약적으로 발전하여 안정화 되어 있다고 할 수 있다. 앞으로 3D 프린터도 기술발전이 급속도로 이루어져 지금보다 더욱 안정적으로 사용할 수 있는 소재도 다양해지고 고질적인 문제인 출력속도도 대폭 향상될 것이며 누구나 쉽게 운영할 수 있도록 사용자의 편의성이 더욱 증대될 것이라는 점은 누구도 부인하지 않을 것이다.

또한, 3D 프린팅 기술의 장점으로 비용의 절감뿐만 아니라 제조공법에 있어서도 환경친화적인 방식을 들수 있다. 예를 들어 우리가 늘 휴대하고 있는 스마트폰의 케이스를 제작한다고 가정했을 때 전통적인 절삭가공 방식에서는 원소재를 절단하고 공구로 깎아내어 만들다보니 소재의 낭비가 심할 수 밖에 없지만, 3D 프린팅은 절삭가공 방식보다 소재의 낭비가 상대적으로 적게 발생하여 비교적 환경친화적인 제조방식이라고도 할 수 있다.

3D 프린터의 기본 개념

① 3D 프린터의 기본 메커니즘은 컴퓨터 수치제어 공작기계와 유사
② X, Y, Z의 3축을 가진 CNC 장비나 조각기, 레이저 마킹기 연상
③ 3D 프린팅은 주로 고체, 액체, 분말(금속, 비금속 파우더) 기반의 소재를 사용
④ 기술방식에 따라 열용해적층형, 광조형, 잉크젯형, 분말소결형, 분말고착형, 라미네이티드형 등으로 구분

CNC(컴퓨터 수치제어)장비와 3D 프린팅의 비교

항 목	CNC (컴퓨터 수치제어기술)	3D 프린팅 (신속조형기술)
가공 방식	• 2D 도면 • 절삭가공(Subtractive Manufacturing)을 통한 형상 제작	• 3D CAD 모델링 데이터가 반드시 필요함 • 한 층(Layer)씩 적층가공(Additive Manufacturing)하며 형상 제작
사용하는 재료	• 금속, 비철금속, 플라스틱, 목재, 석재 등 매우 다양함	• 조형 기술방식에 따라 다소 한정적이지만 소재의 한계가 거의 없음 • 열가소성 플라스틱, 광경화성수지, 왁스, 고무, 금속분말, 비철금속분말, 종이 등
제품 형상 구현	• 절삭공구의 간섭으로 복잡한 형상의 가공이 불가 • 절삭가공시 발생하는 칩(Chip) 처리가 필요하고 절삭유를 공급해야 함	• 복잡하고 형상이 난해한 제품 제작 가능 • 출력시 에러만 없다면 버려지는 소재가 거의 없어 경제적이며 다소 친환경적
정밀도 표면거칠기 완성도	• 치수정밀도 우수 • 표면거칠기 우수 • 완성도 우수	• 적층방식 특성상 치수정밀도가 우수하지 않음 • 곡면부 계단형 단차 발생 • 기술방식에 따라 후처리가 필요
기술 숙련도 작업장 환경	• 숙련된 기술자 필요 • 공장 및 부대 설비 필요	• 비숙련자도 손쉽게 사용 가능 • 가정이나 사무실에서 설치 사용 가능
보조 장치	• 지그 및 고정구 필요	• 기술방식에 따라 서포트(support) 제거 등 후가공 및 후처리 작업 필요
특징	• 평면 가공시 제작 속도 빠름 • 사무실 환경에 부적합 • 정밀가공이나 워킹목업 제작에 사용	• 조형 속도가 상대적으로 느림 • 동시에 다른 형상과 크기의 제품 제작 가능 • 기술방식에 따라 일반적인 러프 목업 제작 가능

CNC vs 3D 프린터

3D CAD를 이용하여 모델링한 파일이나 3D 스캐너로 스캐닝한 데이터만 있으며 얼마든지 3D 프린터를 이용해서 다양한 작업을 할 수 있다. 3D 프린팅은 생활용품, 산업디자인 목업, 패션, 의료, 교육, 예술, 미술, 캐릭터, 공예, 건축, 자동차, 기계, 우주 항공 분야 등 우리 실생활 속에 활용되지 않는 곳이 거의 없을 정도로 다양한 분야에서 응용할 수 있다는 커다란 장점이 있다. 또한 사용 공간의 제약이 특별히 없으며 공작기계처럼 숙련된 기술자가 아니더라도 누구나 손쉽게 접근이 가능하며 동시에 여러 가지 모델의 조형도 가능한 유능한 도구이다.

제조 현장에서의 3D 프린팅 기술은 크게 4가지의 활용 사례로 분류할 수가 있는데 기존에는 시제품 제작에 주력하던 사례에서 벗어나 현재는 일부 공장의 생산용 지그 또는 실제 1회성으로 사용할 용도의 부품 제작까지 아주 다양한 분야에서 활용을 하고 있다.

| 그림 1-46 **소형 CNC 밀링머신** | 그림 1-47 **보급형 FFF 3D 프린터** | 그림 1-48 **산업용 FDM 3D 프린터** |

출처 : https://www.rolanddga.com/   출처 : https://store.zortrax.com/M200   (Stratasys F123 시리즈)

3D 프린팅 기술의 4가지 주요 활용

① 컨셉(개념) 모델링 (Concept Modeling)

시제품을 제작하여 부품 간의 조립시 발생할 디자인 오류를 사전에 찾아내어 검토 기간의 단축이나 전시용 축소 모델의 제작과 금형을 제작하기 전에 제작하여 설계 검증 실시

② 기능성 테스트 (Functional Test)

짧은 제품 개발 사이클 요구에 따른 디자인 오류 수정 기간의 단축으로 실 사이즈 파트 제작을 하여 어셈블리 테스트, 기능성 테스트를 통해 신속한 확인 및 수정 작업으로 비용 절감과 개발 기간의 단축 효과

③ 생산에 필요한 툴 제작 (Manufacturing Tools)

양산을 하는 공장에서 실제 지그를 제작하여 사용하거나 시제품 또는 금형의 성능을 개선하고 검증하기 위한 방식으로 활용

④ 다품종 소량 생산 (End-Use Products)

개인 맞춤형 또는 고객 주문형 제품의 종류가 다양해지면서 다품종 소량 생산 방식의 수요가 증가하고 기존에 사용하던 부품의 일부분을 3D 프린팅 파트로 대체

3D 프린팅의 가장 큰 장점을 꼽는다면 우선 디자인 가변성이 좋고 기존의 전통적인 절삭가공 방식으로는 절대 제작이 어려운 형상을 가진 제품의 효율적인 구현과 제조업에 있어 공정을 단축시킬 수가 있다는 것이다. 개인별 1:1 맞춤 제작이 필요한 보청기나 의족, 의수, 임플란트, 신발, 안경 등과 같이 대량 생산이 필요 없는 개인 맞춤형 디자인 제품의 생산이 용이하다는 점은 3D 프린팅 기술이 가진 훌륭한 장점이라고 생각한다.

요즘은 다품종 소량생산(Small quantiy batch production)이라고 하여 계속해서 소비자의 입맛에 맞는 제품을 만드려는 추세인데 3D 프린팅이 가능해지기 시작하면서 한발 더 앞으로 나아가 초고객화(Hyper Customization)가 가능하게 되었다. 예를 들어 우리가 늘 신고 다니는 신발의 경우 현재는 제조사들이 일정한 치수대로 만든 규격화된 신발을 선택할 수 밖에 없었다.

250mm, 260mm 등의 표준화 된 사이즈 밖에 없었는데 내 발에 꼭 맞는 255.5mm의 신발 주문도 가능해진다는 이야기이다. 또한 개인마다 발의 독특한 형태도 맞춤 제작할 수 있고 많은 수량이 아니라 오직 해당 고객만을 위한 세상에 단 하나 밖에 없는 나만의 제품을 생산하여 공급하는 것이 가능해진다는 이야기이다.

또한 소재의 낭비를 줄이고 강도나 기능을 향상시킨 제품 생산이 가능하고 부품 제조에 들어가는 인건비나 조립비, 물류비 등이 상대적으로 경감이 되며 용도에 따른 개별생산이 가능하다는 것도 큰 이점이다.

하지만 무엇보다 3D 프린팅의 가장 큰 장점이라고 말할 수 있는 부분은 바로 제작공정의 간소화로 인해 주문자 맞춤형 제조가 가능하며 장비와 재료만 준비되면 언제든지 제품으로 출력해 낼 수 있으므로 다양한 고객들의 까다로운 요구 조건에 적합한 맞춤 제작이 가능하다는 점이다.

반면에 3D 프린팅 산업의 발전에 따라 그만큼 부작용과 문제점도 따를 것이라고 본다. 특히 금속과 같은 소재를 사용할 수 있는 3D 프린터가 앞으로 대중화되고 3D 스캐닝 기술이 더욱 발전된다고 하면, 우리 실생활에 사용할 수 있는 다양한 기능성 제품을 만들 수 있다는 장점이 있지만 불법무기의 제작이나 타인의 저작권을 침해한 제품의 제조 및 유통, 열쇠나 지문 등의 불법 복제, 디자인의 무단 도용, 폐기물 처리, 환경오염 문제, 안전 문제 등이 발생할 수도 있을 것이다.

만약 3D 스캐닝을 이용하여 타인의 디자인을 복제하거나 총기나 칼, 불법 약물 제조 등에 악용될 소지가 있다면 우리의 건강과 안전을 위협하게 될지도 모른다. 개인용 3D 프린터의 확산에 따라 앞으로는 디자인의 보호를 위하여 원저작자가 저작물의 활용 범위와 조건을 지정하는 CCL 방식이 모델링 공유 플랫폼 사용자들 사이에서 더욱 확산될 전망이다.

2012년 3D 모델링 데이터 공유 사이트인 싱기버스(thingiverse.com)의 한 사용자가 개인용 3D 프린터로 플라스틱 소총 부품을 제작할 수 있는 파일을 올려 화제가 된 적이 있으며 이후 일부 3D 프린팅 된 부품과

기존 부품을 조립해 실제 작동하는 총을 만드는데 성공하기도 했다. 이렇듯 총기까지는 아니더라도 자칫 흉기가 될 수도 있는 것들도 누구나 가정이나 사무실에서 개인용 3D 프린터를 사용해서 얼마든지 만들 수 있는 시대가 도래한 것이다.

한편 우리 정부에서도 2017년 3월 미래창조과학부 등 관계부처 합동으로 '2017년도 3D 프린팅 산업 진흥 시행계획을 확정하고 신규 수요창출, 기술경쟁력 강화, 산업확산 및 제도적 기반 강화 등에 총 412억 원의 예산을 투입하기로 했다고 발표하였다. 이번 시행계획은 2016년 12월 시행된 삼차원프린팅산업진흥법(제5조)에 의거해 수립한 3D 프린팅산업 진흥 기본계획의 4대 전략 12대 중점과제의 금년도 추진내용을 보다 구체화한 것으로 앞으로 3D 프린팅 기술경쟁력 강화를 위한 각종 기술개발 지원을 하고, 아울러 3D 프린팅 국가 기술자격 신설, 산업 분야별 재직자 인력 양성, 초ㆍ중학교 현장 활용 수업모델 개발ㆍ보급 등을 통해 3D 프린팅 전문인력을 양성하고 현장 교육을 강화한다고 하니 기대가 된다.

또한 2018년 말부터 3D 프린터 관련 국가기술자격증의 시행도 예정돼 있는데 실효성이 있는 제도로 자리를 잡아나갈 수 있기를 현업 종사자 중의 한 사람으로서 고대한다.

하지만, 4차 산업혁명과 3D 프린팅 관련 산업이 주목받으며 무분별하게 도입하고 있는 만큼 현장에서는 역기능에 대한 우려의 목소리도 나오고 있다. 또한 현재 큰 이슈로 지적되고 있는 부분이 지적재산권 침해와 유해성, 안전성에 관한 문제이다. 완제품뿐만 아니라 디테일한 세부 디자인까지 스캔이나 디자인을 통해 얼마든지 복제할 수 있기 때문에 타인의 지적재산권 침해 논란과 저작권 분쟁도 증가할 것으로 우려된다.

나아가 3D 프린팅 산업이 우리나라의 고부가가치 신산업으로 성장하고 발전해 나가기 위해서는 이와 같은 분쟁의 소지가 없도록 관련 부처에서는 철저하고 체계적인 대비책 마련과 관련 법규, 제도 등의 수립과 개선이 필요할 것이다.

앞으로 누구나 손쉽게 사용할 수 있는 3D 프린터가 우리 사회에 유익한 분야로 널리 이용될 수 있도록 제대로 활용되기를 간절히 바라는 바이다.

그림 1-49 **3D 프린팅 총**

그림 1-50 **3D 프린팅 열쇠**

출처 : https://www.zdnet.com/article/sydney-man-faces-jail-over-3d-printed-guns/

적층제조(AM)를 위한 DfAM의 개요

제품 디자인, 설계 엔지니어링, 제조업 분야에서 3D 프린팅 기술이 가지는 의미는 실로 위대하다고 할 수 있으며 일찍이 3D 프린팅은 기존의 전통적인 산업의 패러다임을 바꿀 것이라는 큰 기대를 한 몸에 받아왔다.

아이디어 구상에서 시제품 제작, 제품 양산까지의 복잡하고 길었던 제조 프로세스가 놀라울 정도로 대폭 단축되는 것은 물론 디자인과 설계의 관점이 180도로 달라져 기존에 볼 수 없었던 획기적인 디자인의 적용이 가능해지고 최적화 설계를 통한 파트의 경량화, 고강성 구조의 구현, 복잡한 형상의 제품을 별도의 조립 과정 없이 원스톱으로 생산 가능하거나 다양한 복합소재의 동시적용이 가능한 것은 오직 3D 프린팅 기술로만 가능하며 이런 혁신적 설계 방법을 직접 생산에 적용하는 것이 가능하다. 이를 DfAM이라고 하며 3D 프린팅 기술의 장점을 극대화할 수 있는 설계 및 엔지니어링 접근 방법이라고 할 수 있다

DfAM(Design for Additive Manufacturing)은 기존의 DfM(Design for Manufacturing)에서 보다 진보된 개념으로, 기존의 설계와 제조 과정에서 마주치는 여러 가지 공정상의 제약들을 해결하고 극복하는 솔루션을 제공할 수 있다는 점에서 큰 의미가 있다.

TIP DfM(Design for Manufacturing) : DfM은 제조가 용이한 방식으로 제품을 설계하는 엔지니어링으로 제조 프로세스를 고려하여 부품, 기기의 설계를 하는 것을 말한다. 부품의 수를 감소시키고, 제조공정이나 조립이 용이하고 측정 및 검사시험도 쉽도록 전체의 공수나 Cost를 낮춰 신뢰성이 높은 제품을 만들기 위한 설계로 생산성 설계라고도 한다.

차세대 제조혁명을 이끌 기술로 DfAM(Design for Additive Manufacturing)이라는 설계 기술에 주목하고 있다. DfAM은 파라메트릭 및 생성적 디자인, 최적화, 격자 구조나 생체 모방과 같은 용어가 합쳐진 설계기법으로 기능, 성능, 제품 수명주기, 정확도는 적층제조(AM) 기술에 최적화되어 반복성 및 균일한 출력 품질을 보장한다.

제조사와 엔지니어가 일상의 물건에서 보다 복잡하고 파라메트릭한 생성적인 모양을 만들 필요성을 인식함에 따라 무게의 절감과 재료의 소비를 줄이기 위해 디자이너와 아티스트는 이 접근 방법의 경계를 인식하고 새로운 제품 개발에 집중해야 한다.

위에서 언급한 **생성적 디자인**(generative design)이란 용어는 사물에 대한 깊은 문제 의식과 통찰력을 가지고 생각하는 것에서부터 출발한다. 예를 들자면 지금까지 나온 것보다 더 가볍고 더 튼튼하고 실용적인 제품 개발에 대한 문제 의식을 기반으로 하여 설계의 방향을 잡고 최적의 소프트웨어를 활용하여 사용자의 요구에 맞는 디자인을 결정할 수 있게 된다.

생성적 디자인은 컴퓨터 연산의 비약적인 발전과 공학기술의 발전으로 알고리즘의 활용과 더불어 모니터

상에서 즉시 시각적인 확인이 가능해졌다. 생성적 디자인은 인공지능 소프트웨어와 클라우드 연산 능력을 활용한 클라우드 컴퓨팅이 필요하고, 엔지니어나 건축가가 기본 매개변수만 정하면 수천 개의 설계 옵션을 생성시킬 수 있는 디자인을 말하는 것이다.

우리 인간은 자연 속에서 아이디어를 얻으며 우리 실생활 속에 편리한 경이로운 결과물을 끊임없이 모방하며 창조해내왔다. 인간의 호기심은 자연 속에 존재하는 피조물들이 가진 기술을 모방하면서 과학기술이 발전해왔다고 해도 과언이 아닐 것이다.

건축계에서는 이미 대중화되기 시작한 BIM(빌딩 정보 모델링)과 파라메트릭 디자인(Parametric Design)은 가상의 세계에 디지털 정보로 구현한 건축물을 기반으로 하여 디지털 건축 세계에서 실제 지어질 건물과 유사한 재료와 공간적인 특성을 가진 가상의 스페이스를 마련하여 환경과 기후 등을 미리 체험할 수 있게 도와줌으로써 통합적인 피드백을 사전에 확인하는 것이 가능해짐에 따라 현실에서 부딪히게 되는 많은 문제들을 상당 부분 해결할 수 있는 기반이 될 수 있다.

인간의 대표적인 모방 기술로 항공기술과 조선기술을 들 수 있는데 새처럼 하늘을 자유롭게 날아다니고 물고기처럼 자유롭게 바다를 항해하는 것은 인류의 오랜 꿈이었으며 이런 욕망이 인간의 호기심을 자극하고 결국 비행기와 배, 잠수함 등을 개발해 낸 것이다.

라이트 형제가 수많은 시행착오 끝에 그들이 만든 비행기를 타고 인류 최초로 하늘을 나는 데 성공하는데 라이트 형제가 모방한 비행기술은 대머리 독수리라고 한다. 대머리 독수리는 양쪽 날개를 활짝 펼치며 부지런히 움직여 높이 날아 오르고, 한쪽 날개를 아래로 내려 방향을 바꾸고, 날갯짓을 천천히 하면서 날개를 오므려 나뭇가지에 사뿐히 내려앉는 모습으로 비행을 하는데 이것을 보고 비행원리를 밝혀냈다고 한다.

그들이 밝혀 낸 비행에 필요한 세 가지 중요한 원리는 상승력(lift, 비행기를 들어 올리는 힘), 추진력(thrust, 비행기가 앞으로 나갈 수 있게 하는 힘), 조종력(control, 비행기의 방향을 조절하는 힘)이었다.

현재 첨단 우주항공기술과 해양조선기술은 결국 자연과 융합하여 발전한 기술로 자유롭게 날아다니는 새를 모방하여 세계 곳곳을 누비며 비행할 수 있도록 만든 항공기가 그 대표적인 사례라는 것은 누구나 알고 있는 사실이다.

아래 내용은 삼성뉴스룸에서 연재하는 〈세상을 잇(IT)는 이야기〉에서 인용하였는데 삼성전자 뉴스룸이 직접 제작한 기사와 사진은 누구나 자유롭게 사용할 수 있도록 공지하고 있는 점을 밝힌다.

실제로 비행기의 날개 형상과 프레임의 디자인은 새의 날개와 유사한 부분이 많은데 새 날개 뼈의 겉은 단단한 반면에 그 내부는 거의 비어 있어 가볍다고 한다. 하지만 내부는 아주 복잡한 형상의 격자 구조로 이루어져 있어 외부로부터의 충격이나 하중에도 견딜 수 있는 구조적인 특성을 지니고 있는데 이러한 특성은 비행기의 날개와 동체, 자동차의 차체, 건축물 골조 등의 경량화, 강화 구조 설계 등에 널리 적용되고 있다.

지구상의 모든 생명체가 변화하는 기후나 환경 등의 영향에 맞춰 점진적으로 진화하듯 설계나 디자인이 반복적으로 진행되는 게 DfAM의 특징이다. 앞서 예로 든 새의 날개 뼈 역시 새가 하늘을 자유롭게 날 수 있는 최적의 방식으로 더 가벼우면서도 더 강한 형상을 갖기 위해 계속해서 진화한 결과라 할 수 있다.

그림 1-51 DfAM 기술이 적용된 자동차 시트

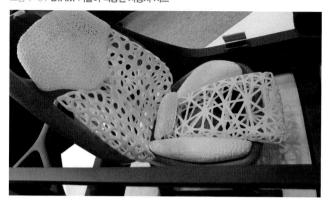

생성적 디자인은 이전까지 일반적으로 쓰이던 규칙기반(rule-based) 설계 방식과 달리 매우 복잡한 설계 문제를 환경의 한계(경계) 조건과 함께 수학적으로 표현할 수 있다. 그중에서도 기계 부품이나 구조물 설계 시 수학적 계산으로 최적의 형상을 유추해내는 데 쓰이는 방법을 가리켜 위상최적화(topology optimization) 방식이라고 한다. 질량, 즉 재료를 공간 상에 어떻게 분포시켜야 가벼우면서도 강한 구조를 만들 수 있는지 컴퓨터로 모의실험(simulation) 하는 방식이다.

생성적 디자인이나 위상최적화 방식이 제시하는 해답은 이상적이지만 막상 현실에선 구현하기 어려운 경우가 많다. 조류의 뼈나 소라 껍데기처럼 자연이 만들어낸 환상적이고 미려한 구조를 사람의 손으로 만들어내려 한다면 많은 시간과 정성이 들 것이다. 그렇다면 지금까지 알려진 제조 공법 중에 어떤 기술이 이런 최적화된 생성적 구조를 한 번에 만들어낼 수 있을까?

이 대목에서 바로 생각할 수 있는 기술이 3D 프린팅이다. 3D 프린팅 기술이 4차 산업혁명 시대에 더욱 주목을 받고 있는 것은 '생성적 디자인의 결과를 가장 쉽고 빠르게 실현시키는 방법'이란 사실에서 찾을 수 있다.

3D 프린팅은 재료를 첨삭해가며 구조물을 만들어내는 방식이란 의미에서 '적층제조(Additive Manufacturing)'라고도 불린다. 적층제조 공법을 사용하면 다양한 소재를 동시에 첨삭할 수 있을 뿐 아니라 소라껍데기와 같이 아무리 복잡한 형상이라도, 위치나 방향에 상관없이 만들어낼 수 있다(물론 사용하는 기술 방식에 따라 적용되는 소재의 종류와 구현되는 형상의 제약이 존재하긴 한다).

생명체가 세포를 분화시키며 성장하고 진화하는 방식과 매우 유사하다. 다시 말해 생성적 디자인의 개념이 3D 프린팅에서 구현 가능한 기술과 완벽히 호환되는 순간, 이전까지 존재했던 제조 활동에서의 제약은 거의 대부분 사라진다고 볼 수 있다. 따라서 DFAM은 3D 프린팅 기술이 가진 장점을 극대화하여 제품개발이나 제조에 최대한 활용하는 방법인 것이다.

3D 프린팅은 일찍이 "기존 산업의 패러다임을 바꿀 기술"이란 기대를 한 몸에 받아왔다. 실제로 3D 프린팅 기술을 사용하면 아이디어 고안에서부터 제품 생산까지의 과정이 놀라울 만큼 단축된다. 또한 디자인·설계 관점이 180도 달라져 전에 없이 획기적인 디자인을 적용할 수 있게 된다.

또한 최적화 설계를 통한 초경량·고강성 구조의 구현이 가능하고 형상이 복잡한 제품의 '조립 없는 원스톱(one-stop)' 생산, 다양한 복합 소재의 동시 적용 등이 가능해진다. 이처럼 3D 프린팅 기술이 혁신적 설계법의 생산, 적용을 견인하는 매력적인 디지털 페브리케이션 툴이라고 할 수 있는 것이다.

이처럼 3D 프린팅 기술의 장점을 극대화할 수 있는 설계·엔지니어링 접근법이 바로 DFAM이다. DFAM은 DFM(Design For Manufacturing)에서 진일보한 개념으로, 기존 설계·제조 공정에서 부딪히게 되는 제약사항을 극복하는 솔루션을 제공한다는 점에서 커다란 의미가 있다.

출처 : 삼성뉴스룸 https://news.samsung.com/kr/ 작성자 : 김남훈

3D 프린팅 시장의 영향력은 산업계 및 실생활의 전 분야에 걸쳐 급격히 커질 전망이다. 성장 폭이 특히 두드러지는 분야로 자동차 산업을 들 수 있는데 DfAM 기술을 사용하면 복잡한 기능과 형상의 부품 모듈을 별도의 조립 공정을 거치지 않고 일체형으로 만들 수 있기 때문이다. 내부 구조가 복잡한 고강성 · 초경량 부품의 설계와 제작을 통해 에너지 효율 개선에도 기여할 수 있다.

그림 1-52 **서포트**

서포트

한편 3D 프린팅이 가지고 있는 가장 큰 장점 중의 하나로, 하나의 출력물이 최종적으로 완성되기까지 버려지는 재료의 낭비가 거의 없다는 것을 들었다. 이는 제품 디자인 시에 가급적 서포트(지지대)와 같이 출력 후 버려야 하는 출력보조물이 생기지 않도록 설계해야 하는 것이야말로 적층제조방식에서 인식해야 할 중요한 기술이라고 생각한다.

특히 FFF 방식이나 SLA, DLP 방식의 3D 프린터를 한번이라도 사용해 본 사람이라면 지지대(서포트)라는 것을 이해하고 있을 것이다. 허공에 떠 있는 부분이나 돌출되어 나온 부분에 생성해주는 중요한 출력 보조물인데 이것은 결국 완성물을 얻고 나면 버려지는 쓰레기이다.

이러한 불필요한 서포트가 없어도 출력이 되고 기능상이나 강도상에 문제가 없도록 설계하여 가뜩이나 플라스틱과의 전쟁으로 몸살을 앓고 있는 지구 상에 생활 쓰레기가 발생하지 않도록 디자인하는 것도 아주 중요하다고 할 수 있을 것이다.

3D 프린팅 기술의 안전과 유해물질

이처럼 3D 프린터가 각광을 받으며 사용자가 계속 증가 추세에 있는데 이에 따른 안전과 출력물 및 소재와 관련된 유해물질 같은 것도 생각해 볼 필요가 있다.

다양한 3D 프린팅 방식 중에 가장 많이 사용하고 누구나 쉽게 접근이 가능한 재료압출방식인 FFF/FDM 방식에서 사용하고 있는 소재인 필라멘트에 대해서 생각해보자.

참고로 아래에 기술하는 내용은 필자의 개인적인 견해임을 사전에 밝혀 두며 일부 저가형 수입품 및 제조사에서 생산하는 소재에서 발생할 수 있는 안전위해 부분에 대해 사용자들이 스스로 경각심을 가질 수 있도록 안내하는 것이다.

FFF/FDM 방식에서 많이 사용하고 있는 ABS 필라멘트 소재의 경우 아크릴로니트릴, 부타디엔, 스타이렌 등이 결합된 고분자 물질로 환기시설이나 국소 배기장치 등이 제대로 갖추어지지 않은 사무실이나 가정에서 혹은 교실에서 출력시 유해한 물질이 방출될 수 있다.

또한 출력용으로 많이 사용하는 친환경소재로 알려진 PLA의 경우 옥수수같은 농작물을 원료로 하여 제작이 된다고 하는데 식용 옥수수가 아닌 유전자조작으로 대량 생산된 것을 원료로 사용한다거나 필라멘트 제조시 첨가하는 색상을 내는 안료의 경우 환경이나 인체에 유해한 것은 아닌지 한번 의심해 볼 필요성이 있다.

그림 1-53 **커피 찌꺼기를 재활용한 필라멘트**

실제 소재별 배출물질 분석 시험 결과에서는 ABS 소재보다 PLA류의 소재를 사용하는 경우 유해물질의 배출농도가 현저히 낮은 것으로 나타났다고 한다.

다만 일부 PLA 소재의 경우에도 기능성 원료가 첨가된 PLA는 첨가제 사용으로 인해 다른 유해물질들이 포함될 수 있으므로 소재의 선택시 제품 원료에 대한 물질안전보건정보(MSDS)를 확인할 필요가 있다.

물질안전보건정보는 안전보건공단 홈페이지(www.kosha.or.kr)에서 확인할 수 있다.

TIP **PLA**(Polylatic acid) : 기본 중합체(base polymer) 중 락트산의 함유율이 50% 이상인 합성수지제
물질안전보건정보(MSDS) : 전 세계에서 시판되고 있는 화학물질의 특성을 설명한 명세서로서 화학물질의 유해위험성, 응급조치요령 등 16가지 항목에 대한 정보를 제공

이런 사항들은 필라멘트 제조사들이 포장박스 등에 성분 구성 표시를 의무적으로 하고 출력물을 폐기하는 경우 처리 방법도 제시하여야 한다고 생각한다.

소재를 선택하는 경우 친환경 원료의 PLA 소재, KC 인증마크 및 기타 친환경 인증 소재를 사용할 것을 권장하며 아무런 성분표시가 없는 소재의 사용은 유의해야 한다.

가급적 어린 학생들을 교육하는 공간에서 사용하는 3D 프린터는 오픈형이 아닌 밀폐형(박스형, 챔버형)을 권장하며 장비 내부에 헤파필터가 내장되어 있고 친환경 원료 소재나 인증 소재를 사용하고 물질안전보건정보(MSDS)를 확인해 볼 것을 추천한다.

2013년 Stephens 등의 연구 결과에 따르면 FDM 방식 프린터에서 초미세먼지가 검출되었다고 하며 특히 산업용 프린터의 경우 접착제 분사 방식(MJ), 광중합 방식(PP)에서 이용되는 접착제, 고형화제(SLA, DLP)에서 중금속이 발생할 수 있는 것으로 보고되고 있다(Oskui 등, 2016).

3D 프린터가 아무리 좋은 디지털 장비라고 할지라도 출력에 사용되는 재료, 접착제(결합제, 소결제), 고형화제에서 미세먼지의 발생뿐만 아니라 휘발성 유기화합물과 중금속이 우리 실내환경에 배출되어 사용자나 실내 근무자의 건강에 악영향을 미칠 가능성이 있다.

광중합방식 3D 프린팅에서 주의할 사항은 액상 소재의 출력시 발생하는 특유의 냄새나 유해가스 등에 의한 질식 및 안전사고 위험을 들 수 있다. 특히 아이들이나 반려동물들이 접근하지 못하도록 세심한 주의를 기울여야 하며 플라스틱 통에 들어 있는 액상의 소재를 마신다거나 냄새를 맡지 않도록 주의해야 할 것이다.

그리고 출력물 회수시 알코올로 세척하는 경우가 많은데 이때 반드시 안전장갑이나 안전 마스크를 착용하고 취급해야 하며 화재나 흡입에 의한 질식사고의 예방에 주의를 기울여야 할 것이다.

1. 광중합방식 3D 프린팅 기술의 주요 방식과 사용 소재

광중합방식에서 사용하는 소재 중의 하나인 UV 광경화성 수지란 자외선(Ultraviolet, UV), 전자선(Electron Beam, EB) 등 빛에너지를 받아 가교/경화하는 합성유기재료를 말하며 산업에서는 UV 경화성 수지를 많이 사용한다.

(1) 올리고머(Oilgomer) : 베이트수지, 수지의 물성을 좌우하는 중요 성분으로 주로 아크릴 화합물 적용

(2) 모노머(Monomer) : 올리고머의 반응성 희석제로 사용되어 작업성 부여와 함께 가교제의 역할

(3) 광중합개시제(Photoinitiator) : 자외선 흡수 중합 개시 역할, 단독 혹은 2~3종류 희석사용, 독성을 야기할 수 있으므로 함량 조절 필요

(4) 첨가제 : 용도에 따라 표면조절제, 착색제, 광안정제, 광증감제, 소포제, 증점제, 중합금지제 등 첨가

2. UV 광경화성 수지의 구성 성분

구성 성분	라디칼 중합 타입	카티온 중합 타입
올리고머	• 폴리에스테르 아크릴레이트 • 에폭시 아크릴레이트 • 우레탄 아크릴레이트 • 폴리에테르 아크릴레이트 • 실리콘 아크릴레이트	• 자환식 에폭시수지 • 글리시딜에테르 에폭시수지 • 에폭시 아크릴레이트 • 비닐에테르
모노머	• 단관능성 혹은 다관능성 모노머	• 에폭시계 모노머 • 비닐에테르류 • 환상 에테르류
광중합개시제	• 벤조인에테르류 • 아민류	• 디아조늄염 • 요오드늄염 • 술포늄염 • 메탈노센화합물
첨가제	• 접착 부여제 • 충전재 • 중합 금지제 등	• 실란커플링제

UV 경화성 수지용 경화물의 특성

모노머 종류	특성		모노머 종류	특성
1관능성 모노머	희석성, 밀착성, 유연성, 저수축성		에폭시아크릴레이트	접착성, 내열성, 내약품성
2관능성 모노머	희석성, 유연성, 내굴곡성, 연화성		우레탄아크릴레이트	강인성, 유연성, 내굴곡성
다관능성 모노머	경화성, 가교성, 내마모성, 내후성		불포화폴리에스테르수지	저가, 경화속도 느림
인함유 모노머	수용성, 금속 밀착성 개량제		폴리에스테르아크릴레이트	경도, 내오염성 양호
			폴리에테르아크릴레이트	유연성 양호
			불포화아크릴수지	내후성, 내약품성, 내오염성

3. UV 경화성 수지의 선택시 고려사항

제조사나 공급자와 충분한 상담을 통해 최적의 제품을 선택한다. 특히 휘발성유기화합물(VOC)을 함유한 제품은 피부접촉이나 호흡기 흡입을 통해 신경계에 장애를 일으키는 발암물질로 벤젠이나 포름알데히드, 톨루엔, 자일렌, 에틸렌, 스틸렌, 아세트알데히드 등을 포함하고 있다.

1) 경화 후 완제품의 경도, 내후성, 접착강도 등 물리적 특성
2) 도막의 두께
3) 광개시제의 흡수 파장 영역
4) 초기 색상 및 황변성
5) 냄새
6) 안료 및 염료 사용 유무
7) 사용되는 UV Lamp의 종류와 파장
8) 독성
9) 제품 원가 등

4. 출력물 세척과 취급시 주의사항

1) DLP나 SLA 등의 방식은 액상 레진을 사용하기 때문에 출력 완료 후 조형물에 묻은 레진을 세척해야 하는데 일반적으로 알코올을 사용하여 세척을 진행한다(탈지작업). 알코올의 종류에는 3가지가 있으며 출력물에 알맞는 적당한 제품을 선택하여 사용하는 것이 보통인데 가격이 저렴한 제품으로 큰 통에 담긴 것을 보관해두고 출력소에서 사용하기도 한다. 하지만 알코올은 인화성이 높은 물질로 보관시에 상당한 주의를 요하며 특히 화재 등의 위험이 따르므로 반드시 안전사고를 미연에 방지해야만 한다.

2) 출력시 사용한 레진이나 서포트 재료를 하수구나 쓰레기통 등에 무단으로 버릴시 환경 오염의 주범이 될 수 있으므로 안전물 취급관리법에 따라야 한다. 또한 광경화성 수지로 출력한 출력물을 아이들이나 반려동물의 음식용 그릇이나 물 그릇 등의 용도로 사용하는 것을 제한하는 것이 좋다.

3) 출력물 세척시 알코올이 들어 있는 분무기로 출력물 표면에 분무하여 표면에 남아있는 레진과 찌꺼기를 제거하는 경우 안전장갑과 안전마스크 등을 하고 출력물을 아래 방향으로 하여 남아있는 알코올을 제거한다.

그림 1-54 **DLP 출력물 세척**

출력물 세척시
안전 장갑과 안전 마스크 착용이 필수이다.

5. 광중합방식 3D 프린팅시 발생되는 대표적인 유해물질의 특성 및 독성

물질	물리화학적 특성	독성	카티온 중합 타입
안티몬 (antimony) (Sb)	비중 : 6.69 밀도 : 6.69 g/mL 냄새 : 마늘냄새 끓는 점 : 2562℃	• 안티몬 피부염 환자에서 비출혈, 후두염 및 인두염이 나타났으며 다양한 안티몬 먼지는 폐자극 및 기침을 유발. 동물에서 안티몬 투여 시 치명적인 독성인 심부전으로 사망 • 돌연변이유발성과 세포독성이 살모넬라 돌연변이성 생물학적 검증연구에서 보여지지만 표본의 70% 이상이 세균이나 진균에 감염되어졌다. 3원자가 안티몬은 세균에서 DNA 손상을 유발 • 안티몬삼염화물, 오염화물, 삼산화물은 고초균 rec 분석에서 DNA를 손상시키지만 에임스 살모넬라/ 미세소체 분석에서는 모두 돌연변이원이 아님	IARC (목록에 없음) ACGIH A2 (인체발암물질로 의심됨)

[참고]

미국 로버트 모리스대 환경과학과 다니엘 쇼트 교수팀이 3D 프린팅용 소재의 MSDS(물질안전보건자료)를 검토한 결과를 살펴보자(doi:10.1108/RPJ-11-2012-0111). 다양한 재료 가운데 특히 일부 SLA 프린터에 쓰이는 광경화성 액체 수지에는 안티몬이 포함돼 있었다. 안티몬(원소 기호 Sb, 원자번호 51)은 유해 중금속으로, 중독 증상이 비소 중독과 비슷하고 적은 양으로도 사람을 사망에 이르게 할 수 있다. 광경화성 액체 수지 안에 든 '광개시제'에 안티몬이 포함되어 있다는 연구 발표자료도 있는데, 광개시제란 광경화성 액체 수지의 고분자 끝에 달려 있는 물질로, 레이저 빛이 광개시제를 자극해야 경화 반응이 시작된다. 안티몬 이외에도 광개시재에 함유된 물질 중 발암물질이 많다고 알려져 있으니 취급에 반드시 주의해야 한다.

다음은 '3D 프린팅 유해물질이 건강에 미치는 영향'이라는 논문의 내용을 인용한 것으로 3D 프린팅 사용시 한번 쯤은 경각심을 가져볼 만한 사항으로 판단되어 소개한다.

3D 프린팅 배출 물질 및 건강위해 관련 문헌 주요 결과

No.	제목	주요 결과	출처
1	3D 프린팅(ME방식-FDM) 작업 환경의 유해물질 배출 현황조사	• 원재료의 함량보다 출력물에서 VOCs 방출량이 높음 • 소재(ABS, PLA)에서 styrene와 polylactic acid 검출 • 유해 중금속은 검출한계 이하 • 현장평가에서 TVOCs와 HCHO 실내공기질관리기준 초과	(사)한국전자정보통신산업진흥회 (2016)
2	3D 프린터와 3D 이용 제품의 위해성평가(Risk assessment of 3D printers and 3D printed products)	• FDM 3D 프린팅에서 발생되는 입자상물질(분진)과 휘발성물질 배출에 따른 건강위해성 평가 • 휘발물질로 lactide (PLA), styrene (ABS), caprolactam (nylon)으로 제시하며, 호흡기 및 눈 자극의 영향을 제시	EPA, Denmark (2017)

3	데스크탑 3D 프린팅의 노출평가 (An exposure assessment of desktop 3D printing)	• 3D 프린팅 작업 2곳 (환기상태 고려)에서 초미세먼지(ultrafine)가 $10^3 \sim 10^3$ particles/cm^3 발생 • 초미세먼지(ultrafine)의 폐 및 심혈관 영향을 고려할 때, 제어방법이 필요함을 제시	Journal of Chemical Health & Safety (2017)
4	BJ방식 3D 프린터에서 방출되는 총휘발성유기화합물과 미세입자에 대한 특성(Characterization of particulate matters and total VOC emissions from a binder jetting 3D printer)	• FDM 3D 프린터에서 초미세입자 방출은 ABS 소재 (1.9×10^{11} min^{-1})가 PLA(2.0×10^{10} min^{-1}) 소재보다 높았음	Building and Environment (2015)
5	3D 프린터 가동 중 방출되는 나노입자 및 가스상 물질 (Emissions of Nanoparticles and Gaseous Material from 3D Printer Operation)	• 3D 프린터에서 TVOCs와 미세먼지(PM2.5, PM10)의 농도가 미국 EPA 품질기준을 초과	Environmental Science & Technology (2015)
6	데스크탑 3D 프린터에서 방출되는 초미세입자 (Ultrafine particle emissions from desktop 3D printers)	• FDM 3D 프린터의 입자개수 농도는 PLA 보다 ABS에서 33~38배 높았음 • ABS 소재의 경우 TVOCs 최대 농도가 453.3 ppb를 나타냄	Atmospheric Environment (2013)
7	클린룸에서 데스크탑 3D 프린터 가동 중 발생되는 초미세입자 방출량 조사(Investigation of Ultrafine Particle Emissions of Desktop 3D Printers in the Clean Room)	• 입자 크기의 대부분은 10μm(PM$_{10}$) 미만으로 나타남 • 입자 크기가 작을수록 높은 입자 농도 발생 (0.25 μm ~ 0.28 μm 크기에서 가장 높은 농도 측정)	Procedia Engineering (2015)
8	3D 프린터 출력물 독성평가 및 저감평가(Assessing and Reducing the Toxicity of 3D-Printed Parts)	• FDM(소재압출 방식 : 폴리머 필라멘트 소재 사용) 3D 프린터 및 SLA(광조형 방식 : 광경화성 액상레진 소재 사용) 3D 프린터를 사용하여 출력물을 수생독물학에서 널리 사용되는 제브라피쉬(zebrafish)의 배아(embryo)에 노출시킨 후, 배아의 생존률, 부화 및 발달장애를 평가 • FDM, STL 프린터 출력물 모두 제브라피쉬 배아에게 일정 부분 유독성을 보임 • SLA 프린터 출력물에서 더 높은 유독성 확인	Environmental Science & Technolohy (2016)
9	데스크탑 3D 프린터에서 방출량 및 사무실 실내공기질에 대한 방출 평가 특성(Characterization of emissions from a desktop 3D printer and indoor air measurements in office settings}	• 초미세 에어로졸(UFA) : ABS보다 PLA에서 더 높았음 (PLA : 2.1×10^9 vs. ABS : 2.4×10^8 particles/min.) • 총휘발성유기화합물 : 주요 방출 VOC는 ABS의 경우 스티렌(49 %), PLA의 경우 메타크릴산메틸(37 %)로 확인됨 • 환기 불가한 작은 사무실 : 초미세 에어로졸 및 농도가 크게 증가하였음(UFA : 970 → 2,100/cm^3, TVOC : 59 → 216 μg/m^3).	

No.	제목	주요 결과	출처
10	데스크탑 3D 프린터에서 방출되는 미세입자 방출특성(Emission of particulate matter from a desktop three-dimensional (3D) printer)	• 3D 프린터에 사용되는 소재와 색상에 따라 미세입자 방출량 결과 값이 상이하게 나타났으며, 장비 Source 상태(개폐상태)에 따라 방출량 결과 값에 영향을 주었다. • ABS 소재가 PLA 소재에 비하여 더 큰 입자를 방출함 • 필라멘트 색상에 따라서 기하평균 입자크기, 총 입자(TP)수 및 질량 방출량 등이 상이함	Journal of Toxicology and Environmental Health (2016)

3D 프린팅시 발생되는 유해물질의 특성 및 독성

물질	물리화학적 특성	독성	비고
미세먼지 (fine particle) (PM10, PM2.5)	• 미세먼지는 같은 공기역학적 직경과 농도가 같아도, 구성성분(금속, 산화물, 유기탄소, 원소탄소 등)에 따른 물리화학적 특성이 다름	호흡기 계통, 특히 폐에 위해를 주는 것으로 나타나고 있으며 사망률의 증가를 초래하는 것으로 보고되고 있음. 호흡에 의해 폐포로 흡입되어 침전된 후 모세혈관을 통해 혈액으로 전달되어 인체장기에 축적됨으로써 천식, 호흡기 질환, 심폐질환 및 각종 질병의 원인이 되어 인체건강에 직·간접적인 피해를 유발. 입자의 크기가 작아짐에 따라 폐포 깊숙이 침투될 뿐 아니라 동일한 농도 대비 표면적이 급속히 증가하므로 입자가 중금속 성분을 함유하고 있을 때 그 중금속의 농축 정도역시 급격히 증가함	WHO 발암물질로 규정
포름알데히드 (form-aldehyde) (HCHO)	• 비중 : 0.815 • 밀도 : 1.08g/mL (25℃) • 색상 : 무색투명 • 냄새 : 톡쏘며 숨막히는 냄새 • 끓는점 : -21℃	• 환경적 및 직업적 노출이 건강에 미치는 영향은 건축자재로부터 나오는 포름알데히드 증기 때문이고, 두통, 오심, 눈이나 코, 인후의 작열감, 피부발진, 기침, 가슴 조임 등의 증상. • 민감한 사람의 경우에는 0.1ppm 이하의 농도에서도 반응이 일어날 수 있음. DNA와 단백질 교차결합, DNA와 DNA의 교차결합과 DNA의 절단을 야기함. 포름알데히드의 섭취는 저혈량성 쇼크를 유발할 수 있음	IARC A (인체발암물질) NTP K (인체발암물질)
아세트알데하이드 (acet-aldehyde) (C2H4O)	• 비중 : 0.78 • 밀도 : 1.5g/mL • 색상 : 무색의 액체 • 냄새 : 자극적인 냄새 • 끓는점 : -123℃	단기 노출 시 눈과 호흡기, 피부에 약한 자극성이 있으며, 중추신경계에 영향을 미칠 수 있음. 장기혹은 반복 접촉 시 피부염을 일으키며 호흡기에 영향을 미칠 가능성이 있음. 인체 발암 가능성이 있음. 유해성 위험성 분류상 급성 독성(경구) 구분4(삼키면 유해함), 피부 부식성/피부 자극성 구분2, 심한 눈 손상성/눈 자극성 구분2(피부와 눈에 심한 자극을 일으킴), 생식세포변이원성 구분2(유전적인 결함을 일으킬 것으로 의심됨), 발암성 구분2, 특정표적장기 독성(1회 노출) 구분1(졸음 또는 현기증을 일으킬 수 있음), 특정표적장기 독성(1회 노출) 구분3(마취작용), 특정표적장기 독성(반복 노출) 구분1에 해당되는 물질	IARC B2 (인체발암가능물질) NTP R (인체발암물질로 충분히 예측됨)

스티렌 (styrene) (C_8H_8)	• 비중 : 0.906 • 밀도 : 0.90g/mL • 색상 : 밝은 황색을 띄거나 맑고 어두운색 • 냄새 : 날카롭고, 달콤하고 불쾌한 향 • 끓는점 : 145℃	스티렌은 눈, 피부, 점막을 자극할 수 있음. 귀독성, 신장독성, 간독성, 중추신경 억제작용이 있음. 노출시 증상은 오심, 피로, 두통, 조절기능 상실, 근육 약화, 숙취 느낌, 어지러움, 의식불명 등이 나타남. 말초 신경병증과 폐부종이 일어날 수 있음. 지속적 반복적 노출은 탈지 피부염(defatting dermatitis)을 일으킬 수도 있음. 용량 의존성 면역능력 조정을 유발할 수 있고, 세포 손상이 유발될 수도 있음. 생식기계 증상은 정자 감소증 및 비정상적인 정자 증가, 생리 주기 이상이 나타날 수 있음	IARC B2 (인체발암가능 물질) ACGIH A4 (인체발암물질로 분류할 수 없음)
카프로락탐 (caprolactam) ($C_6H_{11}NO$)	• 비중 : 1.02 • 밀도 : 1.014g/mL • 색상 : 백색 • 냄새 : 불쾌한 향 • 끓는점 : 270℃	일부 사람에서 카프로락탐 먼지 5mg/m³에 짧게 노출된 후 위해반응이 나타날 수 있음. 카프로락탐 노출은 눈, 피부, 점막 자극과 피부 감작을 일으키며, 흡입 노출 후 호흡기 자극과 기침이 나타날 수 있음. 직업적으로 노출된 한 집단의 작업자들에서 기관지경련을 동반한 호흡기 감작이 발생함. 만성적으로 노출된 작업자에서 수면장애, 전신권태, 쉽게 피로함, 과민성 등 다양한 중추신경계 증상 및 식욕감퇴, 오심, 트림, 쓴맛, 상복부 불쾌감, 체중감소 등의 소화기계 증상이 보고됨. 실험동물에서 경구 대용량 투여 후 호흡촉진, 경증의 저혈압을 동반한 발작과 간, 신장 손상이 발생하였다. 실험동물에서 발암성의 증거는 발견되지 않음	IARC D (인체 발암물질로 분류할 수 없음)
디에틸렌 글리콜 모노부틸 에테르 (2,2 −butoxyethoxy −ethanol) ($C_8H_{18}O_3$)	• 비중 : 0.951 • 밀도 : 0.955g/mL • 색상 : 무색 • 냄새 : 약함 • 끓는점 : 230℃	심한 눈 손상성/눈 자극성이며, 평소 작업 중 사고로 소량을 마신 경우에는 신체 손상이 일어날 가능성이 거의 없음. 장기적 접촉시 홍반을 동반한 가벼운 피부 자극의 원인이 될 수 있음. ; 그렇지만, 많은 양을 마신 경우 손상이 올 수 있음. 동물의 혈액, 신장, 간에 영향을 미친다고 보고됨	IARC D (인체 발암물질로 분류할 수 없음)
메타크릴산메틸 (methyl methacrylate) ($C_5H_8O_2$)	• 비중 : 0.9337 • 밀도 : 0.9337g/mL • 색상 : 무색 • 냄새 : 황과 유사한 냄새, 달콤함, 자극적, 불쾌한 냄새, 톡쏘는 과일 향 • 끓는점 : 100.5℃	흡입과 복강 내 투여로 중등도의 독성이 나타나고 섭취 시 약한 독성을 나타냄. 피부, 눈, 코, 인후, 기관지 점막을 자극한다. 높은 농도로 노출 시 폐부종을 일으킬 수 있으며 어지러움, 과민증, 집중력 장애, 기억력 감소를 유발할 수 있음. 태아 발달에 장애를 줄 수 있다. 피부 알러지를 일으킬 수 있음	IARC D (인체 발암물질로 분류할 수 없음) ACGIH A4 (인체발암물질로 분류할 수 없음)
트리클로로에틸렌 (Trichloro −ethylene) (C_2HCl_3)	• 밀도 : 1.46g/mL (20℃) • 색상 : 투명, 무색 • 냄새 : 에테르냄새, 단 냄새, 클로로포름과 비슷한 특징적 냄새 • 끓는 점 : 61.2℃	트리클로로에틸렌의 흡입은 다행증, 환각 및 지각왜곡을 유발할 수 있다, 중독성이 있는 흡입 남용이 보고. 트리클로로에틸렌 증기는 코와 목에 자극을 줄 수 있음. 장기간 직업적 노출은 청력손실, 기억력손실, 피로, 홍조, 심전도 변화, 구토 및 신장과 간의 손상, 중추억제, 자극감, 뇌질환, 치매, 신경장애, 감각 이상 및 전신 경화증의 원인이 될 수 있음. 직업상 노출 후에 시각 장애, 동안신경 마비 및 삼차신경 마비가 보고	IARC A (인체발암물질) NTP R (인체발암물질로 충분히 예측됨)

톨루엔 (toluene) (C₇H₈)	・비중 : 0.8636 ・밀도 : 0.86g/mL ・색상 : 무색투명 ・냄새 : 자극성 냄새 ・끓는 점 : 111℃	톨루엔에 노출되면 중추 신경계에 가역성 및 비가역성 변화가 모두 일어남. 톨루엔 흡입이 랫드의 뇌 특정 부분에 있는 일부 특정 효소 및 글루타민산염 및 GABA 수용체 결합에 미치는 영향을 여러 가지 노출 조건을 사용하여 조사했음. 전달물질 합성 효소인 탈카르복실효소(GAD), 콜린 아세틸트렌스페라제(ChAT), 방향족 아미노산 탈카르복실효소(AAD)의 작용을 신경 활동의 영구적인 손실에 대한 표지로 사용함. 250 및 1,000ppm의 톨루엔에 노출된 지 4주가 지난 후 뇌 줄기의 카테콜아민 신경세포가 50% 감소했다. 500ppm의 톨루엔을 하루 16시간 동안 3개월간 흡입했을 때 활동의 일반적인 증가가 나타남. 이는 활동이 연관된 영역의 총 단백질 함량 감소로 인한 것으로 보임. 신경전달 글루타민산염 및 GABA 는 일부 영역만을 제외하고 대부분의 조사된 뇌 영역에서 결합이 증가하는 특정 수용체를 가지고 있었음. 1,000ppm에 4주 동안 노출된 후 소뇌 반구에서 신경아교 효소, 글루타민산염 합성효소의 활동이 증가함. 시험 결과는 해당 영역의 아교세포가 증식했음을 암시했으며 이는 중추신경계 손상에 따르는 흔한 현상	IARC C (인체발암물질로 분류할 수 없음)
에틸벤젠 (ethyl benzene) (C₈H₁₀)	・비중 : 0.866 ・밀도 : 0.866g/mL ・색상 : 무색 ・냄새 : 방향성, 자극적 냄새, 달콤한 휘발유 유사 냄새 ・끓는 점 : 136.1℃	에틸벤젠에 유의한 농도로 노출되면 눈물분비 과다, 결막염, 코와 호흡기 자극, 가슴조임, 현기증, 조화운동불능, 두통, 과민성, 기능적 신경계 교란이 일어날 수 있음. 만성적 노출로 피로, 불면, 두통, 눈과 호흡기 자극을 일으킬 수 있으며 혼수를 유발할 수 있음. 매우 높은 농도에 노출되면 호흡 곤란을 일으키고 사망에까지 이를 수 있음	IARC 2B (인체발암가능 물질) ACGIH A3 (사람과의 상관성은 알 수 없으나 동물에게는 확실한 발암물질)
크롬 (chromium) (Cr)	・비중 : 7.14 ・밀도 : 7.14g/mL ・냄새 : 무취 ・끓는 점 : 2642℃	IARC에서는 이 물질을 인간에게 발암성이 있는 물질로 분류하고 있음. 무수 크롬산은 포유류 세포에서 높은 정도의 염색체 이상을 유발함. 동물 실험 결과 이 물질은 인간에서의 생식, 발달에 독성이 있을 수 있음. 이 물질은 신장에도 영향이 있어 신장 손상을 유발할 수 있음. 이 물질은 안구, 피부, 기관지에 매우 자극적	무수크롬산 (IARC A ((인체발암물질))
비소 (arsenic) (As)	・비중 : 5.778 ・밀도 : 5.73g/mL ・끓는 점 : 603℃	저용량에서 메스꺼움, 구토, 설사를 일으키고, 고용량에서 심장 박동 이상, 혈관 손상, 심한 통증 을 일으켜 죽음에 이를 수도 있음. 비소가 들어있는 공기를 장기간 들이마시면 폐암에 걸릴 수 있으며, 비소로 오염된 물이나 식품을 장기간 섭취하면 방광암, 피부암, 간암, 신장암, 폐암 등에 걸릴 수 있음. 결막염, 목구멍과 호흡기 자극, 과다 색소침착, 습진성 알러지성 피부염 이후에 허약,식욕부진, 간비대, 황달, 위장관계 증상을 포함한 만성중독의 후유증이 일어남. 3가비소(arsenite)가 5가비소(arse-nate)보다 독성이 강함. 100mg 이상 유기비소의 급성섭취는 현저한 독성. 200mg 또는 그 이상의 비소삼산화물은 성인에게 사망을 일으킬 수 있음	IARC A (인체발암물질) NTP K (인체발암물질)

카드뮴 (cadmium) (Cd)	• 비중 : 8.65 • 색상 : 백색 • 끓는 점 : 765℃	인체 발암성의 물질. 카드뮴과 카드뮴염은 독성이 매우 강함. 카드뮴 분진이나 연무를 흡입하면 목구멍 건조, 기침, 두통, 구토, 흉통, 극도 안절부절과 과민성, 폐렴, 기관지폐렴이 발생할 수 있음. 카드뮴 연무와 분진을 과도하게 흡입하면 잔류 폐용적이 증가해 환기능력이 낮아짐. 호흡곤란이 대표적 증상. 카드뮴화합물은 삼키면 구토를 통해 일부가 배출되기 때문에 흡입하는 경우보다 독성이 더 낮음. 섭취 시 타액분비, 질식, 심한 구역증, 지속적 구토, 설사, 복통, 시력불선명, 어지럼증 등이 나타나 간, 신장손상 및 사망할 수 있음. 카드뮴은 배출되지 않고 누적. 반복적장기간 노출되면 기침과 숨가쁨, 폐기능 비정상, 기포폐쇄, 폐섬유증을 동반하는 폐기종 유형의 비가역적 폐손상이 발생할 수 있음. 카드뮴은 칼슘대신 뼈 속으로 흡수되고 뼈 속의 칼슘, 인산 등의 염류가 유출되어 뼈가 약해지고 쉽게 부서질 수 있어 관절이 손상되는 이타이이타이병의 증세를 나타냄	IARC A (인체발암물질) NTP K (인체발암물질)
구리 (copper) (Cu)	• 비중 : 8.92 • 밀도 : 8.92g/mL • 냄새 : 무취 • 끓는 점 : 2562℃	심각한 독성은 500mcg/dL보다 더 높은 혈청 중 구리 수치와 관계가 있다. 치료를 하지 않았을 경우 성인의 추정 치사량은 10에서 20g임. 유전질환인 윌슨병(Wilson's disease)은 구리가 간이나 뇌 등에 축적됨으로써 구리를 세룰로플라스민 내로 이동시킬 수 없어 생기는 병인데, 신경, 정신, 간 등에 이상 증세를 보임. 구리 분진흡입은 상기도 자극의 원인이 되며, 인플루엔자와 비슷한 증상을 일으킴. 노출에 의해 위장관과 피부에 대한 효과뿐만 아니라 눈, 입, 코의 자극 또한 발생할 수 있음. 구리 분진 혹은 미세먼지의 경우 지속적 혹은 반복적 피부 접촉을 예방하기 위한 적절한 옷을 입음으로써 막을 수 있음	IARC (목록에 없음) ACGIH A4 (인체발암물질로 분류할 수 없음)
안티몬 (antimony) (Sb)	• 비중 : 6.69 • 밀도 : 6.69g/mL • 냄새 : 마늘냄새 • 끓는 점 : 2562℃	안티몬 피부염 환자에서 비출혈, 후두염 및 인두염이 나타났으며 다양한 안티몬 먼지는 폐자극 및 기침을 유발. 동물에서 안티몬 투여 시 치명적인 독성인 심부전으로 사망. 돌연변이유발성과 세포독성이 살모넬라 돌연변이성 생물학적 검증연구에서 보여지지만 표본의 70% 이상이 세균이나 진균에 감염되어졌다. 3원자가 안티몬은 세균에서 DNA 손상을 유발. 안티몬삼염화물, 오염화물, 삼산화물은 고초균 rec 분석에서 DNA를 손상시키지만 에임스 살모넬라/ 미세소체 분석에서는 모두 돌연변이원이 아님	IARC (목록에 없음) ACGIH A2 (인체발암물질로 의심됨)

출처 : 3D 프린팅 유해물질이 건강에 미치는 영향. 양원호/대구가톨릭대학교 산업보건학과

그림 1-55 **재료 분사 방식(MJ) 3D 프린팅에 사용하는 소재**

그림 1-56 **분말적층용융결합 방식(PBF) 3D 프린팅에 사용하는 소재**

그림 1-57 광중합 방식(PP) 3D 프린팅에 사용하는 소재

그림 1-58 접착제 분사 방식(BJ) 3D 프린터와 소재

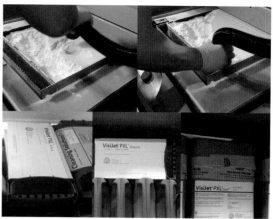

이외에도 다른 기술방식의 소재의 취급과 사용 및 출력시에 세심한 주의를 기울여 안전한 작업이 될 수 있도록 하여야 하며 국내에서는 관련법에 따라 정보통신산업진흥원 주관으로 (사)안전보건협회 등에서 3D 프린팅 사업장을 영위하는 대표자 및 종사자들을 대상으로 3D 프린팅 산업안전교육을 연중실시하고 있으므로 관련 업종에 종사하는 사람들이라면 의무적으로 교육을 받길 권장한다.

또한 3D 프린팅 제품 및 서비스에 대한 분쟁소지를 예방하고 이용자 피해를 최소화하기 위해 '3D 프린팅 서비스사업 표준약관'이 제정되었으며, 3D프린팅 서비스사업자 신고제도도 운영된다. 3D 프린팅 서비스사업자 신고서(신규, 변경, 폐업)의 접수 및 처리, 그리고 3D 프린팅 서비스사업자 신고제도 안내 책자 발간 및 배포가 이루어지고 있는데, 아래에 2018년 현재 시행되고 있는 3D 프린팅 서비스 상시 종사자 및 대표자에 대한 안전 교육 내용을 소개한다.

• 대상

– 삼차원 프린팅서비스사업 대표자

– 삼차원 프린팅 장비 및 소재 등을 이용하여 조형물을 제작하는 종업원, 단 1개월 미만 일용직 근로자는 제외

※ 소규모 삼차원 프린팅서비스사업자(자본금 1억 원 이하 또는 5인 이하)도 안전교육 대상

• 교육 내용 및 시간

– 신규교육(대표자 8시간 이상, 종업원 16시간 이상)

– 보수교육(대표자 2년마다 6시간 이상, 종업원 매년 6시간 이상)

– 3D 프린팅 서비스사업 안전교육 세부내용 및 시간

구분	세부 교육 과목	교육 시간	
		대표자	종업원
1	삼차원 프린팅산업 관련 법령 및 제도에 관한 사항	2시간	4시간
2	삼차원 프린팅의 유해위험방지에 관한 사항	2시간	4시간
3	삼차원 프린팅 작업환경 및 작업자 보호에 관한 사항	2시간	6시간
4	그 밖에 삼차원 프린팅서비스사업의 안전보건에 관한 사항 등	1시간	2시간
5	안전한 작업환경 제공을 위한 대표자의 책임	1시간	–

3D 프린팅 작업장 환경

현재 국내에서는 학생들의 창의성 향상과 메이커 교육에 지대한 관심을 갖고 있으며 초중고를 비롯하여 대학교, 공공기관, 출력서비스 사업장, 상상공작소, 메이커스페이스 등에 3D 프린터 보급을 확대하고 있고, 이제는 개인들의 제작을 위한 가정에까지 확산되고 있는 실정이다.

하지만 이러한 저가의 보급형 3D 프린터의 사용 중에 발생하는 초미세먼지나 휘발성 유기화합물 등의 유해물질에 노출되고 있다는 연구논문이 해외를 중심으로 발표되기 시작하면서 3D 프린팅 작업장의 환경이나 장비의 사용과 소재의 취급 및 출력물의 후처리시 안전을 위한 부분에 많은 관심을 가지고 있다는 것은 다행스러운 점이다.

초미세먼지와 휘발성유기화합물은 필라멘트 소재의 종류에 따라 그 방출농도가 달라진다고 하며, 출력 완료 후에도 출력물 자체에서 일정 시간 동안 휘발성 유기화합물이 방출될 수 있으므로 3D 프린터가 설치된 작업공간에서는 초미세먼지나 휘발성유기화합물의 농도를 적절하게 유지하기 위한 관리나 조치가 필요하다.

소재 종류별 주요 오염물질 현황

소재 종류	주요 오염 물질	
ABS[1]	Styrene(CAS No[2]. 100–42–5)	
	Ethylbenzene(CAS No. 100–41–4)	
PC	Styrene(CAS No. 100–52–7)	
HIPS	Styrene(CAS No. 100–42–5)	
	Glycerin(CAS No. 56–81–5)	초미세먼지(공통)
TPU	Phenol(CAS No. 108–95–2)	
PLA	Lactide(CAS No. 95–96–5)	
Copper	Lactide(CAS No. 95–96–5)	
Nylon	Caprolactam(CAS No. 105–60–2)	
PVA	Glycerol monoacetate(CAS No. 106–61–6)	

[주]

(1) 스티렌과 아크릴로니트릴의 공중합체에 부타디엔계 고무가 분산된 물질의 함유율이 60% 이상인 합성수지제

(2) Chemical Abstract Service Number의 약자로 이제까지 알려진 모든 화합물, 중합체 등을 기록하는 번호. 미국 화학회 American Chemical Society에서 운영하는 서비스임

3D 프린팅 작업장은 가급적 환기가 잘되는 곳에 설치하고 적절한 풍량의 환풍기를 설치하여 3D 프린터를 작동하기 전, 후에 작동시킬 것을 권장한다. 또한 환풍기 작동시에는 외부 공기가 유입될 수 있도록 하며 자연 환기 방법을 병행하는 것이 좋다.

또한 전문 출력소나 장비가 많은 작업현장은 3D 프린터의 가동 장비 수에 따라 실내 온도가 높아지면서 상대적으로 습도가 낮아져 작업장 내 공기질이 나빠지는 경향이 있으므로 계절별 실내 적정온도를 유지할 필요가 있다.

출력하려는 제품의 특성상 장시간을 요하는 것도 있는데 이런 경우 화재발생 위험도 있을 수 있으니 특별히 유의해야 한다. 과학기술정보통신부에서 배포하는 [3D 프린팅 작업환경 쾌적하게 이용하기] 핸디북을 참조하면 많은 도움이 될 것이다.

그림 1-59 **안전장구 착용 예**

특히 플라스틱이나 금속분말 소재를 사용하는 3D 프린터를 운용하는 경우 미세한 분말 소재를 취급시나 출력물의 후처리 작업시에 전용 후처리 장비를 사용하고, 출력물에 묻어 있는 분말을 솔(브러쉬)이나 에어(공기압 장치류) 등으로 불어내는 경우 작업자의 호흡기를 통해 흡입되거나 손 또는 피부에 묻지 않도록 주의를 요하며, 필요에 따라 사용하는 경화 접착제 등의 취급과 보관에 있어서도 세심한 주의를 기울일 필요가 있다.

작업시에는 반드시 안전장구(안전복, 안전마스크, 보안경, 안전장갑 등)를 착용한 후 작업할 것을 권장한다.

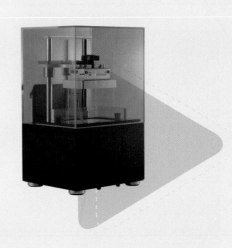

3D 프린팅 기술방식의
분류 및 이해

대표적인 7가지 3D 프린팅 기술방식

앞장에서 3D 프린팅의 제조 방식인 적층식 제조법에 대해서 충분한 이해를 하였을 것이다. 보통 하나의 디지털 모델을 출력하기 위해서는 수백 개 이상의 층(Layer)으로 구성되는데 이 장에서는 보다 빠른 이해를 돕기 위해 주요 3D 프린팅 기술의 원리에 대한 기술과 함께 관련 이미지를 첨부하여 이해를 도울 것이다. 참고로 아직 연구 중에 있거나 특정 분야에서만 활용하고 있는 난해한 인공장기, 음식 등을 위한 3D 프린팅 기술은 다루지 않을 것이다.

지금까지 우리는 3D 프린팅에 관한 기본적인 지식 및 3D 프린팅을 하기 위한 3차원의 데이터와 모델링 등에 관련된 사항들을 알아보았는데 현재 업계에 알려진 국내외 제조사별 주요 3D 프린팅 기술방식의 원리를 이해해보고 실제 활용할 수 있는 수준에서 한층 더 깊게 들어가 3D 프린팅의 세계에 대해 알아보도록 하겠다.

아래의 표는 미국재료시험학회 ASTM에서 규정하고 있는 대표적인 7가지 3D 프린팅 기술방식을 참고적으로 정리한 것이다.

대표적인 7가지 3D 프린팅 기술방식(ASTM)

ASTM 기술 명칭	기술 정의	기술 방식
광중합 방식[PP] (Photo Polymerization)	액상의 광경화성수지에 빛을 조사하여 소재와 중합반응을 일으켜 선택적으로 고형화시켜 적층조형하는 기술	SLA DLP LCD
재료분사 방식[MJ] (Material Jetting)	액상의 광경화성수지나 열가소성수지, 왁스 등 용액형태의 소재를 미세한 노즐을 통해 분사시키고 자외선 등으로 경화시키는 방식	PolyJet MJM MJP
재료압출 방식[ME] (Meterial Extrusion)	고온 가열한 소재를 노즐을 통해 연속적으로 압출시켜가며 형상을 조형하는 기술	FDM FFF
분말적층용융결합 방식[PBF] (Powder Bed Fusion)	분말 형태의 소재에 레이저빔이나 고에너지빔을 조사해서 선택적으로 소재를 결합시키는 기술	SLS DMLS EBM
접착제 분사 방식 (Binder Jetting)	석고나 수지, 세라믹 등 파우더 형태의 분말재료에 바인더(결합제)를 선택적으로 분사하여 경화시키는 기술	3DP CJP Ink–jetting
고에너지 직접조사 방식[DED] (Direct Energy Deposition)	고에너지원(레이저빔, 전자빔, 플라즈마 아크 등)을 이용하여 입체 모델을 조형하는 기술	DMT LMD LENS
시트 적층 (Sheet lamination)	얇은 필름이나 판재 형태의 소재를 단면형상으로 절단하고 열, 접착제 등으로 접착시켜가면서 적층시키는 기술	LOM VLM UC

재료압출 방식(Meterial extrusion)

현재 가장 널리 보급되어 사용 중인 FDM(Fused Deposition Modeling)이라 불리는 방식은 일반인들에게도 낯설지 않은 대중화된 방식이다. 하지만 FDM 기술은 미국의 Staratasys사가 상표권을 가지고 있는 기술방식으로 대부분의 보급형 3D 프린터는 랩렙 프로젝트를 통해 오픈소스로 공개된 FFF(Fused Filament Fabrication) 방식으로 사용된다. 일반적으로 ABS나 PLA 수지를 1.75~2.85mm의 균일한 직경을 가진 필라멘트 형태로 소재를 만들고 이 필라멘트를 고온으로 가열하여 녹이면서 베드 위에 압출하며 쌓아올리는 방식으로 PLA와 같이 용융점이 낮은 재료는 개인 3D 프린터에서 많이 사용하며 글루건 형태의 3D 프린팅 펜도 있다.

1. 용융적층모델링 (FDM : Fused Deposition Modeling)

FDM(Fused Deposition Modeling, 용융적층모델링, 열용해적층) 기술방식은 미국 스트라타시스사에서 최초로 개발되어 특허받은 기술이었다라는 것은 앞에서도 기술한 바 있다. 간단히 말해 녹여서 쌓는다는 의미인데 이 용어는 스트라타시스에서 상표로 등록한 용어이므로 기본 특허가 풀린 뒤에도 다른 제조사들이 이 용어를 사용할 수 없는 것이다.

용어야 어찌되었든 FDM 방식으로 작동하는 3D 프린터는 열가소성 플라스틱 재료를 뜨겁게 달구어진 압출기에서 소재를 반용융 상태로 가열하여 녹인 다음 컴퓨터가 제어하는 경로에 의해 압출하는 방식으로 한 층(layer)씩 쌓아가며 조형해나가는 방식이다.

그림 2-1 **FDM 기술방식의 개요**

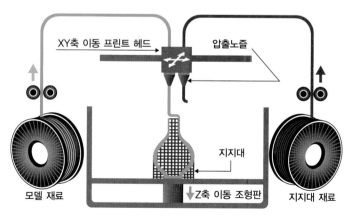

FDM 3D 프린터의 주요 구성요소

- 모델용 필라멘트 스풀 (Build material spool)
- 서포트용 필라멘트 스풀 (Support material spool)
- 출력물 부품 (Part)
- 수용성 서포트 (Part support)
- 압출기 헤드 (Extrusion head)
- 폼 베이스 (Form base)
- 빌드 플랫폼 (Build platform)
- X축
- Y축
- Z축

일러스트레이션 : ⓒ Roh soo hwang

그림 2-2 **FDM 3D 프린터 출력물**

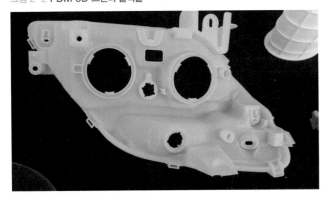

FDM 방식은 보급형 FFF 방식의 3D 프린터들과 달리 두 가지의 서로 다른 재료를 사용하는데 하나는 모델링 재료이며 하나는 물에 녹는 수용성 서포트 재료이다. 3D 프린터에서 조형 작업이 완료되면 사용자가 서포트 재료를 분리하거나 물과 세제로 녹여서 제거한 후 완성된 부품만을 사용하게 된다. 현재는 기술이 발전하여 FFF 방식의 3D 프린터 제조사에서도 모델을 조형하는 소재는 PLA로 서포트 재료로 사용하는 수용성(PVA) 소재 두 가지의 재료를 사용할 수 있는 3D 프린터들이 출시되고 있다.

원조 특허 기술기업인 스트라타시스사의 FDM 3D 프린터 제품군은 ABS, PC, Nylon, ASA, ULTEM, PPSF 등의 다양한 열가소성 플라스틱을 소재로 사용한다.

미국 스트라타시스사의 산업용 FDM 3D 프린터 국내 시판 가격대(조형 크기 : W×D×H mm)

그림 2-3 uPrintSE (약 2천만원대)

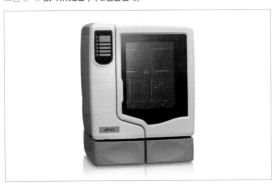

(조형크기 : 203×152×152)

그림 2-4 uPrintSE Plus (약 3천만원대)

(조형크기 : 203×203×152)

그림 2-5 Dimension BST1200es (약 4천만원대)

(조형크기 : 254×254×305)

그림 2-6 Dimension SST1200es (약 5천만원대)

(조형크기 : 254×254×305)

그림 2-7 Dimension Elite (약 5천만원대)

(조형크기 : 203×152×152)

그림 2-8 Fortus250mc (약 8천만원대)

(조형크기 : 203×203×152)

그림 2-9 Fortus380mc GEN2 (약 1억 5천만원대)

(조형크기 : 254×254×305)

그림 2-10 Fortus450mc GEN2 (약 2억원대)

(조형크기 : 254×254×305)

그림 2-11 Fortus900mc GEN2 (약 7억원대)

(조형크기 : 203×152×152)

그림 2-12 F123 Series(F170, F270, F370)

[주] 상기 제품에 대한 가격은 시장조사를 통해 국내 시판가를 조사한 것으로 실제 판매가격은 환율과 판매처의 상황에 따라 변동될 소지가 있는 부분으로 참고만 할 것

2. 용융압출적층조형 기술 : FFF (Fused Filament Fabrication)

오픈소스인 FFF(Fused Filament Fabrication, 용융압출적층조형) 방식은 FDM의 상표권 분쟁을 피하기 위해 명칭을 정한 오픈소스 프로젝트의 제작 방식으로 FDM의 기본 특허의 만료로 인해 개인 및 세계 각국의 제조사들이 개인용 데스크탑 프린터로 제작하기 시작하며 가격이 수십만 원에서 수백만원대로 하락하고 대중화가 되는 촉매제 역할을 한 기술이다. 또한 일부 제조사에서는 PJP(Plastic Jet Printing) 방식이라고도 명칭한다.

FFF 방식의 3D 프린터는 SLA나 DLP 방식과 마찬가지로 허공에 떠 있는 부분이나 돌출부를 지지해 주는 서포트의 생성이 필요한데 노즐이 1개인 경우 모델이 조형되는 재료와 서포트가 되는 재료를 동일한 것을 사용할 수 밖에 없다. 따라서 초기 디자인을 구상하고 모델링 작업을 할 때부터 불필요한 서포트가 생기지 않도록 신경을 쓰고 부득이한 경우라도 서포트를 쉽게 제거할 수 있도록 슬라이서에서 설정해주어야 한다. 내부를 완전히 채우지 않아도 되는 모델의 경우 가급적 내부채움을 적게 설정하여 출력 시간도 줄이고 중량을 가볍게 하며 소재도 절약할 수 있도록 디자인하는 것이 좋다.

주로 사용하는 재료는 기존의 FDM 방식의 제품군에서는 거의 볼 수 없었던 PLA 필라멘트 소재를 사용하는 3D 프린터가 주를 이루고 있다. 히트베드(열판) 위에 강화유리로 제작된 빌드 플랫폼이나 특수 코팅된 베드를 적용하여 ABS 소재의 프린팅도 가능하게 한 제품들도 많다. 문제는 ABS 소재 출력시 발생하는 유해한 냄새나 분진 및 가스를 막아주는 박스 형태의 챔버 방식이 아니라 오픈형도 있으므로 집안이나 사무실 등에서 사용시에 자주 환기를 시켜주어야 하는 불편이 따르므로 제품 선택시에 신중하게 고려해보아야 할 사항이다.

그림 2-13 **FFF 기술 개념도**

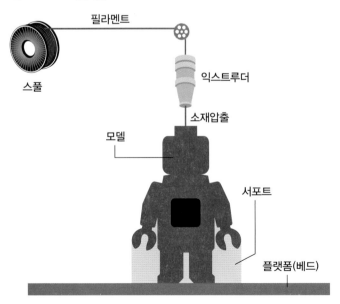

일러스트레이션 : © Roh soo hwang

특히 FFF 방식의 3D 프린터 중에 프린팅 공간이 박스 형태의 밀폐형이 아닌 오픈형이나 히트 베드가 아닌 경우 겨울철이나 차가운 실내 온도에서 출력을 하게 되면 더욱 많은 출력 에러로 쓰레기가 발생할 것이다. 출력물이 제대로 나오는지 상당한 신경을 써야하므로 사용자에게 새로운 스트레스를 줄지도 모르는 일이다.

또한 밀폐형이라고 해도 단순하게 커버만 부착하고 출력실의 내부 온도를 유지하는 기능이 없는 프린터들은 열 수축으로 인한 문제점을 완전하게 해소할 수 있는 것은 아니지만 오픈되어 있는 것에 비해 외부에서 들어오는 차가운 공기가 출력물에 직접적인 영향을 미치는 것은 조금은 방지할 수 있어 오픈형태보다는 비교적 문제가 적을 것이다.

무더운 여름철에도 선풍기 바람이나 차가운 에어컨 바람이 노즐이나 출력물에 직접 쏘여진다면 제대로 된 결과물을 기대하기 어려운 상황이 발생할 수도 있으니 참고하기 바란다.

2.1 FFF 방식 프린팅 순서

① 압출기(익스트루더)에 장착된 모터가 필라멘트를 공급한다.
② 스풀에 말려있는 필라멘트가 천천히 압출기를 통해 노즐로 공급된다.
③ 핫엔드 노즐에서 필라멘트를 녹여 압출시킨다.
④ 압출된 재료는 설정된 G-Code 값에 따라 한층씩 적층된다.
⑤ 적층시에 냉각팬으로 냉각시켜 바로 굳게 만든다.
⑥ 최종 조형물이 완성될 때까지 앞의 과정을 반복한다.

FFF 방식의 주요 구성요소

FFF 방식의 3D 프린터의 간단한 형태는 다음과 같은 기본 구성 요소로 되어 있다.

- 사용 재료 : 플라스틱(필라멘트)
- 압출기(익스트루더, Extruder)
- 소재 공급 장치(필라멘트 피더)
- 프린트 헤드/핫 엔드(Print Head/Hot end)
- X, Y, Z축으로 움직이는 구동부
- 프린팅 베드/빌드 플랫폼
- 구성 요소를 연결하는 전자제어장치(프린터 보드)

그림 2-14 FFF 3D 프린터 출력물(FAB 365)

그림 2-15 신도리코 3D 프린터 DP200으로 출력하여 조립한 모델

그림 2-16 대형 FFF 3D 프린터와 출력물

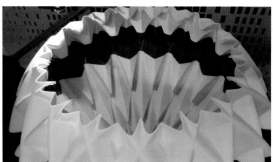

그림 2-17 대형 FFF 3D 프린터가 출력중인 모습

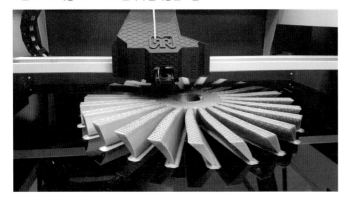

정밀주조 분야에서 기존의 왁스 패턴 대신에 FDM 방식의 ABS 패턴을 사용하면 기형학적 디자인도 구현이 가능하고 패턴 디자인의 변경이 자유로우며 3D 설계도면만 있으면 빠르게 제작할 수 있으며 강도가 좋아 패턴의 변형이 없다는 장점이 있다.

전통방식으로 제작하는 경우 사출 금형 제작이 완료되기 전까지는 시제품 주조 제작이 불가능하고 왁스 패턴의 경우 복잡한 디자인 구현이 어렵고 강도가 약해 쉽게 변형이 오거나 다루기가 힘들고 제작기간이 오래 걸린다는 불편함이 있었다.

현재 출시되고 있는 국산 보급형 데스크탑 3D 프린터 중에서도 프린팅 룸을 챔버 형태로 설계하여 출력작업시 내부 온도를 최적의 상태로 유지하거나 ABS 소재 출력시 발생하는 분진, 가스 및 특유의 플라스틱 타는 냄새를 방지하기 위해 공기청정기 등에서 사용하는 헤파필터를 소모품으로 장착하는 제품도 있으며 고가의 외산 FDM 3D 프린터와 출력물의 품질을 비교하여도 손색이 없는 보급형 장비들도 출시되고 있으므로 특별한 용도로 사용하는 경우가 아니라면 특히 교육기관 같은 곳에서는 유지보수나 소재의 가격 등을 고려하였을 때 국산 장비들을 검토해보는 것이 유리하지 않을까 생각한다.

FFF 방식 국산 3D 프린터 (조형 크기 : W×D×H mm)

그림 2-18 **큐비콘 스타일**

(조형크기 : 150×150×150)

그림 2-19 **큐비콘 싱글 플러스**

(조형크기 : 240×190×200)

그림 2-20 **신도리코 3DWOX 1**

(조형크기 : 210×200×195)

그림 2-21 **신도리코 3DWOX ECO**

(조형크기 : 150×150×180)

그림 2-22 **신도리코 3DWOX 2X**

(조형크기 : 228×200×300)

그림 2-23 **신도리코 3DWOX DP201**

(조형크기 : 200×200×189)

그림 2-24 **신도리코 3DWOX DP200**

(조형크기 : 200×200×185)

3DWOX 출력물

한편 국내 제조사인 신도리코에서는 대형 출력이 가능한 신규 제품(3DWOX 7X)을 출시 예정에 있는데 FDM/FFF 방식 중에서 조형 가능한 크기가 큰 편으로 산업용으로 활용이 가능해질 것 같다.

그림 2-25 신도리코 3DWOX 7X (조형 크기 : 390×390×450)

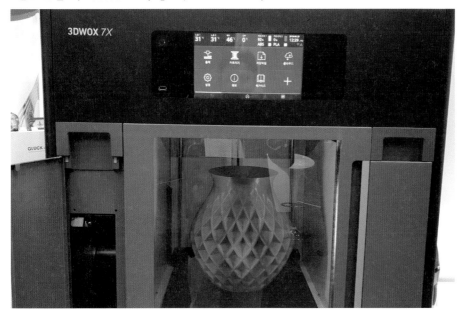

아래는 내년 출시 예정인 큐비콘의 Dual Pro 3D 프린터로 출력한 샘플 모형들이다.

그림 2-26 큐비콘 듀얼 프로

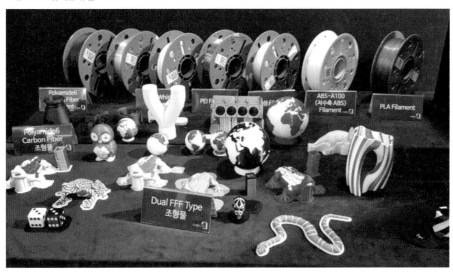

출처 : www.3dguru.co.kr

액조 광중합 방식(Vat Photopolymerization)

포토폴리머는 광활성화 수지, 광민감성 수지 또는 포토레지스터라고도 하며 모노머, 올리고머, 폴리머, 기타 개별 공정별로 특정한 첨가제로 구성된 다양한 조성으로 제조될 수 있는데 빛(자외선이나 가시광)을 조사할 때 물성의 변화가 일어나는 폴리머를 말한다. 이러한 물성의 변화가 구조적인 관점에서 단단해지는 형태로 나타나는 포토폴리머가 3D 프린팅에서 소재로 사용되고 있는 것이다. 현재 DLP 방식에서는 열에 의한 변형이 적으며 유연성을 가지고 있는 소재나 고해상도를 유지하는 왁스 성질의 소재, 실리콘 특성을 지닌 소재, 석고 모델에 근접하는 복원 및 교정용 모델 제작용 소재 등을 사용할 수 있다.

1. 광경화성수지 조형방식 : SLA(Stereo Lithography Apparatus)

SLA 방식은 액상 기반의 재료인 광경화성수지를 이용하는데 광경화성수지라는 말 그대로 빛을 쪼이면 굳어버리는 성질의 수지를 소재로 사용하는 대표적인 3D 프린팅 방식으로 액체 상태의 재료를 UV 레이저 빔을 조사하여 한층 한층 경화시켜 조형하는 방식으로 미국 3D 시스템즈사의 공동 설립자 찰스 척 훌이 처음 개발하여 상용화에 성공한 기술로 널리 알려져 있다. 1984년 8월 08일 특허 출원하여 1986년 3월 11일 등록 발효된 이 발명의 제목은 '광학응고 방식을 이용한 3차원 물체의 제작을 위한 장치'이었다.

SLA 방식은 레이어를 경화시키는 방식에 따라 기본적으로 두 가지 형태로 분류할 수 있는데 하나는 움직이는 거울을 이용해 레이저빔을 정밀하게 쏘는 방식이고, 다른 방식은 자외선램프와 마스크로 구성된 조광장치를 이용하는 방식인데 이 방식의 가장 큰 장점은 한 줄 한 줄 레이저빔을 쏘는 대신 레이어 전체에 빔을 발사하므로 값비싼 거울 조종기술을 적용하지 않아도 된다는 것이다. SLA 방식도 FDM 방식과 마찬가지로 모델의 돌출부를 지지하는 서포트가 필요하며 이 방식은 미세한 형상 구현이나 Sharp Edge의 형상 구현 기능이 우수하다.

SLA 방식은 다양한 아크릴 또는 에폭시 계열의 재료가 사용되고 있으며 이외에도 폴리프로필렌급 물성 소재, ABS급 물성 소재, 투명부품 제작용, 엔지니어링 플라스틱 등의 소재가 선보이고 있지만 광경화성 소재의 한계는 극복해야 할 과제이다.

SLA나 DLP 방식 3D 프린터는 소재를 담아야 하는 수조가 있는 방식의 경우 출력 완료 후 수조에 남게 되는 액상의 소재는 일부분만 재사용이 가능하므로 실제 출력에 소요되는 비용은 출력 결과물에 사용된 재료비보다 높을 수 있다. 또한 사용 후 남은 액상의 수지 소재는 함부로 폐수구에 버리면 안되며 전용 폐기 통 같은 것을 설치하여 잔여 재료를 수거해 안전하게 처리하여야 한다.

그림 2-27 SLA 기술 개념도

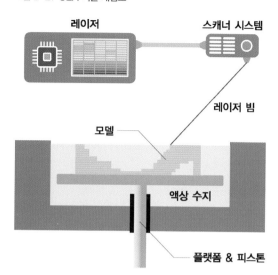

일러스트레이션 : ⓒ Roh soo hwang

SLA 방식 프린팅 순서

① 레이저 빔(광원)을 조사한다.

② 디지털 스캔 미러에서 레이저 빔을 수조에 투사하여 모델을 경화시킨다.

③ 빌드 플랫폼 위에 한 층 적층한 후 Z축으로 하강하고 다시 레이저를 조사한다.

④ 최종 조형물이 완성될 때까지 앞의 과정을 반복한다.

그림 2-28 SLA 3D 프린터 출력물

SLA 방식의 주요 구성 요소

SLA 방식 3D 프린터는 다음과 같은 기본 구성 요소로 되어 있다.

- 사용 재료 : 에폭시수지와 같은 포토폴리머
- 재료인 수지를 담는 수조(Vat)
- 업다운 가능한 빌드 플랫폼
- 도포장치
- 레이저 또는 자외선 램프 등의 광원
- 정밀 레이저 조정장치 또는 자외선 램프용 머스크 생성 장비
- 구성 요소를 연결하는 전자제어장치

해외 중저가 SLA 3D 프린터

그림 2-29 **Formlabs Form2** (Market Price $3,900)

그림 2-30 **3D Systems ProJet 1200** (Market Price $4,900)

그림 2-31 **Dazz 3D S130** (Market Price $4,100)

그림 2-32 **Sunlu SL** (Market Price $3,000)

그림 2-33 Peopoly Moai (Market Price $1,300)

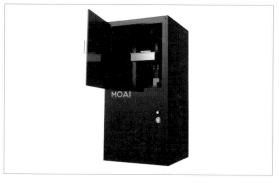

그림 2-34 XYZprinting Nobel 1.0A (Market Price $1,800)

그림 2-35 Asiga Pico2 (Market Price $7,000)

그림 2-36 DWS Xfab (Market Price $8,600)

한편 국내 기업인 신도리코에서도 2018년 6월 전시회를 통해 SLA 3D 프린터 2종을 공개하고 덴탈, 쥬얼리 등의 보다 세밀한 공정에 특화된 준산업용 제품을 선보인 바 있다.

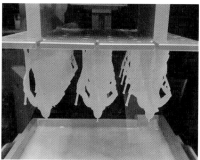

SLA 3D 프린터의 원조 기술 기업인 3D SYSTEMS사에서는 기존 소형 SLA 방식의 ProJet 1200 모델을 단종시키고, 중저가형(약 1천만원대)의 DLP 방식 3D 프린터인 FabPro 1000 모델을 출시하고 시판 중에 있다.

FabPro 1000 3D 프린터 출력물

고가의 산업용 SLA 3D 프린터와 출력물

그림 2-37 ProJet 7000 HD 3D 프린터

그림 2-38 ProJet 7000 HD 3D 프린터로 출력한 자동차 실린더 블록

그림 2-39 ProX 950 3D 프린터

그림 2-40 ProX 950 3D 프린터로 출력한 자동차 파트

그림 2-41 ProJet 6000 3D 프린터 출력물

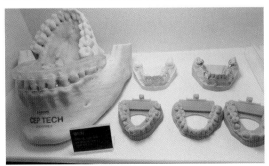

그림 2-42 SLA 3D 프린터 출력물

현재 3D Systems사의 SLA 3D 프린터 중 ProJet 6000 & 7000과 ProX 800 & 950 프린터는 폴리프로필렌급 물성 소재와 투명 부품 제작 및 캐스팅용 소재, 플라스틱 사출성형 제품군 제작용의 ABS급 물성 소재, 고온 복합 소재(복합 엔지니어링 플라스틱) 등을 지원하고 있다.

그 외의 SLA 3D 프린터 출력물

2. 마스크 투영 이미지 경화 방식 : DLP(Digital Light Processing)

DLP 기술 방식은 액상의 광경화성 수지를 DLP(Digital Light Projection) 광학 기술로 Mask Projection하여 모델을 조형하는 방식으로 쉽게 설명하면 프로젝터를 사용하여 액상수지를 경화시켜 모델을 제작하는 기술로 우리말로 '마스크 투영 이미지 경화방식'이라고도 한다. 주로 주얼리, 보청기, 덴탈, 완구 등의 분야에서 많이 사용하는 기술방식이다.

학교나 학원 및 회사에서 흔히 접할 수 있는 빔 프로젝터에서 광원인 빔(Beam)은 바로 디지털 라이트를 말하는 것으로 DLP 프로젝터가 정식 명칭이며 아무래도 우수한 성능의 DLP 프로젝터를 사용하는 3D 프린터가 고가이고 정밀도가 우수할 것이라고 생각한다.

이 기술은 독일의 EnvisionTEC Gmbh사에서 1999년 처음 특허를 내고 2002년에 상용화되었다고 하며 EnvisionTEC은 기술 파트너인 텍사스인스트루먼트의 최첨단 라이트 프로젝션 기술을 사용하고 LED 제조사인 Luminus사의 LED 기술로 최신의 3D 프린터인 Perfactory Micro를 출시하였다. 광원(Light Source)을 프로젝터가 아닌 LED를 사용하는 이 기술은 높은 해상도와 전문가 사용 수준의 데스크탑 3D 프린터라고 한다.

FDM 방식이 재료를 고온으로 녹여 노즐을 통해 한 층씩 쌓아가는 구조라고 한다면 DLP 방식은 쉽게 말해 한 화면씩 비추어가면서 하나의 단면층 전체 이미지를 한번에 조사하여 경화시키는 방식으로 단일 적층면의 출력 속도에서 더 유리한 것이다.

그림 2-43 **DLP 기술 개념도**

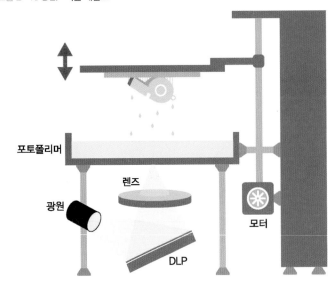

포토폴리머

렌즈

광원

모터

DLP

일러스트레이션 : © Roh soo hwang

DLP 조형 원리

① 광원을 공급받은 DLP 프로젝터가 조형 이미지를 투사한다.
② 수조(Vat) 안의 광경화성 수지가 렌즈를 통과한 디지털 라이트에 의해 경화한다.
③ 한 층씩 수지가 경화될 때마다 정해진 층의 두께만큼 Z축이 상승한다.
④ 최종 조형물이 완성될 때까지 앞의 과정을 반복한다.

국내에서는 지난 1~2년간 오픈소스를 통해 발전한 1세대 3D 프린터인 FDM(FFF) 방식의 개인용 보급형 3D 프린터가 중심이 되어 시장이 형성되면서 많은 관심과 호응을 이끌어냈다. 하지만 정밀도, 출력 속도, 다양한 소재 등의 한계에 부딪히며 현재 국내의 3D 프린터 시장은 이제 막 2세대의 고정밀 프린터 시대로 접어들고 있는 추세이다. 메커니즘 자체가 비교적 간단한 구조이기 때문에 앞으로 DLP나 SLA 방식의 3D 프린터가 국내에서도 속속 선을 보이기 시작할 것이며 향후에는 3세대인 메탈 소재를 사용하는 3D 프린터 개발에도 박차를 가할 것으로 예상된다.

그림 2-44 **DLP 3D 프린터 출력물**

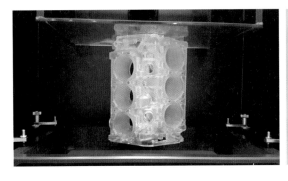

그림 2-45 DLP 3D 프린터 소재

그림 2-46 DLP 3D 프린터 출력물

국내 기업 캐리마의 DLP 3D 프린터

그림 2-47 CARIMA DM250

그림 2-48 CARIMA IM2

그림 2-49 CARIMA DS131

그림 2-50 CARIMA UV LED 경화기 CL50

국내 기업 큐비콘의 DLP 3D 프린터와 출력물

그림 2-51 Cubicon Lux HD

해외 중저가 SLA 3D 프린터

그림 2-52 Micromake L2 (Market Price $449)

그림 2-53 AnyCubic Photon (Market Price $499)

그림 2-54 Wanhao Duplicator7 (Market Price $499)

그림 2-55 Flyingbear Shine (Market Price $628)

그림 2-56 Phrozen Shuffle (Market Price $799)

그림 2-57 Photocentric LC Precision 1.5 (Market Price $2,175)

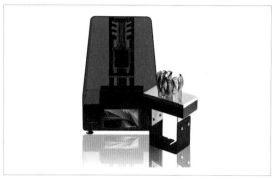

그림 2-58 Colido DLP 2.0 (Market Price $3,300)

그림 2-59 Nyomo Minny (Market Price $3,300)

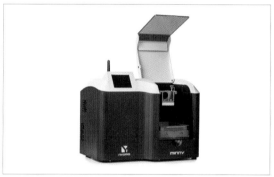

그림 2-60 Kudo 3D Titan2 (Market Price $3,500)

그림 2-61 FlashForge Hunter (Market Price $3,599)

그림 2-62 SprintRay MoonRay D/S (Market Price $4,000)

그림 2-63 Uniz Slash+ (Market Price $4,000)

그림 2-64 **B9Creations B9Creator v1.2** (Market Price $4,600)   그림 2-65 **EnvisionTec Aria** (Market Price $6,300)

LCD 3D 프린터

그림 2-66 **Monoprice MP Mini Deluxe SLA**(Market Price $499)

분말적층용융결합 방식(Powder Bed Fusion)

SLS(Selective Laser Sintering, 선택적 레이저 소결) 방식이라 널리 알려진 방식으로 정식 명칭은 분말 적층용융결합 방식이다. BJ 방식과 같이 분말을 블레이드와 롤러 등을 이용하여 분말 베드에 얇고 평평하게 깐다. 얇게 깔린 분말에 레이저를 선택적으로 조사하여 수평면 상에서 원하는 패턴을 만든다. 다시 이 위에 분말을 얇게 깔고 롤러 평탄화 작업을 한 후 이 분말에 다시 레이저를 선택적으로 조사하는 방식이다. 레이저 이외에 전자 빔 등의 에너지 원을 사용할 수도 있다. PBF 방식 중 DMLS의 경우 금속 분말을 주로 사용하고 고 에너지원을 사용하므로 금속 산화의 우려가 있어 산화 방지(혹은 부수적으로 분말 비산 방지) 등의 이유로 불활성 가스로 채운 챔버(chamber) 구조를 채용하며, 이 챔버로 인하여 대형화에는 아직 한계가 있다.

1. 선택적 레이저 소결 조형 방식 : SLS

SLS (Selective Laser Sintering) 방식은 '선택적 레이저 소결 조형 방식'으로 사용 가능한 소재의 종류가 비교적 다양한데 분말 형태의 플라스틱이나 알루미늄, 티타늄, 스테인리스 등의 금속 소재도 사용할 수 있어 보다 내구성이 좋은 실용적인 제품을 프린팅할 수가 있다.

현재 알려진 분말 형태의 소재 중에 어떤 파우더를 사용하느냐에 따라 플라스틱, 금속, 모래와 같은 물성을 가지게 되는데 플라스틱 재료 중 대표적인 것은 Polystyrene, Polyamide 가 있으며, '직접 금속 레이저 소결 방식'인 DMLS(Direct Metal Laser Sintering) 장비용으로는 Bronz를 비롯하여 합금강과 스테인리스 스틸이 대표적이며 의료나 우주항공 산업 분야에서 사용되는 티타늄과 코발트 크롬 등이 있다.

그만큼 다양한 소재를 사용할 수 있다는 장점이 있지만 다양한 소재를 사용하기 때문에 각 소재의 특성에 따라 가열 온도나 레이저 조작 등을 별도로 설정하고 제어해야 하므로 장점이 곧 단점이 될 수도 있을 것 같다.

이 SLS 기술은 1986년 텍사스 대학의 Joseph J. Beamen 교수팀에 의해 개발되어 특허 출원한 기술로 그들은 이 기술을 기반으로 DTM사를 설립하였는데 그 후 2011년 3D 프린팅 업계의 공룡기업인 3D 시스템즈사에 인수합병된다.

2014년 2월 SLS 관련 기본 특허가 만료되었지만 FDM 특허 만료 때와는 업계 분위기가 사뭇 다른 점을 느낄 수가 있는데 이는 소재 뿐만 아니라 아직 특허가 풀리지 않은 기술적인 부분을 해결하지 못하고 있기 때문이 아닌가하는 생각이 든다.

그림 2-67 **SLS 기술 개념도**

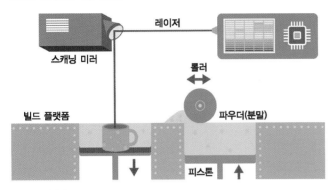

일러스트레이션 : © Roh soo hwang

SLS 조형 순서

① 레이저 빔을 투사한다.

② 스캐너 시스템의 미러가 X, Y축으로 움직이며 레이저 빔을 빌드 플랫폼에 전달한다.

③ 빌드 플랫폼 안에 있는 분말 원료가 레이저 빔에 의해 소결한다.

④ 파우더 공급 카트리지에서 정해진 층(Layer) 두께만큼 상승한다.

⑤ 롤러가 분말을 빌드 플랫폼에 밀어 전달한다.

⑥ 빌드 플랫폼은 정해진 두께만큼 Z축으로 하강한다.

⑦ 최종 조형물이 완성될 때까지 앞의 과정을 반복한다.

그림 2-68 **SLS 3D 프린터 출력물**

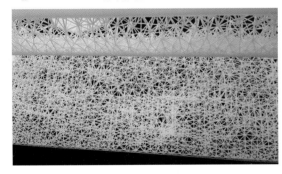

그림 2-69 **SLS 3D 프린터 출력물**

한편 고가의 산업용 3D 프린터를 구축하려면 3D 프린터 이외에도 아래와 같은 여러 가지 보조 장비들이 필요하며 이들을 전부 도입하는 데에는 수억 원 이상의 예산이 필요하다.

그림 2-70 **산업용 SLS 3D 프린터**

사용 재료를 재생하여 재사용할 수 있도록 혼합시켜주는 역할을 하는 Blender

그림 2-71 SLS 3D 프린터 Blender

출력물 착색 시스템으로 제작 후 도색 및 시제품을 완성시키는 보조 장비

그림 2-72 SLS 3D 프린터 컬러링 시스템

거친 출력물의 표면을 부드럽게 연마하는 장비

그림 2-73 SLS 3D 프린터 출력물 표면 연마기

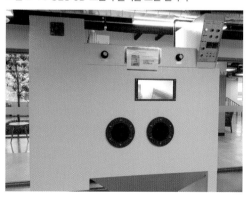

분말 입자를 고르게 걸러주는 역할을 하는 장비

그림 2-74 SLS 3D 프린터 Sieving

2. 레이저 소결 : LS(Laser Sintering)

1989년도에 설립된 독일의 EOS(E-Manufacturing Solutions)사는 임직원수 500여 명에 세계 11개국, 23개국에 지사와 파트너가 있으며 전 세계 48개국에서 약 1,200여대 이상의 자사 장비가 사용 중이라고 한다. 레이저 소결 시스템(Laser Sintering System)의 선두 주자인 EOS사는 3차원 데이터로부터 곧바로 실물형상을 만드는 3D 프린터와 금속과 플라스틱 및 나일론 등의 비금속 프린팅 재료를 생산하고 있다.

레이저 소결을 통해 분말 형태의 금속/비금속 재료가 3차원 실물형태(Actual Model)로 조형되는데 완성물은 견고성과 유연성, 조립 구동성, 정확성이 모두 우수하여 설계단계의 시제품(Prototype)으로 활용되고 있을 정도라고 한다.

EOS사는 최초의 3차원 레이저 소결 기술을 비롯한 각종 특허권을 보유하고 있으며, 또한 수십여 종류의 금속/비금속 공급 재료를 갖추고 있는데 현재 플라스틱 및 금속재료를 사용하는 FORMIGA P 110, EOS P 396, EOSINT P 760, EOSINT P 800 시리즈와 EOS M 280, 400, PRECIOUS M 080 등의 라인업을 갖추고 있으며 레이저 소결 기술은 절삭 가공을 필요로 하지 않고 항공우주산업, 자동차산업, 주얼리, 패션 산업, 의료기기 제품 등의 분야에서 적용되고 있는 3D 프린팅 기술이다.

3. 직접 금속 레이저 소결 방식 : DMLS

독일 EOS사가 2014 EuroMold 전시회에서 신제품으로 발표한 EOS M 400과 EOS P 396의 2기종이 있다. 이 중에서 EOS M 400은 DMLS (Direct Metal Laser Sintering) 기술을 적용한 방식으로 금속 분말을 레이저로 소결하는 3D 프린터로 최대 조형 크기가 $400 \times 400 \times 400mm$이며 장비 가격이 무려 150만 달러 (한화 약 16억원)에 달하는 하이엔드급 3D 프린터이다. 이런 장비는 우주항공, 자동차 분야 등의 대기업이나 출력물 서비스 전문 기업인 쉐이프웨이즈 같은 곳에서나 도입이 가능할 것 같다.

그림 2-75 DMLS 기술 원리

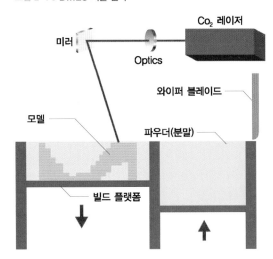

일러스트레이션 : ⓒ Roh soo hwang

그림 2-76 **DMLS 3D 프린터 출력물**

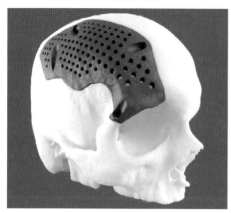

그림 2-77 **DMLS 3D 프린터 작업 모습**

4. 직접 용해 방식(DMT : Direct Melting, DMP : Direct Metal Printing)

DMT 방식은 금속분말을 소결(Sintering)하는 방식이 아닌 직접 용해(Direct Melting) 방식으로 제작하는 기술로 제작 속도가 빠르며 다품종 소량생산에 직접 이용이 가능하다. 하지만 예열 작업과 냉각과정 등을 거쳐야 하는 단점이 있으며 아직까지는 완성물의 표면은 다소 거친 편이다.

그림 2-78 **3D SYSTEMS사의 ProX DMP 100 Metal 3D 프린터 출력물과 소재**

그림 2-79 **3D SYSTEMS사의 ProX DMP 300 Metal 3D 프린터 출력물**

5. 전자빔 용융 : EBM(Electron Beam Melting)

EBM 기술은 금속 분말을 고진공 하에서 전자 빔을 사용하여 레이어 별로 용융시켜가면서 파트를 제조하는 방식으로 다른 3D 프린팅 기술보다 좀 더 빠른 적층제조 방식으로 분류되는데 EBM 공정으로 생산된 부품 에는 부품 내부에 잔류 응력이 존재하지 않으며 마텐자이트 구조가 없는 미세 구조로 제작된다고 한다.

EBM 장비는 높은 용융 용량과 높고 생산성에 필요한 에너지를 생성하는 고전력 전자 빔을 사용하는데 전 자 빔은 여러 개의 용융 풀을 동시에 유지할 수 있는 매우 빠르고 정확한 빔 제어를 제공하는 전자기 코일에 의해 관리된다.

EBM 공정은 진공 및 고온 상태에서 이루어지므로 재료 특성이 주조보다 우수하고 가공된 재료에 버금가는 응력 완화 성분이 생성된다. 일부 금속 소결 기술과 달리 이 부품은 완전히 빽빽하고 무결점이며 매우 강하 다고 알려져 있다.

그림 2-80 **Arcam EBM Q10plus**

재료분사 방식(Material Jetting)

재료분사 방식은 하나의 공정에서 여러 재료를 사용할 수 있으며 재료는 노즐을 통하여 물방울 형태로 플랫폼 위에 분사되며 에너지 빔이 선택적으로 그 소재를 굳혀서 원하는 형상을 얻는 방식이다. 이와 같은 방식은 많은 양의 소재를 필요로 하며 오염 등의 문제로 수조내에 남은 포토폴리머를 회수하여 재사용하는 것도 까다롭다. 이와 같은 단점을 해결하는 방법으로 개발된 MJ방식은 재료를 선택적으로 분사하는 방식이다. 일반 사무실에서 사용하는 잉크젯 프린터의 헤드의 원리를 응용하여 포토폴리머를 원하는 패턴에만 뿌리고 UV 램프를 작동시켜 포토 큐어링(Photo Curing)을 일으킨다. 이와 같은 방법을 이용하여 수직 방향으로 반복해서 적층시키면 3D 프린팅이 되는 것이다.

1. 멀티젯 모델링 : MJM

MJM 기술 방식은 'Multi Jet Modeling' 또는 'Multi Jet Printing'이라고 해서 MJP 방식이라고 부르기도 하며 잉크젯 프린팅 기술방식의 하나로 이해하면 된다. 참고적으로 모델링(Modeling)이라는 용어는 모형 제작, 조형(造形)이란 의미로 사람이나 사물의 구체적인 형태를 형상화하는 작업을 말하며 제작한다는 의미 외에도 컴퓨터를 이용해 3차원 CAD로 작업시 3차원 공간에서 3차원 오브젝트(Object)를 만들어가는 과정에도 모델링한다는 표현을 사용하기도 한다.

그림 2-81 **MJM 기술 원리**

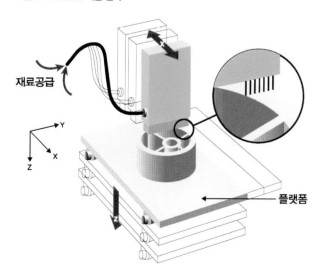

일러스트레이션 : © Roh soo hwang

MJM 방식은 빌드 재료인 아크릴 포토폴리머(Acrylic Photopolymer)와 서포트(Support) 재료가 되는 왁스(Wax)를 동시에 분사하여 자외선(UV Light)으로 경화시켜가며 모델을 제작하는 방식으로 아크릴 계열의 광경화성 수지는 투명도를 조절하여 조형이 가능하므로 완성품의 내부를 육안으로 확인할 수 있는 조형물 제작에 적합하다고 한다.

이 MJM 방식의 단점으로는 재료의 강도적인 측면에서 고려했을 때 상대적으로 다른 프린팅 방식보다 강도가 약한 편이어서 65℃ 이상의 온도에서 열변형이 발생할 우려가 있지만 정밀도가 우수하고 뛰어난 곡선처리와 표면조도가 양호하다는 장점이 있다고 한다.

MJM 조형 순서

① 재료 공급 장치에서 빌드 재료와 서포트 재료를 프린트 헤드로 공급한다.
② 프린트 헤드에서 빌드 재료와 서포트 재료를 동시에 빌드 플랫폼에 분사한다.
③ 자외선(UV Light)으로 경화시킨다.
④ 모델이 한층 완성되면 정해진 층(Layer) 두께만큼 Z축 이동한다.
⑤ 최종 조형물이 완성될 때까지 앞의 과정을 반복한다.

3D 시스템즈사의 라인업 중에 이 MJM 방식의 3D 프린터는 ProJet 시리즈가 있는데 플라스틱을 재료로 사용하는 ProJet 3510 SD, 3500 HDMax & 3510 HD 제품은 건축모형, 미니어처, 산업 및 의료 디자인 등의 분야에서 사용하며 3510 CP & 3500 CPXMax는 RealWax 소재를 사용하며 주물 주조나 주얼리 분야에서 주로 사용한다. 그리고 3510 DP & MP 제품은 덴탈 특화용으로 임플란트 및 치기공 관련 파트에서 사용하고 덴탈용 특수 레진을 소재로 사용한다.

InVision HR 3D Printer도 MJM 방식이며 빌드용 소재는 아크릴 포토폴리머(Acrylic Photopolymer) 계열인 VisiJet HR-M100(Blue)를 서포트용 소재는 왁스 계열 VisiJet S100(Natural)을 사용하며 최대 빌드 볼륨은 W127×D178×H50이다.

고가의 산업용 MJP 3D 프린터와 출력물

그림 2-82 **ProJet 5500 X 3D 프린터(조형 크기 : 517×380×294mm)** 그림 2-83 **ProJet 5500 X 3D 프린터 출력물**

STRATASYS사의 경쟁사인 3D SYSTEMS의 MJP 방식은 폴리젯(PolyJet) 방식과 아주 유사한 기술방식으로 모델 조형용으로 액상의 플라스틱 재료를 제공하는데 경질 재료(흰색, 흑색, 투명색, 회색, 파란색 등)와 탄성 재료(연신율과 쇼어 A경도를 가지며 고무와 유사한 기능성 구현 가능), 엔지니어링 등급 재료(ABS와 유사), 주조 재료(주얼리, 의료도구와 장비, 맞춤 금속 주조 등)를 사용할 수 있다.

또한 멀티젯(MultiJet) 프린터는 수동으로 서포트를 제거할 필요없이 부품에서 서포트를 제거할 수 있는 기술을 제공하는데 두 개의 워머유닛은 프린팅한 부품에 손상을 입히지 않고 별도의 수동 조작없이 증기와 콩으로 만든 기름을 사용하여 왁스 서포트를 녹여준다.

3D SYSTES사의 ProJet MJP 2500 3D 프린터와 소재 및 출력물

그림 2-84 ProJet MJP 2500 3D 프린터

그림 2-85 세척용 클리너

그림 2-86 서포트용 소재

그림 2-87 3D 프린터 내부

그림 2-88 소재 장착부

그림 2-89 EasyClean 시스템

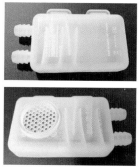

그림 2-90 MJP 출력물

[주] 3D Systems, 3D Systems 로고, ProJet 및 VisiJet은 3D Systems, Inc.의 등록 상표이다.

2. 폴리젯 : PolyJet

2012년 12월 스트라타시스(Stratasys)사는 이스라엘 3D 프린팅 기업 오브젯(Objet)과 55 : 45 비율로 합병해 몸집을 키운 바 있는데 현재 세계 3D 프린팅 제조 기업 중에 기업 규모로나 기술력에서 가장 앞섰다는 평가를 받고 있는 기업 중의 하나이다.

2014년 2월에는 다양한 재료와 컬러를 조합할 수 있는 최첨단 컬러 복합재료 오브젯 500코넥스 3를 국내 시장에 선보인 바 있으며 당시 국내 시판가격은 약 4~5억 원대라고 보도된 바 있다.

그림 2-91 Object500 Connex3

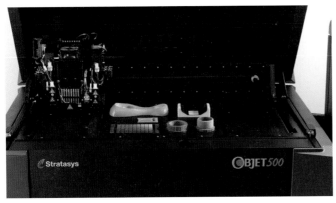

또한 최근에는 J750이라는 3D 프린터를 선보였는데 한번에 다섯 가지 컬러로 작동하기 때문에 풀컬러 기능을 구현할 수 있으며 36만여 가지의 다양한 컬러, 질감, 색조, 투명성 및 경도계로 부품을 생산할 수 있다.

그림 2-92 J750 3D 프린터와 출력물

오브젯 500코넥스 3는 빌드 볼륨이 500×400×200mm이고 물성이 다른 세 가지 재료를 동시에 분사하는 '트리플 젯' 기술을 적용하여 유연성 있는 재료, 유색 디지털 재료에 이르기까지 다양한 FullCure 재료를 공급하여 재료에 따라 신발, 완구, 전자제품, 귀금속 등의 RT(Rapid Tooling) 분야, 개스킷, 씰, 호스, 인조피부 분야, 엔지니어링 파트, 보청기 분야 등에 적용된다.

그림 2-93 폴리젯 기술 원리

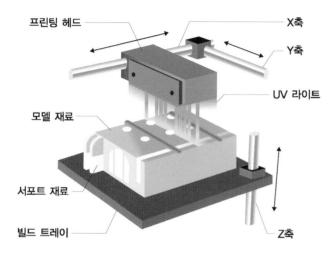

일러스트레이션 : ⓒ Roh soo hwang

폴리젯(PolyJet) 기술은 잉크젯 프린터로 종이에 프린팅하는 방식과 유사하지만 잉크젯 기술과 광경화성수지 기술이 조합된 액상 기반의 재료를 사용하는데 광경화성수지를 16미크론 정도의 매우 얇은 레이어로 분사하여 정밀하게 프린팅하는 기술이다.

각 레이어는 모델 재료와 서포트 재료를 동시에 분사하며 헤드 좌우에 있는 자외선(UV) 램프로 인해 분사된 즉시 모델 재료는 경화되고 다음 레이어의 분사를 위해 빌드 플랫폼이 하강하고 동일한 작업이 반복되어 최종 모델을 조형하게 된다. 마지막으로 워터젯을 사용하여 서포트 재료를 제거하면 작업이 완료되고 최종 결과물을 얻을 수 있게 된다.

특히 재료로 사용하는 FullCure는 오브젯에 특허권이 있는 아크릴 기반의 광경화성수지로 카트리지 형태로 공급되며 서포트 재료는 한가지로 모든 재료와 함께 사용가능하다고 한다.

그림 2-94 폴리젯 3D 프린터 출력물

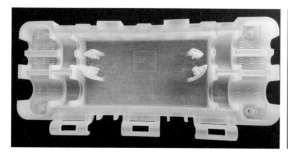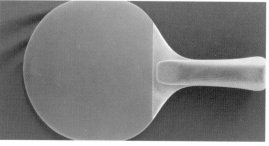

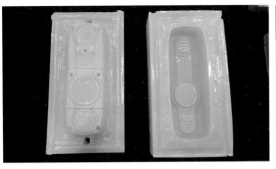
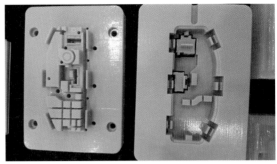

스트라타시스사의 폴리젯 3D 프린터

그림 2-95 Objet24 (약 3천만원대)

그림 2-96 Objet30 (약 3천만원대)

그림 2-97 Objet30Pro (약 3천만원대)

그림 2-98 Objet30Prime (약 3천만원대)

그림 2-99 Eden260VS (약 1억원대)

그림 2-100 Object260Connex3 (1억원 후반대)

그림 2-101 Object350Connex3 (약 3억원대)

그림 2-102 Object500Connex3 (약 4억원대)

그림 2-103 J750 (약 5억원 후반대)

그림 2-104 Object1000Plus (약 9억원대)

[주] 상기 제품에 대한 가격은 시장조사를 통해 국내 시판가를 조사한 것으로 실제 판매가격은 환율과 판매처의 상황에 따라 변동될 소지가 있는 부분으로 참고만 할 것

2018년 현재 스트라타시스사는 자회사로 메이커봇 인더스트리, GRAMCAD, Solid Concepts, RedEye On Demand, Objet Geometries Inc., Stratasys Korea Ltd 등이 있으며, 1988년 창사 이래 약 30여년 간 전 세계 고객을 대상으로 3D 프린팅 솔루션을 제공하고 있다.

[주] Stratasys, Stratasys logo 및 FDM은 Stratasys Inc.의 등록 상표이며 Stratasys Direct Manufacturing, FDM Technology, "For a 3D World" 및 Shaping Things는 Stratasys Inc.의 상표이다. Objet, Objet24, Objet30, Objet30 Pro 등의 기타 상표는 해당 소유자의 재산이다.

SECTION 06 접착제 분사 방식(Binder jetting)

접착제 분사 방식(BJ)은 블레이드와 롤러 등을 이용하여 스테이지에 분말을 편평하게 깔고 그 위에 잉크젯 헤드로 접착제를 선택적으로 분사하는 방식이다. 접착제가 뿌려진 부분은 분말이 서로 붙어서 굳고, 접착제가 뿌려지지 않은 부분은 분말상태 그대로 존재한다. 이 위에 다시 분말을 곱게 밀어서 편평하게 깔고 또 접착제를 원하는 패턴에 뿌리면서 수직 위 방향으로 적층을 계속한다. 이 방식의 원리는 베드에 분말을 깔고 편평하게 적층하는 방식과 잉크젯으로 접착제를 분사하는 방식을 결합한 것이다. 분말을 적층하는 방식은 뒤에 설명할 PBE 방식과 유사하고, 접착제를 분사하는 방식은 MJ에서 사용된 잉크젯 헤드의 물질만 바꾸어 사용한 것으로 이해하면 된다. 또한 분말이 자체적으로 서포트 역할을 하므로 별도의 출력보조물은 필요 없다.

1. 잉크젯 : InkJet

잉크젯(Inkjet) 방식은 3DP(Three Dimensional Printing) 방식으로 2012년 초까지는 이 방식을 지코퍼레이션이라는 기업의 명칭에서 따와 Z-Corp 방식이라고 불렀다고 한다. 잉크젯 3D 프린팅 방식은 선택적 레이저 소결(SLS) 방식과 매우 비슷하지만 에너지원을 이용하는 대신 프린트 헤드가 분말 위에서 이동하면서 도포된 분말 위로 미세한 액체 방울을 분사하는데 이 액체가 바로 분말을 결합시키는 접착제이다.

그림 2-105 **CJP 기술 원리**

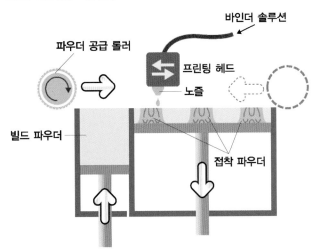

일러스트레이션 : © Roh soo hwang

이 방식은 CJP(Color Jetting Printing) 방식이나 MJM 방식과도 유사한 원리인데 3D 시스템즈사의 제품 군 중에서는 ZPrinter의 기술이었던 ProJet 시리즈가 이에 속한다.

CJP 기술 방식은 코어와 바인더라는 2가지 주요 구성 요소와 관련이 있는데 분말(파우더)상태의 재료에 액 상의 결합제(컬러 바인더)를 분사하여 모형을 제작하는 방식이다.

분말 파우더를 롤러 시스템으로 한 층 도포한 후 잉크젯 헤드에서 컬러 바인더(결합제)를 분사하여 견고하 게 만드는 방식으로 액상의 컬러 바인더가 파우더 속으로 침투하여 한 층씩 적층하며 인쇄된 레이어별 이미 지들이 결합하여 3차원 입체 형상을 만드는 원리이다.

CJP 방식은 색상바인더를 분사하여 3차원 입체 형상 제작과 동시에 색상까지 한번에 표현이 가능하며 색상 을 구성하는 CMYK(cyan, magenta, yellow, black) 색상을 픽셀 단위로 도포하여 혼합된 색상을 구현 할 수 있어 자연스러운 풀 컬러의 색상으로 표현할 수 있다.

3D 프린팅 방식 중에 풀 컬러를 구현할 수 있는 CJP 기술은 하프토닝 및 드롭포복셀(Drop-for-voxel)기 술을 사용하여 사진처럼 실사적인 3D 모델을 구현하기 위한 기능을 제공하는 3D 프린팅 기술로 백색 파우 더에 청록색, 마젠타, 노란색 및 일부 프린터에서 제공하는 검은색 바인더를 사용하여 실제적인 표현이 가 능하고 풀 텍스처 맵과 UV 매핑을 통해 모델 위의 어느 곳에나 컬러를 입힐 수 있는 장점을 지녔다.

하지만 이 방식의 가장 큰 단점으로는 완성물의 강도가 매우 취약하며 표면도 다소 거친 편이지만 고해상도 의 컬러가 구현된다는 장점이 있어 디자인 컨셉, 피규어, 건축모형 제작, 유한요소해석(FEA), 예술품 등의 용도로 많이 사용된다.

2012년 1월 초 3D 시스템즈사는 현금 1억 3,550만 달러에 미국에서 가장 오래된 3D 프린터 제조 기업 중 하나인 Z Corporation사와 VIDA Systems사의 인수를 완료했는데 이로써 3D 시스템즈사는 2011년 이 후에만 24건 정도의 인수합병을 통해 시장점유율을 확대하고 제품군을 더욱 다양화하면서 관련 기술에 대 한 특허권을 보유하고 있는 기업이 되었다.

그림 2-106 **CJP 3D 프린터 출력물**

그림 2-107 **CJP 3D 프린터 출력물**

그림 2-108 **CJP 3D 프린터와 소재**

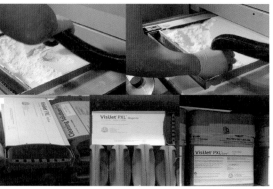

그림 2-109 **CJP 3D 프린터로 제작한 3D 피규어(3D 스튜디오 모아)**

CJP 방식의 다양한 출력물

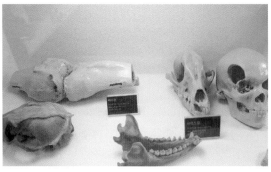
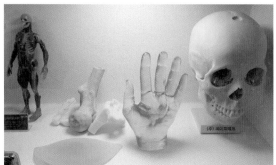

연예인 3D 피규어(SM 엔터테인먼트 소속 아이돌 그룹)

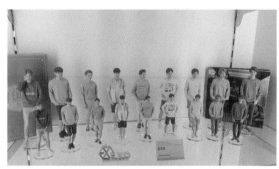

고해상도 3D 데이터를 얻기 위한 DSLR 촬영 시스템 (3D스튜디오 모아)

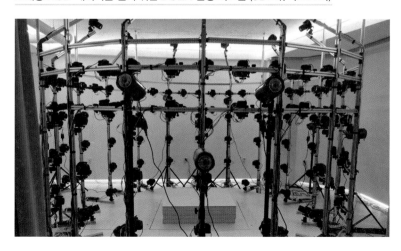

반려동물 3D 프린팅 출력 비즈니스 (3D스튜디오 모아)

CJP 3D 프린터용 소재

그림 2-110 ProJet CJP 660 Pro 출력물 회수

그림 2-111 ProJet CJP 660 Pro 3D 프린터

(조형 크기 : 254×381×203mm)

그림 2-112 ProJet 660 Pro 출력물

그림 2-113 ProJet 860 Pro 출력물

시트 적층 방식(SL : Sheet lamination)

시트 라미네이션 기술은 고해상도의 컬러 오브젝트를 생성하는 데 CJP 방식에 비해 색상 표현력이 우수하다는 장점이 있는 기술로 주로 얇은 필름 형태의 알루미늄 호일 또는 종이와 같은 재료를 사용하며 출력이 완성되면 레이저 또는 매우 예리한 날에 의해 적절한 모양의 층으로 절단된다.

이 기술에서는 종이 기반의 소재가 가장 많이 사용되며 종이에 인쇄된 3D 물체는 내성이 있으며 완전히 착색될 수 있지만 다른 방식에 비해 산업 분야 활용성이 떨어진다는 단점이 있다.

1. 박막 시트 재료 접착 조형 : LOM

1988년 미국 Helisys 사에서 '라미네이션으로부터 일체 오브젝트를 형성하기 위한 장치 및 방법'이라는 기술 특허(미국 특허 No.4752352)를 획득했는데 바로 LOM(Laminating Object Manufacturing) 방식이다. 이 기술은 황갈색의 마분지와 같은 얇은 두께의 종이나 롤 상태의 PVC 라미네이트 시트와 같은 재료를 열을 가하여 접착하고 레이저 빔으로 불필요한 부분을 잘라내면서 모델을 조형하는 방식이다. A4 용지와 같은 종이를 소재로 사용할 수 있다는 장점이 있는 반면에 습기나 수분에 취약하고 내구성이 약하다는 단점이 있지만 실사와 같은 컬러 인쇄가 가능한 기술이다.

그림 2-114 LOM 기술 원리

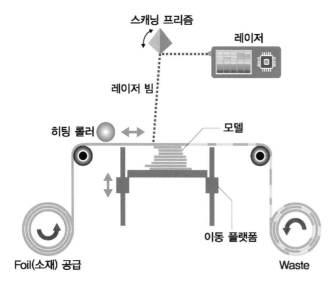

일러스트레이션 : ⓒ Roh soo hwang

LOM 조형 순서

① 공급 롤러를 통해 재료인 시트가 가열된 롤러에 의해 빌드 플랫폼에 붙여진다.

② 레이저 빔이 모델의 한 층의 형상대로 자르고 불필요한 부분은 제거된다.

③ 한 층이 완성되면 플랫폼은 Z축으로 설정값 만큼 하강한다.

④ 새로운 재료 시트가 공급 롤을 통해 빌드 플랫폼의 조형물 위로 다시 공급된다.

⑤ 최종 조형물이 완성될 때까지 앞의 과정을 반복한다.

LOM 방식의 주요 구성 요소

LOM 방식 3D 프린터는 다음과 같은 기본 구성 요소로 되어 있다.

• 사용 재료 : 얇은 종이, 여러 가지 합성수지, 유리섬유 합성물질, 점토, 금속 등의 얇은 판 형태의 재료
• 재료공급장치 및 회수장치
• 업다운 가능한 프린팅 플랫폼
• 접착 롤러
• 커팅 공구(CO2 레이저 또는 예리한 나이프 에지)
• 레이저 또는 커팅 공구 조정장치
• 구성 요소를 연결하는 전자제어장치

2. 선택적 박판 적층 조형 : SDL

Mcor IRIS사의 SDL(Selective Depostion Lamination) 방식의 3D 프린터는 우리가 사무실에서 많이 사용하는 A4(빌드 사이즈 : 256×169×150mm) 용지로 3D 프린팅이 가능한 기술이다. 재료로 사용하는 A4 용지 자체는 원하는 모델을 출력하기 위한 비용 부담을 최소화할 수 있지만 초기 장비 도입 비용은 제법 고가인 편으로 약 3~4천만원대 수준이다.

그림 2-115 **SDL 기술 원리**

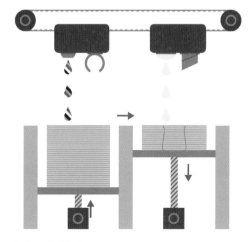

그림 2-116 **Mcor IRIS 3D 프린터**

일러스트레이션 : ⓒ Roh soo hwang

SDL 방식의 조형원리

① 먼저 적층면을 위한 용지가 빌드 플랫폼에 자동으로 공급된다.

② 접착제 분사 헤드가 조형물이 될 적층면에만 접착제를 분사하고 조형물 영역이 아닌 부분은 서포트 역할을 하게 된다.

③ 조형물의 새로운 층에 다음 장의 용지를 부착시키고, 첫 번째 층과의 접착을 위해 압력을 가한다.

④ 텅스텐 카바이드 블레이드가 조형물이 될 부분과 나머지 부분의 윤곽을 따라 나이프 엣지로 한번에 한 장의 용지를 컷팅한다.

⑤ 최종 조형물이 완성될 때까지 앞의 과정을 반복한다.

그림 2-117 LOM 3D 프린터

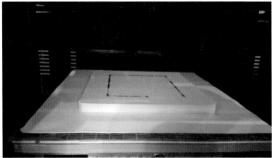

그림 2-118 LOM 3D 프린터 출력물

그림 2-119 LOM 3D 프린터 출력물과 제거된 종이

3. 플라스틱 시트 라미네이션 : PSL

이스라엘 Solido 사의 PSL(Plastic Sheet Lamination) 방식의 3D 프린터는 얇은 플라스틱 시트를 적층하여 3차원 모델을 조형하는 기술로 초기 SD 300 모델은 데스크탑형으로 최저의 초기 투자 비용과 경제적인 시스템으로 일반 사무실 환경에서도 손쉽게 사용할 수 있는 데스크탑 3D 프린터이다. 사용하는 재료는 롤 상태로 말려있는 PVC 플라스틱 시트로 습기에 강하며 시간이 경과함에 따라 강도가 점점 높아져 완성된 출력물에 드릴 가공 작업을 하거나 그라인딩 또는 도색 작업 등을 해도 큰 문제가 되지 않아 기능성 제품의 샘플용으로도 손색이 없으며 조작하는 방식도 쉬운 편이라 초기 출시 때보다 현재 가격이 많이 내려간 상태이다.

PSL 기술방식의 출력 과정

① 3D CAD를 이용하여 3D 모델을 생성하거나 3D 스캐너를 이용해 스캔한다.

② 출력하려는 모델링 파일을 STL 포맷으로 내보내기(Export)한다.

③ SD300의 전용 소프트웨어인 SDview를 실행한다.

④ SDview workspace의 가상 테이블로 STL 파일을 가져오기(Import)한다.

⑤ 가상 테이블상에서 Peeling cut 또는 Chopping과 같은 작업을 실행하고 모델을 수정하여 모델을 준비한다.

Peeling Cut

모델 생성 후 불필요한 부분을 제거하기 위해 칼집을 만들어서 제거가 용이하도록 해주는 기능이다.

⑥ Tool bar에서 Build Model 대화창을 나타내기 위해 Build Model button(또는 Menu에서 Build)을 선택한다. 요구되는 옵션사항을 입력하고 모델 생성을 위해 SD300으로 모델 데이터를 전송한다.

⑦ 프로세스가 시작되고 출력이 진행된다.

⑧ 완성된 모델을 프린터로부터 꺼내고 불필요한 부분을 제거한다.

고에너지 직접조사 방식(Direct Energy Deposition)

SLS 방식에서 사용된 베드형 분말 공급 방식의 불편함을 해소하고 이를 헤드에 집적시키고자 했던 시도가 DED 방식이며, 다축 암에 장착된 노즐로 구성되어 있고 노즐이 여러 방향으로 움직일 수 있으며 특정 축에만 고정되어 있지 않다. 머시닝 센터와 같이 4축이나 5축 CNC와 결합하여 레이저나 전자빔으로 증착시 용융된다. 고에너지원으로 바로 분말을 녹여서 붙이는 방식이므로 3차원 구조체를 만들 수도 있지만 기존의 금속 구조물에 대한 표면처리, 수리 등에 있어 유리하고 프린팅 헤드의 구조가 비교적 간단하고 제어가 용이하여 기존의 공작 기계와 결합할 경우 큰 산업적 파급력을 보인다. 대표적인 경우가 독일의 DMG Mori 사의 하이브리드 복합 가공기를 들 수 있는데 DED 헤드의 보편화와 더불어 절삭가공과 적층제조 방식을 결합한 가공기의 대중화를 선도할 것으로 보이는 유망한 3D 프린팅 기술이다.

그림 2-120 **DMG Mori LASERTEC 65-AM-1**

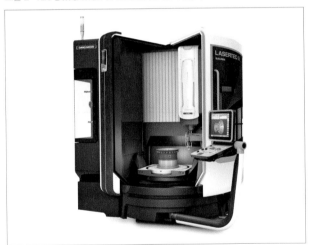

[참고]

적층 가공(AM) 기술 용어 정의(ISO/ASTM 52900(First edition/2015-12-15 기반)

공정 분류	정의	적용 기술 방식
접착제 분사 **(binder jetting)**	분말 소재를 굳히기 위해 액상 접착제가 선택적으로 분사되는 방식의 적층 가공 공정	3DP(Three Dimensional Printing), CJP(Color Jet Printing)
직접 용착 **(directed energy deposition)**	소재에 집중적으로 열 에너지를 조사하여 녹이고 결합시키는 방식의 적층 가공 공정	LENS(Laser Engineered Net Shaping), DMT(Direct Metal Transfer)

소재 압출 (material extrusion)	장비 헤드에 장착된 노즐 또는 구멍을 통하여 소재를 선택적으로 압출시키는 방식의 적층 가공 공정	FDM(Fused Deposition Modeling), FFF(Fused Filament Fabrication)
소재 분사 (material jetting)	소재의 입자를 선택적으로 분사하여 적층 제작하는 공정	Polyjet, MJM(Multi-Jet Modeling)
분말 소결 (powder bed fusion)	분말 구역을 열 에너지를 사용하여 선택적으로 녹이는 방식의 적층 가공 공정	SLS(Selective Laser Sintering), DMLS(Direct Metal Laser Sintering)
판재 적층 (sheet lamination)	소재의 판재를 적층시켜 출력물을 제작하는 방식의 적층 가공 공정	LOM(Laminated Object Manufacturing), UAM(Ultrasonic Additive Manufacturing)
액층 광중합 (vat photopolymerization)	액상 광화성 수지(liquid photopolymer)가 광중합(light-activated polymerization)에 의해 선택적으로 경화되는 방식의 적층 가공 공정	SLA(Stereolithography), DLP(Digital Light Processing)

지금까지 대표적인 3D 프린팅 기술 방식의 원리들을 살펴보면서 관련 제품들과 제조사들에 대해서 간략히 살펴보았다. 3D 프린터에 대한 관심이 고조되고 있는 가운데 이런 현상은 3D 프린터 제조 기술에 대한 일부 핵심 특허의 만료가 주요 원인이라는 것은 이미 많은 사람들이 알고 있을 것이다.

하지만 일부 핵심 특허의 만료가 해당 기술을 누구나 자유롭게 사용할 수 있다는 것을 의미하지는 않는다. 핵심 특허 보유 기업이나 단체가 바보가 아니라면 핵심 특허와 관련된 수많은 개량 특허를 지속적으로 보유하여 진입 장벽을 튼튼하게 구축하고 있을 것이기 때문인데 이런 부분에서 우리만의 독자적인 기술이 발명되기를 희망한다.

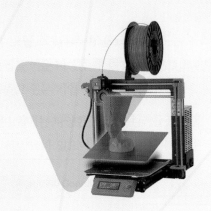

PART

3

보급형 데스크탑
3D 프린터의 이해

FDM과 FFF 방식 3D 프린터의 차이점

3D 프린터의 출력 방식은 재료의 종류와 조형 방식에 따라 구분할 수 있다는 것을 기술하면서 크게 딱딱한 고체 원료를 사용하는 FDM(FFF) 방식과 재료의 형태가 액상(SLA, DLP, PolyJet)의 광경화성 수지나 분말 형태(SLS, CJP 등)의 소재를 사용하는 방식으로 분류하였고, 조형 방식은 열과 빛 그리고 접착제 등으로 구분할 수 있다고 했다. 이 장에서는 개인용 또는 취미용으로 가장 널리 사용하고 있으며 특히 교육기관에서 많이 사용되고 있는 보급형 FFF 3D 프린팅 방식에 대해서 좀 더 자세히 알아보고 교육기관에서 장비 도입시 선정 기준이나 자주 사용하는 기술 용어에 대해 살펴보도록 하겠다.

특히 산업용 전문 3D 프린터는 교육기관에서 유지관리나 소재 비용 등의 문제로 특별한 경우가 아니라면 보급형 3D 프린터를 여러 대 도입하여 마음껏 실습할 수 있는 교육장 환경을 갖추는 것이 더 좋다고 생각한다.

먼저 현재 보급형 3D 프린터에서 가장 많이 사용하는 조형 방식이며 개인용과 산업용 3D 프린터 모두 이 조형 방식을 적용한 제품이 다양하게 출시되고 있는 **용용 적층 조형**(Fused Filament Fabrication, FFF) 또는 열가소성 수지 압출 적층 조형 방식을 기반으로 하는 3D 프린터에 대해서 살펴보겠다.

이런 방식의 3D 프린터는 이 기술의 원조 특허 기술을 보유하고 있는 기업인 미국의 Stratasys사에서는 **용융 적층 모델링**(Fused Deposition Modeling, FDM)이라고 한 것을 기억하고 있을 것이다. 또한, FDM 기술은 상표권이 유효하므로 마음대로 사용해서는 안되며, 현재 Stratasys사에서는 FDM 3D 프린터의 라인업으로 Idea, Design, Production 시리즈를 출시하고 있는데, 보통 수천만 원에서 수억 원대에 이르는 산업용 고가 장비이다. 하지만 FDM 장비의 특성상 아무리 고가의 장비라 하더라도 조형 특성상 자동으로 풀컬러 출력은 현재 지원되지 않는다는 단점이 있다.

그림 3-1 **Production series Fortus 380mc & 450mc**

출처 : © http://www.stratasys.co.kr/3d-printers/production-series/fortus-380-450mc

하지만 최근에는 FFF 방식에 CMYK 잉크젯 헤드를 결합한 컬러 프린팅 기술도 선보이고 있으며 이런 기술들이 상용화 수준에 도달한다면 기존의 고가형 CJP 기술과 경쟁하게 될 것으로 예측된다. 아래는 대만의 3D 프린터 제조 기업인 XYZPrinting사에서 IFA 2017에 선보인 바 있는 보급형 컬러 3D 프린터로 CMYK 색상 프로파일로 1,600만여 가지의 색조를 표현할 수 있다고 보도된 바 있다. 이 3D ColorJet 기술은 잉크젯 프린팅과 FFF의 조합으로 PLA의 레이어 사이에 컬러 잉크 방울을 혼합하여 분사하는 방식으로 이 기술의 장점은 본질적으로 혼합되지 않는 플라스틱을 결합하는 새로운 방법이다. 이미 1990년대 초반부터 사용해 온 기존 프린터 잉크 카트리지를 최대한 활용하려는 의도로 볼 수 있다.

그림 3-2 Da Vinci Color 3D 프린터와 출력물

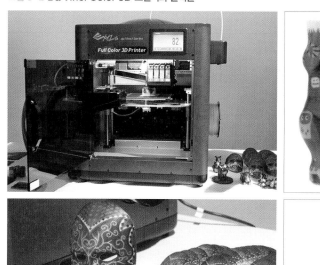

출처 : © https://www.xyzprinting.com

원조 FDM 방식의 3D 프린터는 보급형 저가의 FFF 방식과 조형방식에 사용하는 소재에 차이가 있는데 우선 FDM 장비는 두 가지의 재료 즉, 모델 제작용 재료와 서포트용(수용성) 재료를 적층하여 완성된 모델에서 수용성 서포트 재료를 제거하면 원하는 3D 모델을 얻을 수가 있다는 것을 기억할 것이다.

FDM 3D 프린터에서 사용할 수 있는 재료는 12가지 정도의 열가소성수지이며, ABSi와 PC-ISO 같은 반투명 재료의 사용이 가능한 모델도 있다.

오픈 소스를 사용하거나 자체 개발하여 판매하는 FFF 방식은 다른 기술방식의 3D 프린터보다 사용법이 간편하고 장비도 비교적 간단하여 누구나 손쉽게 다룰 수 있다는 장점이 있다. 아래는 FFF 방식의 얼티메이커

듀얼 압출기 3D 프린터에서 지원하는 서포트용 수용성 재료인 PVA(Polyvinyl alcohol) 소재 및 장비이다.

그림 3-3 **Ultimaker 3**

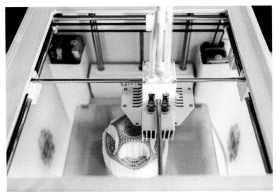

그림 3-4 **Ultimaker PVA**

출처 : ⓒ https://ultimaker.com/

[참고] 열가소성 (heat plasticity)

어떤 재료에 열을 가하면 부드럽게 되고 어떤 형상으로 누르면 그 형상대로 찍히고, 열이 식으면 찍힌 형상대로 굳게 되는 데 이것에 다시 열을 가하면 부드럽게 되어 또 다른 형상으로 찍어 모양을 바꿀 수가 있다. 이처럼 열과 힘의 작용에 따른 영구적 변형이 생기는 성질을 '열가소성'이라 한다. 현재 FDM 방식은 FFF 방식과 혼용하여 용어를 사용하는 사람이 많으며 FFF 방식의 3D 프린터에서도 수용성 소재를 사용할 수 있는 제품들도 등장하고 있는 추세이다.

오픈소스형 FFF 방식 3D 프린터의 단점

렙랩 오픈 소스나 타사의 오픈 슬라이서를 기반으로 하는 저가형 개인용 3D 프린터의 단점 중에 하나가 출력시 환경 즉, 주변 온도에 민감한 영향을 받는다는 것이다. 딱딱한 고체 상태의 소재인 필라멘트를 녹이기 위해서는 재료를 압출하여 분사하는 핫 엔드 노즐을 높은 온도로 가열하여 뜨거워진 노즐을 통해 압출된 재료가 주변 온도에 따라 너무 빨리 식게 되면 한 층(Layer)씩 적층되는 방식의 특성상 레이어 간 접착상태가 좋지 못하여 모델링 형태가 틀어져버리는 현상이 발생하기도 한다.

또한 압출된 소재가 반대로 너무 늦게 식는다면 레이어 간 접착 상태는 좋을지 모르지만 아이스크림이 녹아 흘러내린 듯 쌓이게 되어 원하는 결과물을 얻지 못할 수도 있다.

지금은 기술이 많이 향상되어 저가형 장비들도 많은 발전이 있었지만 아직도 일부 3D 프린터들은 기술적인 문제를 해결하지 못해 출력에 문제가 발생하는 것들이 있으니 참고하기 바란다.

그리고, 사용하는 재료마다 레이어 간 접착 상태가 불균일하게 되고, ABS 같은 재료를 사용시 발생하는 냄새나 유해한 성분, 모터와 기구 작동시 귀에 거슬리는 소음 등도 개방형 FFF 방식에서는 앞으로 해결해야 할 숙제인 것 같다.

한두 대 정도 사용하는 경우는 덜하지만 수십 대씩 갖추어 놓고 사용하는 출력전문기업이나 교육장에서의 소음은 작업환경에 있어 민감한 사항이 될 수도 있다.

최근 들어 출시되는 보급형 FFF 방식에서도 챔버(Chamber)라고 하는 일종의 밀폐형 케이스 형태로 디자인하고 있다. 주변 온도에 관계없이 프린팅시 내부 온도를 일정하게 유지시켜 주면서, 프린팅 룸 내부에 정화기능을 하는 필터 등을 설치하여, ABS 같은 소재의 출력시 발생하는 유해한 가스나 냄새를 방지해 주는 제품들도 있다. 현재 국내 제조사의 보급형 3D 프린터의 품질도 외산 대비 우수한 성능과 가성비를 보여주는 제품들이 있으니 참고하기 바란다.

FFF 방식은 초보자들도 비교적 쉽게 사용할 수 있으며 일반 사무실 환경에도 적합한 3D 프린터라고 하지만 열가소성 수지로 제작된 부품은 열, 화학약품, 습기나 건조한 환경 및 기계적 응력을 어느 정도 견딜 수 있어야 제품으로서 역할을 할 수 있다. 하지만 소재의 특성상 표면을 샌딩처리한다거나 버핑 등의 공정을 통해 거친면을 부드럽고 정밀하게 다듬질하는 후처리 작업과 연마 및 도장과 도색, 도금 등의 추가 가공을 통해 사용자가 원하는 품질을 기대할 수 있다.

그림 3-5 **PLA 출력물**

그림 3-6 **1차 후처리**

그림 3-7 **2차 후처리**

그림 3-8 **3차 완성**

[주]

스트라타시스의 원조 FDM 기술은 두 재료 즉, 모델용 재료 및 서포트용 재료를 사용하며 출력 완성된 모델에서 서포트를 제거하면 기능성 모델을 얻을 수 있다. 출력이 완료된 모델을 소형 WaveWash 서포트 세척 시스템에 담가두면 수용성 서포트가 용액에 녹으면서 점점 사라지게 된다. 이 방식은 현재 흔히 볼 수 있는 보급형 3D 프린터들에서는 많이 찾아볼 수 없으며 수용성 서포트 재료를 별도로 사용하지도 않는 것이 대부분이다. 한편 스트라타시스의 최신 장비에서는 PLA 소재를 사용할 수 있는 제품도 출시되었다.

FFF 방식 3D 프린터의 주요 기술 용어

① 오토 베드 레벨링(Auto Bed Leveling)

오토 베드 레벨링이란 조형물을 적층하는 조형판(베드, Bed)의 수평(기울기)을 사람의 손을 거치지 않고 장비 내에서 자동으로 정확한 수평 상태로 레벨을 맞추는 기능을 말한다. 수평이 제대로 맞지 않으면 3D 프린팅을 할 때 올바른 출력을 시작할 수 없기 때문에 기본적이고 중요한 기능이라고 할 수 있으며 오토 베드 레벨링은 센서 등을 이용하여 자동으로 베드를 수평으로 맞추는 것과 압출기의 노즐 높이를 최적의 상태로 맞추는 것으로 나눌 수 있다.

② 핫 엔드 노즐(Hot End Nozzle)

딱딱한 고체 상태의 필라멘트를 적정 온도(보통 190~250℃, 소재마다 차이가 다름)로 녹여 압출시켜주는 HOT-END 부분은 FFF 방식의 3D 프린터 구성 요소 중 핵심 부품으로서 이 부분이 원활하게 작동을 해주어야 제대로 된 출력이 가능하다. ABS나 PLA와 같이 서로 다른 성질의 재료를 번갈아가며 사용해도 노즐 구멍의 막힘없이 출력이 가능한 제품이 좋으며, 노즐을 교체시에도 노즐을 따로 뚫어주어야 할 필요 없이 손쉽게 압출기의 교체가 가능한 것이 좋다. 또한 방열 설계로 장시간 사용해도 잔고장이 없이 오래 사용할 수 있도록 설계 제작된 제품이 좋으며 모듈 형태로 설계되어 착탈이 손쉬운 제품을 추천한다.

③ 압출(익스트루드, Extrude)

조형판 위에 재료를 적층시키는 과정을 말하며, 작은 노즐 구멍(보통 0.4mm)을 통해 딱딱한 플라스틱 재료가 가열되어 반용융 상태로 녹아 흘러내리며 압력이 가해진다.

④ 압출기(익스트루더, Extruder)

압출기는 프린팅 재료인 ABS나 PLA 소재의 필라멘트를 스테핑 모터를 이용하여 히트 블록(Heat Block)과 노즐(Nozzle)로 공급하고 녹여서 압출시키는 장치로서 스풀에 감겨 있는 필라멘트를 조금씩 당겨와 공급하는 피더 부분을 총칭하기도 하는데, 재료가 투입되는 콜드 엔드(Cold end)와 플라스틱 재료를 녹여 압출하는 핫 엔드(Hot end) 부분으로 구성되어 있다.

⑤ 핫 엔드(Hot End)

플라스틱 필라멘트 등의 고체 원료를 가열해 녹이는 압출기(익스트루더)의 가장 '뜨거운 끝' 부분의 노즐을 말하며, 일반적으로 190~250℃ 정도까지 가열한다. 최근에는 300℃까지도 지원하는 노즐들이 소재에 맞추어 다양하게 출시되고 있다. 출력 중에는 함부로 손을 대면 화상 등의 위험이 있을 수도 있으니 주의해야 하며 특히 어린이들이 있는 가정이나 교실에서 사용 시에는 각별한 주의를 요한다.

⑥ 가열판(히트 베드, Heated Bed)

ABS와 같은 재료는 일정 온도를 지속적으로 유지시켜주어야 안정적인 출력이 가능하다. PLA 등의 재료를 사용시에도 가열판(Heat bed plate)은 필요하지만 PLA 전용 3D 프린터들 중에 히트 베드가 아닌 일반 베드나 경화유리를 사용한 것도 있으며 출력물을 용이하게 꺼내기 위하여 원터치 방식으로 쉽게 조형판을 분리 및 장착할 수 있도록 설계된 것이 좋다.

가열되는 압출기 노즐을 통해서 빠져나온 출력물 원료가 너무 빨리 냉각되어 수축되지 않도록 출력물 표면에 열을 가해주는 판(Plate)을 말하며, 적층시 빨리 수축이 되면 출력물의 뒤틀림이나 쓰러지는 현상 등이 발생하게 된다. 따라서 가열판을 사용하게 되면 일반적인 베드 사용시 보다 높은 완성도의 결과물을 얻을 수 있다. 특히 ABS 수지의 경우 가열판이 없는 상태에서 출력을 하게 되면 위와 같은 현상이 나타날 수 있으며, 보통 PLA 수지의 경우에는 이러한 현상이 상대적으로 적기 때문에 가열판이 없는 베드를 사용할 수 있는 것이다.

⑦ 래프트(Raft)

출력물 형상의 뒤틀림을 방지하거나 출력 중 베드에서 떨어지지 않도록 하기 위해 사용되는 바닥 보조물(Base structure)을 말하는데 래프트는 원래 뗏목이라는 뜻으로 출력물을 적층하는 베드 표면 위에 1~2층의 레이어로 압출해주어 모델의 바닥 지지 면적이 좁아 출력 중에 쓰러지지 않도록 일회성으로 압출시켜 모델과 잘 붙어있도록 해주는 기능을 말한다. 만약 래프트 없이 직접 베드에 적층하게 되면 나중에 베드면에 굳어버려 강한 접착력이 남아 있으므로 출력이 완료된 후 결과물을 떼어내기가 불편할 수도 있다. 어느 정도 사용하다보면 사용자 스스로 느끼게 될 것인데 보통 래프트는 조형물 바닥 접촉 면적이 작은 모델의 경우에 사용하며 출력 완료 후 니퍼나 펜치같은 공구를 이용해 조형물에서 떼어낸다. 이 기능은 출력물이 베드 바닥에서 쉽게 떨어지는 경우에 사용하며 출력물이 큰 경우 래프트의 출력 시간 또한 길어지므로 꼭 필요한 경우에만 사용하는 것이 좋다. 만약 래프트가 모델과 접착력이 커서 잘 떨어지지 않거나 강제로 분리했을 때 지저분한 자국이 발생할 수 있는데 래프트와 모델과의 붙는 정도의 설정값이 클수록 접착력이 커져 좋지 않게 된다.

그림 3-9 래프트 예

래프트

⑧ 스커트(Skirt)

출력을 시작하기 전에 노즐의 미세한 막힘, 찌꺼기 고착 등의 원인으로 필라멘트 압출량이 일정하지 않을 수도 있는데 스커트 기능은 출력물의 주위에 한층의 레이어를 시범으로 적층해주어 잘 나오고 있다는 것을 확인할 수 있는 바닥 보조물 중의 하나이다.

그림 3-10 **스커트 예**

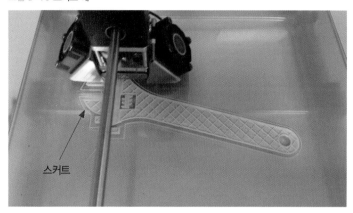

스커트

⑨ 서포트(Support)

FFF, FDM, SLA, DLP 등의 기술방식을 사용하는 3D 프린터에서는 모델의 특성에 따라 서포트(지지대)가 필요한 경우도 있고 그렇지 않은 경우도 있다. 최초 디자인을 할 때 부득이한 경우를 제외하고는 가급적 서포트가 생기지 않도록 고려할 것을 추천하는데 PLA나 ABS 같은 소재로 출력 후 서포트를 제거하게 되면 지저분한 자국이 생기고 출력시 서포트가 많으면 낭비되는 재료도 많게 되기 때문이다. FFF 3D 프린터의 출력 특성상 맨 아래 층에서부터 한층씩 쌓아 올려가며 형상을 적층하므로 출력하고자 하는 층의 아래에 이미 출력되어 있는 패턴이 없는 경우에는 소재를 허공에 쌓게 되어 원하는 형상을 제대로 만들 수가 없다. 이런 경우 지지대 기능을 사용하면 슬라이서에서 자동으로 생성해주므로 편리한 기능 중의 하나이다. 또한 서포트도 나중에 제거하여 버려지는 생활 쓰레기가 되므로 모델링시 고려하고 또한 불필요하게 내부를 많이 채우지 말고 기능상 무리가 없는 적정한 값으로 내부 채움 비율을 설정해 주는 것이 좋다.

그림 3-11 **서포트와 래프트**   래프트

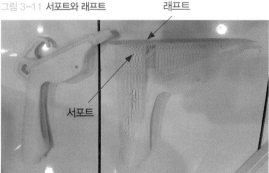

서포트

그림 3-12 **FFF 3D 프린터 출력물과 서포트**

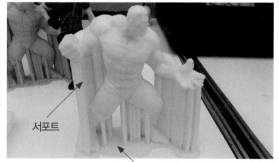

서포트

래프트

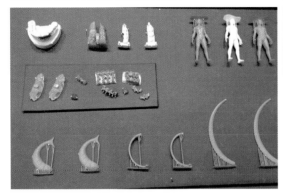 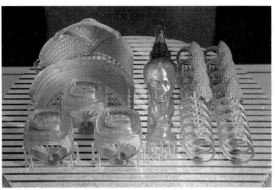

하지만 분말(파우더) 재료를 기반으로 하는 SLS, CJP 등의 3D 프린터에서는 별도의 서포트가 필요없는데, 이는 조형되는 모델에 쌓여있는 분말 재료 자체가 서포트 역할을 해주기 때문이다.

그림 3-15 **분말 기반 CJP 3D 프린터 출력물**

 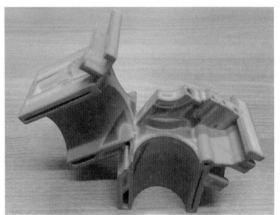

⑩ 내부 채움(Infill)

솔리드 형태 모델의 내측 부분을 채우는 정도를 말하는데 설정값이 높을수록 밀도가 높아지지만 그 만큼 출력 시간은 증가하게 된다. 슬라이서에 따라 다양한 패턴으로 만들어질 수 있어 꼭 필요한 경우가 아니라면 내부 속을 꽉 채워 출력하는 경우보다 적절한 값으로 설정하면 필라멘트도 절약하고 출력 시간도 단축할 수 있는 장점이 있다.

⑪ 내부 채움 정도(Infill Ratio)

내부 채움(Infill)에서 실제 단단한 물질이 차지하고 있는 비율을 의미하여 내부 채움 정도, 내부 채움 밀도 라고 하는데, 이 비율과 패턴이 출력 모델의 강성, 연신율, 항복 응력 등을 결정하게 된다. Infill %는 재료 로 채워지는 모델의 내부 볼륨의 백분율을 나타내며 Infill pattern은 노즐이 모델의 내부를 채우기 위해 드 로잉하는 패턴을 말한다.

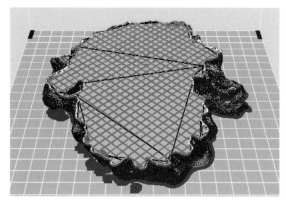

아래 이미지는 MakerBot Replicator 3D 프린터로 Infill % 테스트를 실시한 결과이다.

- 프린팅 속도 : 60mm/s

- 레이어 높이 : 0.20mm

- 온도 : 195℃

- 채움 패턴 : 선형 패턴

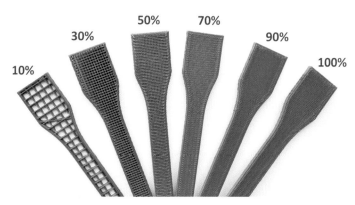

출처 : ⓒ http://my3dmatter.com/influence-infill-layer-height-pattern/

⑫ 베드(Bed)

3D 프린터에서 출력하는 실물이 적층되는 조형판을 말하며 얇은 사각형 플레이트와 같은 것이 바로 '베드'이며 '빌드 플랫폼'이라고도 한다. 베드는 제조사에 따라 강화유리, 특수 열처리 베드, 특수 코팅 테이프를 붙인 베드 등 다양한 종류가 있다.

⑬ 지코드(G-Code)

G코드는 NC 공작기계가 공구의 이송, 실제 가공, 공구 보정 번호, 스핀들의 회전, X, Y, Z축의 이송 등의 제어 기능을 준비하도록 하는 명령을 말한다. G-Code는 STL 파일을 3D 프린터로 출력할 때 적층 피치의 세밀함과 출력물의 밀도 등 프린트 설정을 입력한 제어 코드로서 이 G-Code 데이터를 이용하여 출력하는

것이다.

⑭ 노즐(Nozzle)

가열되어 융용된 필라멘트가 압출되어 나오는 작은 직경의 구멍이 있는 부품으로 일반적으로 구멍의 지름
은 0.2, 0.3, 0.4mm 정도로 제작되어 있다.

⑮ 쿨링 팬(Cooling fan)

가열된 노즐을 식히지 않고 정밀하게 출력물에만 바람이 전달되도록 해야 빠른 속도로 압출기 헤드가 이동
하면서 출력을 진행해도 고품질의 결과물을 얻을 수 있다. 정교한 기구설계의 위치(포지셔닝) 정밀도로 출
력물의 부드러운 표면과 실제 치수에 가까운 조형성을 가지게 하는데 쿨링 팬(냉각 팬)은 녹은 재료를 적층
시에 빠르게 식혀서 출력물의 수축을 방지해주는 역할을 한다.

⑯ 최소 적층 두께(Minimum Layer Thickness)

최소 적층 두께는 모델의 Z축을 적층할 때 가장 얇게 쌓을 수 있는 레이어 두께를 말한다. 보통 0.02mm,
0.05mm, 0.1mm, 0.15mm 등의 수치로 표현하며 이 수치가 작을수록 좀 더 표면이 매끈한 출력물을 얻
을 수 있는데 반해 출력 시간은 그만큼 더 많이 소요된다. 또한 제조사마다 부르는 용어에 조금씩 차이가 있
는데 Layer Height, 적층 피치, 레이어 해상도, 레이어 두께라고도 한다.

그림 3-18 **적층 두께 비교, 왼쪽으로부터 0.2mm, 0.1mm, 0.05mm**

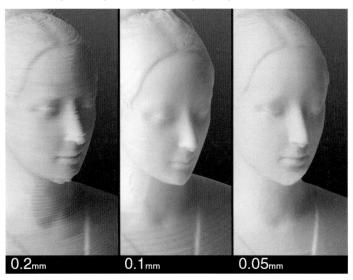

⑰ 최대 조형 크기(Maximum Build Size)

최대 조형 크기는 3D 프린터로 출력할 수 있는 모델의 최대 사이즈(X×Y×Z mm)를 말하며 제조사에 따
라 모델링 사이즈(Modeling Size), 빌드 볼륨(Build Volume), 조형 크기 등으로 표기한다. 고가의 장비
라고 해서 출력물 최대 조형 크기가 무조건 큰 것은 아니므로 제조사의 사양서를 반드시 참고하여 출력 가
능 사이즈를 확인해야 한다.

그림 3-19 X, Y, Z축의 최대 조형 크기가 1m(1,000mm)가 넘는 대형 FFF 3D 프린터

출처 : © https://bigrep.com/bigrep-one/

⑱ 셀 두께(Shell Thickness)

셀 두께는 출력물의 외벽 두께(Wall thickness)를 말하는데 셀 두께의 설정값이 클수록 출력물은 단단해지지만 그 만큼 출력 시간은 더 오래 걸리는 단점이 있다. 아래의 셀 두께 설정값에 따른 외벽 두께의 차이를 슬라이서에서 시뮬레이션한 것을 참조하기 바란다.

그림 3-20 **0.4mm** 그림 3-21 **0.8mm** 그림 3-22 **1.6mm** 그림 3-23 **3.2mm**

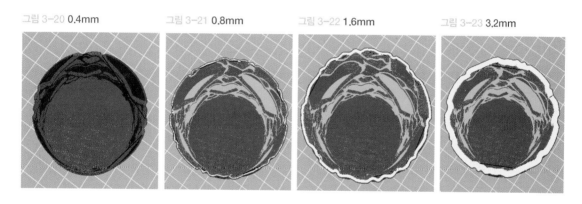

셀 두께 설정값은 보통 레이어 두께 설정값의 배수로 세팅해주는 것이 좋다. 예를 들어 레이어 두께를 0.2mm로 설정했다면 셀 두께는 0.8, 1.0mm 정도로 해준다.

그림 3-24 **셀 두께 이해**

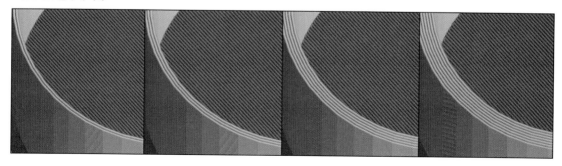

보급형 3D 프린터에서 주로 사용하는 소재

보급형 3D 프린터의 주요 소재

그림 3-25 **ABS 필라멘트 제조 원료**

보급형 3D 프린터나 3D 프린팅 펜의 소재가 되는 플라스틱 필라멘트는 주로 PLA나 ABS 계열의 재료로 만들어지며 보통 직경 1.75mm나 3mm 미만의 얇은 와이어 형태로 제작되어 700g~1kg 정도로 포장하여 판매된다. 이 플라스틱 와이어는 이용할 수 있는 색상이 다양하고 시중에서도 비교적 저렴한 가격으로 손쉽게 구매하여 사용할 수가 있다.

FFF 방식의 주요 소재 비교

종류	설명	특징	용융 온도
PLA	'Polylactic Acid'(폴리락트산)의 약자로 옥수수와 같은 작물을 원료로 한 생물 분해성 친환경 고분자로 현재 거의 모든 FFF(FDM)방식 3D 프린터에서 가장 많이 사용	• 가열시 옥수수 타는 듯한 냄새 발생 • 강도가 PTFE보다 높음 • ABS보다 층간(layer by layer) 접지력이 우수 • 표면에 광택이 있고 수축이 다소 발생 • 가열판(HBP)이 별도로 없어도 프린트 가능 • 서포트로 생성시 손으로 제거하기가 다소 어렵고 서포트가 제거된 부분도 깔끔하지 못함 • 약 55℃ 이상의 온도에서 변형 발생	180~220℃
ABS	'Acrylonitrile Butadiene Styrene'가 가장 일반적으로 사용되는 열가소성 플라스틱	• 기계적 특성이 우수하며 가격이 저렴하고 구입이 쉬움 • 비교적 작은 조형물에 유리 • 유해한 냄새 발생, 아세톤에 녹음 • 수축률이 높아 조형이 까다로움(히팅 베드 필요)	215~250℃
PVA	'Polyvinyl Alcohol'	• 물에서 녹음 • 서포트 재료로 활용 • 프린트 조건이 까다로움	220~230℃

PLA 필라멘트는 옥수수와 사탕수수를 주원료로 하여 만들어진 친환경 재료로 생분해성 고분자(Biodegradable Polymer)인 폴리락트산(PLA : Polylactic Acid)으로 출력시 인체에 유해한 요소가 거의 없다고 알려져 있다. 또한 PLA 필라멘트는 일반 플라스틱 ABS와 대비하여 약 80% 이상의 강도를 지니며

고온에서 변형될 소지가 있으므로 보통 180~210℃의 적정 사용 온도를 요구한다. PLA 필라멘트는 FFF 방식의 3D 프린터에서 가장 널리 사용하는 소재로서 농작물에서 추출하여 합성된 친환경 바이오 소재로 알려져 있는데 사용 후 보관시 습도 등에 유의하여 진공포장 등의 조치를 취하여야 한다.

하지만 일부 값싼 수입품 등의 경우 원료로 사용한 옥수수가 아직도 위해성 논란이 있는 GMO(유전자를 변형한 생물체) 작물인지 색상을 내기 위하여 혼합한 안료가 환경이나 인체에 영향을 주지 않는지 등의 문제는 따져보고 친환경인증 제품을 선별하여 사용하는 것이 좋을 것이다.

[참고] 플라스틱 재료의 용융 온도와 금형 온도

재료명	용융온도(℃)	사출압력(kgf/cm²)	금형온도(℃)
폴리에틸렌	150~300	600~1500	40~60
폴리프로필렌	160~260	800~1200	55~65
폴리아미드	200~320	800~1500	80~120
폴리아세탈	180~220	1000~2000	80~110
3불화염화에틸렌	250~300	1400~2800	40~150
스티롤	200~300	800~2000	40~60
AS	200~260	800~2000	40~60
ABS	200~260	800~2000	40~60
아크릴	180~250	1000~2000	50~70
경질 염화비닐	180~210	1000~2500	45~60
폴리카보네이트	280~320	400~2200	90~120
셀룰로스 아세테이트	160~250	600~2000	50~60

PLA 필라멘트는 ABS보다 수축이 덜하고 관리가 비교적 편리한 재료로 PLA는 ABS에 비해 용융점이 좀 더 낮다는 특성으로 녹는점이 높아질수록 노즐에 남은 찌꺼기가 탄화작용에 의해 고화도가 높아져 노즐이 막히는 현상이 더 많아질 수가 있다.

한편 일부 외산 보급형 3D 프린터에서는 다양한 금속 등의 첨가물이 들어간 필라멘트도 개발하여 판매중인데 모든 프린터에서 출력이 가능한 것은 아니다. 특히 저가형 프린터에서 많이 적용하는 황동 노즐의 경우 이런 금속 첨가물이 들어간 필라멘트를 사용하면 노즐이 쉽게 마모되므로 전용 내마모성 노즐이 장착된 프린터에서 출력할 것을 권장한다.

그림 3-26 **철 함유 필라멘트**

그림 3-27 **청동 함유 필라멘트**

금속가루나 야광물질 같은 것을 함유한 필라멘트는 사용자에게 색다른 재미를 더해줄 수 있지만, 출력 시 발생하는 분진의 유해성에서는 더 자유롭지 못할 것이다. 이런 소재로 출력하는 경우에는 해당 3D 프린터에 국소배기장치 등을 설치하여 작업자가 직접 코나 입으로 흡입하지 않도록 안전 마스크를 반드시 착용하고 환기 등에 더욱 각별한 주의를 기울여야 한다.

그림 3-28 **야광 필라멘트**

그림 3-29 **야광 필라멘트 출력물**

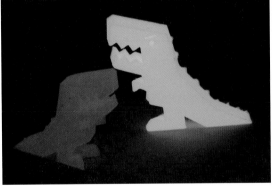

교육용 3D 프린터 선택 가이드

3D 프린터는 조형방식에 따라 그 종류도 다양하고 장비의 초기 도입 가격이나 사용가능한 소재의 종류, 장비 운용 방식에도 많은 차이가 있다. 고가의 3D 프린터를 도입하고도 장비를 거의 사용하지 않고 방치하는 경우를 목격할 수 있는데, 여러 가지 이유 중에 가장 큰 이유는 소재 구입비(유지관리비)가 만만치 않고 장비를 다루는 전문가가 별도로 없어 제대로 활용하지 못하고 무용지물이 되고 만 것이 아닌가라는 생각이 든다.

특히나 학생들 교육용이나 일반 취미용 및 개인사업자들이 3D 프린터를 도입하여 새로운 사업을 구상하거나 계획할 때 유의해야 할 사항에 대해서 알아보겠다. 이 부분은 필자의 단순한 개인적인 견해이며 특정 장비들에 대해 깎아내리는 내용은 아니므로 참조만 하길 바란다.

하이엔드급의 고가 장비들은 재료와 장비의 원천 특허 기술을 가지고 있는 일부 외국 기업이 독점하고 있는 상황이며, 국내에는 아직 FFF 방식의 3D 프린터나 DLP, SLA 방식 이외의 SLS, DMLS 등의 기술은 계속적인 연구개발 단계에 있다. 새로운 3D 프린터를 선택할 때 가장 이상적인 방법은 업데이트와 업그레이드가 쉽게 가능하고 충실한 사후관리를 통해 이미 많은 사용자를 확보하고 있으며, 항상 새로운 것을 개발하고 문제를 해결하는 데 앞장서는 제조사의 모델을 선택하는 것이 좋다. 그런 프린터가 무엇이냐고 묻는다면 사용자들마다 다양한 답변을 내놓을 것인데 그 이유는 딱히 정답이라는 게 없기 때문일 것이다.

사용 용도에 가장 적합하다면 가격은 크게 문제가 되지 않을 것인데 개인적으로 제조사가 탄탄한지, A/S 정책은 양호한지, 사용자는 많은지 등을 꼼꼼히 따져 보고 도입할 것을 권장한다.

1. 조형 방식 및 3D 프린터 종류와 용도에 따른 선택

FFF 방식은 우선 사용이 편리하고 상대적으로 제품 가격이나 유지비가 저렴하다는 이점으로 많은 사람들이 관심을 갖고 자신의 용도에 알맞은 프린터를 검토한다. 교육용이나 간단한 러프 목업 제작, 캐릭터, 부품 제작 등 일반 개인 및 가정이나 사무실에서 손쉽게 사용하기에 적합하다. 대부분의 보급형 3D 프린터는 보통 ABS나 PLA 같은 플라스틱 소재를 사용하게 되므로 비교적 강도가 높은 구조물 등을 제작하는 데는 좋지만, 탄성이 필요하거나 잘 휘어져야 하는 연성이 필요한 구조물을 제작하기에는 적합하지 않다. 유연성을 가진 플렉시블 필라멘트를 사용할 수 있는 국산 보급형 3D 프린터들도 있으므로 참고하기 바란다.

SLA 또는 DLP 조형 방식의 프린터는 연성이 있는 레진을 소재로 사용하기 때문에 인체와 접촉하는 덴탈용이나 의료용 또는 캐릭터, 주얼리, 소형제품 제작용으로 사용하기에 적합하다고 한다. FFF 방식보다 정밀하여 디테일한 표현을 제작하기에는 좋지만 장비 가격이 FFF 보다 조금 비싸고 조형 작업시 소재를 경화시키는 과정에서 특유의 냄새도 발생하여 일반 가정에서 사용하는 용도보다는 주얼리, 덴탈, 피규어 등의 전문 산업용으로 많이 사용되고 있다. 하지만 사용하고 남은 소재의 폐기처리 등이 문제가 될 소지가 있다.

SLS, DMLS, CJP 방식은 금속, 나일론 등 다양한 소재의 사용이 가능하고 정밀한 출력물을 얻을 수 있으며 정밀 목업 제작, 정밀 부품, 기능성 부품, 컬러 피규어 제작 등의 전문 출력이 가능하다. 그러나 대부분 산업용 장비로 출시되고 있어 장비 사이즈도 크고 전력 소비 또한 많으며, 가격도 아직은 상당히 고가에 속해 선뜻 교육용이나 개인용으로 도입하기에는 무리가 따를 것이다.

2. 출력이 잘 되는가?

출력물의 품질은 3D 프린터 선택에 있어 가장 중요한 사항의 하나이다. 저가의 제품이나 사용자가 직접 조립해서 사용하는 KIT형태의 제품을 구입하고 나서 원하는대로 출력도 제대로 해보지 못하고 실패하는 경우가 종종 있다. 실제 제품에 대한 출력 비교 시연 동영상, 구매자들의 리뷰 등을 구입하기 선에 반드시 확인해보아야 하며, 사전에 내가 원하는 모델링 데이터로 출력물을 의뢰하여 샘플을 출력해 보고 구입 결정을 판단해 보는 것도 좋은 방법 중의 하나이다.

특히 교육기관에서 다수의 프린터를 도입하여 사용하는 경우에는 시장에서 품질을 인정받고 사후관리나 AS가 잘 이루어지며 사용자들의 호평을 받고 있는 장비 중에서 선택하는 것이 바람직할 것으로 생각된다.

3. 사용과 조작이 편리한가?

현재 여러 가지 저가형 3D 프린터에서 오픈소스 소프트웨어를 사용하다 보니 처음 사용하는 사람들에게 있어 내가 보유한 3D 프린터에 딱 맞는 최적화된 설정값을 얻는데 시행착오와 어려움을 겪을 수 밖에 없으며 이런 이유로 사용자의 3D 모델링 기술이나 조작 능력에 따라 동일한 모델의 출력에 있어서도 품질이 다르다는 말이 나오게 되는 것이다. 모델링 출력에 최적화된 전용 슬라이싱 소프트웨어를 지원하는 3D 프린터가 아무래도 조작이 간편하고 사용자 편의 기능 지원도 많아 모델링 교육 후 출력 실습을 하는 데 큰 문제가 없을 것이다.

필라멘트 공급시 버튼 하나만 누르면 자동으로 공급이 이루어진다든지, 한 대의 장비에서 보다 다양한 소재를 가지고 출력을 할 수 있다든지 하는 부분은 큰 장점으로 작용할 것이다.

4. 내구성이 있는가?

출력시 모터나 팬의 소음은 상당히 귀에 거슬리는 부분으로 구입 전 반드시 확인해보아야 하는 사항이며 출력 진행시 제품의 흔들림과 진동 발생 여부 또한 세심하게 살펴보고 각 사용 부품들의 재질이나 프레임의 견고함 등을 잘 확인해야 한다. 자칫하면 제대로 사용조차 해보지도 못하고 방치해 두는 상황이 연출될 수도 있기 때문이다.

특히 압출기 노즐 부분의 내구성은 중요한 요소이므로 구입 전 제조사에 문의하여 장단점을 잘 파악하는 것이 중요하다.

출력시 초기에 세팅해 둔 정밀도가 그대로 유지되는지가 관건인데 제품의 내구성 부분은 어느 정도 시간이 지나야 느낄 수 있는 부분이기 때문이다. 적층방식의 3D 프린터는 구조상 진동이 없을 수 없고 출력시간이 오래 걸리는 경우는 10시간 이상씩도 가동하게 되는데 지켜보지 않고 있다가 나중에 보면 출력물의 상태가 엉망인 경우도 간혹 발생한다. 따라서 진동으로 인한 풀림, 영점의 흐트러짐, 소재 품질의 균일성 등의 현상은 지속적인 고품질의 출력물을 얻는데 방해되는 요인이므로 3D 프린터 선택시 이런 사항들을 주의해서 확인해 보아야 할 것이다.

5. 원점(영점) 작업은 용이한가?

3D 프린터는 X, Y축(가로, 세로 운동) 그리고 Z축(상하운동)의 3축으로 구성되어 있다. 3D 프린터를 구입시에 주의해서 살펴보아야 하는 부분으로 X, Y축이 쉽게 흔들리거나 변형이 발생할 가능성이 있는지 직선 왕복운동을 하는 곳에 사용한 부품(예를 들어 축과 가이드 부시 등)이 정밀하고 내구성이 있는 것인지 직접 수동으로 움직여 보고 확인해 볼 것을 권장한다.

일부 저가형 프린터 중에서 X, Y축은 보통 별도로 영점 세팅을 하지 않지만 Z축은 영점 세팅을 하는 경우가 있는데 Z축의 영점은 Z축을 수평으로 맞추는 것으로 사용자의 편의성과 직결되는 부분이다.

일반적으로 조형물 베드의 모서리 네 귀퉁이 부분에 스프링에 끼워진 나사를 돌려가며 출력물 베드와 노즐의 높이를 수동으로 동일하게 맞추는 작업을 하는데 이 작업을 '베드 레벨링'이라고 하며 3D 프린터를 최초 설치시에나 이동 설치 후에 자석 수평계 등을 이용하여 수평 레벨이 정확히 맞는지 확인하고 나서 사용할 것을 추천한다.

현재 시판 중인 3D 프린터의 경우 수평을 잡는 방법으로는 수동 방식과 자동으로 수평을 잡아주는 오토 베드 레벨링 방식이 있다.

6. 재료의 가격이나 유지비는?

현재 국내에 판매되는 보급형 FFF 방식의 3D 프린터는 일반적으로 직경 1.75mm의 필라멘트 재료를 이용하지만 일부 보우덴 방식 모델들은 2.85mm나 제조사에서 공급하는 전용 소재와 필라멘트 카트리지를 사용해야만 하는 경우가 있다.

전용 소재만을 사용해야 하는 3D 프린터는 제조사에서 보증하는 범위 내에서 좋은 출력물을 기대할 수 있지만 그만큼 재료의 가격은 비쌀 수 밖에 없을 것이다. 또한 대부분 국내 제작이 아닌 수입을 해서 판매하는 경우가 많기 때문에 유통 구조상 소비자가 실제 부담해야 하는 금액은 상승할 수 밖에 없을 것이다.

따라서 3D 프린터를 선택할 때 3D 프린터 자체의 가격도 중요한 사항이겠지만 앞으로 계속 사용하게 되는 재료의 종류나 가격 및 공급의 원활성 등을 꼼꼼하게 따져 구매하는 것이 현명할 것이라고 생각한다.

7. 출력물 사이즈와 장비 크기에 따른 선택은?

현재 시중에 나오고 있는 일반적인 3D 프린터의 출력물 조형 크기는 가로×세로×높이가 약 200~300mm 정도이다. 출력물의 최대 조형 크기가 작을수록 아무래도 가격이 저렴하고 클수록 가격이 비싸지므로 내가 필요로 하는 알맞은 사이즈의 장비를 선택하도록 한다.

장비도 일반 사무실이나 가정의 책상에 올려 놓을 수 있는 크기부터 냉장고만한 크기까지 다양한데 보급형의 경우가 아닌 전문가용이나 SLA, SLS, DLP 등의 산업용 프린터를 고려하는 경우에는 사전에 설치 공간이나 환기 시설 등을 확보해 두는 것이 좋다.

3D 프린팅 펜의 활용

3D 프린터 관련 산업이 확산되면서 국내 다수의 초·중·고등학교에서도 3D 프린팅 관련 교육 프로그램을 도입하고 있으며 비교적 고가인 3D 프린터를 학생 수만큼 확보하기 쉽지 않은 현실에 3D 프린팅 펜은 아주 효과적인 교육용 툴로 손색이 없을 것이다.

3D 프린팅 펜은 기본적인 3D 프린팅의 원리가 그대로 적용되어 있고 보다 손쉽게 입체물을 만들고 나만의 작품을 제작할 수 있는 장점이 있어 창의융합교구로 활용되고 있다. 특히 3D 모델링을 하지 않고 자유롭게 그리고 만들 수 있으며 1인 1펜으로 학생들의 호감도를 높일 수 있는 교구이다.

3D펜 제조 기업 WobbleWorks, LLC의 3Doodler (쓰리두들러)는 3D와 Doodler(낙서 도구)의 합성어로 끊임없이 아이디어를 생각해내고 새로운 것을 창조해보는 Creatice Mind에서 시작되었다고 한다.

창의적 아이디어로 가득한 미국 IT 기업 Wobble works, LLC의 CEO 맥스웰 보그와 3Doodler의 공동 개발자 피터 딜워스는 3D 프린터를 사용하던 어느 날, 프린터가 오작동을 일으켜 두 덩어리로 분리되어 출력된 모델을 보고 '잘못 프린팅된 출력물을 수정해서 사용할 방법은 없을까? 어떻게 이어붙일 수 있는 방법은 없을까?' 라는 엉뚱하면서도 기발한 질문을 던지게 된다. 그리고 그 후 누구나 손쉽게 사용하는 마치 볼펜처럼 소형 펜 형태로 개발하는 작업에 착수하여 지속적인 연구개발을 통해 드디어 세계 최초의 3D 프린팅 펜인 3Doodler가 탄생된 것이라고 한다.

그림 3-30 세계 최초의 3D 프린팅 펜 3Doodler의 킥스타터 프로젝트

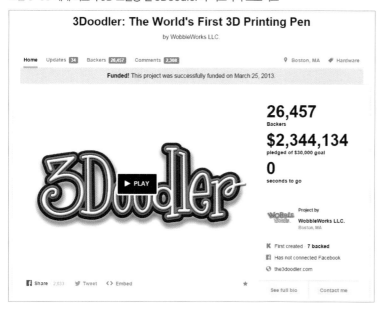

그림 3-31 **3Doodler**

그림 3-32 **다양한 3D 프린팅 펜**

그림 3-33 **두들 스탠드**

출처 : http://the3doodler.com/

이 기발한 3D 프린팅 펜은 데스크탑 3D 프린터에서 주요 소재로 사용되는 PLA와 ABS 필라멘트 재료를 펜에 공급하여 버튼을 누르면 가열된 플라스틱이 녹으며 압출되면서 바로 굳어버리기 때문에 누구나 자신만의 3차원 형상을 자유자재로 만들 수 있는 것이다. 또한 WobbleWorks, LLC사도 2013년 3월 킥스타터를 통해 프로젝트를 공개하고 자금을 후원받았는데 무려 26,457명의 후원자로부터 무려 2백3십만달러가 넘는 자금을 유치하는데 성공한 바 있다.

다양한 색상의 필라멘트

그림 3-34 **3D 프린팅 펜 소재**

3D 프린팅 펜 작품

10 Best 3D Pens(Aug 2018)

Name	Weight	Dimension	Display
3Doodler Create	12.8 ounces	6.3 x 0.7 x 0.7 inches	No
7TECH	1 pounds	7.3 x 1.6 x 1.1 inches	LCD
MYNT3D	9.6 ounces	N.A	OLED
CreoPop	1.3 pounds	8.9 x 2.3 x 6.1 inches	LED
Soyan	12.8 ounces	1.2 x 7.4 x 1.7 inches	No
3Doodler Create 3D Pen	1.1 pounds	0.7 x 0.7 x 6.3 inches	No
Scribbler	1.6 pounds	4 x 2 x 6 inches	LED
3Doodler Start Essentials	15.2 ounces	5.5 x 1.2 x 1.2 inches	No
3Doodler Start Essentials 3D Pen	1.2 pounds	5.5 x 1.2 x 1.2 inches	No
3Doodler Start Mega Box Set	1.5 pounds	5.5 x 1.2 x 1.2 inches	No

출처 : https://tenbuyerguide.com/best-3d-printing-pen/

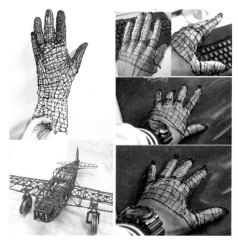

출처 : https://geecr.com/product/dewang-3d-printing-pen

3D 프린팅 펜은 작고 휴대성이 좋아 편리하게 활용할 수 있지만 특히 어린 아이들이나 초등학교 같은 곳에서 방과 후 교육을 하는 경우 주의해야 할 사항이 있다. 물론 뜨겁게 달구어진 노즐 부분에 대한 안전 교육도 필요하겠지만 ABS 같은 필라멘트 소재를 장시간 사용하는 경우 발생할 수 있는 유해가스 등을 아이들이 흡입하지 않도록 안전마스크를 착용하고 작업하는 것을 추천하며 가급적 교육장에 충분한 환기시설과 공기 정화기 등을 배치하고 사용할 것을 권장한다.

출처 : https://www.compsmag.com/5-best-3d-printing-pen-you-can-buy-right-now/

현재 보급되는 3D 프린팅 펜에 사용되는 필라멘트 중 가장 일반적으로 사용되는 것은 ABS 및 PLA 플라스틱 필라멘트이지만 아이들의 교육을 위해 선택하기 전에 알아야 할 사항은 특별히 없다. 하지만 ABS 필라멘트는 화학 물질로 이루어져 있으며 고온으로 용융되어 압출시 ABS 필라멘트가 미세한 입자를 방출할 수 있는데 이런 부분에 주의를 기울여야 한다. PLA 소재는 플라스틱 필라멘트 일지라도 ABS와는 조금 다른데 PLA 필라멘트는 옥수수와 같은 농작물로 기반으로 제조되고 있으며 생분해성으로 알려져 있다. 압출 후 PLA는 냉각 및 경화 시간이 조금 더 오래 걸리고 ABS 만큼이나 오래 간다. ABS나 Nylon 소재는 압출시 비교적 좋지 않은 냄새가 나며 유해 가스 등을 방출할 수 있기 때문에 호흡기를 통해 흡입될 수도 있을 것이다. 따라서 ABS 기반의 3D 프린팅 펜을 작동시키기 위해서는 환기시설이 갖추어진 통풍이 잘되는 공간이 필요할 수 있다. 특히 어린 아이들을 위해 3D 프린팅 펜을 도입하려는 경우 가급적 친환경 인증을 받은 PLA 기반의 3D 프린팅 펜 또는 UV 기반의 3D 프린팅 펜의 사용을 권장한다.

출처 : https://topbestreviewss.com/technology/3d-pens-and-kids-safety/

국내 데스크탑 3D 프린터 현황

이 장에서는 국내 보급형 데스크탑 3D 프린터 업계 전반에 걸쳐 2013~2015년 초창기의 출시했던 제품들과 2018년 현재의 기술개발 현황 및 최근 새롭게 출시하고 있는 신제품들의 정보에 대해서 알아보도록 하겠다. 아직까지 국내에서는 DLP나 SLA 및 금속 3D 프린터를 개발하고 있는 몇몇 업체를 제외하고는 전 세계적으로도 많이 출시되고 있는 기술인 FFF 방식의 Personal 3D 프린터가 주류를 이루고 있는 실정으로 조달청에 등록된 제품들도 이 방식이 대부분이다.

1. 오픈크리에이터즈의 아몬드(http://opencreators.com/)

오픈크리에이터즈가 사업 초기 판매를 시작한 3D 프린터인 아몬드는 세계적인 디자인 어워드인 레드닷(Reddot) 2014에서 산업디자인 분야 본상 수상작이기도 하다. 지난 2012년 5월 창업한 스타트업으로 국내에서는 가장 먼저 3D 프린터 NP-멘델을 선보이면서 화제를 모았고 서울 용산전자랜드에 3D 프린팅 체험 및 정보공유와 교육을 위한 공간인 OPENCREATORS :: SPACE도 함께 운영하고 있었으며 온라인 커뮤니티상에서 회원들과 교류를 하며 지속적으로 제품에 대한 피드백도 주기적으로 주고 활발하게 움직이고 있었다.

이 회사의 강민혁 대표는 언론을 통해서도 널리 알려졌으며 렙랩 프로젝트를 통해 파생한 멘델(Mendel)을 활용하여 NP(Non-Printed Parts)멘델을 만들어 판매했으며 대당 가격이 120만원대로 비교적 높은 금액이었지만 당시 6~700여대가 팔리면서 큰 인기를 모았었다고 한다.

아래 사진은 과천과학관 무한상상실에 오픈크리에이터즈가 기증한 3D 프린터로 국내 창작 공간인 해커스페이스(Haker space)에서 탄생한 것으로 오픈소스 3D 프린터 프로젝트인 렙랩에 공개된 멘델을 기반으로 제작되었다고 한다.

현재는 단종 모델인 120만원대의 NP 멘델이 고객을 기다리고 있는 모습이다.

오픈크리에이터즈는 한 때 아몬드라는 Personal 3D 프린터를 개발하여 판매하였으며 당시 오픈크리에이터즈 공식 온라인 샵에 정가 2백 8만원에 등록이 되었었다.

최대 출력물 사이즈는 150×150×140mm이며, 출력 가능한 소재는 ABS가 16가지 색상, PLA가 17가지 색상으로 각각 2만 2천원, 3만 3천원에 판매하였는데 아쉽게도 2017년 12월 지속되는 경영악화와 재정난의 악재로 인해 폐업을 하고 말았다.

그림 3-34 MENDEL

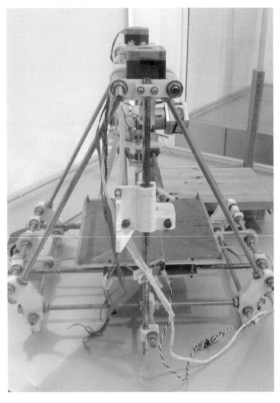

그림 3-35 NP MENDEL

그림 3-36 OCP ALMOND

그림 3-37 ABS Filament

출처 : http://opencreators.com/

용산전자랜드 OPENREATORS :: SPACE 전시물

2. TPC메카트로닉스의 FineBot (http://www.tpc3d.com/)

공장자동화 토탈 솔루션 기업 TPC메카트로닉스는 설립 40여년이 넘는 국내 최대 공압기기 및 모션 컨트롤 제조 기업으로 3D 프린터 제조업체인 애니웍스의 지분을 인수하였고, 2014년 8월 인천 서구에 단해창도클러스터를 신축하여 3D 프린터 양산 라인을 구축하여 본격적으로 생산에 들어갔다. 또한 2014년 1월 초에는 세계적인 3D 프린터 기업인 미국 3D 시스템즈와 대리점 판권 계약을 통해 CubeX와 ProJet 시리즈를 국내에 판매한 바 있다.

현재는 미국 스트라타시스사의 산업용 FDM, PolyJet 장비를 국내에 보급하고 있으며, 자체 라인업으로는 파인봇 3D 프린터가 있다.

그림 3-36 FINEBOT 3D PRINTER

FINEBOT® 3D PRINTER

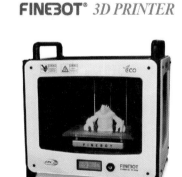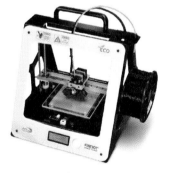

FB-9600
PLA(ABS Option)

FB-9600T
TPU(Thermoplastic PolyUrethane)

FB-ACADEMY
PLA(ABS Option)

3. 포머스팜 (http://formersfarm.com/)

Former's FARM은 2014년 듀얼노즐 방식의 3D 프린터인 스프라우트를 처음 출시하였으며 인쇄 가능 크기는 235×200×200mm(W×D×H)이며 사용 필라멘트 직경은 1.75mm이고 슬라이싱 프로그램은 오픈 소스인 Cura, Kisslicer를 사용하고 있다. 당시 온라인 판매 가격은 스프라우트 싱글노즐이 198만원, 듀얼 노즐이 210만원대이며 파인트리 2.5 모델은 148만원대였다.

그림 3-37 **스프라우트**

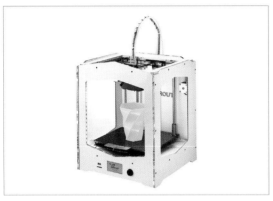

그림 3-37 **파인트리 2.5**

스프라우트 3D 프린터 출력물

그림 3-38 **출력 중인 스프라우트**

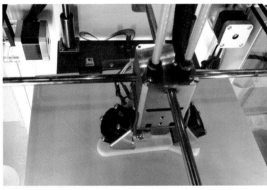

그림 3-39 **소형 출력물**

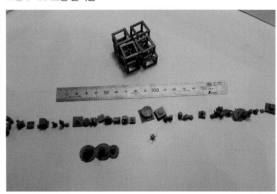

그림 3-40 **여러 가지 출력물**

그림 3-41 **필라멘트 공급부(보우덴 방식)**

그림 3-42 **프린터 내부**

현재는 LUGO와 LUGO PRO 3D 프린터를 출시하고 있는데 LUGO PRO는 스웨덴 Bondtech사와 기술 제휴를 통해 더욱 안정적인 제품 개발과 공급에 매진하고 있으며 FDM, SLA, PolyJet 장비를 보유하고 출력 서비스도 실시하고 있다.

그림 3-43 **LUGO-L(판매 가격 : 2,717,000원)**

4. 큐비콘 (http://www.3dcubicon.com/)

카메라 모듈 자동화 검사 시스템으로 유명한 하이비전 시스템은 2013년 9월말 자사의 3D 프린터 큐비콘 론칭쇼를 갖고 제품을 발표하면서 보급형 3D 프린터 시장에 뛰어들었다. 기존의 오픈소스형 제품들과 달리 외형이 스타라타시스사의 FDM 방식 Mojo(현재는 단종 모델) 3D 프린터와 유사하다는 느낌이었는데 가격 대비 다양한 신기능들을 갖추고 있어 기대가 되었던 제품이었다. DIY KIT형들과 달리 소재가 압출되는 노즐 부분이 착탈식 분리형으로 사용자 편의성을 높였으며 대류 온도 순환 기능을 추가하여 프린팅 중 내부 온도를 일정하게 제어가 가능하게 하였다. 이런 기능은 산업용 FDM 장비에나 있었던 기능이다. 또한 별도의 수동 조작없이 베드의 평탄도를 유지할 수 있는 자동식 오토레벨링 기능을 갖추었으며, ABS소재 등의 출력시 발생할 수 있는 냄새나 유해가스를 제거하기 위해 공기청정기에서 사용하는 헤파필터를 전면부에 배치한 게 주요 특징이었다. 당시 제품의 판매 가격도 290만원(VAT 별도)으로 비교적 지렴한 편이었으며 FFF 방식의 프린터에서 중요한 부분인 익스트루더(Extruder)를 착탈식으로 설계하여 노즐이 막히거나 여러 종류의 필라멘트를 교체하며 사용시 사용자 편의성을 높인 제품이었다.

최대 조형 크기는 240×190×200mm(W×D×H)이고 사용가능한 필라멘트는 ABS, PLA 등이다.

그림 3-44 **3DP-110F(Cubicon Single)**

출처 : http://www.3dcubicon.com/

2018년 11월 현재 ㈜큐비콘으로 분사하여 큐비콘 싱글플러스, 큐비콘 스타일 3D프린터와 DLP 방식의 럭스 Full HD 3D 프린터를 판매 중이며 내년에는 조형크기가 300×300×300mm인 듀얼 프로(Dual Pro-A30C) 3D 프린터 출시를 예고하고 있으며 2017년도에는 3D프린터 분야에서 54억원의 매출을 올렸다고 한다.

5. 대형 FFF 3D 프린터 주문제작 전문기업 3D ENTER (http://www.3denter.co.kr/)

3D 엔터는 주로 2015년경 출력물 크기가 큰 대형 3D 프린터를 주문 제작하여 판매하였는데 주문제작형

의 경우 조형 크기가 최대 1,000×1,000×1,000mm (W×D×H) 까지 제작 가능하다고 소개하고 있다. 이 정도의 출력 사이즈는 국내 보급형 3D 프린터 중에서도 단연 자이언츠급인 것 같다.

그림 3-45 **CROSS D650**

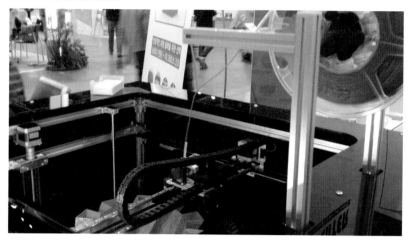

THE CROSS D3.0 3D 프린터의 대형 출력물

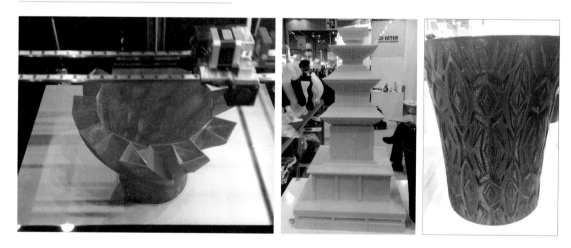

2018년 현재는 산업용 대형 FFF 3D 프린터인 Cross D650 모델을 판매 중이며 최대 출력 가능 사이즈는 600×500×650mm라고 한다.

6. 아나츠 (http://www.anatz.com/)

현재 서울 청계천의 세운상가에 위치하고 있는 ㈜아나츠는 기능과 용도를 자유롭게 확장 가능한 플랫폼 3D 프린터 개발 기업으로 소개하고 있으며 2014년도부터 아나츠 엔진 시리즈를 출시하며 완제품과 조립키트 형태로 판매하고 있었다.

당시 조립키트 모델은 출력 사이즈가 100×100×120mm 으로 129만원대이고, 완제품은 기본 키트를 조립한 완제품으로 컬러로 되어 있는 외장 케이스를 포함하며 199만원대에 판매하였다. 그 외에 넓이가 확장된 완제품과 높이와 넓이가 확장된 모듈 완제품(출력 사이즈: 400×200×360mm)을 출시한 바 있다.

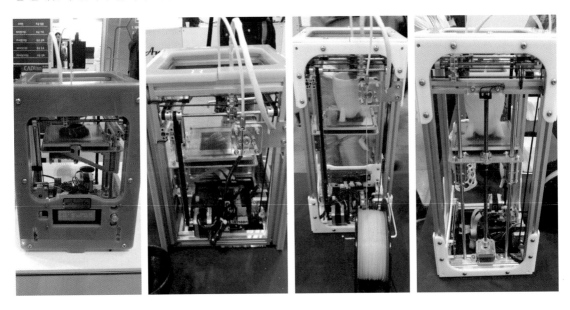

2018년 현재는 AnatzEngine BIG2(출력 사이즈 : 400×200×360mm), 오픈소스 하드웨어와 소프트웨어를 이용하여 조립기술과 원리를 배울 수 있는 조립키트인 AnatzShare BIG 등을 선보이고 있다.

7. 코봇 (http://www.komachine.com/)

㈜코봇은 대전 유성에 있는 3D 프린터 제조 기업으로 초기에는 본체가 알루미늄으로 제작된 C-TYPE AL200 모델과 A200의 데스크탑 3D 프린터를 출시했었다. 당시 두 모델의 출력 크기는 200×200×205mm이며 A200의 경우 ABS 필라멘트 출력에 최적화되어 있다고 한다.

그림 3-46 korbot A200

출처 : http://www.korbot.com/

그림 3-47 korbot 출력중

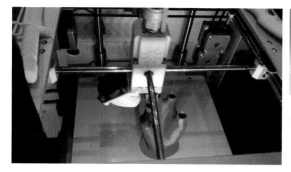

그림 3-48 korbot S260

그림 3-49 korbot으로 출력한 꽃병에 꽃을 넣고 조명을 한 모습

2018년 현재는 데스크 탑 3D 프린터로 K260, S210, B210S 모델을 판매중이며 기존 H-BOT 구조의 단점을 개선하여 XY 구동방식에 LM 가이드를 적용하고 있다.

8. 모멘트 (http://moment.co.kr/)

모멘트는 2014년 11월 초 첫 번째 3D 프린터인 Moment 시리즈를 출시하였으며 출력 사이즈는 150×150×150mm이고 사용 슬라이싱 소프트웨어는 유료 버전인 Simplify3D를 사용하였다.

그림 3-50 Moment 3D 프린터

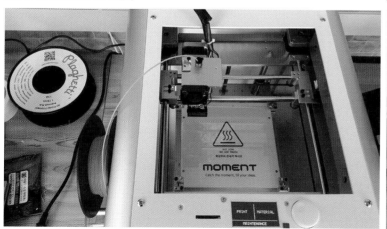

그림 3-51 필라멘트 거치대

2018년 현재는 M220, Moment1, Moment2(출력 사이즈 : 310×295×320mm) 3D 프린터를 선보이고 있으며 MomentD+와 Moment Junior를 준비 중에 있다.

그림 3-52 **M220 3D 프린터**

그림 3-53 **Moment2 3D 프린터**

9. 3D BOX (http://www.3d-box.co.kr/)

3D BOX는 사업 초기 3D 모델링 데이터를 사고 팔 수 있는 플랫폼으로 출발하였지만 국내 정서상 디지털 컨텐츠를 거래하는 데 한계가 있어 당시 누구나 모델링 데이터를 다운로드 받아 사용할 수 있도록 한 바 있으며 약 2,000여개에 달하는 모델링 데이터를 보유하고 있었는데 지금은 홈 페이지에서 확인할 수 없다. 그리고, 2014년 11월 전시회를 통해 자체 기술로 제작한 3D 프린터인 3D BOX 300을 선보였으며 출력 사이즈가 300×300×300mm인 이 모델은 375만원(VAT 별도)대에 판매하였다.

그림 3-54 **3D BOX의 모델링 데이터 허브**

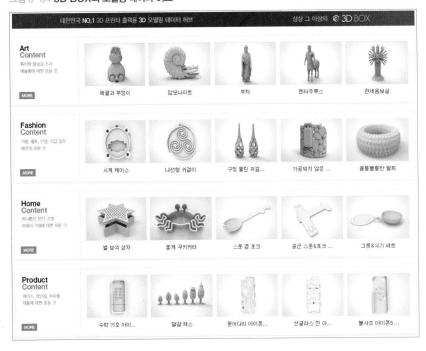

그림 3-55 **3D BOX 300 3D 프린터**

2018년 현재는 3D BOX G400(출력 사이즈 : 350×370×400mm), 3D BOX G1000(출력 사이즈 : 700×700×1000mm) 모델과 LIPS(Light Induced Planar Solidification) LCD 3D 프린터, 세라믹 3D 프린터도 홈페이지 상에서 소개하고 있다.

그림 3-56 **3D BOX G400** 그림 3-57 **LCD 3D 프린터 S 1000 Plus** 그림 3-57 **세라믹 3D 프린터**

10. ComCon (http://comcon.co.kr/)

CNC 조각기 및 레이저 마킹 및 커팅기 등의 CNC 기기 개발 및 생산 업체인 ComCon은 COMCON-150 3D 프린터를 선보인 이후 COMCON-250, COMCON-500 모델까지 개발 판매하고 있다. 2014년 이후 신 모델의 출시는 아직 이루어지지 않고 있는 것 같으며 홈페이지 상에서도 신제품에 대한 정보를 찾아볼 수 없다.

그림 3-58 COMCON-150

그림 3-59 COMCON-250

그림 3-60 COMCON-500

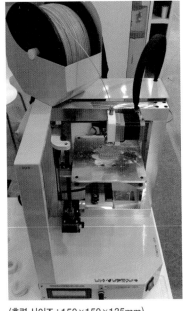

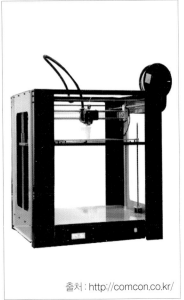

출처 : http://comcon.co.kr/

(출력 사이즈 : 150×150×135mm)

(출력 사이즈 : 250×250×240mm)

(출력 사이즈 : 500×500×480mm)

11. 대건테크 MyD 3D Printer (https://www.myd3d.co.kr)

대건테크는 2014년 11월 전시회를 통해 자체 개발한 3D 프린터인 MyD 모델을 선보였으며 S140 모델은 출력 사이즈가 140×140×160mm이며, S160 모델은 출력 사이즈가 160×160×180mm로 히트 베드가 있는 제품이었다.

MyD 3D 프린터

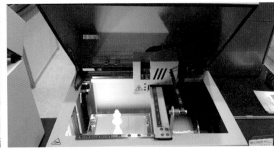

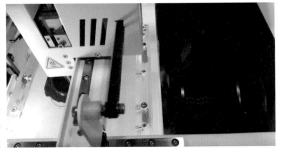

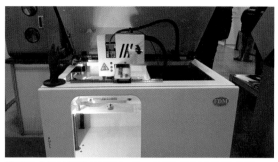
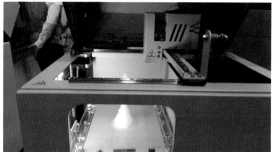

2018년 11월 현재 MyD P250 제품을 선보이고 있는데 듀얼헤드에 3축 볼스크류를 적용한 것이 특징인 제품으로 출력 사이즈는 225×200×259mm이다. 이 외에 완전 밀폐형에 LM 가이드를 장착한 MyD S140과 완전 밀폐형에 내부온도유지가 가능한 MyD S160 제품 등을 선보이고 있다.

그림 3-61 MyD P250

12. 헵시바 (http://www.veltz3d.com/)

1986년 설립된 헵시바는 Veltz 3D Business라는 브랜드로 국내에 3D 프린터 및 재료를 공급하고 밀폐형 FFF 3D 프린터인 WEG3D X1 모델을 판매하였다. 또한 수입품인 로복스(ROBOX) 3D 프린터 및 주얼리 디자인에 적합한 DLP 방식의 제품인 대만산 미크래프트(Micraft)도 취급하고 있다.

그림 3-62 WEG3D X1

출처 : http://www.weg.co.kr/

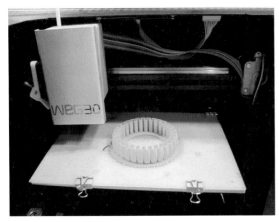 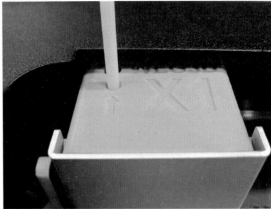

그림 3-63 WEG3D X1 3D 프린터

2018년 11월 현재 Veltz 3D 출력센터(http://www.3dm.co.kr/)를 운영하고 있으며 SLA, DLP, PolyJet, SLS, FDM 등의 다양한 라인업을 갖추고 서비스 중이다.

13. 시스템레아 (http://systemrhea.cafe24.com/)

아래 사진은 2012년 2월 6일자로 싱기버스에 공유된 Rostock(delta robot 3D printer)이다. 이 모델은 설계도면까지 전부 오픈되어 있어 관심있는 누구나 다운로드 받아 마음대로 설계변경하여 제작할 수가 있다.

그림 3-64 메이커봇 싱기버스에 공개된 Rostock   그림 3-65 Rostock Mini Pro

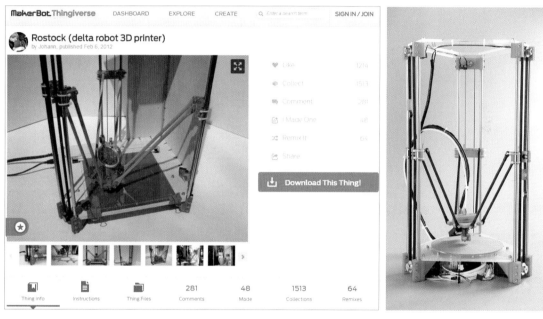

출처 : http://www.thingiverse.com/thing:17175

렙랩 오픈소스 프로젝트(http://reprap.org/wiki/Rostock)에 공개된 델타봇 방식 중에 이 로스탁 (Rostock) 모델이 유명했었는데 로스탁 프로토타입 공개 이후 Rostock Mini, ATOM, ORION, Quantum, Rostock Max, DeltaMaker, SpiderBot Delta 3D Printer 등 다양한 모델들이 완제품과 키트 형태로 출시되었다.

국내에서도 델타 방식을 채택한 오픈소스형 3D 프린터들이 조금씩 나오기 시작하였는데 시스템레아에서 2015년 여름에 출시한 Rostock Mini DIY 조립 KIT이다. 본체 크기가 210×240×3900mm로 높이가 1.5리터 페트병보다 조금 큰 크기로 판매 가격은 78만원(VAT 별도)이었다.

그림 3-66 Rostock Mini DIY 조립 KIT

출처 : http://www.icbanq.com/

현재는 델타 방식의 Rostock Mini-L, Rostock Zero, Rostock One 등의 제품이 있다.

14. 로킷 (http://www.3disonprinter.com/)

로킷은 에디슨 프린터로 많이 알려져 있으며 현재 데스크탑 3D 프린터로 에디슨 멀티, 프로, H700 등의 제품 이외에 ROKIT INVIVO라는 스캐폴드 & 바이오 잉크 겸용 3D 프린터를 선보이고 있으며, 아래 사진들은 초창기 로킷에서 출시했었던 3D 프린터 제품들이다.

그림 3-67 **3dison Multi**

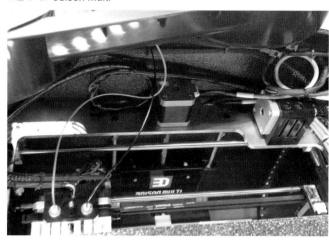

그림 3-68 **3dison Pro**

15. 캐논코리아 비즈니스 솔루션 (http://www.canon-bs.co.kr)

복합기, 프린터, 스캐너, 프로젝터 등 사무기기 솔루션 기업인 캐논코리아 비즈니스 솔루션(CKBS)에서 국내 기술로 개발하여 2014년 7월경 출시한 3D 프린터 마브(MARV)MW10이다. 출력 사이즈는 140× 140×145mm이며 오픈소스 소프트웨어 대신에 직관적이고 간편한 UI의 한글 지원 슬라이서가 특징인 제품이었다.

그림 3-69 **MARV MW10**

그림 3-70 **MARV MW15**

출처 : http://www.canon-bs.co.kr

16. KAIDEA (http://www.kaidea.co.kr/)

2014년 11월 전시회를 통해 선보인 카이디어의 NEURON 3D 프린터는 KAIST 아이디어 Factory 학생들이 주축이 되어 개발한 보급형 Delta 3D 프린터라고 한다.

마그네틱 타입의 익스트루더와 오토레벨링을 지원하는 컴팩트한 사이즈의 3D 프린터이다.

그림 3-71 **NEURON Delta 3D 프린터**

17. 쓰리디프린팅주식회사

쓰리디프린팅주식회사는 교육용 3D 프린터 메이커박스 전문 제조 기업으로 학생이나 일반인을 대상으로 기구부 조립과 아두이노보드 세팅 교육을 실시하고 있다. 또한 초중생을 대상으로 메이커박스 3D프린팅 체험 교실도 운영하고 있다.

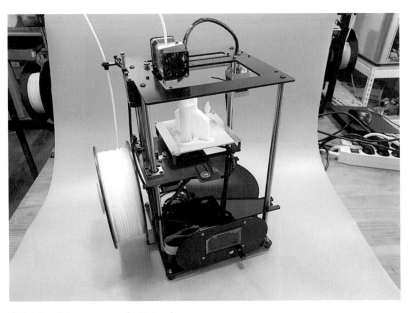

출처 : https://blog.naver.com/buildshop/

18. 메이커스테크놀러지(http://www.makerstec.com/)

메이커스테크놀러지의 여러 가지 비즈니스 중에 조달사업부문에서 3D 프린터를 제작 판매하고 있으며 현재 MKT-3D1H 3030L 등의 제품을 갖추고 있다.

그림 3-72 MKT-3D1H 3070L

19. 케이랩스(http://www.klabs.co.kr/)

2015년 6월 COBEES1을 출시하고 2016년 기존 제품의 성능을 업그레이드한 COBEES2를 2016년 7월에 출시한 바 있는 보급형 3D 프린터 제조 기업으로 3D 프린터 KIT를 활용한 제작 및 교육 기업이다. 2017년 7월 케이랩스는 한양대 창업지원단과 공동 개발한 400만원데 초반의 SHARK라는 모델을 선보이고 있으며 출력 사이즈는 300×300×300mm이다.

그림 3-73 SHARK

20. 신도리코(https://www.sindoh.com/)

신도리코는 1960년 설립되어 대한민국 시장에서 최초로 복사기, 팩시밀리 등을 생산해 온 사무기기 전문 기업으로 지난 2016년 2월 자사의 첫 번째 보급형 3D 프린터인 3DWOX DP200을 출시하면서 3D 프린팅 시장에 후발주자로 뛰어들었다. 이후 11월경 DP200의 후속모델로 교육용 특화 제품인 DP201을 출시하고 이어 2018년 9월 기존 제품들의 개량형 모델인 3DWOX1을 출시하였다. 3DWOX1은 출력 사이즈가 $210 \times 200 \times 195mm$ 이며 히팅 플렉서블 베드를 적용해 열전도를 할 수 있는 금속 소재의 장점과 손쉽게 구부려 출력물을 떼어낼 수 있는 베드의 장점을 적용했다. 또한 3D 프린터의 소음을 도서관 소음 수준인 40dB로 출력을 하고 초미세먼지를 제거하는 헤파필터를 장착해 보다 쾌적한 작업환경을 추구하고 있다.

2017년 12월말에는 2개의 노즐이 장착된 3DWOX 2X 모델을 선보이면서 최근에는 대형 FFF 3D 프린터 및 산업용 SLA 3D 프린터의 개발에도 박차를 가하고 있다.

그림 3-74 **플렉서블 베드**　　　　　　　　그림 3-75 **3DWOX 2X 듀얼 노즐 출력물**

해외 데스크탑 3D 프린터

이 장에서는 유명 해외 메이커들의 데스크탑 3D 프린터에 대해 살펴보고 제조사에 얽힌 이야기와 더불어 제품의 디자인과 특이한 기술사양들에 대해 알아보면서 세계적인 보급형 3D 프린팅 산업 동향을 이해해 보자.

특히 2014년도를 기점으로 수많은 보급형 3D 프린터 제조사들이 클라우드 펀딩 등을 통해 성공적으로 자금을 유치하여 지금과 같이 대중화되는 기반을 마련하였지만 당시 잘 나가던 일부 3D 프린터 기업들은 현재 문을 닫은 곳도 많다.

1. 메이커봇 (http://www.makerbot.com/)

미국의 메이커봇은 초기 렙랩 진영에서 2009년 설립 이래 주로 프로슈머들을 대상으로 하여 전 세계에 약 2만 2천대의 3D 프린터를 판매하며 개인용 3D 프린터의 첫 상업화에 성공했던 기업으로 사용자들이 3D 모델링 데이터를 공유하는 최대의 커뮤니티 공간인 싱기버스닷컴(Thingverse.com)을 운영하는 데스크탑 3D 프린터 전문 기업이다. 2014년 당시 싱기버스에는 약 10만여건의 3D 파일이 등록되어 있었다고 하며 3D 프린터 사용자라면 한번씩은 방문해보고 다운로드하여 출력해볼 정도로 유명한 사이트로 3D 프린팅 유저들에게 널리 알려져 있다.

2013년 6월 세계 최대의 3D 프린터 기업 중 하나인 미국 스트라타시스에서 메이커봇 주식 100%에 대해 스트라타시스의 주식을 교환하는 방법으로 인수했는데 당시 주가로 했을 때 인수 규모가 약 4억 달러에 이르렀다.

이로써 스트라타시스는 개인용 3D프린터 시장에서 약 25%를 차지했던 메이커봇(MarketBot)을 인수하며 관련 시장에 도전장을 낸 것이다.

그들의 첫번째 오픈소스 모델인 컵케이크(Cupcake) CNC를 시작으로 싱오매틱(Thing-O-Matic), 다음에 리플리케이터-1을 출시하며 큰 인기를 얻었으며 그 후 스트라타시스사에 인수합병되면서 메이커봇은 오픈소스 기반에서 완전히 탈피하였다. 이후 전용 소프트웨어인 메이커웨어(Makerware)를 지원하면서 리플리케이터 2를 발표하였으며 현재는 스트라타시스사가 보유한 FDM 방식의 기술을 적용한 5세대 3D 프린터인 Replicator, Replicator Mini, Replicator Z18 까지 선보이고 있다. 5세대 기술은 앱과 클라우드를 사용하여 모바일 제어가 가능하며 연결하는 방법으로 4가지를 지원하는데 Wi-Fi, USB 케이블, USB 스틱, Etheenet 연결이 가능하고 스마트 압출기를 사용한다고 한다. 또한 프린팅 과정을 모니터링할 수 있는 카메라 부착, 고장진단, 레벨링 지원이 가능한 모델들이라고 하며 검은 계열의 색상으로 제품을 제작하고 있다.

특히 스트라타시스는 2011년 3D프린터 관련 특허를 다량 보유한 솔리드스케이프(Solidscape)를 인수하였으며 이후 2012년에는 이스라엘 오브젯(Object)사를 인수하며 명실공히 기업 규모로나 기술력면에서 업계에서 가장 앞서가고 있다는 평가를 받고 있다. 오브젯 인수를 통해 기존의 '압출적층 방식(FDM: Fused Deposition Modeling)' 및 '폴리젯 방식(Polyjet)' 기술의 원천 특허를 확보하며 판매 대수 기준 전체 시장의 약 50% 이상을 차지했다고 한다.

메이커봇의 초기 모델

그림 3-76 Cupcake CNC & Thing-O-Matic

출처 : http://reprap.org/

5세대 기술을 적용했다는 Replicator의 주요 특징을 살펴보면 앱과 클라우드로 연동이 가능하고 기존 Replicator 2 모델보다 약 11% 큰 사이즈의 볼륨으로 제작할 수 있으며 레이어 해상도는 100마이크론, 빌드 플랫폼은 강화유리를 적용하고 프린팅 가능한 크기는 252×199×150mm(L×W×H)이다. 그리고 소재는 PLA 1.75mm를 사용하며 카메라 부착으로 모니터링이 가능하다. 아래의 제품 가격은 2018년 11월 현재 홈페이지상의 가격으로 향후 변동될 소지도 있으니 참고하기 바란다.

그림 3-77 Replicator + ($2,499)

그림 3-78 Replicator Mini ($1,299)

그림 3-79 Replicator Z18($6,499)

메이커봇 리플리케이터 스마트 익스트루더

모듈형 설계로 제작된 스마트 익스트루더는 손쉬운 교환, 필라멘트 공급이 안되는 것을 감지하고 자동으로
프린팅을 일시 중단할 수 있으며 데스크탑 및 모바일 애플리케이션으로 전송하는 기능이 있다고 한다.

그림 3-80 **스마트 익스트루더** ($199)

출처 : https://store.makerbot.com

2. 얼티메이커 BV (https://www.ultimaker.com/)

개인용 3D 프린터의 원조로 미국에 메이커봇이 있다면 유럽에는 네덜란드 기업 Ultimaker BV사가 있다.
이들이 만들어내는 3D 프린터 얼티메이커(Ultimaker)는 특히 유럽 지역에서 가장 많은 판매 실적을 이룩
했으며 아직까지 렙랩의 정신을 이어받아 사용자들과 소통하며 커뮤니티 등을 통한 협력을 더욱 강화해 나
가는 모습을 보여주고 있다. 렙랩의 수석 개발자 가운데 한명인 에릭 드 브라인은 2010년 오픈소스에 관한
논문을 발표하기도 했는데 데스크탑 3D 프린터의 양대 강자인 두 기업의 재미있는 점은 메이커봇의 제품들
이 검은색 계열인데 반해 얼티메이커는 흰색 계열로 제작되어 어찌 보면 메이커봇보다 상대적으로 규모는

작지만 얼티메이커가 의도적으로 대립하는 구도를 엿볼 수 있는 대목인 것 같다. 현재 얼티메이커2+는 국내에서 약 400만원대에 유통되고 있으며 사용하는 소재도 역시 네덜란드의 칼라팹(ColorFab)이라는 브랜드로 유명한 Helian polymers사의 필라멘트(2.85mm)를 사용하고 있다.

얼티메이커 시리즈는 보우덴 방식으로 얼티메이커2+의 경우 출력물의 최대 크기는 230×225×205mm(L×W×H)이고 히팅베드에 강화유리를 조형판으로 사용하며 최대 출력속도가 300mm/s이고 0.02mm의 레이어 해상도를 지원하며 다양한 소재의 출력이 가능하다. 특히 프린터의 프레임 치수 357×342×388mm(X×Y×Z)대비 높은 빌드 볼륨을 구현한 3D 프린터로 국내에도 사용자가 제법 많은 제품 중의 하나이다.

그림 3-81 **Ultimaker Original+**

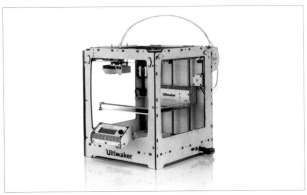

2014년 초에 GitHub 사이트를 통해 그들이 개발한 Ultimaker2의 표준 구매 부품들의 리스트를 3D CAD 파일(.stp)과 pdf 파일로 공개하고 있다.

그림 3-82 **Ultimaker2 부품 공개 리스트**

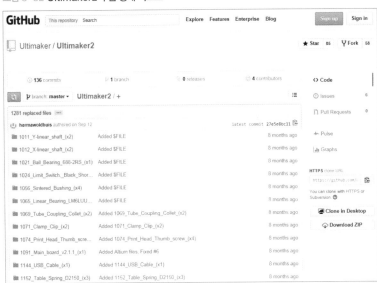

출처 : https://github.com/Ultimaker/Ultimaker2

Ultimaker2

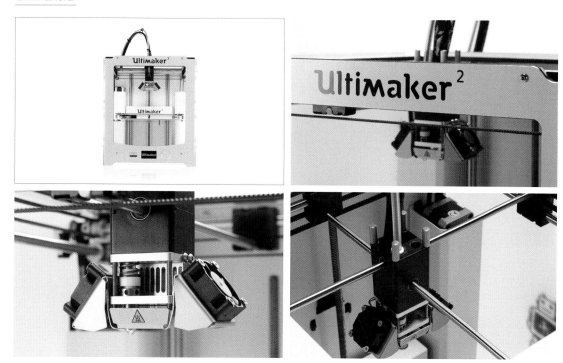

출처 : https://www.ultimaker.com/

또한 Ultimaker는 2014년 9월 자사 홈페이지를 통해 얼티메이커2를 북미에 런칭하여 제품을 발표하고 판매하기 시작하였으며 북미 고객들에게 오픈 소스 커뮤니티의 더욱 많은 참여를 기대할 수 있게 되었다고 하였다. 또한 아마존, iMaker 및 Makershed를 포함하여 미국의 다른 판매처에서도 구입이 가능하며 북미 고객에게 별도로 USA-Pack을 만들어 얼티메이커2 구매자에게 무료로 필라멘트 3개를 증정하기도 했다.

출처 : https://www.ultimaker.com/

얼티메이커는 '큐라(Cura)'라고 하는 슬라이싱 소프트웨어를 사용하고 있는데 큐라는 프로그래머 데이비드 브람(David Braam)이 개발한 것으로 얼티메이커사에서 사용되지만 어떤 렙랩 기반의 설계에서도 사용될 수 있도록 한 오픈소스 프로그램이다. 국내의 오픈크리에이터즈, TPC 메카트로닉스, 큐비콘 등의 다수의 3D 프린터 제조사들도 큐라를 커스트마이징하여 사용하고 있는데 별도의 사용료나 로열티를 지불하지 않는 무료 프로그램이다.

Top Ten Reviews 2015 BEST 3D Printers 리뷰 & 비교

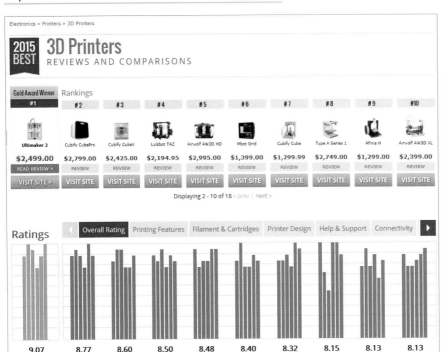

출처 : http://3d-printers.toptenreviews.com/

2014년 당시 한글화한 버전은 14.08 RC 버전이었는데, 이 버전은 공식 릴리즈가 되지 않았고, 14.07 다음에 바로 14.09 버전이 릴리즈되었는데 14.08 한글 번역 버전이 서포트 설정이 동작을 하지 않는다는 문제가 있었는데 그 원인은 큐라의 모든 설정 부분은 current_profile.ini 파일에 저장이 되며, 큐라가 시작할때 이 파일을 로드해서 설정이 되고 종료할 때 마지막 값이 저장되는데 한글로 설정된 값이 current_profile.ini에 저장이 안된다. 따라서 이 부분은 그냥 영문을 그대로 사용하도록 po 파일을 수정해서 다시 빌드를 했다. 14.09 버전에는 프랑스어, 독일어가 추가되어 있고 설정 또한 가능해져서 이 부분도 수정을 하면 한국어 설정도 가능하다.

출처 : https://openmicrolab.com/tag/%ED%81%90%EB%9D%BC/

현재 Ultimaker Cura 슬라이서는 3.6 버전을 지원하고 있다.

큐라 다운로드

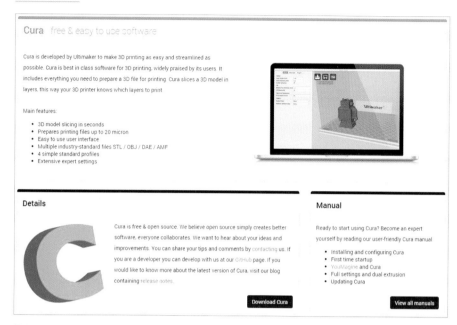

큐라 개발자 인터뷰

2018년 8월말 아래 사이트에서 선정한 2018 베스트 3D 프린터로 메이커봇의 Replicator+, XYZprinting da Vinci Mini, Ultimaker 2+, Formlabs Form 2, M3D Micro 3D Printer, FlashForge Creator Pro 2017, LulzBot Mini, CubePro Trio, BEETHEFIRST+, Luzbot Taz 6 등의 3D 프린터가 해외 사용자들에게 호평을 받고 있는 것으로 조사되고 있다.

그림 3-83 XYZprinting da Vinci Mini

그림 3-84 Formlabs Form 2

그림 3-85 M3D Micro 3D Printer

그림 3-86 FlashForge Creator Pro 2017

그림 3-87 LulzBot Mini

그림 3-88 CubePro Trio

그림 3-89 BEETHEFIRST+

그림 3-90 Luzbot Taz 6

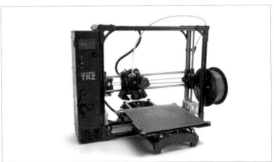

출처 : https://www.techradar.com/news/best-3d-printer

3. 3D 시스템즈 (http://www.3dsystems.com/)

1987년 첫 상업용 3D 프린터를 출시한 미국의 3D 시스템즈는 글로벌 시장 공략과 제품군을 하드웨어에서 소프트웨어 및 플랫폼까지 시장을 선도하기 위한 기업 간 인수합병(M&A)에 아주 적극적인 기업이다. 3D 시스템즈는 익히 알려진대로 광경화수지조형 방식(SLA: Stereo lithographic Apparatus)과 선택적 레이저 소결조형 방식(SLS: Selective Laser Sintering) 기술의 원천 특허를 보유한 상태에서 2011년 이후에만 대략 24건의 M&A를 통해 시장 점유율을 확대해 나가고 있다. 특히 3D 프린팅 재료 및 산업용 전문 장비 관련 다양한 특허를 보유한 Z 코퍼레이션(Z corporation)을 인수하면서 제품군이 더욱 다양화되었다.

또한 2012년 3월 3차원 리버스 엔지니어링 및 제품검사 소프트웨어 분야의 한국 기업인 아이너스기술을 현금 3,500만달러(약 390억원)에 인수한 바 있는데 매각 당시 아이너스 기술의 지분을 국내 모기업에서 약 70%를 보유하고 있었는데 아이너스기술의 매각을 통해 큰 수익을 올렸다고 한다.

미국의 3D 시스템즈에서도 퍼스널 3D 프린터를 출시하여 판매하고 있는데 2012년에 첫 번째로 선보인 개인용 제품인 큐브(Cube)는 미국에서 많이 판매된 Afinia H-Series와 모양이 비슷해 디자인을 모방했다는 비난도 받았지만 그 후에는 기능과 사용자 편의성을 대폭 향상시킨 큐브2 모델을 출시하여 인기를 얻었다.

한편 Afinia H-Series는 미국의 미네소타 주에 위치한 Microboards Technology사가 중국 PP3DP(http://www.pp3dp.com/)사의 인기 제품인 UP Plus 2 모델을 수입하여 리패키징하여 판매하는 프린터로 자체 개발한 직관적인 소프트웨어를 지원해 사용자 편의성이 높고 출력물 품질이 좋은 제품의 하나로 알려져 있는데 2013년 11월 스트라타시스사가 특허침해 소송을 제기한 프린터이기도 하다.

그림 3-91 Cube

출처 : http://cubify.com/

그림 3-92 UP Plus 2

출처 : http://www.pp3dp.com/

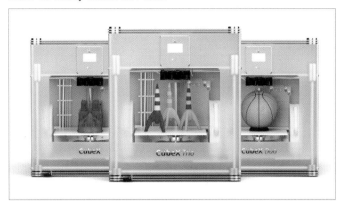

출처 : http://cubify.com/

2014년에는 Cube 3세대와 CubePro를 출시하였으며 Cube 3세대는 23가지 색상 중에서 2가지 색상을 컬러로 분사하고 2가지 재질과 조합하여 사용이 가능하다고 하며 모바일 연동을 통해 편리하게 사용할 수 있으며 안드로이드와 아이폰 OS에서 모바일 프린팅이 가능한 큐비파이(Cubify) 응용 프로그램도 지원한다. 큐브 Pro 시리즈는 압출기의 개수에 따라 큐브 Pro, 큐브 Pro 듀오, 큐브 Pro 트리오로 나뉘어진다. 아래는 출시 당시의 제품 가격이며 현재 국내 시장에서는 적극적으로 판매하는 활동이 보이지 않고 있다.

그림 3-94 Cube 3세대 ($1,099) 그림 3-95 CubePro ($2,899)

그림 3-96 EKOCYCLE Cube

출처 : http://cubify.com/

다음은 ProJet® 1200 Micro-SLA 3D 프린터로 인쇄 볼륨이 43×27×150mm(L×W×H)이며 주로 쥬얼리, 치과보철용 및 기타 캐스팅 용도로 사용하는 프린터로 국내 시판가는 약 900만원 선이었다.

그림 3-97 **ProJet 1200 ($4,900)**

그림 3-98 **FabPro 100 ($4,995)**

출처 : http://www.3dsystems.com/

최근에는 한 단계 업그레이드 된 FabPro 1000 모델을 출시하여 비교적 저렴한 금액으로 판매 중에 있다.

4. 프린터봇 (http://printrbot.com/)

미국의 소형 3D 프린터 제조사였던 프린터봇은 브룩 드럼(Brook Drumm)이 2011년 12월 클라우드 펀딩 사이트인 킥스타터를 통해 1,808명의 후원자로부터 830,827달러의 자금을 성공리에 유치한 바 있다. 해외 시장에서 높은 인지도를 가지고 있었으며 세계 최저가 수준(키트형 299달러, 완제품 399달러)의 가격으로 제작된 컴팩트한 사이즈의 3D 프린터로 화제를 모았던 모델이다.

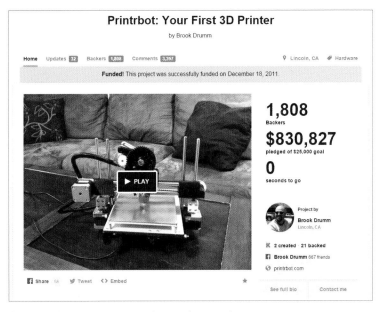

출처 : https://www.kickstarter.com/projects/printrbot/printrbot-your-first-3d-printer

Simple Makers Kit 모델은 빌드 볼륨이 $100 \times 100 \times 100$mm($L \times W \times H$)로 64 cubic inches이며 1.75mm의 PLA 소재를 사용한다. 2014년 신형 Simple Metal 모델은 히팅베드가 있는 모델(판매가 : $749)과 없는 모델(판매가 : $549)의 2종류가 있었으며 빌드 볼륨은 조금 커져 $150 \times 150 \times 150$mm로 215 cubic inches이며 오토 레벨링 기능을 지원하였다.

하지만 프린터봇은 2018년 7월 18일 판매 실적 저조와 경쟁사들의 출현으로 인해 폐업하고 말았다.

그림 3-99 Simple Makers Kit ($349)

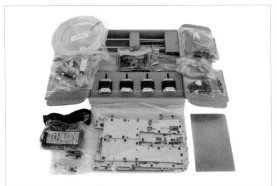

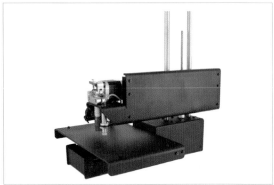

그림 3-100 Assembled Simple Metal Black & White ($599)

그림 3-101 Printrbot Go v2 ($1,899~1,999)

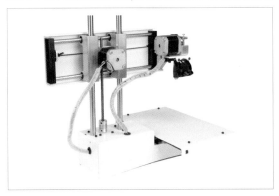

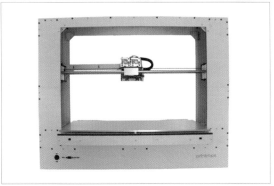

그림 3-102 Printrbot Plus ($999~1,299)

그림 3-103 프린팅중인 Printrbot Simple

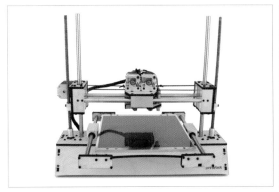

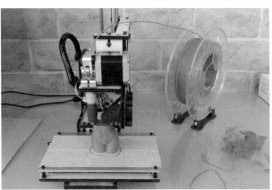

출처 : 일본 IT 전문 웹진 GigaziNE 자료

5. 플래시포지 (http://www.ff3dp.com/)

플래시포지는 중국 저장성에 생산 공장을 갖고 있는 3D프린터 및 프린팅 재료 제조 전문 기업으로 2011년 설립되었으며, 오픈소스 기술을 기반으로 청화대학교(Tsinghua University)와 공동으로 R&D를 진행하여, 2012년 FFF 방식의 3D 프린터를 미국에 출시하였다. 데스크탑 3D 프린터 분야에서 또 하나의 강자로 자리 매김하고 있으며, 가격 대비 성능, 사용자의 요구 반영 부분에서 좋은 명성을 쌓아가고 있다고 한다.

그림 3-104 Dual Extruder의 Creator ($977)

출처 : http://www.flashforge-usa.com/

3D 프린터의 확장과 발전을 가속화한 오픈 소스 기반의 RepRap 프로젝트를 바탕으로 만들어진 플래시포지의 3D 프린터는, 2012년 미국 출시 당시, 시판 중이던 US $2,000~4,000대의 고가 3D 프린터 (FDM 방식)와 비교해 대등한 사양을 갖추었음에도, US $1,299의 파격적인 가격으로 출시되어 초보자들의 입문용 및 교육용은 물론 소규모 사업을 영위하는 소호들에게 선풍적인 인기를 끌었으며 2012년말에 아마존 선정 '최고 가격대 성능비 (Best Price Performance)', '최고 평가 (Best Review)'의 데스크탑 3D 프린터에 선정된 바 있다. 현재 전 세계 30여개국에 출시되고 있으며, 월 1,000대 이상의 판매를 기록하고 있다고 하며 초기 모델인 Creator는 마치 메이커봇의 Replicator로 착각할 정도로 디자인이 흡사하다.

그림 3-105 Dual Extruder Creator X ($1,299)

그림 3-106 Dual Extruder Creator Pro ($1,349)

그림 3-107 **Dual Extruder Dreamer ($1,299)**

출처 : http://www.flashforge-usa.com/

2018년 현재 Finder, Dreamer, Dreamer NX, Creator Pro, Hunter, Guider II, Inventor 등의 제품을 선보이고 있다.

그림 3-108 **Finder**

그림 3-109 **Dreamer**

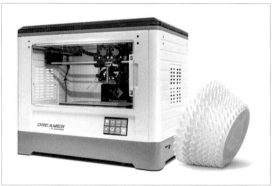

출처 : http://www.flashforge.com/finder-3d-printer/

6. Tiertime (https://www.tiertime.com/)

중국 베이징에 본사를 둔 Tiertime사는 세계 3D 프린팅 시장에서 아시아 최대 규모의 3D 프린팅 업체 중의 하나로 미국을 비롯하여 세계 각국에 진출해 있으며 2014년 9월 전자렌지 같은 새로운 모델인 UP BOX 데스크탑 3D 프린터의 글로벌 출시를 발표했다. 가장 많이 판매되고 있던 모델인 UP Plus 2의 경우 빌드 볼륨이 140×140×135mm(L×W×H)이고 ABS와 PLA 소재의 출력이 가능하다.

그림 3-110 UP mini ($899)

그림 3-111 UP Plus ($1,649)

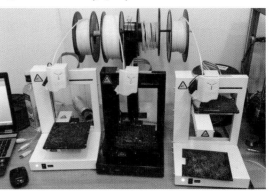

그림 3-112 UP Plus 익스트루더

그림 3-113 UP Box

현재는 X5, UP300, UP mini 2ES, UP BOX+, UP mini 2, UP plus 2 등의 모델을 선보이고 있다.

그림 3-114 X5

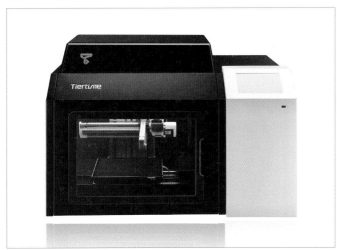

7. AIO Robotics (http://www.aiorobotics.com/)

2014년 1월 미국 라스베이거스에서 개최된 전시회인 '2014 International CES'에 등장한 AIO Robotics 사의 3D 프린터는 3D 프린팅 기능 외에 3D 스캐닝, 프린팅, 복사, 팩스 전송의 복합 기능까지 갖춘 ALL-in-One 3D 프린터로 데스크탑 3D 프린터가 점점 진화해나가는 모습을 보여준 바 있다. Scan Resolution은 125㎛이며 Scan Volume은 9.0(지름)×5.0(높이), 빌드 볼륨은 203×152×145mm(L×W×H)에 PLA 소재의 출력을 지원하고 있다.

AIO Robotics사는 지난 2013년 10월 킥스타터에 프로젝트를 올려 170명의 후원자로부터 111,111달러의 자금을 모으는데 성공하기도 했으나 현재는 ZEUS 3D 프린터는 더 이상 제조되지 않으며 신규 구매에 대한 지원도 안되고 3D PEN과 소재 등을 판매하는 사이트를 운영하고 있다.

그림 3-115 ZEUS Project

출처 : https://www.kickstarter.com

그림 3-116 ZEUS 3D Printer

그림 3-117 ZEUS에 내장된 3D Scanner

8. TINKERINE (http://www.tinkerine.com/)

캐나다의 TINKERINE사는 2014년경 아래의 3종류의 모델을 선보였는데 지금 현재도 신제품에 대한 정보는 찾아볼 수 없다. 독특하게 C형 프레임 디자인 형태의 데스크탑 3D 프린터이며 얼티메이커2나 Cube 등과 같이 강화유리를 빌드 플랫폼으로 사용하고 있으며 출력 사이즈는 215×160×220mm(L×W×H)이며 소프트웨어는 사용하기 편리한 Tinkerine Suite를 지원하고 있다.

Tinkerine Suite 소프트웨어

출처 : http://www.tinkerine.com/

초창기 판매중이던 Tinkerine 3D Printer

그림 3-118 LITTO ($999) DIY KIT

그림 3-119 DITTO+($1,249) DIY KIT

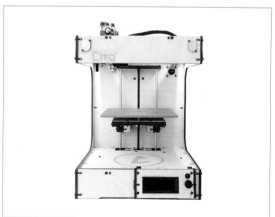

그림 3-120 **DITTO PRO** ($1,899)

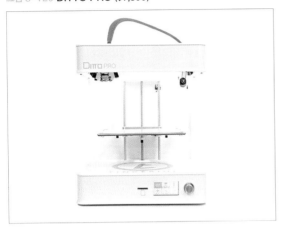

DITTO PRO 3D 프린터의 구조와 출력물

우연한 기회에 필드테스터로 체험을 하게 된 DITTO PRO 3D 프린터이며, 필라멘트는 대만산을 공급하고
있었다. C형 구조라 그런지 고속으로 출력시에 진동이 좀 발생하였지만 출력 속도를 좀 낮추고 출력을 다시
해보니 보다 안정적으로 작동하면서 출력물 품질도 제법 괜찮아서 만족했던 경험이 있다.

그림 3-121 **DITTO PRO**

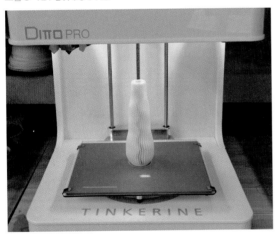

그림 3-122 **후면 필라멘트 장착부**

그림 3-123 **ON-BOARD GRAPHIC DISPLAY**

그림 3-124 **베드 레벨링**

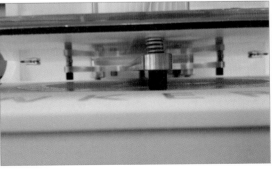

그림 3-125 **익스트루더**

그림 3-126 **타이밍 벨트**

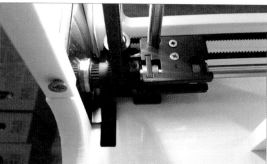

3D 프린팅용 STL 파일 공유 사이트인 싱기버스(http://www.thingiverse.com/)에 접속하여 출력물을 하나 골라 출력해보았다.

그림 3-127 Zombie Hunter Head

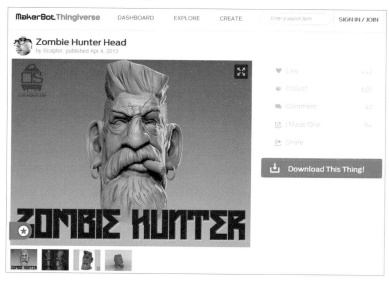

출처 : http://www.thingiverse.com/thing:69709

그림 3-128 Tinkerine Suite 소프트웨어로 출력전 세팅

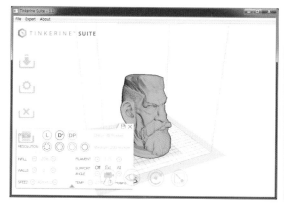

그림 3-129 **출력중인 DITTO PRO**

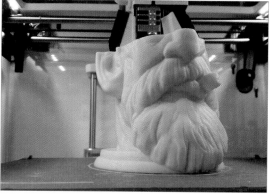

그림 3-130 **출력 완료**

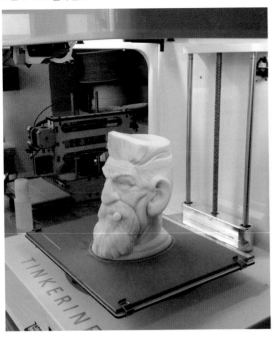

약 스무 시간 정도 걸려서 멋지게 완성된 'Zombie Hunter Head'로 중간에 별다른 실패없이 출력이 잘되었다.

그림 3-131 **출력물의 크기**

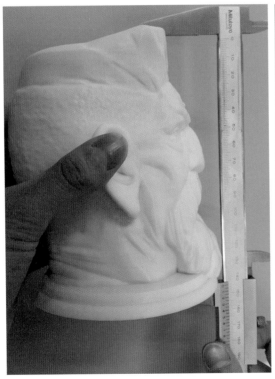
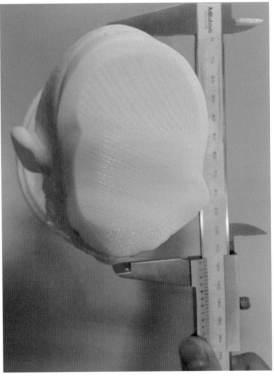

9. LULZBOT (https://www.lulzbot.com/)

미국의 LULZBOT사는 초기에 KITTAZ와 TAZ라는 모델을 선보인 바 있는데 출력물 사이즈가 298× 275×250mm(L×W×H)로 데스크탑 3D 프린터 중 제법 큰 편에 속했다. 출력용 재료는 ABS, PLA, HIPS, PVA, Flexible 등 다양한 소재를 지원하고 있다.

그림 3-132 **LulzBot KITTAZ 3D Printer ($1,595)**

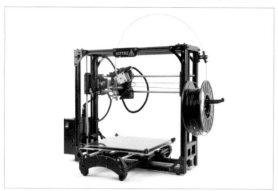

그림 3-133 **LulzBot TAZ 4 3D Printer ($2,194.95)**

출처 : https://www.lulzbot.com/

현재는 LulzBot Mini2와 LulzBot TAZ6 모델을 선보이고 있으며 학교 STEAM 프로그램의 교육용으로 판매하고 있다.

그림 3-134 **LulzBot 출력물**

그림 3-135 **LulzBot Mini2($1,500)**

그림 3-136 **LulzBot TAZ6($2,500)**

10. OPENCUBE (http://www.abee.co.jp)

일본의 퍼스널 3D 프린터 제조사인 OPENCUBE사는 2013년 8월에 SCOOVO라는 브랜드의 퍼스널 3D 프린터를 판매하기 시작하였으며 현재 5종류의 3D 프린터를 출시하여 판매 중에 있다. 현재 OPENCUBE 사는 광조형방식의 3D 프린터 기업인 abee사와 업무를 제휴하고 있으며 일부 모델은 판매 종료되어 더 이상 주문을 받지 않는다.

그림 3-137 SCOOVO C170 (194,400円)

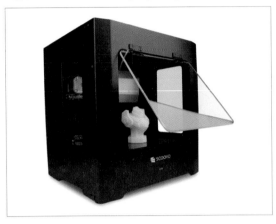

그림 3-138 SCOOVO X4 (139,800円)

그림 3-139 SCOOVO X9 (226,800円)

그림 3-140 SCOOVO X9H (299,800円)

출처 : http://www.abee.co.jp

11. Mission Street Manufacturing (http://printeer.com/)

미국 Mission St. Manufacturing사의 아이들을 위한 교육용 3D 프린터인 Printeer이다. 별도의 컴퓨터가 필요없이 iPad에서 실행하는 프린터인데 아쉽게도 홈페이지 공지를 통해 2014년 10월 제조가 일시적으로 중지되었다고 한다. 킥스타터 프로젝트를 통해 모금에 성공했지만 어떤 문제로 제작이 중단된건지 궁금하다.

그림 3-141 Printeer의 킥스타터 프로젝트

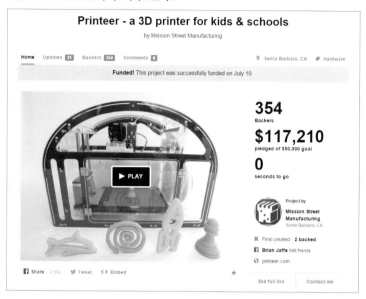

출처 : https://www.kickstarter.com/

그림 3-142 Printeer

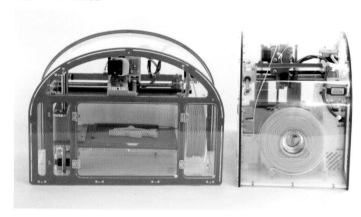

출처 : http://printeer.com/

12. ZMorph (http://zmorph3d.com/)

폴란드의 ZMorph사의 첫 번째 Personal Fabricator ZMorph 2.0 3D 프린터는 자체 개발한 Voxelizer 이라는 전용 소프트웨어를 사용하며 독특한 외관 디자인이 특징이다. 빌드 볼륨은 $250 \times 235 \times 165mm(L \times W \times H)$이며 출력용 소재는 ABS, PLA, PVA, 나일론 등의 다양한 재료를 지원하고 있다.

그림 3-143 ZMorph 2.0 SX 3D 프린터

그림 3-144 ZMorph VX 3D 프린터 ($2,799~$4,399))

그림 3-145 Dual Plastic Extruder ($549)

그림 3-146 Laser Toolhead ($290)

출처 : http://zmorph3d.com/

13. M3D LLC (http://printm3d.com/)

2014년 4월 7일부터 한달 간 진행된 킥스타터 프로젝트를 통해 무려 340만달러 이상의 자금을 모아 보급형 3D 프린터를 만드는 기업 중에 역대 최다 후원자(11,855명)로부터 가장 많은 모금액을 기록한 사례 중의 하나로 알려진 M3D 프린터로 마이크로 모션 테크놀러지를 적용했다고 하며 미국에서 설계 및 조립 생산하는 프린터이다.

그림 3-147 Micro 3D Printer 킥스타터 프로젝트

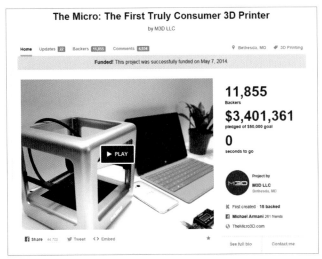

출처 : https://www.kickstarter.com/

당시 349달러에 예약 주문을 받았던 여러 가지 색상의 Micro 3D Printer

출처 : http://printm3d.com/

14. Magicfirm MBot3D (http://www.mbot3d.com/)

중국 항주에 위치한 데스크탑 3D 프린터 제조업체인 Mbot은 2011년부터 오픈소스를 기반으로 3D 프린터를 제조하기 시작한 기업이다. 2013년에는 새롭게 개선된 모델인 MBot Grid II를 판매하기 시작했는데 스웨덴의 디자인 센터와 협력해 만든 첫 번째 작품이라고 소개하였다. MBot Cube Plywood 모델의 빌드 볼륨은 200×200×200mm(L×W×H)이며 사용 소재는 ABS, PLA 등을 지원하며 필라멘트 직경은 1.75mm이다.

그림 3-148 MBot Cube Plywood 3D Printer

그림 3-149 MBot Grid II 3D Printer

(싱글 헤드 : $799, 듀얼 헤드 : $899)

(싱글 헤드 : $999, 듀얼 헤드 : $1,099) 출처 : http://www.mbot3d.com/

현재는 MBot Grid IV, MBot Grid IVS, MBot Grid Pro, MBot T480s 모델 등을 제조 판매 중이다.

15. zeepro (http://zeepro.com/)

미국 샌프란시스코와 캘리포니아에 위치한 zeepro사는 2013년 10월 킥스타터를 통해 347,445달러의 자금을 모금하였으며 C형 프레임의 구조로 프린터의 디자인은 스위스 취리히에 위치한 Zimmerli Design사의 Fabian Zimmerli 가 담당했다고 한다.

그림 3-150 zeepro 킥스타터 프로젝트

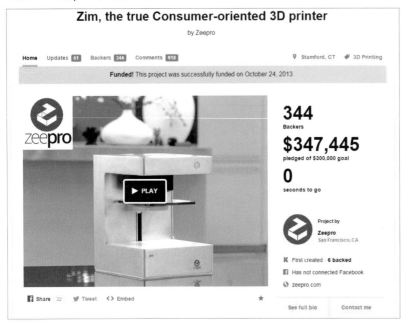

출처 : http://www.zimmerlidesign.ch/zeepro_zim.php?lang=en

현재 아마존에서 Zeepro ZIM 3D Printer는 검정색과 실버색의 모델을 판매하고 있으며 전용 어플리케이션을 설치하면 스마트폰, 태블릿, 웹브라우저에서 와이파이로 컨트롤이 가능하며 프린터 내부에 설치된 마이크로 카메라는 사용자가 다른 지역에 있어도 3D 프린팅하는 과정을 실시간으로 확인할 수 있다고 한다.

그림 3-151 zim black

그림 3-152 zim sulver 전용 리필 필라멘트 카트리지

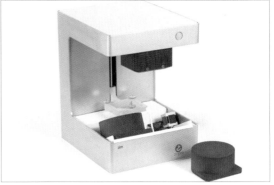

출처 : http://zeepro.com/

16. Robox (http://www.cel-robox.com/)

영국의 C Enterprise(http://cel-uk.com/)사는 여러 가지 전동공구를 생산하는 브랜드로 CEL robox라는 3D 프린터를 출시하였으며 2013년 12월 킥스타터 프로젝트를 진행하여 목표한 모금 이상으로 자금을 모으는데 성공한 바 있다. 당시 CEL robox는 독특한 디자인과 더불어 압출 헤드를 손쉽게 교체가 용이하도록 퀵 체인지 타입으로 설계하여 주목을 받은 바 있으며, 빌드 볼륨은 $210 \times 150 \times 100mm(L \times W \times H)$이며 최대 적층 두께는 0.02mm이고 소재 인식기능(EEPROM)을 추가했고 빌드 플랫폼의 재질은 PEI였다.

그림 3-153 CEL robox 킥스타터 프로젝트

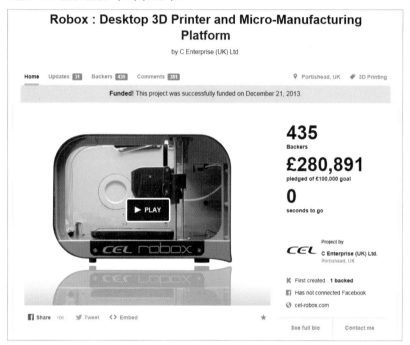

출처 : https://www.kickstarter.com/

그림 3-154 CEL robox Dual Nozzle 3D Printer

출처 : http://robox.cel-uk.com/

그림 3-155 **CEL robox 프린터 및 주요 부품**

CEL robox 3D 프린터는 전용 소프트웨어인 Automaker를 지원하는데 인터넷을 통해 자동으로 업그레이드 가능하며 필라멘트 카트리지가 본체 내부에 있으며 Automaker를 통해 필라멘트 사용량도 체크할 수 있으며 국내 사용자를 위해 한글 버전의 Automaker를 사용할 수 있다.

그림 3-156 **Automaker**   그림 3-157 **3단 트리 어셈블리**

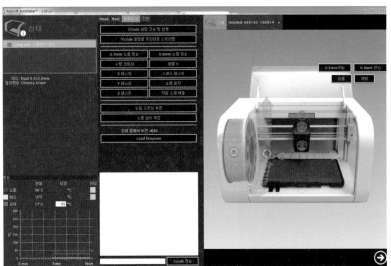

출처 : http://www.cremons.co.kr/

현재는 RBX01, RBX10-SK, RBX-02 모델을 제조 판매 중에 있다.

17. EVO-tech (http://www.evo-tech.eu/)

오스트리아의 EVOTEH사에서 초창기 선보였던 EVOlizers 3D 프린터는 출력 가능 크기가 270×210×210mm이며 현재 15가지 색상의 필라멘트를 지원하고 있었다.

그림 3-158 EVOlizers

현재는 신제품으로 EL-102, EL-11 3D 프린터를 출시하고 판매 중이며 노즐은 330~400°C 의 고온으로 사용이 가능하다고 한다.

그림 3-159 EVO-tech EL-102 3D 프린터

출처 : http://www.evo-tech.eu/

18. ROBO 3D Printer (http://www.robo3dprinter.com/)

미국 캘리포니아주 남서부에 있는 도시인 샌디에이고에 위치한 ROBO 3D사도 2013년 2월 킥스타터 프로젝트를 통해 성공리에 자금을 유치한 바 있으며 R1 모델은 당시 799달러에 판매하던 저렴한 가격의 프린터이었다. 히트 베드와 오토레벨링 기능을 지원하는 R1은 샌디에이고 주립 대학 출신들이 설립한 스타트업으로 2014년 말 새로운 모델인 박스형 3D 프린터 R2 출시를 준비 중에 있었는데 현재는 세련된 디자인의 Robo R2, C2 시리즈를 제조 판매 중에 있다.

그림 3-160 ROBO 3D Printer 킥스타터 프로젝트

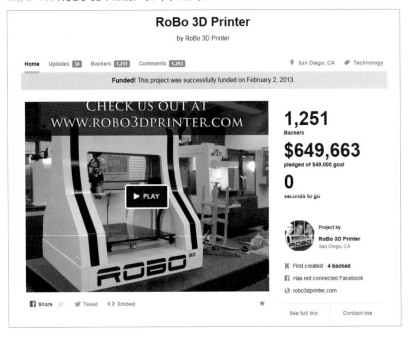

출처 : https://www.kickstarter.com/

그림 3-161 R1

출처 : http://www.robo3dprinter.com/

그림 3-162 R2

출처 : http://www.3ders.org/

그림 3-163 Robo R2

출처 : http://www.robo3d.com/

그림 3-164 Robo C2

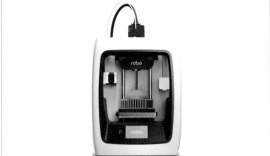

19. zortrax (https://zortrax.com/)

폴란드 Zortrax SP사는 Zortrax M200 3D 프린터를 시작으로 다양한 라인업을 선보이고 있으며 현재 한국을 비롯하여 세계 여러 국가에 리셀러를 두고 판매 중에 있고, 국내에도 매니아층의 유저가 있는 3D 프린터 기업이다.

처음 출시했던 M200의 빌드 볼륨은 $200 \times 200 \times 185$mm($L \times W \times H$)이며 빌드 플랫폼은 사용하는 필라멘트의 유형에 따라 적합한 온도($20^{\circ}C \sim 110^{\circ}C$)로 가열시킬 수 있다고 하며 프린팅 방식을 FFF 방식이 아닌 LPD ^{TM}—Layer Plastic Deposition(레이어 플라스틱 증착)이라고 소개하고 있었다.

그림 3-165 **Zortrax M200**

그림 3-166 **Zortrax Inventure**

그림 3-167 **Zortrax Inkspire Resin UV LCD 3D 프린터**

출처 : https://zortrax.com/

지금은 기존보다 업그레이드된 M200 모델을 비롯하여 M200 Plus, M300 Plus, M300, Inventure 이외에 Resin UV LCD 3D 프린터까지 선보이고 있다.

20. BEETHEFIRST (https://www.beeverycreative.com/)

포르투갈 BEEVERYCREATIVE 는 BEETHEFIRST 라는 포터블(Portable)3D 프린터를 출시한 바 있으며 주로 유럽 지역에 유통망을 구축하고 판매 중에 있었다. 빌드 볼륨은 $190 \times 135 \times 125$mm($L \times W \times H$)이며 빌드 플랫폼의 재질은 Polycarbonate이었다.

그림 3-168 **BEETHEFIRST**

그림 3-169 **BEETHEFIRST의 휴대용 손잡이**

출처 : www.fabbaloo.com

현재는 BEETHEFIRST+ 와 helloBEEprusa(KIT) 제품을 선보이고 있다.

그림 3-170 **BEETHEFIRST+**

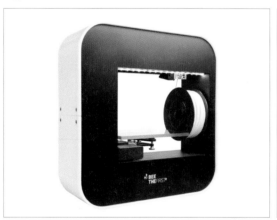

그림 3-171 **B2X300 DIY KIT**

출처 : https://shop.beeverycreative.com/

21. WINBO (https://www.winbo.top/)

중국의 Winbo Smart Tech 사는 다양한 3D 프린팅 관련 제품을 제조 및 취급하고 있는 기업으로 저가의 교육용 3D 프린터부터 유니트형 3D 프린터까지 선보이고 있으며 소재, 출력물 판매 등에 이르기까지 3D 토털 솔루션을 구축해 나가고 있다.

그림 3-172 9 Unit Winbo 3D Printer

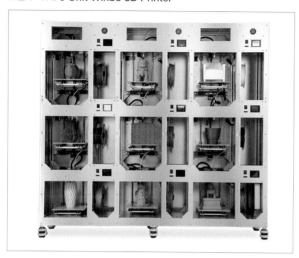

그림 3-173 Winbo의 출력물 서비스

출처 : https://www.winbo.top

지금까지 소개한 제품 이외에도 세계 각국에서 다양한 디자인과 신기능을 추가한 데스크탑 3D 프린터를 개발하고 있으며 불과 4~5년 사이에 보급형 3D 프린터 시장이 폭발적인 성장세를 보이며 진화하고 있는 추세이지만 초기에는 큰 주목을 받던 기업들이 아쉽게도 업계에서 사라진 경우도 많다.

앞으로도 3D 프린터는 교육시장에서 지속적으로 주목받을 수 있는 디지털 장비이지만 고가의 전문 산업용 장비를 제외하고 보급형 3D 프린터는 아직도 출력속도, 출력물 크기 및 사용하는 소재의 한계가 있어 갈 길이 바쁜 현실이다.

하지만 더욱 다양한 소재개발과 더불어 관련 기술이 융합되어 발전해 나간다면 가까운 미래에 이 시장에서 어떤 발전과 변화와 새로운 이슈가 발생할지는 아무도 정확하게 예측할 수 없을 것이다. 또한 필자는 분명 개인 제조 시대를 앞당길 수 있는 스마트한 제품들이 속속 등장할 것으로 기대하고 있다.

기타 3D 프린터 소개

STACKER

미국 Minneapolis에 위치한 STACKER사는 2015년 3월 킥스타터(www.kickstarter.com) 프로젝트를 통해 새로운 3D 프린터를 공개하고 자금을 모은 바 있다. 당시 공개한 제품은 서로 다른 색상의 필라멘트를 사용하여 같은 시간에 같은 부품을 최대 4개를 프린팅할 수 있는 4Head Desktop 3D Printer로 Z축 출력 높이가 220mm에서 600mm($6,995~$7,495)까지 확장 가능한 모델을 선보였다.

그림 3-174 **Stacker S4 필라멘트 피더 시스템**

그림 3-175 **Stacker 3D Printer**

그림 3-176 **Stacker S4 4-Head 3D Printer**

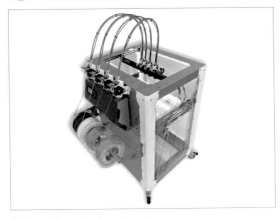

출처 : http://www.stacker3d.com/

3DP UNLIMITED

3DP사의 3DP400 모델은 대형 3D 프린터로 빌드 볼륨이 1000×1500×700mm이며 판매 가격은 49,999

달러이다.

그림 3-177 **400 Series Workbench Xtreme**

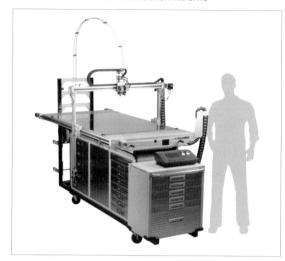

그림 3-178 **초대형 3D 프린터 Excel Series**

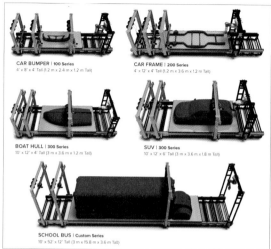

출처 : http://3dpunlimited.com/

DMG MORI

DMG MORI는 세계적으로 유명한 공작기계 제조 기업으로 5축 가공기 및 머시닝센터 전문 업체로 2015년 3월 10~14일 국내에서 개최된 인터몰드(국제금형 및 관련기기전)에서 금속 3D 프린터인 LASERTEC 65 모델을 선보였다. 이 모델은 금속 3D 프린터로 조형을 하다가 가공이 필요하면 머시닝센터로 가공하고, 다시 3D 프린터로 조형하는 방식으로 기존의 3축 사용 3D 프린터 대비 이 금속 3D 프린터는 분말을 적층하는 방식이 아니라 레이져로 금속을 녹여가며 직접 적층하는 방식이다.

새로운 LASERTEC 65 Shape는 한 번의 셋업으로 한 대의 기계에서 3D 플라스틱 주입 몰드 공구의 컴팩트한 5축 밀링 및 레이저 텍스처링을 지원하는 최초의 제품이며, 몰드 밀링이 완료되면 파이버 레이져를 통해 몰드에 기하학적으로 정의된 표면 구조가 적용되며 최종적으로 침식 또는 에칭 과정을 수행할 필요가 없다고 한다.

그림 3-179 **LASERTEC 65**

출처 : http://www.dmgmori.com/

Carbon, Inc.

노스캐롤라이나 대학의 화학과 교수인 요셉 데시몬은 동료들과 함께 카본 3D (Carbon3D)라는 신생 기업을 설립하고 기존의 프린팅 방식보다 25~100배 정도 빠른 초고속 3D 프린터 기술을 상용화하기 위해 노력하고 있다. 흥미로운 것은 이들의 기술이 영화 터미네이터2에서 등장하는 액체 로봇인 T-1000과 유사한 느낌을 준다는 것이다. 이들 연구팀은 아주 빠른 속도로 3D 프린팅을 하기 위해서는 필라멘트나 분말 등을 적층하는 방식이 아니라 액체 상태에서 바로 굳히는 방식이 더 유리하다고 생각했으며 현재의 3D 프린팅은 사실상 2D 프린팅을 쌓아올리는 방식에 지나지 않는다는 게 연구팀의 설명이며 이들의 새로운 프린팅 방식인 CLIP(Continuous Liquid Interface Production)이야말로 진짜 3D 프린팅이라고 할 수 있다고 주장한다. 이 기술의 핵심은 바로 자외선과 산소인데 액상의 수지가 들어 있는 수조(vat)안에 작은 창이 있고 이곳으로 자외선과 산소가 투입하여 자외선은 수지를 경화시키고 산소는 수지가 굳지 않도록 하는 역할을 하여 기존의 적층 방식보다 빠르게 프린팅을 할 수가 있다고 한다. 이 새로운 기술이 기존 방식을 대체하는 차세대 3D 프린팅 기술인지는 아직 검증이 되지 않은 상태이지만 좋은 결과가 기대되었던 기술이었다.

현재는 사출 성형 부품과 유사한 품질로 인쇄된다는 Digital Light Synthesis 기술을 채택한 M1, M2 프린터를 선보이고 있다.

그림 3-180 **M2 프린터**

출처 : https://www.carbon3d.com/

Voxel8의 3D ELECTRONICS PRINTER

지난 CES 2015에서 최고의 아이디어 중 하나로 소개된 Voxel8의 전자회로도 출력 3D 프린터이다. 당시 예약 주문(8,999달러) 중에 있었으며 레이어 해상도는 $200\mu m$, 프린팅 볼륨은 $100 \times 150 \times 100mm$ 이고 사용 재료는 PLA, 전도성 실버 잉크이다. 저항(Resistivity)은 $5.00 \times 10^{-7}\Omega-m$ 이다. 3D프린팅을 위해 설계된 AUTODESK PROJECT WIRE와 제휴하고 있다.

그림 3-181 **3D ELECTRONICS PRINTER**

그림 3-182 Auto Build Plate Leveling

그림 3-183 **단락없이 0.8mm 피치 크기로 전도성 잉크 상호에게 TQFP 칩 패키지 인쇄**

출처 : http://www.voxel8.com/

BUILDER

네덜란드의 Builder 3D Printers B.V.의 Extreme 1000, 1500, 2000 시리즈는 대형 사이즈의 출력이 가능한 산업용 프린터이다.

특히 Extreme 2000 모델은 성인 키 만한 초대형 사이즈의 출력이 가능하다고 하는데 최대 조형 크기는 $700 \times 700 \times 1820$mm(L×W×H)이며 현재 국내에서 4천만원대 후반 가격에 판매하고 있는 제품이다.

그림 3-184 Builder Extreme 2000

출처 : http://builder3dprinters.com/

FOOD 3D 프린터

3D 프린팅 원리를 이용하여 먹을 수 있는 재료를 이용한 Food 3D 프린터를 개발하는 시도가 다양하게 이루어지고 있다. 어쩌면 미래 교실에서는 자신이 직접 디자인한 파일을 출력하고 직접 맛볼 수 있게 될지도 모를 일이다.

출처 : https://3dprintingindustry.com/news/11-food-3d-printers-36052/

그림 3-185 Mmuse - Delta Model Desktop Food 3D Printer($899)

출처 : https://www.3dprintersonlinestore.com/mmuse-desktop-food-3d-printer

그림 3-186 Mmuse - New Touchscreen Chocolate 3D Printer($5,200)

출처 : https://www.3dprintersonlinestore.com/product/food

팬케이크봇(PancakeBot ™)은 3D 프린팅 기술을 이용하여 자신만의 팬케이크를 디자인하여 사람이 먹을 수 있는 모델을 출력해 주는 재미있는 푸드 프린터이다. 아이들과 어른들이 3D 모델링을 학습하면서 음식물 디자인을 통해 창의력을 발휘할 수 있게 해준다고 한다.

PancakeBot은 현재 299.95 달러에 판매 중이다.

출처 : http://www.pancakebot.com/

초콜릿 3D 프린터

Choc Edge Ltd는 초콜릿을 소재로 디자인하고 생산하는 기업이나 개인에게 ALM 초콜릿 프린팅 솔루션을 제공하고 있다. 3D Food 프린팅은 기존 FFF 방식과 유사하며 Choc Edge에서 사용하는 슬라이서는 기본 모델 시각화 프로그램이 있는 Python 프로그램을 사용한다.

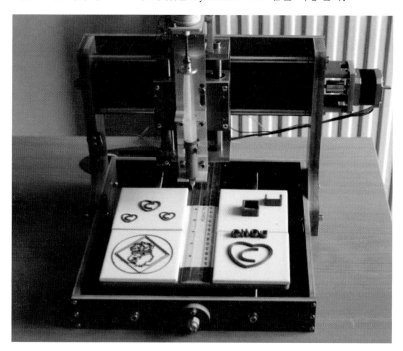

출처 : https://www.thisiswhyimbroke.com/3d-chocolate-printer/

3D 프린팅용 파일과
오류 검출 소프트웨어

STL 파일이란?

STL 파일은 CAD 프로그램에 의해 생성되며 3D 모델에 대한 정보를 저장하는 STL 파일 형식의 파일 확장자명으로 이 형식은 색상, 질감 또는 모델 특성을 제외한 3차원 객체의 표면 형상만을 나타내는 것으로 3D 프린팅에 가장 일반적으로 사용되는 파일 형식이다. 이 용어는 '표준 삼각형 언어(Standard Triangle Language)' 또는 '표준 테셀레이션 언어(Standard Tessellation Language)' 라고도 일컬어지지만, STL(StereoLithography)이라는 단어의 약어로 널리 알려져 있다.

3D 프린팅 분야에서 3차원 CAD 데이터를 표현하는 국제 표준 형식 중의 하나로 대부분의 3D 프린터와 호환되는 형식이라는 점 때문에 입력 파일로 널리 사용되고 있다. 1987년도에 이 파일의 형식을 창안한 사람은 미국 3D 시스템즈사의 공동 설립자로 알려진 척 홀(Chuck Hall)이라고 한다. STL 파일은 입체 물체의 3차원 형상의 표면을 수많은 삼각형 면으로 구성하여 표현해 주는 일종의 폴리곤 포맷으로 삼각형의 크기가 작을수록 고품질의 출력물 표면을 얻을 수 있다. STL 파일을 생성하는 방법은 의외로 간단한데 오늘날 대부분의 3차원 CAD 프로그램에서 STL 파일 생성을 지원하는데 디자인한 모델을 내보내기(export)로 하여 STL 파일로 간단히 저장하면 된다. 저장한 STL 파일을 사용자의 3D 프린터에서 지원하는 슬라이싱 소프트웨어(슬라이서, Slicer)로 불러온 후, 원하는 출력 방식으로 환경을 설정하고 G-Code로 변환시켜 출력하면 되는 것이다. STL 파일은 모델의 색상에 대한 정보는 별도로 저장되지 않으므로 다양한 색상으로 출력이 필요한 모델의 경우에는 석고 분말 방식이나 잉크젯 방식 등의 3D 프린터를 사용하는데 이런 경우에는 STL 파일이 아니라 색상 정보의 보존이 가능한 PLY, VRML, 3DS 등의 포맷을 사용한다. STL 파일을 편집하고 복구할 수 있는 FREE 소프트웨어로는 FreeCAD, SketchUp, Blender, MeshMixer, MeshLab, 3D Slash, SculptGL 등이 있다.

그림 4-1 **SCAN-STL Converting Data**

그림 4-2 **STL-Slicing Data**

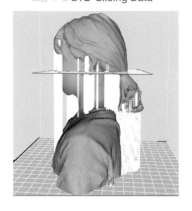

1. STL 파일 형식의 3D 모델 저장

STL 파일 형식의 주된 목적은 3D 객체의 표면 형상을 인코딩하는 것으로 테셀레이션(Tessellation)이라는 간단한 개념을 사용하여 정보를 인코딩하게 된다. 테셀레이션은 겹치거나 틈이 생기지 않도록 하나 이상의 기하학적 모양으로 서페이스를 바둑판 형식으로 배열하는 프로세스로 욕조의 타일 바닥이나 벽을 연상하면 이해하기 쉽다.

그림 4-3 테셀레이션의 예

2. STL 파일 형식에 대한 대안과 장단점

반드시 STL 파일 형식만 3D 프린팅에 사용되는 것은 아니며, 3D 프린팅을 하기 위한 파일 형식만 해도 30여 종류가 넘는다. 이 중에 OBJ 파일 형식은 색상 및 질감 프로파일을 저장할 수 있고 또 다른 옵션으로 Polygon(PLY) 파일 형식이 있으며 원래 3D 스캐닝한 객체를 저장하는 용도로 사용된다.

STL 파일 형식의 장점은 보편적이며 거의 모든 3D 프린터에서 출력을 지원한다는 것이며 단일 색상의 소재로 프린팅하려면 STL이 OBJ보다 나으며 간단하기 때문에 파일 용량도 작고 처리 속도 또한 빨라진다. 하지만 STL 파일을 사용하는 데에도 몇 가지 단점이 있는데 아주 매끄러운 곡면을 표현하기 위해서는 많은 삼각형으로 이루어져야 하기 때문에 파일 용량의 크기가 커질 수 있고, STL 파일에 대한 메타 데이터(예 : 저작자 정보 및 저작권 정보)를 포함시키는 것이 불가능하다.

STL 파일 형식이 다양한 색상의 모델을 처리할 수가 없다고 했는데 STL 파일 형식에 이처럼 색상 정보가 부족한 이유는 신속조형(Rapid Prototype)기술이 1980년대에 태동했을 때만해도 당시에는 누구도 컬러 프린팅을 생각하지 못했다는 것이 아닐까 추측한다.

현재 인터넷 상에서는 싱기버스와 같은 다양한 3D 프린팅용 모델 공유 플랫폼을 통해 무료 STL 파일을 언제든지 다운로드 받아 출력할 수 있다.

무료로 다운로드 받은 STL 파일이 손상되어 버린 경우에도 파일의 오류를 복구하고 수정할 수 있는 유용한 프로그램들이 있으며, STL 파일은 일정한 규칙이 있는데 인접한 삼각형은 두 개의 꼭지점을 공유해야 하며 꼭지점에 적용된 오른 손의 규칙은 법선 벡터와 동일한 방향이 되어야 한다는 것이다. 이런 조건이 STL 파일에서 위반된 경우 파일이 손상되어 버리는 것이다. 이렇게 손상된 STL 파일을 복구하는 데 유용한 프로그램 중에 하나로 오토데스크 'Netfabb Basic' 같은 소프트웨어가 가장 일반적인 STL 파일 문제를 해결하는 상업용 툴이다.

3. STL 파일의 오류 복구

출력을 성공적으로 하기 위한 3D 프린팅용 파일은 몇 가지 기준을 만족해야 하는데 본인이 직접 모델링한 파일이 아니고 공유 플랫폼에서 무료로 다운로드 받은 모델이 문제가 있을 가능성이 높다.

일반적으로 나타나는 문제점을 살펴보면 메쉬의 일부분이 잘못된 방향으로 향해 뒤집힌다거나 표면이 열림, 서로 겹침, 에지가 반듯하지 않음, 파일 형식의 오류, 척도 오류 등의 문제를 들 수 있다.

직접 모델링을 하여 원본 소스파일을 가지고 있다면 바로 수정이 가능하지만 외부에서 전달받았거나 다운로드 받은 경우 해결하기가 쉽지 않은데, 이런 파일의 오류를 자동으로 복구해주는 효과적인 프로그램들이 있으므로 염려하지 않아도 된다. STL 파일의 오류를 복구해주는 프로그램은 유료와 무료 버전이 있으며, 대표적으로 벨기에 Materialise사의 MAGICS, 미국 Autodesk사의 Meshmixer, Netfabb Basic, Autodesk Print Studio 등을 추천한다.

슬라이서(Slicer)란?

슬라이서(Slicer)는 3D CAD에서 변환한 STL 파일을 G-Code라고 하는 형식의 컴퓨터 수치제어(CNC) 기계에서 사용하는 프로그래밍 언어로 변환하여 3D 프린터에게 제어 명령을 하달해 주는 소프트웨어를 지칭한다. 프린트 헤드를 어느 방향으로 움직일지 압출기에서 언제 소재를 압출할지 등의 명령을 주는 것으로 출력물의 품질과 출력 속도 등을 좌우하는 중요한 요소이다. 일반적으로 보급형 데스크 탑 3D 프린터에서 사용하는 슬라이서는 큐라(Cura)와 같은 오픈소스형 소프트웨어를 사용자화하여 제조사의 형편에 맞게 수정하여 사용하기도 하고 제조사에서 C언어 등을 활용하여 직접 프로그램을 개발하여 사용하기도 한다.

슬라이서에서 지원하는 기능이나 소프트웨어의 완성도에 따라 3D 프린팅 결과물의 품질에 커다란 영향을 주는데 FFF 방식 3D 프린터의 경우 국내에서는 큐라(Cura), 심플리파이3D(Simplify3D), 큐비크리에이터(Cubicreator), 3DWOX Desktop, 키슬라이서(Kisslicer), Repetier-Host 등을 많이 사용하며, 보통 3D 프린터를 구매하면 무료로 제공되지만 성능과 퀄리티가 좋다고 알려진 미국의 Simplify3D는 유료로 라이선스를 구매하여 사용해야 한다.

그림 4-4 3D 프린터 슬라이서 Cura

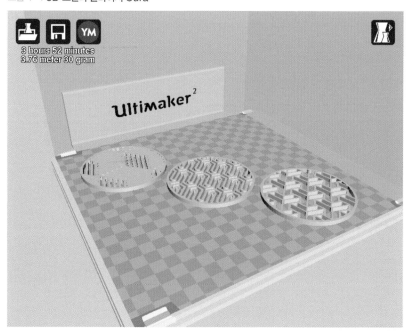

오픈소스 슬라이서 알아보기

이 장에서는 보급형 데스크 탑 3D 프린터를 이용해 모델링 파일을 실제 출력하는 과정에 대해 알아보도록 하겠다. 3D 프린터는 흔히 사무실에 있는 프린터와 달라서 모델링한 파일을 STL 포맷의 파일로 변환하여 슬라이스 프로그램에서 오픈 후 G-Code로 변환하여 그 데이터를 가지고 출력을 하게 된다. 슬라이스 프로그램은 제조사에서 직접 개발한 전용 프로그램을 사용하는 경우와 오픈소스 프로그램을 커스트마이징화 하여 사용하는 경우가 일반적인데 국내 보급형 3D 프린터 제조사들도 오픈소스를 많이 사용하고 있으며 일부 제조사는 외산 슬라이서 소프트웨어를 구입하여 자사 프린터용으로 사용하기도 한다.

1. 슬라이스 프로그램의 개요 및 이해

3D 모델링한 데이터를 가지고 3D 프린터에 입력하여 프린팅하기 위해서는 모델 데이터의 정보와 압출기 노즐이 이동할 수 있는 경로와 필라멘트 압출량, 노즐 및 베드의 온도 등의 출력데이터가 변환저장된 G-Code 형식의 파일이 생성되어야 출력을 진행할 수 있다. 슬라이스 프로그램은 간단히 말해서 3D 데이터를 불러들여 여러 가지 설정을 한 후 G-Code로 변환하여 저장시켜주는 역할을 하는 프로그램이라고 할 수 있다.

3D 데이터를 슬라이싱하여 G-Code로 변환되는 과정

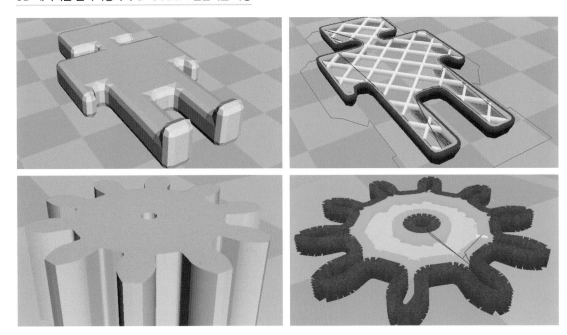

메쉬(Mesh) 구조의 입체 형상을 출력할 때 슬라이스 프로그램에서 전체 레이어(Layer, 층) 높이만큼 슬라이스하여 각 레이어별로 나누고 슬라이스된 단면을 노즐이 움직여야 하는 이동 경로로 변환하기 위해 탐색하고 이동거리와 이동속도 등을 계산하여 익스트루더를 통해 공급해야 하는 필라멘트의 양을 각 이동경로에 따라 지정하게 된다.

2. 슬라이스 프로그램의 종류

① 얼티메이커 큐라(Cura)

특징 초보자도 사용하기 쉬운 편리한 사용자 인터페이스(UI)와 빠른 슬라이스 속도가 장점이며 개발사에서 프로그램을 지속적으로 업그레이드하고 오픈소스로 누구나 사용할 수 있도록 공개해 왔으며 큐라는 처음에 오픈 소스 Affero General Public License 버전 3에 따라 출시되었지만 2017년 9월 28일 라이센스가 LGPLv3로 변경되었다.

이 오픈소스 소프트웨어는 대부분의 보급형 3D 프린터와 호환되며 STL, OBJ, X3D, 3MF 및 BMP, GIF, JPG 및 PNG와 같은 이미지 파일형식도 작업할 수 있다.

네딜란드의 얼티메이커(Ultimaker)사의 홈페이지에서 공개하고 있으며 국내외의 여러 제조사들에서도 큐라를 자사 3D 프린터에 알맞게 커스트마이징하여 사용하고 있다. 2018년 11월 현재 Cura3.6 버전이 오픈되어 있다.

② 키슬라이서(KISSlicer)

그림 4-5 **KISSlicer**

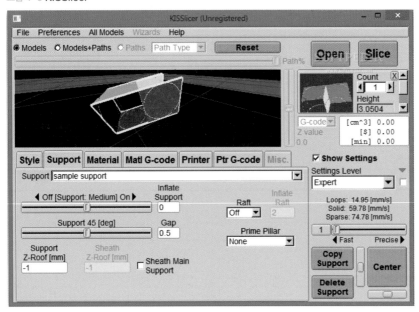

특징 타 슬라이스 프로그램에 비해 사용자 인터페이스가 복잡해보이지만 다양한 옵션의 지정이 가능하고 빠른 슬라이스 속도, 프린터 속도 조정, 멀티 헤드 온도 제어, 중복 메쉬 처리 기능 등이 장점이며 G-Code의 수동편집이 가능한 프로그램이다. 무료 버전에서는 일부 기능이 제한되어 있으며 기능제한이 없는 KISSlicer PRO Key의 경우 유료(USD $42)로 판매되고 있다.

그림 4-6 **KISSlicer PRO**

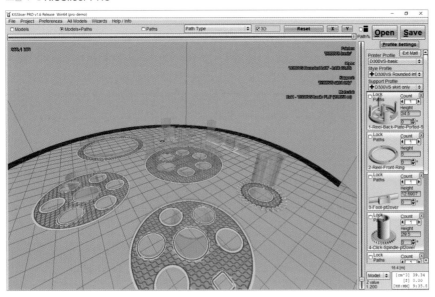

③ 슬릭3R(Slic3r)

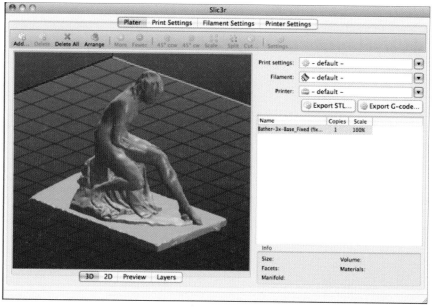

출처 : http://slic3r.org/

특징 Slic3r은 AGPLv3 라이선스에 따라 2011년도에 시작한 오픈소스 소프트웨어로 여러 가지 프린터와 호환이 되며 G-Code의 생성이 빠르고 고급 사용자를 위한 디테일한 설정이 가능하지만 슬라이스 속도가 느린 편이고 최적값을 찾기가 어려운 편이다.

4. CURA 슬라이스 프로그램의 화면 설명

국내에서도 많은 개발자들이 한창 보급형 3D 프린터를 개발할 당시에 사용하던 CURA 14.09 버전으로 기본적인 기능들은 요즘 출시되고 있는 일반 보급형 3D 프린터와 유사하므로 참조하기 바란다.

4.1 사용자 인터페이스 설명

❶ Load : 불러오기

3D 모델링 데이터(STL, OBJ 등)를 불러온다.

❷ Toolpath to SD : SD카드에 저장하기(Save)

SD카드에 변환한 G-Code 파일을 저장한다.

❸ Rotate : 회전 기능

X, Y, Z축의 색상라인을 드래그하여 모델을 원하는 자세로 회전시킬 수 있다.

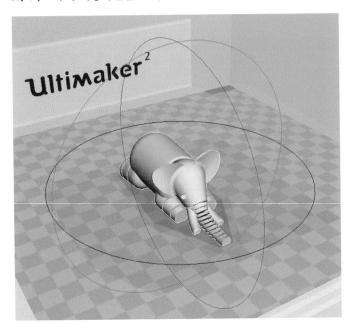

❹ Scale : 크기 확대 축소 기능

모델의 크기를 줄이거나 키울 수 있는데 Scale이 1이면 모델의 실제 크기로 배율 및 치수를 입력하여 조정을 할 수가 있다. 자물쇠 잠금 아이콘을 풀면 X, Y, Z축의 개별 크기 조정이 가능하다.

Scale X	1.0
Scale Y	1.0
Scale Z	1.0
Size X (mm)	90.0
Size Y (mm)	42.35
Size Z (mm)	31.73
Uniform scale	🔒

❺ Mirror : 대칭 기능

모델을 거울에 비친 것처럼 대칭시키는 기능이다. 예를 들어 Z축으로 Mirror를 실행하면 아래와 같이 모델이 자동으로 대칭이 된다.

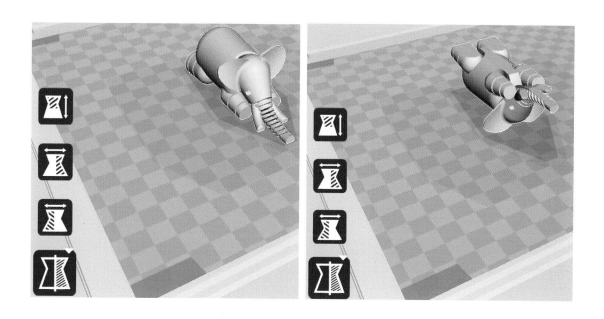

4.2 불러온 모델을 이동 및 복사하기

모델을 불러와서 마우스로 선택하고 오른쪽 버튼을 클릭하면 아래와 같은 메뉴가 나타난다.

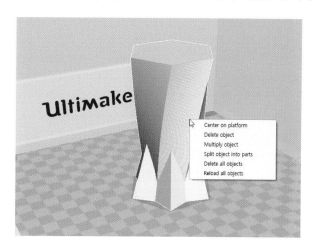

❶ Center on platfrom : 빌드 플랫폼(베드) 중심으로 모델 이동하기

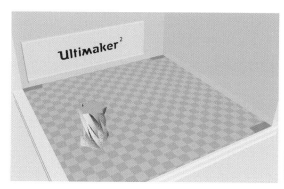
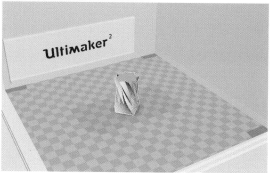

❷ Delet object : 선택한 모델 지우기

❸ Multiply object: 모델을 복사하고 싶은만큼 수치를 입력하면 자동으로 복사하여 배치해준다. 프린팅 영역 내에서 작은 모델을 한꺼번에 여러 개 출력하고 싶은 경우 시간을 절약할 수 있다.

 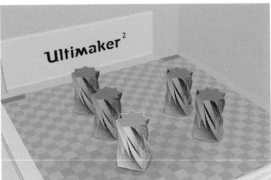

숫자를 4로 선택하고 [OK]를 클릭하면 동일한 모델 4개가 더 복사된다.

❹ Split object into parts : 객체 분할하기

❺ Delet all object : 객체 지우기. 빌드 플랫폼 영역에 있던 모든 모델을 삭제하여 초기 화면으로 만든다.

❻ Reload all object : 객체 다시 불러오기. 삭제한 모델을 다시 불러오는 기능이다.

4.3 뷰 모드(View mode)

빌드 플랫폼으로 불러온 모델 데이터를 여러 가지 형태로 확인해 볼 수 있는 기능을 제공한다.

❶ Normal : 노멀 뷰

❷ Overhang : 출력 모델에서 심하게 돌출되어 나온 부분 등은 출력시에 정상적으로 출력되지 않을 수 있으므로 경고로 빨간색으로 표시해준다.

❸ Transparent : 투명 뷰

❹ X-Ray : 엑스레이 뷰

❹ Layers : 적층 레이어

모델의 적층 과정을 시뮬레이션하여 총 몇 개의 레이어로 구성이 되는지 확인할 수 있다. 아래 모델의 우측 레이어 게이지를 보면 이 모델은 총 1~798개의 레이어로 적층되어 출력이 됨을 알 수가 있다.

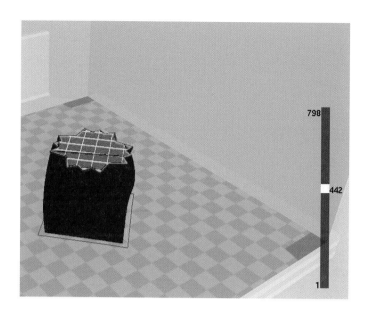

4.4 G-Code 변환방법

❶ Load(불러오기)

[Load] 아이콘을 클릭하거나 File 메뉴에서 [Load model file]을 클릭하여 모델링 데이터(STL, OBJ 등)를 불러온다.

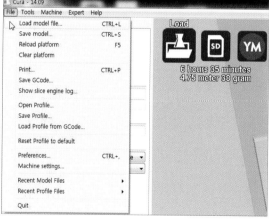

❷ Rotate/Scale/Mirror(회전/크기/대칭)

불러온 모델을 마우스로 클릭하면 화면 좌측 하단에 3개의 아이콘이 나타나는데 출력 전에 원하는 형태로 회전시키거나 크기를 조절하거나 대칭 등의 작업을 할 수가 있다.

❸ 모델 이동/복사

모델을 마우스로 우클릭하면 여러 가지 메뉴가 나타나는데 모델의 이동이나 복사 및 지우기 등을 실시할 수가 있다.

❹ 레이어 적층 미리보기

화면 우측 상단의 View mode에서 맨 하단의 Layers를 선택하면 모델이 실제 출력되는 적층 과정과 레이어 수를 확인할 수 있다. 화면 우측 세로바를 위아래로 움직이면 출력하기 전에 레이어의 적층 단계를 확인할 수 있다.

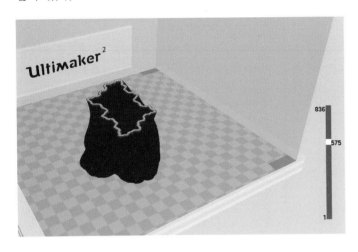

❺ G-Code로 변환하여 저장하기

[Save] 아이콘이나 File 메뉴에서 [Save Gcode]를 선택하여 원하는 위치에 변환된 G-Code파일을 저장할 수 있다.

5. 큐라의 출력 환경 옵션 값 살펴보기

큐라는 출력 환경을 사용자가 설정할 수 있는 여러 가지 옵션을 제공하고 있다.

[Basic] 탭 옵션 알아보기

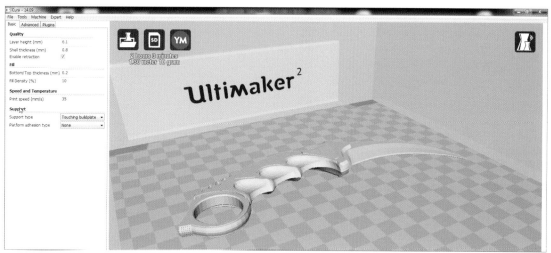

TIP▶ **Quality** : 출력물의 레이어 두께 및 벽두께, 역출력 기능 사용 유무를 설정한다.

큐라를 커스트마이징하여 사용하는 국내 제조사의 한글화 프로그램의 예시이다.

그림 4-7 FB Cura 14.01

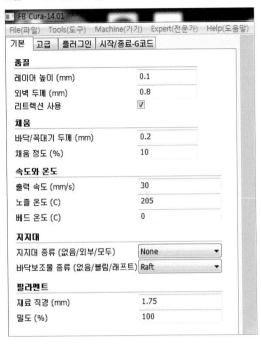

Layer height (레이어 높이, 두께)

레이어 높이를 0.1로 설정한 경우와 0.3으로 설정한 경우의 차이를 예를 들어 알아보겠다. 먼저 0.1로 설정한 경우 레이어의 총 개수는 218개이고 출력시간은 약 24분 정도가 소요되며, 레이어 높이를 0.3으로 설정하면 레이어의 총 개수는 73개이며 출력시간은 약 9분 정도가 소요된다는 것을 확인 할 수 있다.

그림 4-8 레이어 높이 0.1

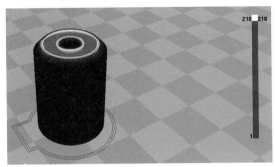

그림 4-9 레이어 높이 0.3

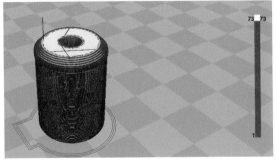

출력물의 레이어(층) 두께(높이)를 설정한다. 수치가 낮을수록 보다 표면이 고운 결과물을 얻을 수 있지만 그만큼 출력 속도는 느려지게 된다. 이 수치는 3D 프린터별로 지원하는 최소 레이어 두께를 확인하여 설정하는데 예를 들어 설정값을 0.2로 지정하였다면 한 층의 적층 높이는 0.2mm가 되는 것이다. 즉, 1mm의 높이를 출력하는데 총 5개의 레이어를 쌓게 되는 것이다.

일반적인 경우 보통 레이어 두께를 0.2mm 정도로 설정하여 출력하지만 아주 작고 보다 정밀한 출력 결과물을 얻기 위해 설정값을 더 낮추어 출력을 하게 되는데 만약 0.1mm로 설정하여 출력하게 된다면 1mm 높이의 출력을 하는데 총 10개의 레이어를 쌓게 되며, 0.2 레이어에 비해 2배의 출력 시간이 소요가 된다. (0.05mm 레이어는 0.2mm 레이어에 비해 4배의 출력시간이 소요된다.) 레이어 설정값을 작게 설정할수록 모델을 보다 조밀하게 슬라이스하므로 결과물의 표면이 정밀해지지만 그만큼 출력 시간은 늘어나게 되므로 출력물의 크기와 사용 용도에 알맞게 효율적인 설정을 하는 것이 좋다.

Shell thickness (외벽 두께)

출력물의 외벽 두께를 설정한다. 출력물의 바닥면과 천정면이 아닌 옆면 벽의 두께값을 설정한다. 보통 외벽의 두께값은 사용하는 프린터의 노즐 직경의 배수로 설정해 주는 것이 좋다. 예를 들어 노즐 직경이 0.4mm라고 했을 경우 두께값을 0.4로 설정하게 된다면 외벽 출력은 1라인이 출력되며 0.8로 설정한다면 외벽 출력에 2라인이 나오게 된다.

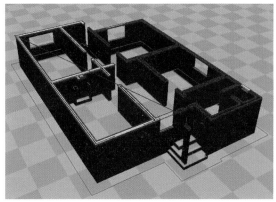
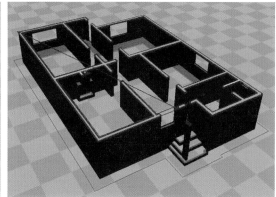

Enable retraction (리트렉션)

압출되는 재료가 불필요하게 흘러나와 거미줄(String)처럼 출력되는 현상을 방지해주는 역출력 (Retraction) 기능의 사용 여부를 설정한다. 출력하는 도중에 시작과 끝점 및 출력 중 노즐이 이동시에 출력물 적층에 필요한 양 이외의 재료가 녹아 흘러나오는 것을 방지할 수 있는 기능으로 가급적 체크하여 활성화시켜 사용하는 것이 좋다.

Bottom/Top thickness (바닥면/천정면 두께)

출력물 형상의 바닥면(하단)과 천정면(상단)의 두께값을 얼마로 할지 설정한다. 바닥면과 천정면의 두께는 설정한 레이어 두께값의 배수로 해주는 것이 좋다. 예를 들어 레이어 두께값이 0.2mm일 때 0.8로 설정해 주면 4개의 레이어를 적층하게 된다.

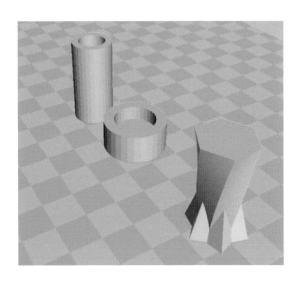

Fill Density (채움 정도)

출력물의 내부 채움 밀도를 백분율로 지정하는 옵션으로 설정 수치가 높아질수록 모델의 내부를 재료로 가득 채우게 된다. 밀도가 높을수록 재료의 수축률이 높아져 갈라지거나 터지는 현상이 심해질 수 있다. 출력물의 외벽/바닥/천정을 제외한 속의 체움량을 설정하는 기능으로 출력물의 외벽만 출력하고 속을 비울 수도 있으며 반대로 속을 꽉 채울 수도 있고 사용자가 원하는 양만큼 채울 수도 있다. 외벽두께가 얇으면서 속이 텅 비게 출력하면 쉽게 파손 및 손상이 될 수도 있다.

그림 4-10 **내부채움 0%**

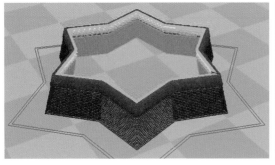

그림 4-11 **내부채움 15%**

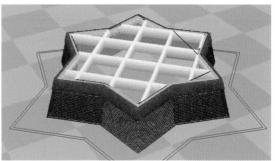

그림 4-12 **내부채움 50%**

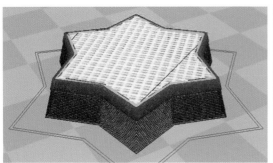

그림 4-13 **내부채움 100%**

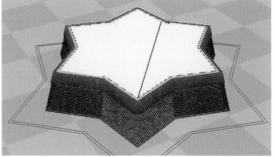

TIP▶ **Fill** : 출력물의 채움 방식을 설정한다.

내부 채움 정도에 따라 프린팅 시간이 달라지게 되는데 내부채움을 너무 많이 하게되면 필라멘트 소모량도 많아지고 출력 시간 또한 오래 걸리게 되므로 용도에 따라 적정값으로 설정하는 것이 좋다. 외력에 의한 강도의 필요성이 있는 경우 대부분 100% 채움을 고려하는데 실제로 20~35%의 내부 채움만 설정해주어도 충분한 강도를 가지게 되므로 대형 출력물의 경우에는 테스트를 해보고 원하는 설정값을 찾는 것이 좋다.

그림 4-14 **내부채움 15%**　　　　　　　　　　　　　그림 4-15 **내부채움 50%**

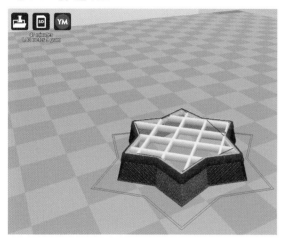

- [Speed and Temperature] 출력 속도를 설정한다.

Print speed (출력 속도)

출력시 프린트 헤드가 움직이는 이동 속도를 설정한다. 설정값을 높일수록 프린팅 속도는 빨라지지만 그만큼 출력물의 품질은 떨어지게 된다. 예를 들어 20으로 설정한다면 1초당 20mm의 거리를 이동하며 출력하게 된다.

- [Support] 지지대의 종류를 설정한다.

Support type

- None : 별도의 서포트(지지대)를 만들지 않는다. 모델의 바닥 지지면이 넓고 별도의 서포트가 필요 없는 경우에는 굳이 만들어주지 않아도 된다.
- Touching buildplate : 출력물이 바닥에 접촉하는 경우에 지지대를 만든다.
- Everywhere : 바닥면 뿐만 아니라 서포트가 필요한 모든 부위에 서포트를 만든다.

그림 4-16 **모델** 그림 4-17 **서포트 생성**

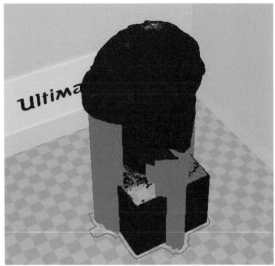

Platform adhesion type

출력시 출력물 바닥면에 얇은 막 형태의 보조물을 만들어주는 기능으로 빌드 플랫폼에 얇게 깔아주면 출력물이 베드에 잘 붙도록 해주는 역할과 출력 완료 후에 베드에서 잘 떨어지도록 해준다.

• **None** : 보조물 없이 모델을 바로 출력한다.

• **Brim** : 모델 출력시 빌드 플랫폼과 고정력을 강하게 해주고 출력시 뒤틀어지는 현상을 방지하기 위한 기능으로 바닥면에 바로 출력하지만 출력물의 첫 번째 레이어 가장자리를 돌아가며 보조물을 출력해 주는 기능으로 래프트(Raft)와는 다르게 출력물의 옆으로만 보조물을 출력하며 출력 완료 후 보조물을 떼어내는 작업이 래프트보다는 쉽다.

- Raft : 출력물과 빌드 플랫폼과의 고정력을 강화하고 뒤틀리는 것을 방지할 목적으로 출력물을 바로 출력하지 않고 바닥면에 가로, 세로 2개 레이어의 격자라인을 출력한 후 그 위에 출력물을 출력하는 기능이다. 출력 완료 후 출력물에서 제거하는 작업이 필요하며 떼어낸 자리가 지저분해지는 단점이 있다.

TIP▶ Filament : 3D 프린터에서 사용하는 재료(필라멘트)에 대한 옵션을 설정한다.

- Diameter : 사용하는 재료의 직경을 설정한다. 일반적으로 많이 사용되는 필라멘트의 직경은 1.75mm 이며 일부 보우덴 방식의 경우 2.85mm의 필라멘트를 사용하는 3D 프린터도 있다. 필라멘트의 직경 편차는 출력에 영향을 미치므로 재료의 처음부터 끝까지 균일한 직경을 유지하는 필라멘트가 좋다. 또한 필

라멘트의 직경 설정값을 틀리게 세팅하는 경우 재료 압출량이 원하는 밀도보다 많거나 적게 나올 수 있다.

  - 사용하는 필라멘트의 직경보다 작은 값으로 설정된 경우 : 압출량이 많아진다.
  - 사용하는 필라멘트의 직경보다 큰 값으로 설정된 경우 : 압출량이 적어진다.

• Flow : 재료의 압출량을 설정하는 기능으로 설정값이 높을수록 많은 양이 압출된다. 재료의 특성에 따라 밀도를 서로 다르게 설정해주어야 하며 일반적으로 PLA 소재의 기본 밀도는 100%로 하며 ABS 소재의 경우 좀 더 많은 양이 압출될 수 있도록 110% 가량 설정해주면 원활한 출력이 진행된다.

● [Advanced] 옵션 알아보기

Print speed (출력 속도)

그림 4-18 Cura 14.09

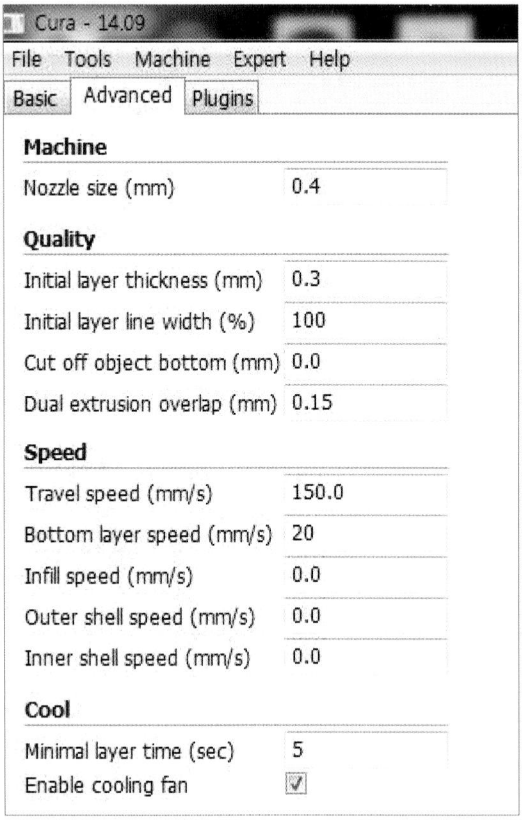

Cura를 커스트마이징하여 사용하는 제조사의 한글화 프로그램의 예이다.

그림 4-19 FB Cura 14.01

FB Cura-14.01

File(파일) Tools(도구) Machine(기기) Expert(전문가) Help(도움말)

기본 | 고급 | 플러그인 | 시작/종료-G코드

기기설정

노즐 크기 (mm)   0.4

리트랙션(Retraction)

속도 (mm/s)   400
거리 (mm)   4.5

품질

바닥레이어 두께 (mm)   0.2
객체 하부 잘라내기 (mm)   0
중복 듀얼출력 (mm)   0.15

속도

이동속도 (mm/s)   60
바닥레이어 속도 (mm/s)   15
내부채움 속도 (mm/s)   40

냉각

레이어 냉각위한 최소시간 부여 (sec) 2
팬 가동   ☑

• Machine : [Nozzle size]는 3D 프린터에 장착되어 있는 프린트 헤드의 노즐의 직경 사이즈를 말한다. 보통 0.4mm의 노즐을 많이 사용하며 노즐을 교체하는 경우 해당 노즐 사이즈로 값을 설정해야 한다.

그림 4-20 Nozzle

• Quality : 출력 품질을 높이기 위한 옵션들이다.

 – Initial layer thickness : 첫 번째 레이어의 두께를 설정한다. '0'을 설정하면 [Basic] – [Bottom thickness] 옵션에서 설정한 값으로 지정된다.

 – Initial layer line width : 첫 번째 레이어의 너비를 설정한다.

- Cut off object bottom : 바닥면이 둥근 모델의 경우 접촉 면적이 작아 출력시 빌드 플랫폼에서 떨어지기 쉽다. 이런 경우 바닥면을 설정한 값만큼 잘라내어 접촉 면적을 늘려 더 잘 붙도록 한다.
- Dual extrusion overlap : 듀얼(Dual) 익스트루더(Extruder)를 사용하는 경우 두 개의 노즐에서 압출된 출력물이 겹치는 정도를 설정한다.

• speed : 출력 속도를 프린팅 상황에 따라 조절할 수 있는 기능이다.
- Travel speed : 프린팅을 하지 않고 프린트 헤드를 이동할 때의 이동 속도이다. 일반적으로 60~120mm/sec를 권장한다.
- Bottom layer speed : 바닥 레이어 출력시 속도를 지정한다. 바닥 레이어는 천천히 프린팅하여 빌드 플랫폼에 견고하게 붙도록 가급적 낮게 설정하는 것이 좋다. 작은 사이즈의 출력물의 경우 10~20mm/sec를 권장한다.
- Infill speed : 모델의 내부(속)를 프린팅할 때 속도를 설정한다. '0'을 입력하면 [Basic]-[Print speed] 옵션에서 입력한 속도로 설정된다. 기본 탭의 출력 속도에 비해 조금 빠르게 지정하면 프린팅 시간을 조금 단축시킬 수가 있다.
- Outer shell speed : 외부 쉘이 출력되는 속도로 0이면 프린팅 속도와 같은 속도이다.
- Inner shell speed : 내부 쉘이 출력되는 속도로 0이면 프린팅 속도와 같은 속도이다.

• Cool : 쿨링팬에 대한 옵션이다.
- Minimal layer time : 모델의 사이즈가 너무 작은 경우 또는 빠른 출력 속도로 인해 한 레이어를 프린팅하는 시간이 너무 짧아져 아랫 부분이 미처 식기도 전에 윗 부분을 프린팅하는데 이 때 열에 의한 변형이 발생하기 쉽다. 한 레이어의 최소 프린팅 시간을 설정하여 이와 같은 문제를 사전에 방지해주는 기능이다.
- Enable cooling fan : 쿨링팬의 사용 여부를 설정한다. 체크할 경우 쿨링팬이 동작하며 설정된 출력 높이에 쿨링팬의 작동이 시작된다. 특히 작은 모델의 경우 식지 않은 상태에서 다음 레이어를 출력하게 되면 올바른 형태의 적층이 어려워지므로 출력물의 빠른 냉각을 위해 쿨링팬을 작동시키는 것이 좋다.

무료 STL 파일 뷰어 도구

STL 파일을 무료로 다운로드 한 뒤 출력이 가능한지 확인해야 하는데 다행히도 무료로 지원되는 STL 뷰어들이 많이 있어 아래에 소개한다.

뷰어	지원 파일 포맷	시스템	사용 난이도
ViewSTL	OBJ, STL	Online	★
3DViewerOnline	STEP, IGES, STL, PLY, OBJ, 2D-DXF, 2D-DWG, 2D-DXF	Online	★★
Autodesk A360 Viewer	DWG, DWF, RVT, Solidworks, STP, STL 등	Online	★★
ShareCAD	STEP, STP, IGES, BREP, AutoCAD DWG, DXF, DWF, PLT, STL 등	Online	★
Openjscad	AMF, X3D, JSCAD, STL	Online	★★★
Dimension Alley	STL	Online	★
STL Viewer for WordPress	STL	WordPress	★
Gmsh	STEP, IGES, BREP, STL	Windows, Linux	★★★
GLC-Player	OBJ, STL	Windows, Mac, Linux	★★★
Autodesk 123D Make	OBJ, STL	Windows, Mac, iOS	★
3D-Tool Free Viewer	OBJ, CATIA, X_T, IGES, VDA, SA, SAB, STL	Windows	★★
MiniMagics	MAGICS, MGX, STL	Windows	★★
ADA 3D	OBJ, STL	Windows	★
Open 3D Model Viewer	OBJ, 3DS, BLEND, FBX, DXF, LWO, LWS, MD5, MD3, MD2, NDO, X, IFC, DAE, STL	Windows	★★★
EasyViewSTL	STL	Windows	★★
STLView	STL	Windows, Android	★
Mac OS X Preview	STL	Mac	
Pleasant3D	GCode, STL	Mac	★
STL File Viewer	STL	Android	
MeshLab for iOS	PLY, OFF, OBJ, STL	iOS	

① ViewSTL(https://www.viewstl.com/)

ViewSTL은 온라인 상에서 3D 모델을 확인할 수 있는 가장 쉽고 간단한 방법으로 웹사이트를 방문하여 파일을 사각형 점선 안으로 드래그해주면 STL 파일이 로딩되어 자동으로 회전해가며 모델의 정보를 보여준다. 이 무료 STL 뷰어의 디스플레이 옵션에서는 Flat Shading, Smooth Shading, Wireframe과 다른 색상의 3가지 뷰 중에서 모델을 표시할 수 있다.

그림 4-21 **Flat Shading**

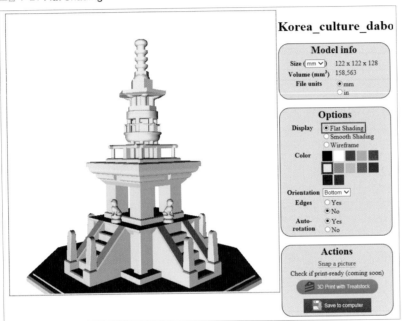

그림 4-22 **Smooth Shading**

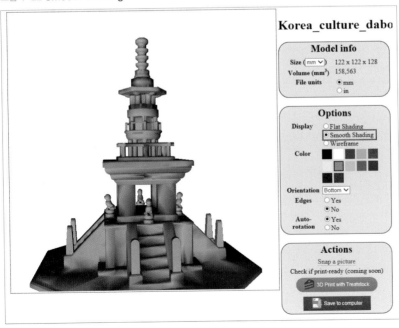

그림 4-23 Wireframe

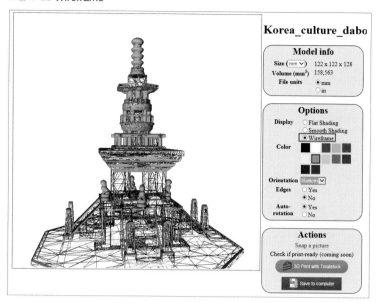

또한, 3D 프린터가 없는 사용자를 위한 온라인 출력 서비스와 연동되어 원하는 소재 및 색상 등을 선택하면 등록되어 있는 3D 프린팅 서비스 기업들의 견적 금액이 자동으로 리스트업 되므로 마음에 드는 업체를 골라 의뢰인의 정보를 입력 후 결제하면 제작하여 배송해주는 서비스를 이용할 수 있다.

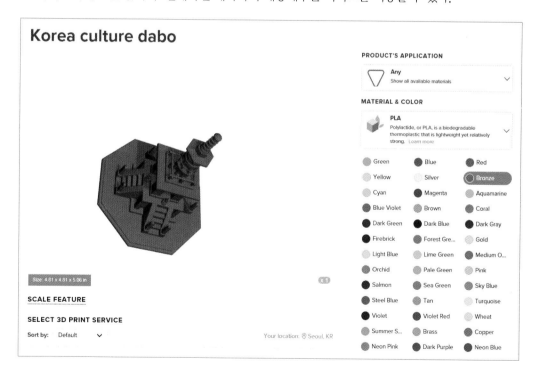

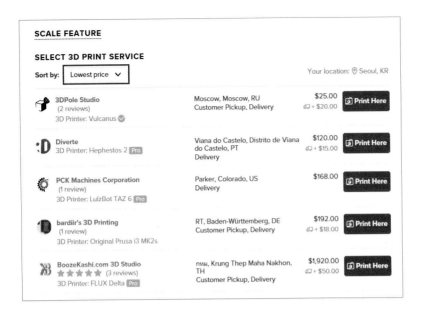

② 3DViewerOnline(https://www.3dvieweronline.com/)

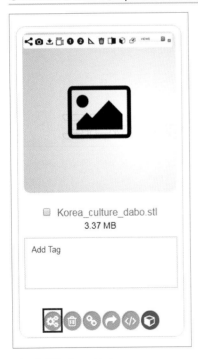

3DViewerOnline은 사용자의 편의성을 지향하는 무료 STL 뷰어이다. 이 도구는 3D 모델 파일을 무료로 볼 수 있을 뿐만 아니라 이메일이나 소셜 미디어를 통해 쉽게 공유할 수도 있다. 이 기능을 이용하려면 기존 Facebook, Google 또는 Twitter 계정을 사용하거나 전자 메일을 통해 사이트에 등록해야 한다. 이 도구에는 두 지점 사이의 거리 측정 및 숨기기, 스마트 선 표시 또는 지정된 축을 따라 열린 메쉬 자르기와 같은 몇 가지 고급 옵션이 있으며, 등록된 사용자는 웹 사이트에 STL 파일 뷰어를 포함시킬 수도 있다.

무료 STL 뷰어 버전의 기능은 일부 제한되어 있으므로 STL 파일 뷰어의 기능을 최대한 사용하려면 프리미엄 계정으로 업그레이드해야 한다. 프리미엄 에디션은 광고가 없으며 클릭 한 번으로 최대 100개의 파일을 업로드하고 3D 뷰어에 회사 로고와 스타일을 추가할 수 있다. 이 기능은 브랜드 상품에 이용하려는 경우 특히 유용하다. 또한 능률적인 사용자 환경을 위해 보기 옵션을 사용하지 않도록 설정할 수도 있다.

PC 상의 STL 파일을 드래그하여 업로드시킨 후 메뉴에서 [Settings]을 클릭하면 모델이 나타나면서 사용자 화면이 표시된다. X, Y, Z 축 방향으로 자유롭게 모델을 돌려보면서 확인할 수가 있다.

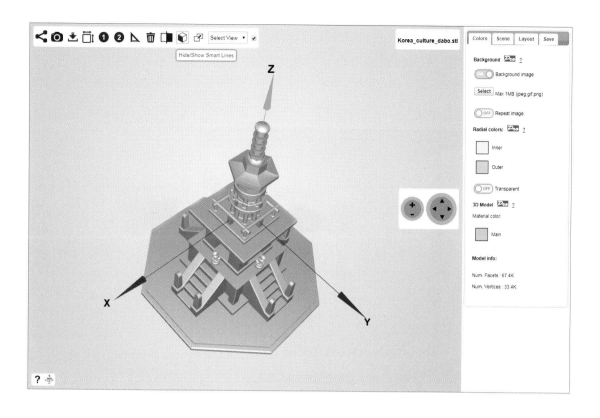

③ Autodesk A360 Viewer(https://viewer.autodesk.com/)

2D & 3D 모델링 소프트웨어 전문 기업인 미국의 Autodesk 사는 현재 초중고 및 대학교와 같은 정규 교육기관에 자사 소프트웨어를 무료로 사용할 수 있는 정책을 실시하고 있는데 A360 Viewer도 무료로 제공하고 있다. 이용하기 위해서는 먼저 무료로 계정을 생성한 후 STL 파일을 브라우저에 업로드하여 확인하면 A360 온라인 3D 뷰어는 많은 고급 기능을 제공하는 것을 알 수 있다. 단순한 화면 확대 및 축소, 패닝 및 모델의 회전과 같은 다양한 기능 뿐만 아니라 모델의 치수를 측정 등을 매우 직관적으로 검사할 수 있다.

A360 3D 뷰어를 사용하면 디자인을 가져 와서 링크를 통해 공유하고, 스크린 샷을 찍고, 프린팅하거나 심지어 웹 사이트에 삽입할 수도 있다(단, Autodesk 계정을 사용할 때 가능하다). 파일을 업로드하는 대신 클라우드 저장 서비스를 A360 STL 뷰어에 연결할 수 있다. 또한 다양한 분야의 전문가와 관련된 가장 일반적인 2D 및 3D 파일 형식도 50여 가지를 지원하고 있다.

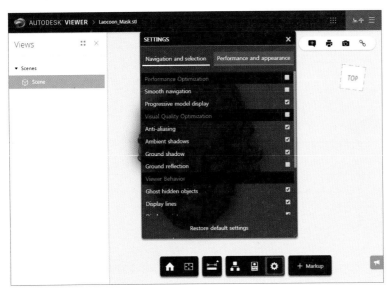

A360 STL 파일 뷰어의 [SETTING]고급 기능 중 일부는 30일 후에는 정식으로 구입을 해야 실행이 된다.

아래 파일 형식은 Autodesk Viewer 무료 및 유료 버전 A360, A360 Team으로 볼 수 있다.

3DM	GLB	SAT
3DS	GLTF	SESSION
ASM	IAM	SKP
CATPART	IDW	SLDASM
CATPRODUCT	IFC	SLDPRT
CGR	IGE	SMB
COLLABORATION	IGES	SMT
DAE	IGS	STE
DGN	IPT	STEP
DLV3	IWM	STL
DWF	JT	STLA
DWFX	MAX	STLB
DWG	MODEL	STP

DWT	NEU	STPZ
DXF	NWC	WIRE
EMODEL	NWD	X_B
EXP	OBJ	X_T
F3D	PRT	XAS
FBX	PSMODEL	XPR
G	RVT	
GBXML	SAB	

④ ShareCAD(http://beta.sharecad.org/)

ShareCAD는 무료로 제공되는 STL 뷰어로 웹 브라우저에서 STL 파일을 바로 확인할 수 있다. 브라우저 상에서 [Select] 버튼을 누르고 [Send]를 선택하면 파일이 업로드가 되면 다양한 쉐이더 및 보기 모드 중에서 선택할 수 있다. 또한 기본 측정 도구를 제공하며 사용자들에게 흥미로운 CAD, 3D, 벡터 및 래스터 파일 형식의 주목할만한 범위를 지원한다. 아카이브를 서비스에 업로드하고 파일을 공유하며 웹 사이트에 뷰어를 포함시킬 수도 있는데 지원 가능한 최대 파일 크기는 50MB로 제한된다.

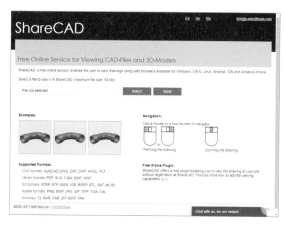 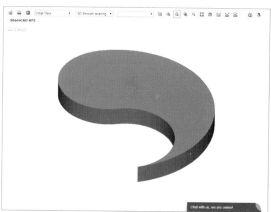

⑤ Openjscad(https://openjscad.org/)

OpenJSCAD.org는 무료 온라인 STL 파일 뷰어로 OpenJsCad 및 OpenSCAD.org를 기반으로 한다. 이 STL 파일 뷰어는 3D 모델을 보고 개발할 수 있는 프로그래머의 접근 방식을 제공한다. 특히 이 향상된 기능은 3D 프린팅을 위한 정밀한 모델을 만드는 방향으로 조정되며 OpenSCAD와 마찬가지로 대화식 모델링 도구를 사용하여 3D 모델을 만들지 않지만 대신 부울 연산을 사용하여 기본 모양을 결합한다. 또한 브라우저가 오프라인일 경우에도 작동하며 뷰어는 객체를 중심으로 회전시킬 수 있으며 일부 파일 형식만 표시할 수도 있다.

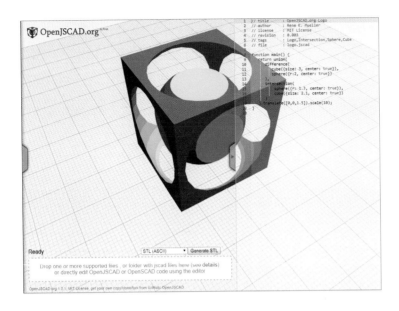

⑥ Dimension Alley(http://dimensionalley.com/)

Dimension Alley는 독일 베를린에 위치한 '3D 프린팅 체험 샵 및 카페'이다. 3D 워크샵, 3D 스캐닝, 모델링 서비스, 3D 프린팅 서비스 이외에도 웹 사이트 방문자들에게 온라인으로 무료 STL 뷰어를 이용할 수 있도록 하고 있다. 이 3D 뷰어는 별로 기능이 없어 보이지만 STL 파일을 업로드하면 간단하고 빠르게 3D 모델의 형상을 확인할 수 있다. 그런 다음 사이트에서 지원하는 다양한 플라스틱 소재로 온라인 3D 프린팅 서비스를 통해 색상, 크기 등을 선택하고 주문할 수 있다.

⑦ STL Viewer for WordPress(https://de.wordpress.org/plugins/stl-viewer/)

이 무료 STL 뷰어는 블로그(Blog)에 3D 파일을 쉽게 표시할 수 있는 WordPress 플러그인으로 간단한 단축 코드를 사용하여 구현된다. 플러그인은 WebGL을 기반으로 하고 있는데 다른 3D 뷰어와 비교할 때 기능이 상당히 제한적이다. 원하는 방향으로 객체를 자유롭게 확대와 축소 및 회전시켜 볼 수 있다. 현재 플러그인은 2015년에 마지막으로 업데이트 되었으며 페이지 당 한 번만 사용할 수 있다.

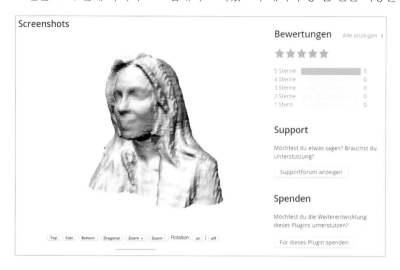

⑧ Gmsh(http://gmsh.info/)

Gmsh는 단순한 무료 STL 뷰어 이상의 기능을 제공하는데 복잡한 물리적 시뮬레이션을 수행하는 데 사용되는 CAD 엔진이 있는 3차원 유한 요소 메쉬 생성기이다. 퍼블릭 도메인에는 없지만 GNU(General Public License)에 따라 배포되므로 자유롭게 사용할 수 있다. 그러나 이 무료 STL 뷰어는 초보자에게 꽤 압도적인 기능을 제공하며 보기 도구를 사용하면 단면 3D 파일을 연결할 수 있다. 현재 윈도우(32 bit), 리눅스, MacOS에서 사용이 가능하며 3D 모델 뷰어 기능 이외에도 점, 선 및 표면을 정의하여 처음부터 3D 모델을 생성할 수도 있다. 이 STL 파일 뷰어는 산업계에서 주로 사용하는 CAD 형식을 가져올 수 있으므로 엔지니어에게 유용한 도구이다.

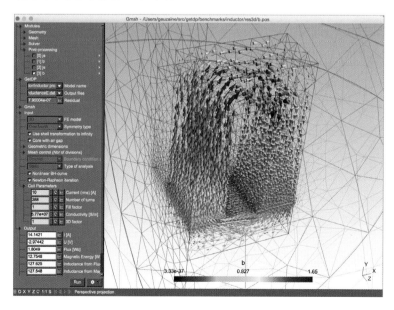

⑨ GLC Player(http://www.glc-player.net/download.php)

GLC Player는 다양한 기능을 갖춘 무료 STL 뷰어로 COLLADA, 3DXML, OBJ, 3DS, STL, OFF 및 COFF 형식과 같은 일반적인 3D 파일 형식을 지원한다. 이 프로그램은 또한 고급 뷰어 도구를 제공하는데 예를 들어 사용자가 3D 모델의 교차 단면을 보고 스냅 샷을 찍을 수도 있다. 무료 STL 뷰어에서 일반적으로 찾아 볼 수 없는 기능으로 모델 관리를 할 수 있으며 텍스처를 포함하여 모델 요소의 트리 뷰가 가능하고 각 속성을 나타내고 켜고 끌 수 있다.

그림 4-24 **GLC Player Mac OS X**

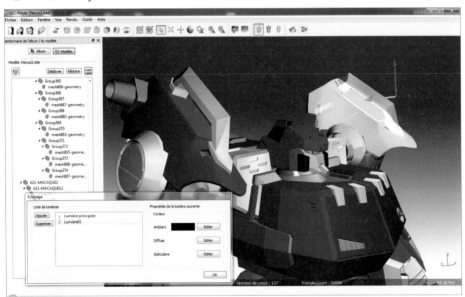

이 STL 뷰어의 렌더링 기능은 매우 멋지고 카메라 속성을 변경하여 다른 각도에서 정확하게 볼 수 있으며, 또 다른 멋진 기능으로 네 가지의 쉐이더 옵션을 선택하고 광원을 변경할 수도 있다. GLC 플레이어는 STL 뷰어일 뿐이지만 초보자에게는 상당히 어려울 수 있으며 능숙하게 다룰 수 있는 사용자는 풍부한 기능을 확실히 체험할 수 있다.

⑩ 3D-Tool Free Viewer(https://www.3d-tool.com/)

3D-Tool은 Windows용 고급 STL 파일 뷰어이다. 무료 버전에서도 크로스 섹션 기능을 제공하므로 모델 내부를 확인할 수 있다. 기본적인 애니메이션 기능이 있어 모델을 회전하거나 분해된 뷰를 추가할 수 있다. 3D 프린팅의 경우 벽 두께를 검사하는 옵션도 있으며 프로그램의 특별한 장점은 정밀한 측정 도구가 제공된다는 점이다. 또한 렌더링 품질이 좋으며 조명의 광원과 방향을 쉽게 변경할 수도 있다.

3D-Tool의 폭넓은 CAD 지원은 엔지니어 및 산업 디자이너에게 특히 유용한데 3D-Tool은 모델을 확인하고 테스트할 수 있는 다양한 도구를 제공하는 STL 뷰어이다.

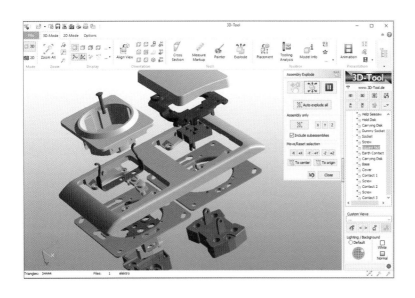

⑪ MiniMagics(http://www.materialise.com/ko/software/minimagics)

Materialize의 3D 프린팅용 무료 STL 뷰어인 MiniMagics는 3D 프린팅 서비스를 염두에 두고 설계되었다. 이 프로그램은 3D 모델을 시각화하고 고객 및 파트너에게 3D 프린팅 견적을 낼 수 있도록 프로그램 되었다. 장점은 로드(Load)된 모든 파일의 품질을 신속한 분석을 할 수 있게 해주는 프로그램의 사용자 친화적인 인터페이스를 들 수 있다. 기본적인 기능으로 모델의 회전, 이동 및 확대와 축소를 통해 확인할 수 있으며, 고급 기능 중 내부 및 주석 도구를 검사할 수 있는 횡단면 보기가 있다. MiniMagics는 보다 전문적인 STL 뷰어로서 사용자가 모델을 빠르고 효율적으로 복구할 수 있는 "3DPrintCloud" 버튼이 통합되어 있다.

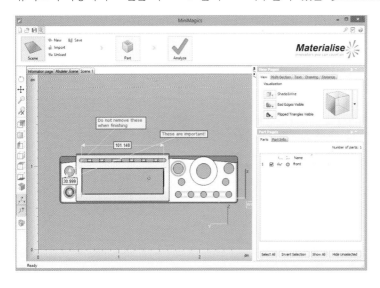

⑫ ADA 3D(http://www.ada.bg/)

ADA 3D는 간단한 사용자 인터페이스를 갖춘 기본적인 무료 STL 뷰어로, 3D Studio Max, MAYA 및 Z Brush나 기타 CAD 시스템에서 모델링되거나 물리적 객체의 3D 디지털화 생성된 3D 모델을 표시하고 다각형 메쉬를 검사하는 데 이상적인 뷰어이다. 사용자는 선호도에 따라 시각화 색상을 조정할 수 있으며, 뷰 포트는 메쉬(Mesh)의 미세한 디테일을 검사하기 위해 평평하거나 부드러운 쉐이더로 객체를 렌더링하도록 조정할 수 있다.

⑬ Open 3D Model Viewer(http://www.open3mod.com/)

이 뷰어는 강력한 기능과 직관적인 사용자 인터페이스를 제공하며 40여 개가 넘는 3D 파일 형식을 가져올 수 있으며, 모델 뷰어에서는 탭이 있는 UX가 있어서 다중 장면을 동시에 열어 볼 수 있다. 3D 뷰는 최대 4개의 뷰포트로 분할되며 각 뷰 포트에 대해 서로 다른 카메라 모드를 사용할 수 있다. STL 파일 외에 OBJ, 3DS, BLEND, FBX, DXF, LWO, LWS, MD5, MD3, MD2, NDO, X, IFC and Collada를 지원하며 일부 파일 형식은 가져오기 형식으로 지원된다.

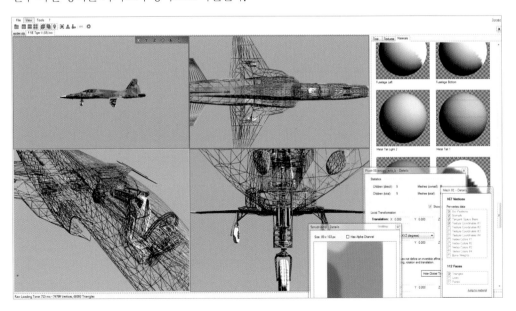

⑭ EasyViewSTL(http://www.gcad3d.org/EasyViewStl.htm)

EasyViewSTL은 무료 STL 뷰어로 이 소프트웨어에는 3D 모델이 뷰 포트에서 렌더링되는 방식을 변경하는 많은 설정 및 옵션이 있다. 그리드(Grid)와 같은 여러 기능을 사용하면 객체를 더 잘 이해할 수 있다.

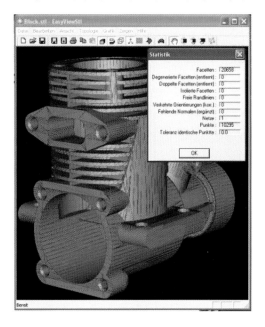

⑮ STLView(http://www.freestlview.com/)

STLView는 터치 스크린 지원이 되는 Windows 및 Android용 초보자를 위한 무료 STL 뷰어이다. 이 3D 뷰어는 CNC 밀링 회사인 ModuleWorks에서 제공하고 있는데 그 기능은 아주 간단하여 다른 방향으로 카메라를 이동하고 객체와 배경의 색상을 변경할 수 있는 기능이 전부이지만, 어떤 각도에서든지 3D 프린팅 모델을 볼 수 있는 빠른 뷰어이다.

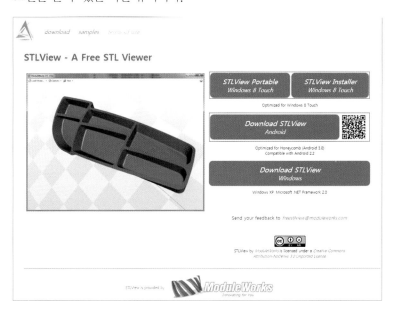

⑯ Pleasant3d(http://pleasantsoftware.com/developer/pleasant3d/)

Pleasant3D는 Mac OS X 사용자용의 가볍고 간단한 무료 STL 뷰어로 치수 및 위치를 변경할 수 있고 X, Y 및 Z 축을 따라 모델을 회전시킬 수 있다. 3D 프린팅을 하기 위해 파일을 준비하려면 슬라이서 소프트웨어에서 G−Code로 변환하고 레이어를 검사하여 프린팅시 발생될 수 있는 문제를 미리 파악할 수 있다. 새로운 버전에서는 Finder의 Quicklook 기능에 통합할 수 있어서 이 3D 뷰어는 3D 모델을 빠르게 볼 수 있는 방법 뿐만 아니라 컴퓨터에서 3D 모델 파일을 구성하는 데 유용한 도구가 될 수 있다.

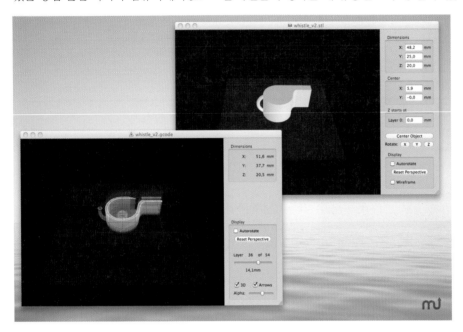

⑰ STL File Viewer(구글 플레이스 스토어에서 앱 다운로드 가능)

ModuleWorks의 이 STL 뷰어를 사용하면 Android 스마트폰 또는 태블릿에서 3D 파일에 액세스할 수

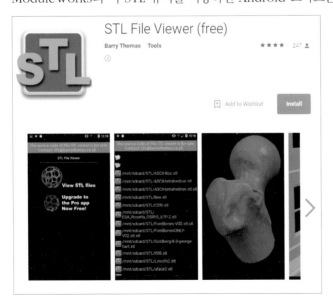

있다. 무료 앱으로 아주 기본적인 기능을 지원하는 3D 뷰어로 이 앱은 스마트폰에 내장된 자이로스코프 기능이 있어 'Gyrocam'이라는 보기 모드를 사용하면 스마트 폰에서 3D 객체를 회전시켜 볼 수 있으며 또한 이 앱은 여러 모델을 동시에 처리할 수도 있다.

⑱ MeshLab for iOS(http://www.meshpad.org/)

MeshLab for iOS는 사용하기 쉬운 STL 뷰어로서 복잡한 3D 모델을 간단하고 직관적인 방식으로 표시하므로 직접 탐색을 통해 3D 모델을 정확하게 검사할 수 있다. 무료로 제공되는 iOS 앱이지만 이 3D 뷰어는 다양한 표준 3D 파일 형식을 읽고 iPad에 매우 복잡한 모델(최대 2,000,000 개의 삼각형)을 효율적으로 표시할 수 있다. 이 응용 프로그램은 Visual Computing Lab에서 이탈리아 국립 연구위원회(CNR)의 연구 그룹에서 개발되었다.

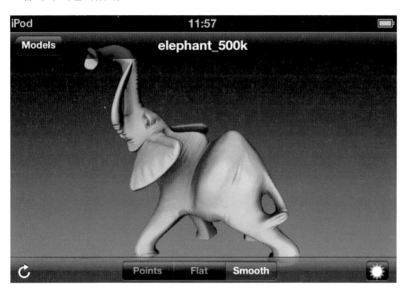

⑲ All3DP (https://print.all3dp.com/)

3D 프린팅 서비스 가격 비교 사이트인 All3DP에도 무료 STL 뷰어가 있는데 간단하게 3D 모델을 업로드하고, 원하는 출력 소재를 선택하면 Shapeways나 i.materalise와 같은 전문 온라인 3D 프린팅 서비스 업체와 연결해 준다.

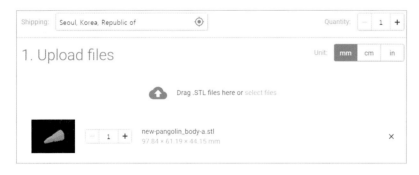

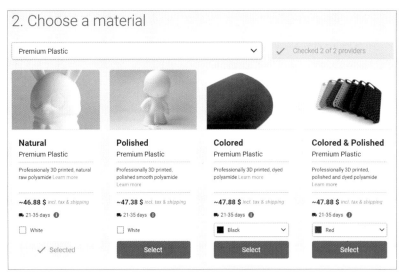

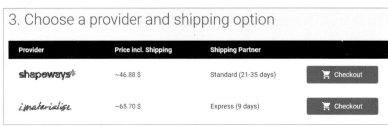

SECTION 05

3D 프린팅 파일 형식의 종류

3D CAD 소프트웨어에 따라 3D 모델링한 파일은 다양한 파일 형식으로 저장될 수 있다. 대부분의 3D CAD 소프트웨어에서는 인벤터(Inventor)의 ipt 파일, 솔리드웍스(SolidWorks)의 SLDPRT와 같이 각자 고유의 포맷을 지원하고 있다. 무료로 사용할 수 있는 블렌더(Blender)와 같은 일부 오픈소스 소프트웨어도 다양한 파일 형식을 불러오거나 내보내는 것을 지원하고 있다.

1. STL

STL(Standard Tessellation Language)은 3D System 사에서 개발된 파일 형식으로 STereoLithography 소프트웨어용 기본 확장자로 현재 3D 프린팅 시스템의 파일 포맷으로 사실상 표준 데이터 전송 형식이 되어 널리 이용되고 있다.

STL 파일 형식은 신속하게 시제품(프로토타입)을 제작하고 CAM(computer-aided manufacturing)에 흔히 사용되는데 3D STL 파일은 일반적인 CAD 모델의 색상, 텍스처, 재료 또는 다른 특성 등이 없으며, 3차원 물체의 표면 기하 정보만 담고 있다.

3D CAD에서 작업한 모델을 STL 파일로 내보내면 이러한 정보들은 사라지게 되며, 출력 및 모델 측정 단위에 대한 정보도 포함되지 않으므로 주의를 필요로 하게 된다. 따라서 열용해적층방식(FDM/FFF)이나 광조형방식(SLA/DLP), 분말소결방식의 단일 색상을 출력하는 3D 프린터에서 많이 사용하고 있는 것이다.

STL 파일은 3차원 데이터를 표현하는 국제 표준 형식 중 하나로 대부분의 3D 프린터에서 입력 파일로 많이 사용되고 있는데 1980년대 이 파일의 형식을 창안한 사람은 3D Systems의 공동 설립자 찰스 홀이라고 한다. STL은 입체 물체의 표면 즉, 3차원 형상을 무수히 많은 삼각형 면으로 구성하여 표현해 주는 일종의 폴리곤 포맷이기 때문에 삼각형의 크기가 작을수록 고품질의 출력물 표면을 얻을 수 있는 것이다.

폴리곤 형식이란 3D CAD에서 삼각형이나 사각형 등의 조합으로 물체를 표현할 때 요소를 가르키는 것으로 폴리곤의 수가 많을수록 자세한 표현이 가능하다고 이해하면 된다.

STL 파일은 곡면을 표현하기가 곤란하지만 삼각형의 분할 수를 보다 많이 늘려서 섬세한 삼각형으로 그려내면 거의 곡면과 유사한 형상이 된다. STL 파일의 생성은 보통 3D CAD 프로그램에서 Export(내보내기)로 저장할 수 있는데 STL 포맷으로 저장할 때 폴리곤의 분할 수를 지정할 수 있는 소프트웨어도 있지만 보통은 3D 프린터로 출력하는 경우 기본 설정만으로도 내보내도 큰 문제는 없을 것이다.

최근 3D CG(컴퓨터 그래픽) 프로그램들에서도 STL 포맷을 시원하는 경우가 늘었지만 예전의 프로그램에

선 STL 포맷을 지원하지 않는 것들이 많았는데 이런 경우 우선 OBJ 포맷 형식으로 저장한 후에 Freeware 인 MeshLab 등을 사용하여 STL 포맷으로 변환하면 된다.

다시 한번 강조하는데 STL 포맷은 모델의 컬러(색상)에 대한 정보는 저장하지 않으며 오직 한 가지 색상만 으로 저장하게 되므로 여러 가지 색상의 컬러 출력이 가능한 석고 분말 기반(CJP, MJM, SLS 등) 방식의 3D 프린터에서는 STL 포맷이 아니라 색상 정보의 보존이 가능한 PLY 포맷이나 VRML 포맷의 3D 데이터 를 사용한다.

STL은 ASCII와 Binary의 두 가지 형태가 있으며 Binary 포맷은 동일한 해상도에서 ASCII보다 6배 정도 더 작은 파일 사이즈를 가지지만 파일의 품질에는 차이가 없기 때문에 일반적으로 많이 사용한다.

그림 4-25 **STL 파일의 옵션 조정에 따른 차이**

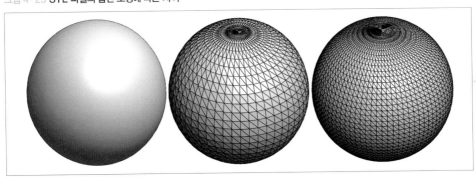

2. OBJ

OBJ 파일 형식도 일반적인 유형의 3D 파일로 다양한 3D 편집 프로그램에서 내보내고 열 어 볼 수 있는 표준 형식이며 3D 좌표, 텍스처 맵, 다각형면 및 기타 객체 정보를 포함하는 3차원 객체로 색상이나 재질에 대한 정보가 필요한 경우 STL 파일 대신에 많은 3D 소프트 웨어에서 교환 형식으로 사용된다.

OBJ 파일 형식은 Advanced Visualizer 패키지에서 사용하기 위해 Wavefront Technologies (3D Maya 모델링 소프트웨어 디자이너) 에서 개발했다.

OBJ 파일에는 사용된 재료와 색상을 나타내는 MTL (Material Library) 파일이 수반될 수 있는데 MTL은 Waterfront에서 만들어진 또 하나의 표준으로 연결된 파일들을 통해 색상 정보를 확인할 수 있고, 멀티 컬러 출력에 가장 적합한 형식 중 하나이지만 투명도와 반사재질과 같은 정보는 3D 프린터로 출력할 수는 없다.

그림 4-26 OBJ 파일

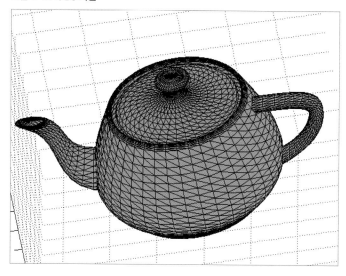

3. PLY

PLY 파일 형식은 폴리곤 파일 포맷(Polygon File Format. ply) 또는 Stanford Triangle Format 으로도 알려진 형식으로 주로 3D 스캔 장비에서 추출한 3차원 데이터를 저장할 수 있어 디지털 제조 방식에서 자주 사용된다. 파일 형식에는 STL과 마찬가지로 ASCII와 Binary의 두 가지 버전이 있는데 색상 및 투명도, 텍스처 등의 다양한 속성을 포함하고 있어 그래픽 프로그램에서 주로 사용된다. PLY는 3D 메쉬를 처리하고 편집하는 오픈소스 스스템인 MeshLab(http://www.meshlab.net/)과 같은 소프트웨어를 사용하여 간단하게 STL 파일로 변환이 가능하다.

그림 4-27 PLY 파일-ASCII Polygon Format

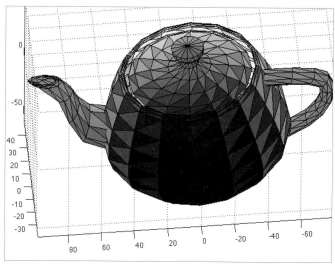

4. VRML (가상현실 모델링 언어, Virtual Reality Modeling Language)

VRML 파일 형식은 1995년 최초의 웹 기반으로 개발된 3D 파일 형식으로 VRML은 3D 지오메트리, 애니메이션 및 스크립팅을 지원했으며 3D 그래픽을 표현하기 위한 표준 파일 형식이다. 1997년 VRML은 ISO 인증을 받았으며 계속해서 많은 아티스트와 엔지니어의 사용자를 확보했으며 VRML은 도구 및 뷰어에서 가장 널리 지원되는 3D 형식이며, X3D는 특히 애니메이션 분야에서 많이 사용하고 있는데 이 포맷은 더욱 정밀한 실사 수준의 렌더링을 가능하게 한다.

이 국제 표준은 원래 3D 프린팅용으로 개발된 것은 아니지만 UV 텍스처를 가진 3차원 폴리곤에 적합하며 A4 종이를 소재로 한 컬러 프린터인 Mcor IRIS HD 3D 프린터와 같은 컬러 3D 프린터에서 자주 사용되고 있다.

5. COLLADA (https://www.khronos.org/collada/)

COLLADA(COLLAborative Design Activity) 파일 형식은 전 세계의 서로 다른 3D CAD 소프트웨어에서 파일을 쉽게 공유하기 위해 만든 파일 형식으로 현재 비영리 기술 컨소시엄인 Khronos Group이 관리하고 있으며 ISO에서 공개적으로 사용 가능한 ISO / PAS 17506 사양으로 채택되었다.

COLLADA는 2004년 SIGGRAPH(시그라프, Special Interest Group on Computer Graphics)에서 Sony Computer Entertainment America의 기술에 의해 개발이 시작된 3D 데이터를 위한 파일 포맷이다.

게임 등 3D 그래픽을 사용하는 응용 프로그램에서는 모델 데이터 및 텍스처, 쉐이더, 애니메이션 등 다양한 데이터가 필요하다. 이러한 데이터를 생성하기 위해서는 여러 소프트웨어를 사용할 수 있도록 소프트웨어 간에 데이터를 전달해야 한다. 이때, 소프트웨어 고유의 파일 포맷으로 변환하여 전달을 계속하면 데이터가 손상되는 등 여러 가지 문제가 발생한다. 그래서 소프트웨어 간에 데이터의 손상없이 원활하게 전달할 수 있는 통합 형식으로 COLLADA가 개발되었다.

COLLADA를 지원하는 도구로 3D 모델링 소프트웨어인 3Ds MAX나 Maya, SoftImage XSI와 SketchUp 등의 상용 소프트웨어 외에 무상으로 사용할 수 있는 것으로는 Blender 등이 있다.

COLLADA는 기존 모델 데이터 파일처럼 3D 모델의 형상 데이터 및 자료 데이터, 애니메이션 데이터 이외의 데이터도 저장할 수 있는데 DAE(Digital Asset Exchange) 파일은 XML COLLADA 형식을 기반으로 하며, Khronos Group 에서 COLLADA 형식에 대한 자세한 내용을 볼 수 있다. 참고로 파일 확장자명이 비슷해 보이지만 DAE 파일은 DAA , DAT 또는 DAO (Disk at Once CD / DVD Image) 파일과 아무 상관이 없다.

SECTION 06

STL 파일 편집 및 복구 소프트웨어

S/W	OS	유·무료	파일 포맷
Trinckle	Browser	무료	ply, stl, 3ds, 3mf
Open3mod	Windows	무료	obj, 3ds, blend, stl, fbx, dxf, lwo, lws, md5, md3, md2, ndo, x, ifc, collada
Ansys SpaceClaim	Windows, Linux		acis, pdf, amf, dwg, dxf, model, CATpart, CATproduct, crg, exp, agdb, idf, emn, idb, igs, iges, bmp, pcx, gif, jpg, png, tif, ipt, iam, jt, prt, x_t, x_b, xmt_txt, xmt_bin, asm, xpr, xas, 3dm, rsdoc, skp, par, psm, sldprt, sldasm, stp, step, stl, vda, obj
Autodesk Meshmixer	Windows, OS X, and Linux	무료	amf, mix, obj, off, stl
LimitState : FIX	Windows	유료	stl
Blender	Windows, OS X, and Linux	무료	3ds, dae, fbx, dxf, obj, x, lwo, svg, ply, stl, vrml, vrml97, x3d
Autodesk Netfabb	Windows	유료	iges, igs, step, step, jt, model, catpart, cgr, neu, prt, xpr, x_b, x_t, prt, sldprt, sat, wire, smt, smb, fbx, g, 3dm, skp
Free CAD	Windows, OS X, and Linux	무료	brep, csg, dae, dwg, dxf, gcode, ifc, iges, obj, ply, stl, step, svg, vrml
Emendo	Windows, OS X	유료	stl
MeshFix	Windows	무료	stl
MeshLab	Windows, Mac OS X, Linux, iOS and Android	무료	3ds, ply, off, obj, ptx, stl, v3d, pts, apts, xyz, gts, tri, asc, x3d, x3dv, vrml, aln
Materialise Cloud	Browser	유료	3dm, 3ds, 3mf, dae, dxf, fbx, iges, igs, obj, ply, skp, stl, slc, vdafs, vda, vrml, wrl, zcp, and zpr
3D Tools	Browser	무료	stl, obj, 3mf and vrml
3DprinterOS	Browser	무료	3ds, 3mf, amf, obj and stl
MakerPrintable	Browser	무료 및 유료	3ds, ac, ase, bvh, cob, csm, dae, dxf, fbx, ifc, lwo, lws, lxo, ms3d, obj, pk3, scn, stl, x, xgl, and zgl

① Trinckle (https://www.trinckle.com/en/printorder.php)

2013년에 설립된 독일의 3D 프린팅 서비스 제공 업체인 Trinckle은 강력한 웹 기반 플랫폼을 사용하여 사용자가 웹상에서 모델을 업로드하고 재료와 색상 등을 선택하고 결재할 수 있는 출력서비스 플랫폼으로 고품질의 복구 소프트웨어를 제공하고 있다.

② Open3mod (http://www.open3mod.com/)

이 오픈 소스 3D 모델 뷰어는 다양한 파일 형식을 가져 오기 위해 4개의 뷰포트로 분할하여 동시에 볼 수 있는 탭형 디스플레이의 멋진 기능을 자랑한다. 이 도구를 사용하면 부적절한 벡터 및 변형된 형상 제거와 같은 일부 모델의 오류를 수정할 수 있다. 이 프로젝트의 사이트에서는 곧 업데이트가 예정되어 있는데 3D 프린팅을 위한 강력한 메쉬 복구 기능이 추가될 예정이라고 한다.

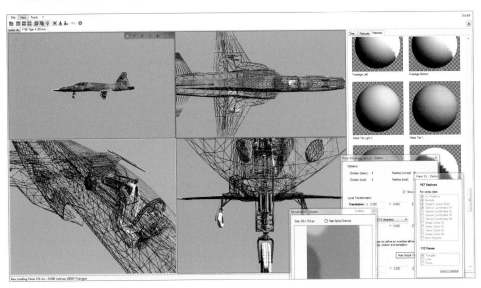

③ Ansys SpaceClaim (http://www.ansys.com/products/3d-design/ansys-spaceclaim)

ANSYS SpaceClaim은 범용 모델링 작업에 효율적인 솔루션을 제공하는 다용도 3D 모델링 애플리케이션이다. 엔지니어링 시뮬레이션 전문가가 설계한 SpaceClaim은 직관적인 인터페이스를 제공하며 3D 프린팅 및 리버스 엔지니어링을 위한 소프트웨어로 손상된 STL 파일을 복구하여 최적화 시켜준다.

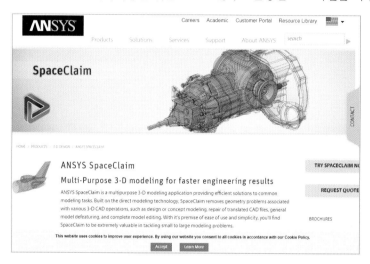

④ Autodesk Meshmixer (http://meshmixer.com/)

오토데스크사의 메쉬믹서(Meshmixer)는 3D 프린팅에서 활용할 수 있는 풍부한 기능들을 지원하는 무료 소프트웨어로 간단한 STL 복구 기능 이상을 지원하는 거의 완벽한 모델링 솔루션이다. Meshmixer는 초보자용 소프트웨어는 아니지만 잘 익혀두면 아주 유용하게 사용할 수 있는 툴로 캐릭터나 동물 뿐만 아니라 기계부품 등 모델링 된 그 어떤 메쉬라도 간단하고 쉽게 보정하고 믹싱(다른 모델들을 합치는 등)할 수 있는 최적화된 디자인 툴이다.

브러시 기능을 통해 메쉬 표면 형태를 빠르고 쉽게 조정할 수 있으며 오브젝트(Object)를 잘라주거나 채우고 두께를 줄 때에도 매우 유용하게 사용할 수 있는 소프트웨어이다.

Analysis(분석기능)를 지원하기 때문에 모델 데이터의 무게 중심과 프린팅시 중력에 의한 힘이 걸리는 부위 등을 미리 파악할 수 있고 3D 프린팅에서 가장 문제가 되는 행오버(Hangover-지면에서 떨어져서 공중에 돌출된 부분)에 서포터를 생성할 때 Slic3r, KISSlicer 등 일반 슬라이서들 보다 훨씬 더 정교하고 효율적인 서포트를 생성하는 강력한 기능도 지원한다.

⑤ LimitState : FIX (https://print.limitstate.com/)

LimitState : FIX는 20년 이상 개발되어 오고 있으며 3D 모델링 업계의 표준인 Polygonica 기술을 사용한다. STL 파일의 결함을 자동으로 확인하고 신속하게 복구해주는 툴로 제품 설계, 치과, 쥬얼리, 항공, 건축 분야 등에 이르기까지 다양한 분야에서 사용하고 있다. 출력할 수 없는 3D 모델은 시간과 비용이 들게 되는데 LimitState를 사용하면 STL 파일의 대부분의 문제들을 빠르게 해결할 수 있다.

⑥ Blender (https://www.blender.org/)

지난 20여년 동안 블렌더는 3D 모델링 및 애니메이션을 위한 표준 오픈 소스 도구가 되었다. 또한 이 프로그램은 3D 프린팅을 위한 메쉬를 수정하는 STL 복구 솔루션을 제공하며 3D 파이프 라인 모델링, 리깅, 애니메이션, 시뮬레이션, 렌더링, 합성 및 모션 추적, 심지어 비디오 편집 및 게임 제작까지 지원한다.

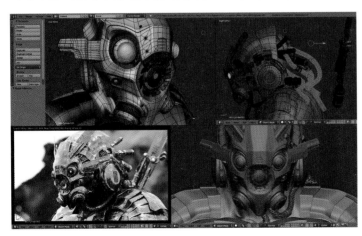

⑦ Autodesk Netfabb (https://www.autodesk.com/products/netfabb/)

넷팹(Netfabb)은 적층 제조용 소프트웨어로 적층 워크플로우를 간소화하고, 3D 모델을 빠르고 간편하게 프린팅할 수 있는 도구를 제공하는 오토데스크사의 유료 소프트웨어이다. 사용하는 기간에 따라 비용을 지불하는 과금 방식으로 Netfabb Standard, Premium, Ultimate의 버전이 있다. 넷팹은 주요 CAD 모델을 가져와서 편집이 가능한 STL 파일로 변환시켜 파일 처리속도가 빨라지고, 여러 개의 파일을 신속하게 평가하기 위하여 일괄적으로 가져올 수 있다.

넷팹은 강력한 메쉬 분석과 복구 스크립트로 수밀 파일을 생성하고 구멍을 막아 자체 교차점 등을 제거할 수 있기 때문에 전체적으로 CAD에서 출력까지 빠른 처리가 가능하다.

또한 넷팹에는 설계 최적화 도구가 포함돼 있어 독특한 소재 속성을 사용해 가볍고 유연한 결과를 얻을 수 있으며 기존 모델링을 기반으로 격자구조를 갖는 모델 데이터를 쉽게 만들 수 있고 사용자가 원하는 강성과 무게를 기반으로 설계 최적화를 구현할 수 있다.

선택적 레이저 용융(SLM)과 전자 빔 용융(EMB), 광 조형(SLA), 디지털 광처리(DLP), 융합형 증착 모델링(FDM) 프로세스에 대한 빌드 지원을 작성할 수도 있다.

⑧ FreeCAD (https://github.com/FreeCAD/FreeCAD)

FreeCAD는 엔지니어링 및 제품 설계를 염두에 두고 개발된 오픈 소스 3D 모델링 프로그램으로 이 프로그램의 많은 기능 중에는 STL 파일을 복구할 수 있는 기능이 있다.

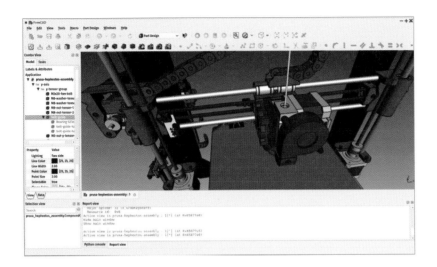

⑨ Emendo (http://www.avante-technology.com/emendo-stl-validation-repair-software/)

Emendo는 프린팅하기 전에 STL 파일의 유효성을 검사하는 자동화된 플랫폼을 제공한다. 사용자는 STL 파일을 신속하게 확인하고 필요한 경우 자동으로 복구할 수 있으며 처음 사용하는 초보자에게 적합한 툴이다. 파일을 더블 클릭하면 Emendo가 파일의 오류를 자동으로 분석하여 발견된 오류의 수와 유형을 나타내준다.

⑩ MeshFix (https://sourceforge.net/projects/meshfix/)

MeshFix는 구멍, 비다양성 요소 및 자체 교차점과 같은 메쉬의 다양한 결함을 수정하는 오픈 소스 3D 모델 복구 툴이다.

⑪ MeshLab (http://www.meshlab.net/)

MeshLab은 구조화되지 않은 3D 메쉬를 처리하고 편집하는 오픈소스 프로그램으로 메뉴 편집, 복구, 검사, 렌더링, 텍스처링 및 변환을 위한 기능을 제공하며 MeshLab은 메쉬의 구멍을 자동으로 채울 수 있다.

⑫ Materialize Cloud (https://cloud.materialise.com/tools)

이 온라인 STL 복구 서비스는 Materialize 에코 시스템에 통합되어 STL 파일을 위한 편리한 자동 복구 기능이 지원되며 구멍을 채우고 표면을 다듬어 STL 파일의 오류를 수정한다. 다른 기능으로 Wall Thichness Analyzer 도구는 모델이 깨질 수 있는 세부 사항과 얇은 벽의 두께를 측정하며, 컬러 맵에서 모델을 성공적으로 프린팅할 수 있도록 수정을 해야 하는 특정 문제 영역이 강조 표시된다. 또한 3D 프린팅 모델을 준비하여 온라인 출력 서비스를 하는 i.materialise로 보내어 출력 의뢰를 할 수 있다.

⑬ 3D Tools (https://tools3d.azurewebsites.net/)

3D Tools는 Netfabb Cloud Service를 통해 자체 스킨을 사용하여 사용자가 메쉬를 복구하기 전에 치수, 부피, 표면적 등과 같은 매개 변수에 따라 STL 파일을 분석할 수 있도록 한다. Windows 10 API가 탑재된 Microsoft 3D Tools를 사용하여 3D 파일을 자동으로 수정하며 3D 파일의 일반적인 오류를 처리하여 시간을 절약할 수 있다.

⑭ 3DprinterOS (https://cloud.3dprinteros.com/)

3DPrinterOS는 대부분의 3D 프린터에서 작동하는 사용하기 쉬운 인터페이스를 지원하는 솔루션으로 모든 웹 브라우저에서 사용자, 프린터 및 파일을 실시간 중앙 집중식으로 관리할 수 있다.

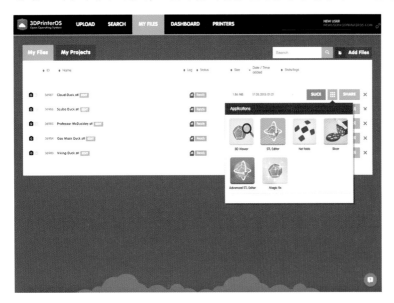

⑮ MakePrintable (https://makeprintable.com/)

대부분의 무료 온라인 서비스와 달리 MakePrintable은 인상적인 수준의 제어 기능을 제공한다. 품질 수준(프로토타입, 표준 및 높음)을 선택하고 메쉬를 수정하고 복구하며 다각형 수를 최적화할 수 있으며 심지어 여러 메쉬를 하나로 합칠 수도 있다.

또한 Blender와 Sketchup을 완벽하게 연결하는 플러그인을 자랑하며 3D 프린팅 출력 서비스 파트너인 Shapeways, 3D Hubs로 주문할 수 있다.

본 무료 STL 파일 뷰어 도구에 대한 내용은 "Creative Commons Attribution 4.0 International License"에 따라 사용 허가를 준수한 내용으로 All3DP(https://all3dp.com)의 웹사이트에서 발췌하였음을 밝힌다.

STL 파일의 오류

STL 파일에 대한 설명은 앞장에서 설명한 것과 같이 입체 물체의 표면 즉, 3차원 형상을 무수히 많은 3각형 면으로 구성하여 표현해 주는 일종의 폴리곤 포맷이기 때문에 삼각형의 크기가 작을수록 고품질의 출력물 표면을 얻을 수 있는 것이다. STL 파일은 곡면을 표현하기가 곤란하지만 3각형의 분할 수를 많이 늘려서 보다 섬세한 삼각형으로 그려내면 거의 곡면과 유사한 형상이 된다. STL 파일의 생성은 보통 3D CAD 프로그램에서 Export(내보내기)로 저장할 수 있는데 STL 포맷으로 저장할 때 폴리곤의 분할 수를 지정할 수 있는 소프트웨어도 있지만 보통은 3D 프린터로 출력하는 경우 기본 설정만으로도 큰 문제는 없을 것이다.

최근 3D CG(컴퓨터 그래픽) 프로그램들에서는 STL 포맷을 지원하는 경우가 늘었지만 예전의 프로그램에선 STL 포맷을 지원하지 않는 것들이 많았다. 이런 프로그램의 경우 우선 OBJ 포맷 형식으로 저장한 후에 Freeware인 MeshLab 등을 사용하여 STL 포맷으로 변환하면 된다.

STL 포맷은 모델의 컬러(색상)에 대한 정보는 저장하지 않으며 오직 한 가지 색상만으로 저장하는데 여러 가지 색상의 컬러 출력이 가능한 석고 분말 방식의 3D 프린터는 STL 포맷이 아니라 색상 정보의 보존이 가능한 PLY 포맷이나 VRML 포맷의 3D 데이터를 사용한다.

그림 4-28 **STL File의 개념**

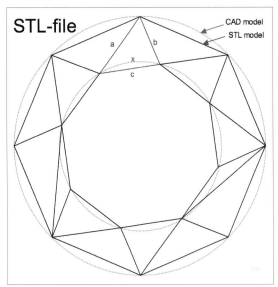

그림 4-29 **3D CAD인 인벤터에서 모델링한 도면**

그림 4-30 3D 프린터로 출력하기 위한 STL File로 변환하여 3D 인쇄 서비스로 보내기 전 파일

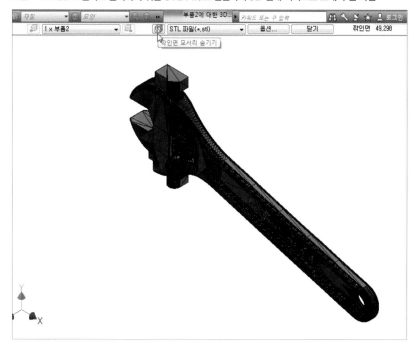

그림 4-31 3D 프린터 제어 소프트웨어인 큐라로 오픈시 화면

STL 포맷 3D 데이터가 깨지지 않았는지 확인

STL 포맷의 3D 데이터가 있어도 이걸 그대로 3D 프린터를 이용해서 제대로 출력할 수 없는 경우가 있다. 데이터 자체로서는 문제가 없지만, 실체가 있는 입체 형태의 물체가 되지 못하는 경우가 있기 때문인대 3D 프린터는 현실에 존재하는 입체 물체를 출력하는 장비이므로 실체 구현에 문제점이 있는 데이터를 출력할 수는 없는 것이다.

예를 들자면 폴리곤이 닫혀있지 않아 구멍이 뚫려 있거나, 벽이 폴리곤 한 개만으로 구성되어 형상의 두께가 0인 경우는 절대 3D 프린터로 출력할 수 없다. 이것은 물리적으로 존재하지 않는 상태가 되기 때문에 오류가 발생하는 것이며, 또 폴리곤에는 법선이 묶여 있어 안쪽과 바깥쪽이 나뉘는데, 이 안과 밖이 통일되어 있지 않은 경우(표면의 일부가 뒤집혀 있거나 하는 경우)에도 역시 출력할 수 없다.

3D CAD 소프트웨어를 사용해 3D 모델링 데이터를 만드는 경우에는, 입체 모델에 오류가 있는 물체를 만들 수 없으므로 이런 문제는 근본적으로 발생하지 않지만, 3D 김퓨터 그래픽 소프트웨어의 경우에는 어떤 형태로든 모델링이 가능하기 때문에 이런 문제가 발생할 수 있는 소지가 다분한 모델링 데이터가 만들어지는 일이 많은 것이다.

memo

PART

5

3D 모델링 & 3D 프린팅의
활용과 지적재산권

엔지니어링 모델링과 디자인 모델링의 개요

3D 모델링은 '엔지니어링'을 위한 모델링과 '디자인'을 위한 모델링으로 크게 구분할 수 있다. 산업군별로 사용 용도나 프로그램의 기능에 따라 기업에 적합한 3D CAD 소프트웨어를 선택할 수 있는데 엔지니어링 모델링은 주로 기계, 건축, 항공, 조선 분야 등의 제조산업계에서 활용하며 NX, CATIA, CREO, SolidWorks, Inventor, SolidEdge, Fusion360, IronCAD, ICAD 등의 파라메트릭(Parametric) 기반의 3D CAD 프로그램이 국내에서 많이 사용되고 있다.

'파라메트릭'이란 기하학적 형상에 구속조건을 부여하여 설계 및 변경이 용이하게 만드는 방식을 말하는데 여기서 구속조건이란 객체들 상호 간에 관계를 부여하는 것으로써 동등, 평행, 일치 등의 조건을 의미한다.

보충 설명하면 파라메트릭이란 치수나 공식과 같은 파라미터(Parameter=매개변수)를 사용해 모델의 형상 또는 각 설계 단계에 종속 및 상호관계를 부여하여 설계 작업을 진행하는 동안 언제나 수정 가능한 가변성을 지니고 있는 것을 의미한다.

따라서 솔리드 모델링에서의 파라메트릭 요소에 해당하는 매개변수(치수, 피처 변수), 기하학적 형상(스케치 엔티티나 솔리드 모델의 면, 모서리, 꼭짓점)을 이용해 항상 설계 의도에 의해 수정 가능한 모델링을 하는 방식을 '파라메트릭 모델링'이라고 부른다.

1. 3D 엔지니어링 소프트웨어

엔지니어링 모델링 소프트웨어는 기업체에서 요구하는 제품의 형상 디자인과 부품 설계, 조립품, 조립 유효성 검사 및 시뮬레이션을 통해 디지털 프로토타입을 실현할 수 있으며, 제품의 오류를 최소화할 수 있는 기능을 갖추고 있다.

1.1 파트 작성(부품 모델링)

3D 엔지니어링 소프트웨어에서 파트는 하나의 부품 형상을 모델링하는 공간으로, 3D 엔지니어링 소프트웨어에서 형상을 표현하는 가장 중요한 요소이다. 우리가 일반적으로 3차원 형상을 모델링하는 곳이 바로 파트이다.

제조 업계에서 많이 사용되고 있는 3D 엔지니어링 소프트웨어의 파트 작성(부품 모델링) 기능은 크게 스케치 작성, 솔리드 모델링, 곡면 모델링 기능으로 나눌 수 있다.

스케치 작성

3D 엔지니어링 소프트웨어에서 가장 먼저 제작할 형상의 기본적인 프로파일(단면)을 생성하기 위해 스케치라는 영역에서 형상의 레이아웃을 작성하는 곳으로, 형상의 완성도를 결정하는 중요한 부분이다.

스케치는 통상적으로 2차원 스케치와 3차원 스케치로 구분이 된다. 2차원 스케치는 평면을 기준으로, 선, 원, 호 등 작성 명령을 이용하여 형상을 표현하는 것이며, 3차원 스케치는 3차원 공간에서 직접적으로 선을 작성하는 기능이다. 일반적으로는 2차원 스케치를 통해서 프로파일을 작성한다.

솔리드 모델링

솔리드 모델링이란, 3D 엔지니어링 소프트웨어에서 3차원 형상의 표면뿐만 아니라 내부에 질량, 체적, 부피 값 등 여러 가지 정보가 존재할 수 있으며 점, 선, 면의 집합체로 되어 있다.

솔리드 모델링은 앞서 스케치에서 생성된 프로파일에 각종 모델링 명령(돌출, 회전, 구멍 작성, 스윕, 로프트) 등을 이용하여 형상을 표현하는 것으로, 모든 3D 엔지니어링 소프트웨어에서 동일한 조건으로 모델링할 수 있다.

이처럼 솔리드 모델링은 와이어프레임과 서페이스 모델의 단점을 보완한 것으로 입체의 형상을 완전하게 표현할 수 있다. 서페이스 모델이 외형 위주의 '면들의 집합'이라고 한다면 솔리드 모델은 속이 꽉 채워진 '덩어리'의 개념이라고 할 수 있으며 대부분의 설계 엔지니어링 소프트웨어들이 솔리드 모델링 방식을 채택하고 있다.

1.2 조립품 작성(어셈블리 디자인)

파트 작성을 통해 생성된 부품을 조립하는 곳으로, 3D 엔지니어링 소프트웨어를 통해 부품간 간섭 및 조립 유효성 검사 및 시뮬레이션 등 의도한 디자인대로 동작하는지 체크할 수 있는 요소이다.

1.3 도면 작성

작성된 부품 또는 조립품을 도면화시키고, 현장에서 형상을 제작하기 위한 2차원 도면을 작성하는 요소이다. 일반적인 3차원 데이터에서는 3D 형상을 구성하는 최소 단위가 삼각형 또는 사각형이며 이것을 메쉬(Mesh)라고 했는데 3D 프린팅용 파일 형식 중 하나인 'STL' 데이터에서는 형상을 구현하는 최소 단위가 삼각형이며 이것을 **패싯**(Facet)이라고 한다.

특히 3D 프린터를 이용한 3차원 형상을 출력하고자 한다면, 솔리드 모델링 방법이나 곡면 모델링 방법 중 형상을 표현하기 좋은 방법으로 모델링 후, 솔리드로 이루어진 형상을 3D 프린터로 출력해야 정상적으로 출력이 된다.

현재 대부분의 3D 엔지니어링 소프트웨어에서는 솔리드 모델링과 곡면 모델링을 같이 수행할 수 있는 기능을 제공하고 있으며, 요즘은 Fusion360과 같이 하나의 프로그램에서 모델링 뿐만 아니라 시뮬레이션과 랜더링, CAM 기능 등을 통합하여 제공하는 프로그램도 등장하고 있는데 '하이브리드 CAD'라고도 부르기도 한다.

2. 3D 디자인 소프트웨어

한편 디자인 모델링은 주로 산업디자인, 제품디자인, 캐릭터디자인, 영상제작 등의 분야에서 활용되며 Rhino, Maya, Alias, ZBrush, 3DS Max, Blender 등의 프로그램을 많이 사용하고 있다.

폴리곤 모델링(Polygon Modeling)

폴리곤 모델링이란 폴리곤(삼각형이나 사각형)의 집합체로서 모델을 표시하는 방식으로 폴리곤 모델링의 기본 요소에는 물체를 이루는 가장 기본적인 구성요소인 점(Vertex), 점과 점을 연결하는 모서리(Edge), 면을 이루는 최소 단위인 면(Face)이 있다.

도형의 기본 구성은 점, 선, 면으로 이루어지는데 점과 점 사이를 연결한 것이 선이고, 이 선들이 모여 하나의 면을 구성한다. 가장 최소 단위인 삼각 폴리곤은 세 개의 점, 세 개의 선, 하나의 면으로 이루어져 있으며 여러 개의 폴리곤이 모여서 하나의 입체 형상을 생성할 수 있다.

폴리곤 모델링은 이와 같이 점(Vertex), 모서리(Edge), 면(Face)의 3가지 요소를 가지고 돌출시키고 끌어당기고 면을 나누는 방식으로 작업하는데 기본은 2D인 평면이다. 그러므로 수많은 폴리곤이 모여 하나의 지오매트리를 만드는 것은 할 수 있으나 평면이다보니 곡면 모델링하는 데는 한계가 있다.

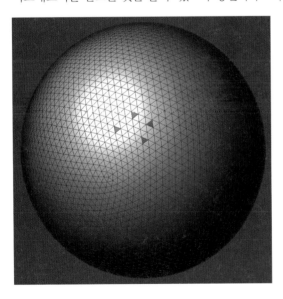

기본 단위인 폴리곤들이 하나로 묶여서 생성된 Sphere Geometry, 주황색으로 표시된 삼각형이 기본 단위인 폴리곤이다.

한 면이 생성되기 위해서 필요한 최소의 점 수는 바로 3개이다. 이 점 3개를 연결하면 삼각면이 생성되는데 이 삼각형의 폴리곤이 최소 폴리곤의 단위가 된다.

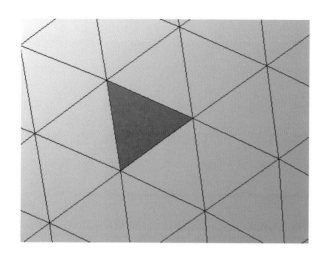

정리하면 폴리곤(Polygon) 모델링 방식이란 수학적인 면을 기초로 하여 만들어진 2D 면들이 모여서 하나의 3D 지오매트리(Geometry)를 구성하는 것을 말하는데 3차원 소프트웨어에서 프로그램화 되어 생성하는 가상의 오브젝트(Object)를 지오매트리(Geometry)라고 한다. 지오매트리(Geometry)의 구현 방식에 따라 폴리곤(Polygon) 방식과 넙스(Nurbs) 방식으로 구분된다.

3D 지오매트리는 3D 소프트웨어에서 가장 기본이 되는 오브젝트들이 구(Sphere), 상자(Box), 원기둥(Cylinder) 등을 들 수 있는데, 이런 기본적인 오브젝트도 단일 엘리먼트(Element)로 구성된 것이 아니라 기본 2D 폴리곤들이 모여 구성된 것을 말하며 폴리곤으로 구성된 3D 지오매트리를 폴리곤 메쉬(Polygon Mesh)라고도 한다.

폴리곤 디자인 소프트웨어란 정확한 치수나 물리적인 특징보다는 형상의 표현에 집중된 3D 그래픽 프로그램을 말하며 폴리곤(Polygon) 방식은 넙스 방식에 비해 데이터의 용량이 적고 데이터 처리 속도가 빠른 편이다.

넙스 모델링(NURBS Modeling)

비균일 유리 B-스플라인(Non-Uniform Rational Basis Spline)을 의미하는 NURBS는 표면을 디자인하고 모델링하는 산업 표준으로 복잡한 곡선이 많은 표면을 모델링하는 데 특히 적합한 방식이다. 넙스 모델링은 자유자재로 곡선의 표현이 가능하다는 특징이 있는데 폴리곤 모델링에서 구현하기에 손이 많이 가고 어려운 모델링을 마우스 조작과 몇 번의 명령어 실행으로 비교적 쉽게 형상을 구현할 수 있다는 장점이 있다.

또한 최고의 곡선을 나타낼 수 있는 SPLINE이기 때문에 이를 이용하여 각진 폴리곤보다 곡면, 유기체 모델링시에 유리하다는 점이 있다. 하지만 이러한 넙스 모델링의 가장 큰 단점은 모델링 데이터 용량이 너무 커진다는 것과 NURBS 자체에 방향성이 존재한다는 점 그리고 수정하기가 쉽지 않다는 점이다.

그림 5-1 **마야(Maya) 넙스 모델링 작품 예**

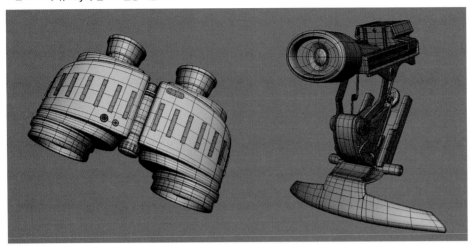

출처 : https://www.artstation.com/artwork/dRJlx

이외에도 모델링 방식에 따라 서피스 모델링, 스컬프트 모델링 등이 있는데 곡면(서피스, Surface) 모델링이란, 3D 엔지니어링 소프트웨어에서 3차원 형상을 표현하는 데 있어서 솔리드 모델링으로 표현하기 힘든 기하 곡면을 처리하는 기법으로 솔리드 모델링과는 다르게 서피스 도구를 사용하여 생성할 수 있으며, 제품 개발이나 개념설계시 모델을 구현할 수 있다.

주로 산업 디자인 분야에 많이 사용되고 있으며, 곡면 모델링 기법으로 3차원 형상을 표현하고, 3D 엔지니어링 소프트웨어에서 제공하는 기능으로 차후, 솔리드 형상으로 변경하여 완성한다.

스컬프트(Sculpt) 모델링이란 이름 그대로 마치 조각하듯이 또는 찰흙을 만지듯이 손의 감각대로 모델링하는 것으로 타고난 손기술과 포토샵에서 브러시를 다루듯이 모델링과 컬러링을 다 할 수 있는 조각가, 공예가, 화가처럼 손재주나 기질(기술)이 필요한데 대표적인 프로그램으로 스컬프트리스, 지브러시 등을 들 수 있다.

위에서 기술한 엔지니어링용과 디자인용 3D 소프트웨어 이외에도 초보자들이 비교적 접하기 용이한 간단한 3D 모델링 소프트웨어에는 국산으로는 한캐드, 캐디안3D, 3D TADA 등이 있으며, 외산으로는 TinkerCAD, SketchUp 등이 있다.

3D 모델링 소프트웨어와 3D 프린팅용 파일의 이해

3D 프린터에 관심은 있거나 무언가 새로운 시도를 해보고 싶지만 3D 모델링, CAD 등에 대해서 초보자가 쉽게 배우기는 어려울 것이다. 그렇다고 언제까지 남들이 공유해 놓은 모델링 데이터만 내려받아 출력만 하는 것은 재료만 낭비하고 결국 사용 용도가 개인 취미생활에 지나지 않을 것이기 때문이다. 3D 프린터는 3D CAD에 관련한 지식이 없고서는 절대로 관련 비즈니스나 창업 같은 것을 하기에는 어렵겠지만 요즈음은 3D CAD나 3차원 모델링 관련하여 오픈된 이러닝이나 무료로 관련 교육을 실시하는 곳이 예전에 비해 상당히 많아졌으므로 시간과 노력만 투자한다면 초보자도 접근하기에 어렵지 않을 것이다.

3D 프린터에 사용하는 대표적인 3D CAD 파일 Export Format

파일 형식	주요 특징
.STL	가장 일반적이고 널리 사용되고 있는 format
.ZPR	Z Corporation사에서 설계, 색상과 질감 정보를 갖고 있는 것이 특징
.OBJ	색상과 질감 정보를 갖고 있는 것이 특징
.ZCP & .PLY	색상, 질감, 기하학적 모양 정보를 갖는 3D 스캐너 데이터 포멧
.VRML	색상과 질감 정보 지원
.SKP	스케치업(SktechUp) native format
.3DS	색상과 질감 정보를 갖는 3D Studio Max의 format
.3DM	라이노(Rhino) native format
.AMF	STL 등 기존 format의 한계를 극복한 향후 표준이 될 것으로 예상되는 형식으로 복합 재료, 다양한 색상, 작은 파일 사이즈 등을 지원하는 것이 특징

3D 데이터를 준비하는 방법

방법	소프트웨어	장점	단점
3D 모델링	틴커캐드, 퓨전360, 솔리드웍스, 인벤터, 크레오, 카티아, NX, 솔리드엣지, 아이언 캐드 등의 3차원 CAD 또는 3ds Max, Maya, Alias, Rhino 등 3차원 컴퓨터 그래픽 소프트웨어	개인이 직접 원하는 설계와 창의적인 디자인을 하여 나만의 모델링 데이터를 만들 수 있다.	고가의 3D CAD나 3D 컴퓨터 그래픽 관련 소프트웨어를 다룰 수 있는 능력이 필요하다.

3D 스캔	3D 스캐너 3D 스캔 데이터 보정용 전용 소프트웨어 역설계 소프트웨어	디테일한 모델링 작업을 하지 않아도 된다.	3D CAD로 설계한 데이터보다 정밀도 면에서 떨어지고 실체가 있는 제품 등으로만 3D 데이터화할 수 있다.
3D 데이터 Free 다운로드	무료 공유 사이트에서 손쉽게 다운로드 가능 (단, 다운로드 받은 3D 데이터를 수정하는 경우는 위의 3D CAD나 3D 컴퓨터 그래픽 관련 소프트웨어가 필요하고 프로그램을 다룰 줄 아는 실무 능력이 필요)	3D 모델링 기술이나 별도의 장비가 필요 없다.	자신만의 독특한 아이디어나 구상을 실현하기 어렵다.

3차원 CAD 소프트웨어와 3차원 컴퓨터 그래픽 소프트웨어의 차이

기본적으로 3D 모델링을 하기 위해서는 3D CAD 소프트웨어나 3D 컴퓨터 그래픽(CG) 소프트웨어가 필요한데 둘 다 모델링과 디자인을 하기 위해서 사용하는 프로그램이지만 각 소프트웨어마다 특징이 있으며 구글 스케치업이나 오토데스크의 틴커캐드와 같은 무료 버전의 경우 기능상의 한계가 있으므로 보다 전문적인 모델링과 디자인을 하기 위해서는 고가(보통 수백만원에서 수천만원대)의 소프트웨어를 구입하여야 하므로 개인들보다는 주로 기업체에서 사용한다.

3D CAD 소프트웨어는 원래 기계, 자동차, IT기기, 건축, 조선, 플랜트 설계 등의 제조 산업 분야에 사용되는 설계 전용 소프트웨어로 정확한 치수를 넣은 정밀한 모델링이 가능한 툴이다. 큐브(cube)나 콘(cone) 등을 조합해 모델링 하는 소프트웨어가 많아 평면과 비교적 단순한 곡면 조합으로 구성된 물체를 모델링하는 데 적합하다. 예를 들어 기계설계, 스마트폰이나 명함 케이스, 장난감의 망가진 부분을 복제하는 경우엔 3D CAD 소프트가 적합한 것이다.

반면 3D 컴퓨터 그래픽 소프트웨어는 영화나 TV 속에 등장하는 터미네이터나 아바타, 트랜스포머 등과 같은 사실감 있는 컴퓨터 그래픽과 생동감 있고 실제같은 느낌의 컴퓨터 그래픽 애니메이션 등을 제작하기 위한 소프트웨어인데, 찰흙을 다듬는 식으로 모델링 할 수 있는 소프트웨어가 많다. 3D 컴퓨터 그래픽 소프트웨어는 복잡한 곡면을 가진 물체의 모델링을 위한 것으로 사람을 비롯한 캐릭터와 동물을 만들려면 3D CAD보다는 3D 컴퓨터 그래픽 소프트웨어가 편리한 것이다.

3D CAD 소프트와 3D 컴퓨터 그래픽 소프트웨어도 무료로 배포하는 소프트웨어부터 수백만 원대에서 수천만 원대를 호가하는 상업용 소프트웨어까지 다양한 소프트웨어가 있지만 3D 프린터로 출력하기 위해 3D 모델링을 하는 것이 목적이라면 굳이 값비싼 소프트웨어를 구입할 필요는 없다. 무료로 이용할 수 있는 소프트웨어나 몇 만 원에서 몇 십만 원이면 구입할 수 있는 소프트웨어라도 출력하는데는 충분하기 때문이다.

3D 프린트 출력 가능 파일을 생성하는 소프트웨어의 예

3D Studio Max®	MicroStation®
3DStudio Viz®	Mimics®
TinkerCAD	Fusion360
Alias®	Pro/ENGINEER
AutoCAD®	Raindrop GeoMagic®
Bentley Triforma™™	RapidForm™™
Blender®	RasMol®
CATIA®	Revit®
COSMOS®	Rhinoceros®
Form Z®	SketchUp®
Inventor	Solid Edge®
LightWave 3D®	SolidWorks
Magics e-RP™™	UGS NX™™
Maya®	VectorWorks®

3D CAD 프로그램에 따른 파일 형식

앞에서 잠깐 살펴보았듯이 3D CAD나 컴퓨터 그래픽 디자인 관련 소프트웨어가 다양하고 산업군 별로 많이 사용하는 소프트웨어의 종류도 조금씩 차이가 있는데 아쉽게도 국내 시장은 외산 소프트웨어들이 점령하고 있는 실정이다.

대부분의 CAD 소프트웨어는 개발사마다 자체 파일 형식이 있어 타 CAD와 호환이 되지 않는 경우가 많지만 제조업계에서는 고가의 CAD를 전부 구비하는 것은 곤란할 것이다. 최근에는 서로 다른 개발사의 CAD 사이에서 데이터를 열어볼 수 있도록 하고 있는 추세이다.

2D CAD의 대명사인 오토데스크사의 AutoCAD의 확장자는 .dwg이며 이 파일 형식이 업계에서는 사실상 표준으로 사용되고 있다. 컴퓨터 그래픽 디자인의 경우 웨이브프런트(Wavefront)의 .obj라는 파일형식(file format)이 표준으로 사용되고 있으며, 대부분의 3차원 컴퓨터 그래픽 소프트웨어는 이 파일 형식을 지원하고 있다.

또한 소프트웨어마다 파일 형식이 달라 타 CAD 프로그램에서는 열어볼 수가 없는 경우가 있는데 이런 경우에는 중간 파일 형식으로 변환하여 주면 열어보는 것이 가능하다.

중간 파일 형식에는 표준 규격인 IGES나 STEP 외에 DXF, BMI, SFX 등의 형식이 있으며 이미지의 경우 BMF, GIF, TIFF, JPEG 등의 래스터 데이터 형식, 3차원 CAD에서 커널 포맷형식이나 STL, VRML, XVL

와 같은 특정한 분야에서 사용하기 적합한 파일 형식들이 있다.

[주요 중간 파일 형식]

확장자 명칭	설명
.igs / .iges	3D CAD에서 중간 파일 형식으로 가장 많이 이용됨
.stp / .step	3D CAD에서 중간 파일 형식으로 많이 이용됨
.dxf	Autodesk사에서 개발한 2D CAD용 중간 파일 형식
.sat	ACIS 커널 파일 형식

[주]

- **IGES**(*.igs, *.iges) : **I**nitial **G**raphics **E**xchange **S**pecification

- **STEP**(*.stp, *.step) : **ST**andard for the **E**xchange of **P**roduct data

- **ACIS**(*.sat) : **A**lan, **C**harles, and **I**an's **S**ystem

- **AutoCAD**(*.dxf, *.dwg) : **D**rawing **EX**change **F**ormat, **D**ra**W**in**G**

- **STL**(*.stl) : **ST**ereo**L**ithography
  - 폴리곤 메쉬(polygon mesh)
  - 삼각형의 수를 조정 가능(품질 조정)
  - 텍스트 또는 이진수

- **VDAFS**(*.vda) : **V**ereinung **D**eutsche **A**utomobilindustrie **F**lächen **S**chnittstelle

- **VRML**(*.wrl) : **V**irtual **R**eality **M**odeling **L**anguage (**w**orld)

메이커 교육용 3D CAD 및 3D CG 프로그램

초보 입문자에게 추천하는 3D 모델링 및 그래픽 소프트웨어로는 다음과 같은 것들이 있는데 무료 버전이나 체험판도 있으므로 한번 설치해서 자신의 용도에 맞는 프로그램이 있는지 살펴보기 바란다.

스케치업(Sketch UP)

스케치업은 트림블 내비게이션(Trimble Navigation)사의 3D 모델링 프로그램으로 웹상에서 누구나 쉽고 간단하게 사용할 수 있는 직관적인 인터페이스를 가진 3D 모델링 소프트웨어로 2000년 8월 앳라스트 소프트웨어에서 개발하여 발표한 후 구글이 2006년 3월에 인수했다가 2012년 6월 다시 트림블 네비게이션이 인수하였다고 한다. 2017년 11월 스케치업 프로 2018 버전을 출시하며 기존 스케치업 Make가 단종되고, 새롭게 클라우드 기반의 스케치업 Free가 출시되었다.

아래 사이트에서 간단한 요구 사항을 기입 후 다운로드 받을 수 있다.
http://www.sketchup.com/ko/download

그림 5-1 Sketch UP download

그림 5-2 Sketch UP free

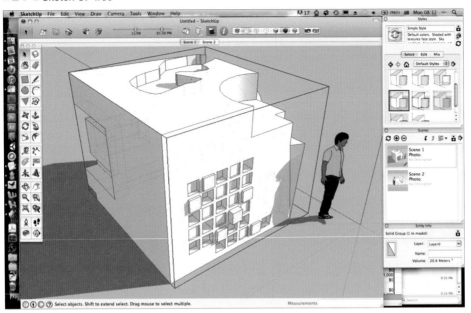

그림 5-3 Sketch UP Pro

스케치업은 배우기가 쉬운 편이며 기능이 심플하고 UI가 매우 직관적인 프로그램으로 인터페이스나 매뉴얼
도 한글을 지원한다. 컴포넌트 기능을 사용해 3D 모델을 라이브러리화하여 언제든지 꺼내어 사용할 수 있
으며 V-ray 지원으로 렌더링이 가능하며 스케치업 확장자인 .skp는 3ds Max에서 열어볼 수 있다. 하지만
상대적으로 기능이 약한 모델링 툴로 곡선이나 곡면 모델링이 어려우며 각 축에 대한 정확한 이동이 어렵고
입문하기는 용이하지만 실무 응용에는 불편한 부분이 조금 있다.

지원파일 포맷

Import	DWG, DXF, DAF, DEM, DDF, KMZ, STL
Export	3DS, DWG, DXF, DAE, FBX, KMZ, OBJ, WRL, XSI, STL(웨어하우스 플러그인)

AUTODESK 123D

현재는 업그레이드 및 서비스가 중단된 AUTODESK 123D에서는 다양한 소프트웨어를 제공하고 있었는데 어떤 프로그램들을 제공하고 있었고 무슨 작업을 할 수 있었는지 잠시 살펴보도록 하자. 오토데스크사는 123D 대체 소프트웨어로 TinkerCAD, Fusion360, MudBox, ReCap, Tinkercad Circuits 등을 제공하고 있다.

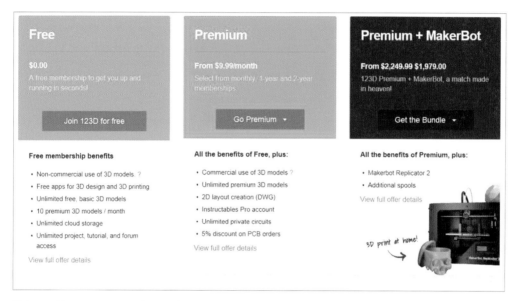

출처 : https://www.autodesk.co.kr/solutions/123d-apps

❶ 123D Catch

오토데스크는 포토플라이(Photofly)의 브랜드명을 123D 캐치(123D Catch)로 바꾸어 새롭게 발표했으며 123D 캐치(Catch)는 디지털 카메라나 스마트폰 등으로 찍은 디지털 사진을 3D 모델로 만들어주는 애플리케이션이다. 당시 Free 버전과 월 9.99달러를 내고 사용하는 Premium 버전이 있으며 123D Premium +MakerBot Replicator 2 버전이 있었다.

❷ 123D Circuits(www.123dapp.com/circuits)

123D Circuits는 온라인 상에서 전자 회로 설계를 위한 무료 도구로 사용하기 쉬운 PCB 편집기로 회로 기판 설계를 하고 전 세계에 공유할 수 있다. 현재는 TinkerCAD에서 이 기능을 추가하여 지원하고 있다.

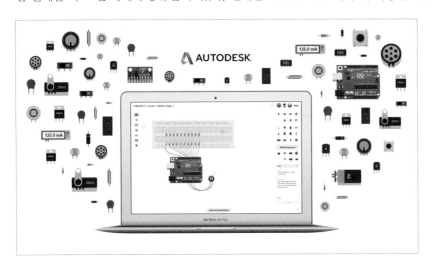

❸ 123D Creature(www.123dapp.com/creature)

Apple 앱스토어에서 다운로드 가능하며 아이폰 및 아이패드용 앱으로 다양한 캐릭터 모델을 만들고 공유할 수 있으며 생성된 내 Bolg에서 작업한 모델 파일을 [Export to Cloud]를 통해 [Autodesk] 데이터로 Upload하거나 [Export Mesh] Menu를 Click해서 e-mail로 OBJ 포맷 형식으로 데이터를 가져올 수 있었다.

❹ 123D Design(www.123dapp.com/design)

123D Design은 초보자용 3D 모델링 소프트웨어로 상업용 CAD 프로그램과 비교하면 일부 제한된 기능이 있지만 초보자들이 입문용이나 취미용으로 사용하기에는 충분하며 값비싼 소프트웨어를 구입하기 어려운 개인들에게 적합한 CAD 프로그램이라고 할 수 있었다.

모바일, 태블릿, PC/Mac에서 모두 연동되는 크로스 플랫폼(cross plafform)을 지원하며 지원 파일 포맷은 Import : SVG, Export : STL 로 약간 제한적이며 아쉽게도 STL 파일을 직접 편집할 수 없다.

그림 5-4 123D Design UI

교육용으로 손색이 없는 123D Design은 현재 국내에서도 많이 사용하고 있는데 설치 파일이 아직 공유되고 있어 초보 메이커들의 교육에 활용하고 있는 유용한 소프트웨어이다.

❺ 123D Make(www.123dapp.com/make)

123D Make는 3D 모델을 프린트하여 조립할 수 있게 해주는 프로그램인데 모델을 여러 조각으로 나누어 만들고 종이 모형처럼 서로 이어 붙여 입체물로 만들어 주는 프로그램이었다.

⑥ 123D Sculpt(www.123dapp.com/sculpt)

123D Sculpt는 사람이니 동물 또는 사물의 모델을 불러와서 손가락으로 탭하며 찰흙으로 조각을 빚듯이 나만의 모델을 만들 수 있으며 어찌 보면 모바일용 지브러쉬와 같은 느낌도 든다. 아이패드나 아이폰용으로 작업한 파일을 이메일이나 소셜 미디어 사이트를 통해 공유하거나 OBJ 파일로 내보내기 할 수 있으며 App Store에서 다운로드 가능했던 프로그램이었다.

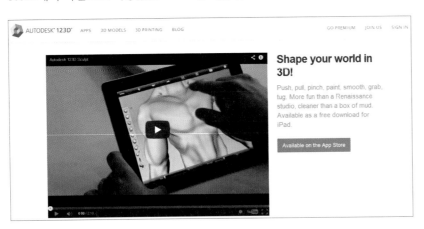

⑦ Meshmixer(www.123dapp.com/meshmixer)

Meshmixer는 3D Mesh 파일 작업을 위한 무료 도구로 강력한 프로토 타입 디자인 툴로서 3D 프린터와의 통합으로 더욱 효율적인 프린팅 프로세스가 가능하다.

123D 앱에서 다운로드 가능했던 메쉬믹서는 현재 독립 프로그램으로 무료로 사용할 수 있도록 배포하고 있다.

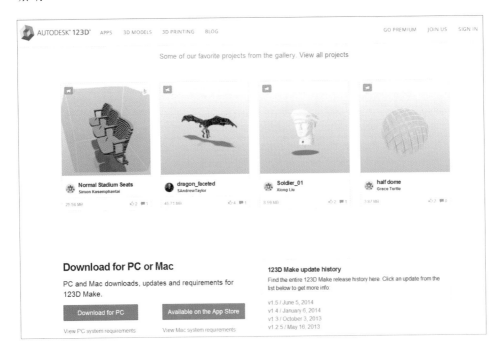

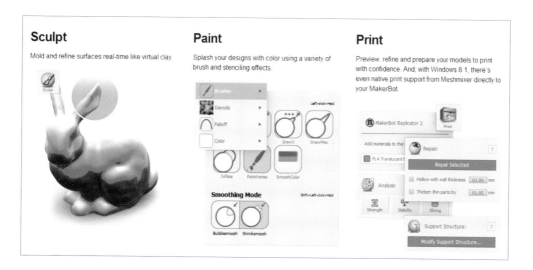

Sculpt

Mold and refine surfaces real-time like virtual clay.

Paint

Splash your designs with color using a variety of brush and stenciling effects.

Print

Preview, refine and prepare your models to print with confidence. And, with Windows 8.1, there's even native print support from Meshmixer directly to your MakerBot.

그림 5-5 Meshmixer Gallery

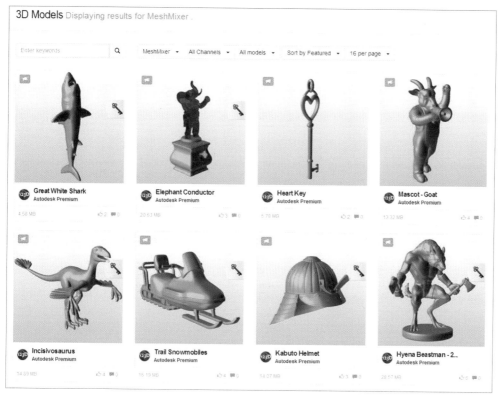

그림 5-6 Meshmixer

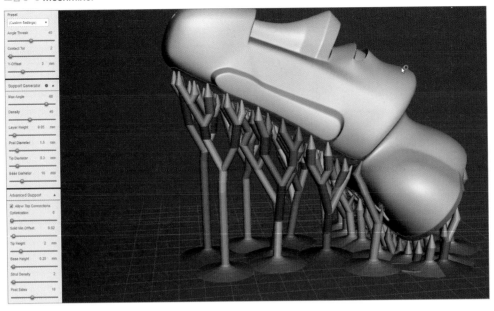

⑧ Tinkercad(www.tinkercad.com)

자바 스트립트로 작성된 Tinkercad는 각종 도형(Shapes)을 이용하여 다양한 모델을 보다 빠르고 신속하게 만들 수 있도록 도와주는 온라인용 프로그램으로 사용자는 심플한 3D Object를 생성할 수 있으며 국내에서도 초중생들의 교육에 많이 쓰이고 있는 직관적인 인터페이스의 모델링 소프트웨어이다.

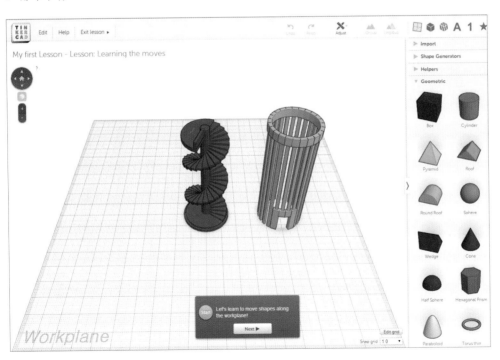

❾ The Sandbox(www.123dapp.com/sandbox)

샌드박스(sandbox)는 원래 외부로부터 들어온 프로그램이 보호된 영역에서 동작해 시스템이 부정하게 조작되는 것을 막는 컴퓨터 보안 용어인데 Charmr은 PC에 저장되어 있는 사진 이미지 파일을 불러와서 굴곡이 있는 펜던트(Pendants) 모델을 생성해 주는 온라인 프로그램이다.

❿ 지브러시(ZBrush) http://pixologic.com

지브러시는 영화 '반지의 제왕'에서 '골룸'을 탄생시킨 3D 모델링 프로그램으로 브러시라는 의미 그대로 붓으로 쉽게 그림을 그리듯이 3D 작품을 만드는 도구이며 마야(Maya)나 3ds 맥스 등의 프로그램에 비해 가벼운 편이다.

⑪ 마야(Maya)

오토데스크의 Maya®는 3D 애니메이션, 모델링, 시뮬레이션, 렌더링 등의 기능으로 구성되어 있는 소프트웨어로 확장성이 높은 제작 플랫폼을 기반으로 하여 포괄적인 크리에이티브 기능 세트를 제공한다. Maya는 모델링, 텍스처링 및 쉐이더 작성 작업의 생산성 향상 효과와 함께 고급 캐릭터 및 효과 도구 세트를 제공하고 있다.

그림 5-6 **Maya 2018**

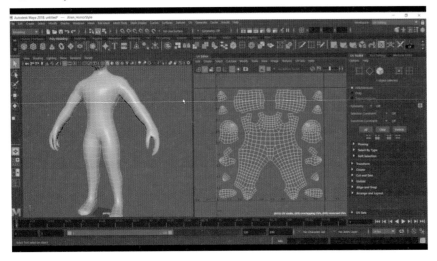

⑫ 3ds Max

오토데스크의 3ds Max는 마치 사진과 같은 실사 수준의 사실적인 이미지와 정교하고 복잡한 모션을 완벽하게 만들어 내는 3D 컴퓨터 그래픽 프로그램으로 강력한 모델링, 애니메이션 기능으로 실제에 가까운 고품질의 애니메이션과 게임 등의 제작에 뛰어난 프로그램이다.

그림 5-7 **3ds Max 2018**

일반적인 렌더링 프로그램 엔진은 컴퓨터 그래픽 카드의 GPU(그래픽처리장치)를 주로 사용하지만 키샷의 모든 계산은 CPU를 통해 이루어진다. 따라서 GPU 위주의 다른 렌더링은 프로그램보다 빠른 속도를 자랑하며 브이레이(V-Ray)나 솔리드웍스의 포토뷰 360 등이 실시간 렌더링 전용 프로그램이다.

⑭ 라이노(Rhinoceros) http://www.rhino3d.com/

미국의 Robert McNeel & Associates사에서 개발하여 전세계적으로 많은 USER를 확보하고 있는 Rhino 3D는 NURBS(Non-Uniform Rationa B-Spline)방식을 지원하는 PC용 3D 모델링 소프트웨어이다. NURBS란 '정형되지 않은 함수의 곡선'이란 뜻으로 3차원 Curve를 수학적으로 표현하는 방식으로 특히 비정형화된 Curve와 Surface(Conics/Sphere/Circle 등)의 표현을 정확하게 수학적으로 정의하는 모델링 방식을 말한다.

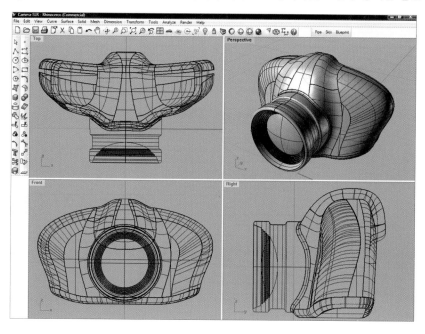

⑮ 스컬프트리스(Sculptris)

스컬핑 모델링 툴인 지브러시의 컴팩트 버전으로 개인 무료 사용이 가능하며 기능이 간단하고 UI가 직관적이라 배우기 쉬우며 개발사의 GoZ 미들웨어를 통해 지브러시와 완전히 호환된다. 하지만 지원 파일 포맷(Import & Export : OBJ)이 제한적이고 아직까지 인터페이스나 매뉴얼 모두 한글 지원은 되지 않는다.

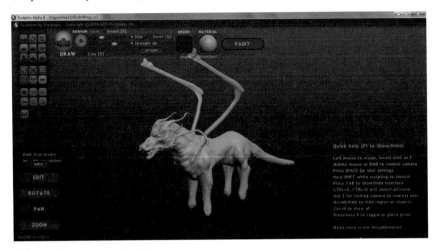

출처 : http://pixologic.com/sculptris

⑯ 블랜더(Blender)

Blender는 오픈 소스 기반의 3차원 그래픽 토탈 솔루션으로 이 프로그램은 모델링, UV 언래핑, 텍스처링, 리깅, 워터 시뮬레이션, 스키닝, 애니메이팅, 렌더링, 파티클 등의 시뮬레이션을 수행할 수 있으며 넌리니어 편집, 콤포지팅, 파이썬 스크립트 등을 통하여 쌍방향 3차원 프로그램을 제작할 수도 있다. 리눅스, Mac OS X, 마이크로소프트 윈도 등에서 이용할 수 있으며 3ds Max나 Maya 등의 상업용 프로그램에 비해 뒤지지 않는 파워풀한 기능들이 탑재되어 있고 전세계적으로 거대한 커뮤니티가 형성되어 있으며 인터페이스나 매뉴얼 모두 한글이 지원되지만 상대적으로 광범위한 기능을 전부 익히려면 많은 시간이 걸리게 될 것이다.

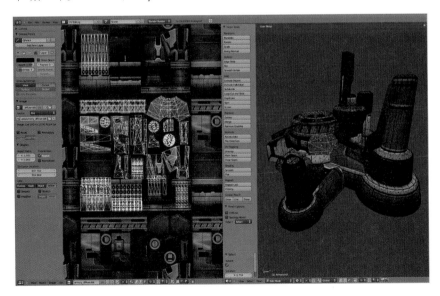

출처 : http://www.blender.org

지원파일 포맷

Import	DAE, BVH, SVG, PLY, STL, 3DS, FBX, OBJ, X3D, WRL
Export	DAE, BVH, PLY, STL, 3DS, FBX, OBJ, X3D

전문가용 3D CAD 프로그램

국내 제조 산업계 및 일선 교육 기관에서 많이 사용하고 있는 상업용 3차원 CAD 프로그램 위주로 간략하게 소개하고자 한다.

❶ 솔리드웍스(Solidworks)

DASSAULT SYSTEMS사의 솔리드웍스는 3가지 버전이 있는데 Standard 버전은 변수 지정 파트와 어셈블리, 생산 차원의 도면을 작성할 수 있으며 복잡한 곡면, 판금 전개도, 구조용 용접 구조물을 생성하는데 필요한 기능이 있고, Professional 버전은 Standard 버전의 모든 기능을 포함하며 제조 비용을 예측하고 표준 파트 및 체결기 라이브러리와 불러온 지오메트리를 활용하는 도구, 설계 오류를 검색하는 유틸리티 기능이 들어있다. 또한 PhotoView 360 이라는 실사적 렌더링 소프트웨어도 포함되어 있으며 모든 설계 변경 사항을 추적하는 데이터 관리 시스템이 통합되어 있다. Premium 버전은 설계, 시뮬레이션, 지속 가능한 설계, 기술 커뮤니케이션, 데이터 관리를 총망라하는 제품 개발 솔루션이다.

이외에도 Solidworks Electrical은 직관적 인터페이스를 통해 2D 전기 개요도 작성을 대폭 간소화 시켜주고 2D 개요도와 3D 모델의 실시간 통합을 통해 전기 시스템 설계를 최족화 시켜주며 전기와 기계 분야 엔지니어의 생산성을 향상시키고 BOM 및 프로젝트 데이터를 통합할 수 있다.

그림 5-8 **Solidworks**

그림 5-9 Solidworks Electrical

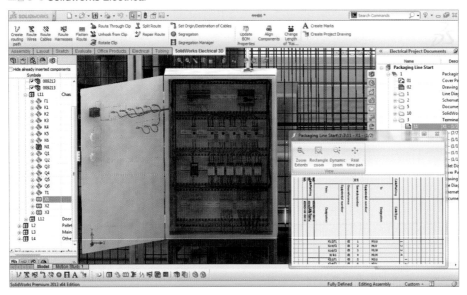

❷ 인벤터(Inventor)

오토캐드(Auto CAD)로 유명한 오토데스크사의 Autodesk Inventor는 3D 모델을 가지고 정확한 엔지니
어링 및 제조 도면을 작성할 수 있는 포괄적인 기능을 표현하고 있으며 특히 2D
DWG 도면과 3D 데이터를 하나로 통합함으로써 디지털 프로토타이핑의 이
점을 손쉽게 실현할 수 있다. 이외에도 다양한 3D CAD 프로그램들이 있으며
AUTODESK PRODUCT DESIGN SUITE 제품의 경우 인벤터 프로페셔널 버전 외에 오토캐드, 쇼케이
스, 3ds Max 등 여러 가지 유용한 프로그램이 포함된 솔루션을 제공하고 있다.

그림 5-10 Autodesk Inventor

❸ 카티아(CATIA)

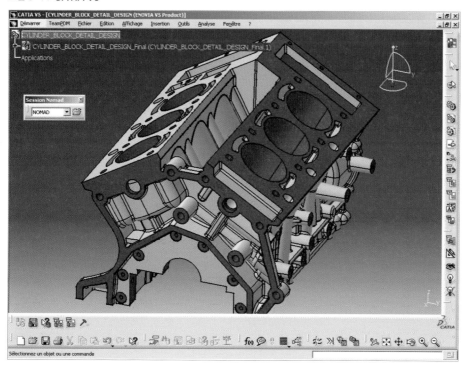

DASSAULT SYSTEMS사의 단일 PLM 플랫폼 기반의 CATIA는 부품 설계, 부품 위치 결정, 자동화된 기계 설계, 정역학 시뮬레이션, 기능 공차 및 주석, 조립품 도면 만들기, 현실같은 이미지 생성과 같은 폭 넓은 작업이 가능하며, 초기 아이디어 구상부터 세부 프로세스 작업까지 엔지니어는 직접 3D를 기본으로 하는 개념 스케치, 기하학적 형상, 기본적인 설계와 작업 히스토리가 포함된 기능으로 편리한 작업이 가능한 프로그램이다.

그림 5-11 CATIA V6

❹ NX

Siemens사의 UG-NX는 라이프사이클 (Product Life Cycle Management, PLM)을 통한 차세대의 CAD/CAM/CAE의 소프트웨어로 국내외에서 폭넓게 많이 사용되고 있는 프로그램 중의 하나로 대형 어셈블리 작업에서 고성능을 자랑한다.

2007년 이후부터 지멘스 PLM 소프트웨어가 개발하고 있다.

그림 5-12 Unigraphics NX9

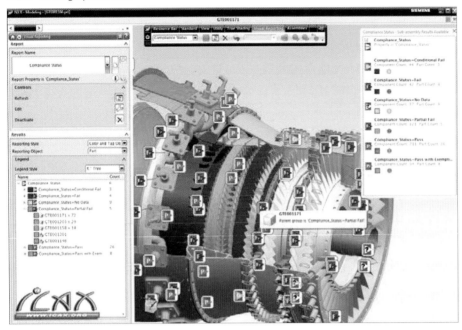

❺ 크레오(Creo, 프로이 Pro/ENGINEER)

PTC Creo 제품군은 빠른 가치 실현을 도와 주는 확장 및 상호 운용이 가능한 제품 설계 소프트웨어로 2D CAD, 3D CAD, 파라메트릭 및 다이렉트 모델링을 사용하여 제품 설계 다운스트림을 생성, 분석, 조회 및 활용하는 데 도움이 된다.

그림 5-13 Creo Parametric

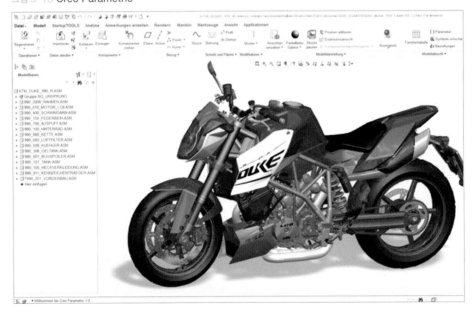

제품 라이프사이클 관리(PLM), 컴퓨터 기반 설계(CAD), 응용 프로그램 라이프사이클 관리(ALM), 공급망 관리(SCM), 서비스 라이프사이클 관리(SLM)를 위한 PTC 솔루션은 고객들이 프로세스 개혁을 통해 제품 정보를 더욱 효율적으로 통합, 분석, 구축하여 기업의 성공을 좌우하는 전략적이고 동적인 의사결정 과정을 효과적으로 지원할 수 있도록 한다.

현재 PTC는 산업 장비, 자동차, 하이테크 및 전자, 항공 우주 및 방위, 소매품, 소비자 제품, 의료 기기 등 전 세계 28,000여 개 기업과 협력하여 빠르게 진화하는 글로벌 분산 제조업계에서 이들 기업의 효율적인 제품 설계와 서비스 활동을 지원하고 있다.

❻ 아이언캐드(IronCAD)

IronCAD, LLC의 최신 버전이 현재 IronCAD 2018 버전이 출시되어 있으며 다중 파트 피처에 대한 지능적인 편집, 파트 및 어셈블리에 대한 간단한 복사, 설계 방식에 따라 지능적으로 구동되는 피처, 드롭시 자동 구속, 키샷을 이용한 신속 정밀한 비유얼, Rhino와 IronCAD 사이의 라이브 디자인 등을 제공한다.

그림 5-14 Iron CAD

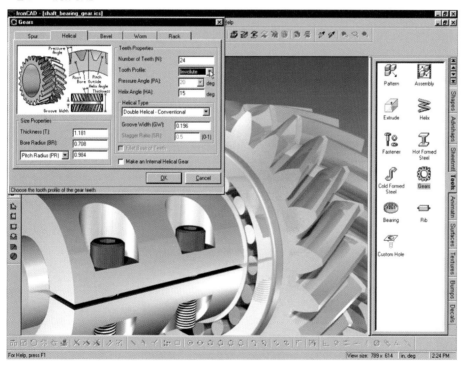

❼ 솔리드에지(SolidEdge)

지멘스 PLM 소프트웨어의 3D CAD 솔루션인 솔리드에지는 ST6 버전에서 설계, 시뮬레이션, 협업 등 한층 강화된 신기능들이 탑재되어 생산성을 향상시킬 수 있으며 새로운 서페이싱(Surfacing)모델링, 판금 모델링 기능 등과 더불어 새로운 동기식(Synchronous)기

술로 파일 임포트 및 재사용 속도를 높여 협력 업체와의 협업을 대폭 강화하고 있다.

그림 5-15 SoildEdge

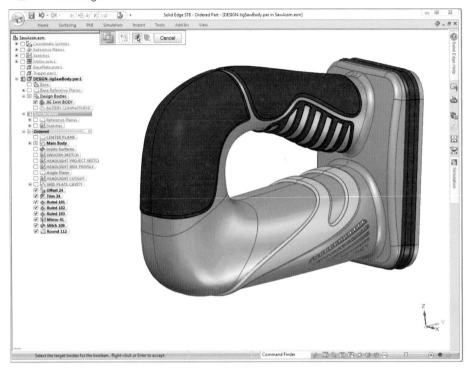

❽ 아키캐드(ArchiCAD)

GRAPHISOFT. ARCHICAD 건축/건설업계의 3D모델 기반의 건축 CAD/BIM 소프트웨어를 제공하는 GRAPHISOFT사의 아키캐드는 건축 업계 BIM 소프트웨어오 빌딩 정보 모델링

의 접근 방식을 통해 매우 상세한 수준의 건물 모델링 및 도면화를 할 수 있는 소프트웨어이다.

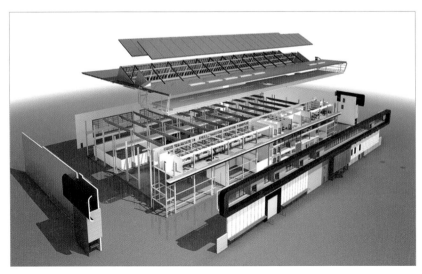

출처 : http://www.graphisoftus.com/products_archicad_new.php

❾ 시네마 4D(Cinema 4D)

Cinema 4D Studio는 전문 3D 아티스들을 위한 MAXON사의 솔루션으로 CINEMA 4D Prime, Visualize 및 Broadcast에 들어있는 모든 기능들 이외에도, CINEMA 4D 스튜디오는 고급의 캐릭터 툴, 헤어, 물리적 엔진 및 클라이언트 수의 제한이 없는 무한 네트워크 라이선스 렌더링을 추가로 지원하고 있다.

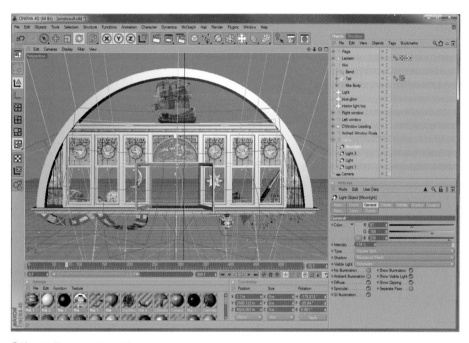

출처 : http://www.maxon.net/

❿ 쉐이드 3D(Shade 3D)

Shade 3D는 일본의 3D CG 제작 소프트웨어로 STL 파일 포맷을 지원하며, 3D 프린트용 오류 검사 및 자동 수정 기능을 탑재하고 있다.

출처 : http://shade3d.jp/

⑪ 모드뷰(MODView)

MODView는 통합 CAD Viewer로 기계설계에 특화된 설계 도구로써 강력한 기능인 자동차 설계 지원 기능, Section Line도출 , Projection 및 단면기능과 용접점 기능을 사용하면 설계 시간을 단축할 수 있다. AutoCAD의 모든 기능을 지원하여 AutoCAD의 범용적인 기능을 동시에 사용할 수 있으며 AutoCAD와 100% 호환성을 가진다.

또한 CATIA V4, V5, UG NX, Inventor, Pro-Engineer, SolidWorks, SolidEdge, IGES, STEP, Parasolid, STL, JT, CGR, PRC,, u3d, DWG, DXF, HPGL, CGM, PLT, gl2 등의 각종 CAD File을 import할 수 있으며, 저장(Export)할 수 있는 파일 형식은 IGES, STEP, Parasolid, STL, ACIS, PDF, JT, DWG, DXF, U3D 등이 있다.

출처 : http://www.modview.com/

3차원 CAD 간의 주요 명령어 비교표

❶ 스케치(Sketch)

명령어	솔리드웍스	인벤터	카티아	유니그래픽스	프로이 (크레오)
선	선	선	Line	Line	라인
사각형	사각형	사각형	Rectangle	Rectangle	사각형
중심점 홈	중심점 홈	슬롯	Elongated Hole		팔레트(옵션)
원	원	원	Circle	Circle	원
호	호	호	Arc	Arc	아크
다각형	다각형	다각형	Hexagons		팔레트(옵션)

스케치 필렛	스케치 필렛	모깎기	Corner	Fillet	
스케치 모따기	스케치 모따기	모따기	Chamfer	Chamfer	모따기
점	점	점	Point		참조점
잘라내기	요소 잘라내기	자르기	Quick Trim	Quick Trim	트림
요소 변환	요소 변환	형상 투영	Project 3D Elements	Project Corve	엔티티 참조 생성
오프셋	요소 오프셋	간격 띄우기	Offset	Offset Corve	옵셋
대칭복사	요소 대칭복사	대칭	Mirror	Mirror Corve	객체 대칭복사
치수	지능형 치수	치수	Constraints(Edit)	Inferred	치수

❷ 구속조건(Constraints)

명령어	솔리드웍스	인벤터	카티아	유니그래픽스	프로이 (크레오)
점 일치	병합	일치	Coincidence	Coincidence	점 일치 구속
동일	동등	동일		Equal Length	값 일치 구속
수직	수직	수직	Vertical	Vertical	수직 구속
수평	수평	수평	Horizontal	Horizontal	수평 구속
평행	평행	평행	Parallel	Parallel	평행 구속
직각	직각	직각	Perpendicular	Perpendicular	직각 구속
동일선상	동일선상	동일선상		Collinear	
동심	동심	동심	Concentricity	Concentric	
고정	고정	고정	Fix	Fixed	
접선	탄젠트	접선	Tangency	Tangent	탄젠트 구속
대칭	대칭	대칭	Symmetry		대칭 구속

❸ 피처 명령어

명령어	솔리드웍스	인벤터	카티아	유니그래픽스	프로이 (크레오)
돌출	돌출/돌출컷	돌출	Pad/Pocket	Extrude	밀어내기
회전	회전/회전컷	회전	Shaft/Groove	Revolve	회전
로프트	로프트/로프트 컷	로프트	Multi-sections Solid/REmoved Multi-sections Solid	Sweep Along Guid	블렌드
스윕	스윕/스윕 컷	스윕	Rib/Slot	Sweep	스윕
구멍	구멍가공 마법사	구멍	Hole	Hole	홀

모따기	모따기	모따기	Chamfer	Chamfer	모따기
모깎기	필렛	모깎기	Edge Fillet	Edge Blend	라운드
쉘	쉘	쉘	Sheel	Shell	쉘
나사내기	나사산 표시	스레드	Threaded Hole	Thread	스레드
선형 패턴	선형 패턴	직사각형 패턴	Rectangular Pattern	Rectangular Array	패턴(방향 옵션)
원형 패턴	원형 패턴	원형 패턴	Curcular Pattern	Circular Array	패턴(축 옵션)
대칭 복사	대칭 복사	대칭 패턴	Mirror	Mirror Feature	대칭 복사
구배 주기	구배 주기	면 기울기	Draft Angle	Draft	구배
보강대	보강대	리브	Stiffener		리브
작업 피처	참조 형상	작업 피처	Planes	Datum	평면

❹ 곡면 명령어

명령어	솔리드웍스	인벤터	카티아	유니그래픽스	프로이 (크레오)
곡면 돌출	돌출 곡면	돌출(곡면옵션)	Extrude	Sweep Along Guide(No guide option)	밀어내기 (서피스 옵션)
곡면 회전	회전 곡면	회전(곡면옵션)	Revolve		회전 (서피스 옵션)
곡면 로프트	로프트 곡면	로프트(곡면옵션)	Multi-section Surface	Ruled/Through Curves)	블렌드 (서피스 옵션)
곡면 스윕	스윕 곡면	스윕(곡면옵션)	Sweep	Sweep Along Guide	스윕 (서피스 옵션)
곡면 잘라내기	곡면 잘라내기	자르기	Split	Trim And Extend	트림
곡면 두껍게 하기	두꺼운 피처	두껍게 하기 / 간격 띄우기	Thick Surface	Thicken Sheet	오프셋 (확장 피처 옵션)
곡면 오프셋	오프셋 곡면	두껍게 하기 / 간격 띄우기	Offset	Offset Surface	오프셋(표준 오프셋 피처 옵션)
곡면 붙이기	곡면 붙이기	스티치	Join	Join Face	결합
곡면 채우기	곡면 채우기	패치	Fill	Bounded Plane	경계 블랜드
분할	분할	분할	Trim	Split Body	솔리드화

3D 모델링의 개념과 기본 용어

SECTION 04

1. 3D 모델링(3D modeling)

'3D 모델링'이란 컴퓨터 프로그램으로 형상을 만드는 방법으로 가상의 3차원 공간에서 수학적으로 표현되는 입체도형들을 연산하여 만드는 것을 말한다.

모델링(geometric modeling)이라는 용어는 1970년대의 CAD/CAM 시스템의 발전과 더불어 사용되기 시작했다. CAD에서 제품을 설계하고, 그 결과를 컴퓨터의 화면에 시각적으로 나타내는 것이다. 실물과 같이 보고 느낄 수 있도록 물체의 형상을 구성하는 과정을 말한다. 이러한 일련의 과정을 통해 모델링된 데이터는 CNC(Computer Numerical Control)나 RP장비(Rapid Prototyping Machine)를 통해 형상을 가공하게 되는 것이다.

CAD/CAM으로 표현되는 모델의 차원(D; dimension)은 2D, 2½D 혹은 2.5D, 3D의 3가지로 구분할 수 있다. 우선 2D 모델링이란 형상정보의 2차원적인 자료로서, 도면작성과 같은 방법이 이것에 해당한다. 2½D 모델링은 2D에서 작성한 평면의 데이터에 제 3의 요소인 측단면과 길이에 대한 정보를 추가하여 3차원의 형상을 만드는 방식을 말한다.

3D 모델링은 1980~90년대에 엔지니어링 수준의 컴퓨터가 속속 등장하며 적극적으로 이루어진 것이다. 입체를 표현하는 X, Y, Z축의 좌표값을 입력 혹은 표시함으로서 3차원의 형상을 구현하는 것이다. 기본적으로 와이어프레임 모델링, 서페이스 모델링 그리고 솔리드 모델링의 구성 방식으로 3차원의 형상을 표현하고 있다. 이 중에서 솔리드 모델링은 현재 대부분의 상업용 3D CAD 프로그램에서 사용하는 방식으로 컴퓨터 프로그램상에서 입체의 형태를 면으로 표현하는 것을 말하며 모델링 방식 중에서 가장 진보적인 방식으로 와이어프레임이나 표면 모델링과 유사하지만 3차원으로 형상화된 물체의 내부를 공학적으로 분석할 수 있는 방식이다. 물체를 가공하기 전에 가공상태를 미리 예측하거나, 부피, 무게 등의 다양한 정보를 제공할 수 있는 것이다.

솔리드 모델링에 의한 물체의 표현 방식에는 B-Rep(Boundary Representation)과 C-rep 혹은 CSG(Constructive Solid Geometry)방식이 있다. B-rep에 의한 모델은 정점(vertex), 면(face), 모서리(edge)가 서로 어떻게 연결이 되는가 하는 상관 관계를 이용해 물체를 형상화하는 것이다. 한편 형상이 서로 다른 육면체와 잘린 피라미드의 경우 형상은 다르지만 모델링의 요소인 정점과 면과 모서리는 같은 상관 관계로 인식하기도 한다. 즉, 물체의 한 쪽 모퉁이에서 만나는 면은 3개이고 모서리 수도 3개로 같게 인식될 수 있다는 것이다. CSG에 의한 방식은 형상을 서로 조합하는 방식을 사용한다. 이때 쓰이는 형상의 조합을 볼랜 작업(boolean operation)이라고 한다.

형상을 합치고, 빼는 등의 작업은 크게 3가지의 불랜 작업인 합집합(union/fusion), 차집합(subtract / difference), 교집합(intersect/common)으로 이루어진다. 이 연산처리 작업은 빠르고 많은 메모리가 요구되는 작업이며 물체의 내부까지도 연산처리해야 하는 것으로 물체의 표면적(surface area), 무게중심(center of gravity), 부피(volume), 무게(weight)의 물질특성의 내용을 알아볼 수 있다. 대부분의 솔리드 모델링 프로그램(Solid Modeling Program)은 이러한 작업이 가능하다.

2. 3D CAD 및 CG에서 사용하는 기본 용어

지오매트리(GEOMETRY)

현재처럼 상용화된 다양한 3D CAD나 CG 소프트웨어가 나오기 이전에 대학이나 관련 연구소에서 컴퓨터를 이용하여 3차원상의 공간에 원하는 가상의 오브젝트(Object)를 만들 수 있는 프로그램을 설계하는 과정에서 다양한 수학공식과 이론이 동원되었고, 이를 바탕으로 컴퓨터 화면에 탄생된 가상의 오브젝트를 만들 수 있게 되었는데 이 가상의 오프젝트를 바로 GEOMETRY라 한다. 지금 우리가 사용하고 있는 3D CAD나 CG 소프트웨어들은 전부 지오메트리 구현 이론에 따라 사용자로 하여금 원하는 형상을 쉽게 만들 수 있도록 미리 프로그램화시켜 놓았고, 그 구현 이론에 따라 다양한 모델링 방식을 선보이고 있다.

이 GEOMETRY 구현은 구현 이론에 따라 종류가 나눠지게 되는데 그 구현방식에 따라 POLYGON 방식이냐 NURBS 방식이냐로 나눠지게 되는 것이다.

스케치(Sketch)

스케치는 작은 의미로는 피처를 작성하기 위한 프로파일을 작성하는 2차원의 작업 평면에서 작성하는 행위를 의미하며, 넓은 의미로는 전체 제품이나 전체 설비의 레이아웃(Lay-out)을 작성하기 위한 설계정의의 가이드라인을 작성하는 작업을 뜻한다.

그림 5-16 **솔리드웍스 스케치**

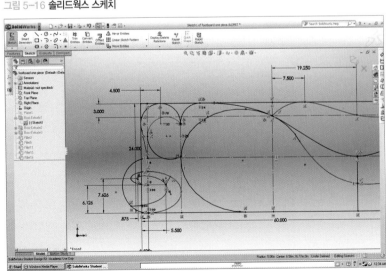

렌더링(Rendering)

렌더링은 컴퓨터 프로그램을 이용하여 어떤 모델로부터 영상을 만들어내는 일련의 과정을 의미하는데 평면에 입체적인 느낌을 주기 위하여 다양한 기법을 이용하여 실사와 같은 이미지로 만드는 작업을 말하며 디자인 분야에서 포괄적으로 사용하는 용어이다. 렌더링은 아키텍처, 영화, 비디오 게임, 시뮬레이터, 애니메이션, 특수 효과 등에 이르기까지 다양한 분야에서 사용되며 대표적인 프로그램으로 3ds Max, KeyShot, Showcase, Maya, Blender 등이 있다.

그림 5-17 **3ds Max로 렌더링한 자동화기계**

3. 3D 모델링의 기본 형상 만드는 명령어 알아보기

3D 모델링에서 형상을 만드는 기본적인 방법이 네 가지(돌출, 회전, 스윕, 로프트)가 있는데 이 방법들을 잘 활용하면 복잡해보이는 형상들도 만들어 낼 수 있다. 여기서는 인벤터(Inventor)와 솔리드웍스(Solidworks)라는 3D CAD 프로그램에서 기본 형상을 만드는 방법을 간단하게 소개한다. 이 책에서 각 3D CAD 별로 모델링하는 기법을 기술하기엔 어려우므로 3D 프린터와 3D CAD에 관심을 갖고 배워보고 싶은 분들에게 3D 모델링이란 무엇인가 이해를 돕고자 가장 기초적인 부분에 대해서만 살짝 설명하고 넘어가도록 하겠다.

3.1 **오토데스크 인벤터(Inventor)**

돌출 명령

돌출 명령이란 스케치 프로파일을 스케치 평면의 직각 방향으로 밀어내는 형상을 만드는 명령으로 다음 그림에서와 같이 밑바닥의 스케치 형상을 위로 밀어내는 듯한 형상으로 작성된다. 3D CAD에서 형상을 만들때 많이 사용하는 기능이며 두 개의 탭으로 구성되어 있다.

쉐이프 탭은 프로파일을 이용하여 스케치 부분을 생성하거나 제거하며, 자세히 탭은 범위를 '지정면으로'선택하였을 때 선택된 면이 곡면일 경우 결과값을 설정하는 부분과 돌출시 돌출면에 각도를 주는 테이퍼로 구성되어 있다.

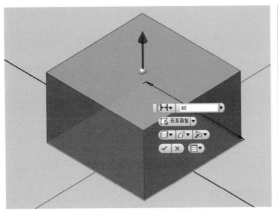

범위-거리 옵션

돌출의 높이를 지정하는 가장 기본적인 옵션으로 돌출되어 밀어내는 거리를 직접 사용자가 수치를 입력하여 작성하는 옵션이다. 작업 화면에 보이는 화살표를 선택해 마우스로 드래그하면 돌출 높이를 조정할 수 있다.

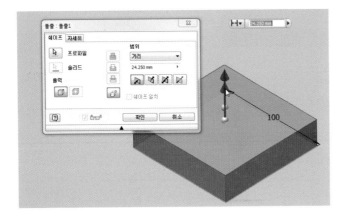

회전 명령

하나 이상의 스케치 프로파일을 하나의 중심선을 기준으로 회전시키는 3차원 형상을 만드는 명령으로 프로파일을 지정된 축을 이용하여 회전시키며 지정된 각도만큼 회전하거나 전체를 회전한다. 선택할 수 있는 축은 스케치의 선이나 작업축을 이용할 수 있다.

❶ **프로파일** : 회전 피처의 프로파일을 선택한다.

❷ **축** : 회전 피처의 중심축을 선택한다.

❸ **범위** : 회전 각도를 설정한다.

프로파일과 중심축이 스케치 프로파일에 각각 하나씩만 존재하는 경우 회전 미리보기가 바로 생성된다.

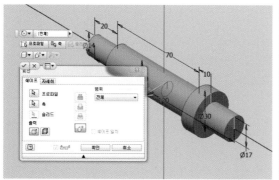 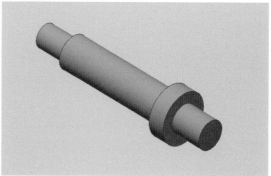

프로파일과 중심축이 두 개 이상인 경우 직접 선택해서 회전 피처를 작성한다.

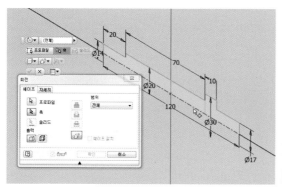 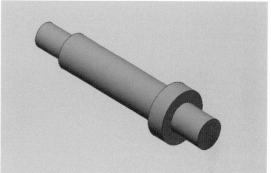

스윕 명령

스윕 명령이란 프로파일이 경로를 따라가면서 솔리드 형상을 만드는 명령으로 프로파일과 경로는 각각 하나씩만 선택하게 되어 있다.

❶ **프로파일** : 스윕 피처의 포르파일을 선택한다.

❷ **경로** : 스윕 피처의 경로를 선택한다.

❸ **유형**

  - 경로 : 프로파일이 경로를 따라 작성된다.

– 경로 및 안내 레일 : 스윕 피처가 경로와 안내 레일을 따라 작성된다.

– 경로 및 안내 곡면 : 스윕 피처가 경로와 안내 곡면에 따라 작성된다.

❹ 방향

– 경로 : 프로파일이 경로를 따라 꼬인다.

– 병렬 : 프로파일이 경로를 따라 꼬이지 않고 현재 프로파일 방향에 평행하게 작성된다.

❺ 테이퍼 : 스윕 피처가 기울어진 각도를 가지는 테이퍼 형태로 작성된다.

로프트

같은 평면상에 놓여있지 않은 두 개 이상의 스케치 프로파일을 연결해 3차원 솔리드 형상을 만드는 명령이다. 인벤터에서 곡면 형상의 솔리드 피처를 만드는 가장 고급 명령이며 그 옵션이 다양하여 여러 가지 형태의 곡면 피처를 작성할 수 있다.

로프트 생성 조건 = 프로파일1 + 프로파일2 + ... (중심선 파라미터 + 안내곡선1 + 안내곡선2 + ...)

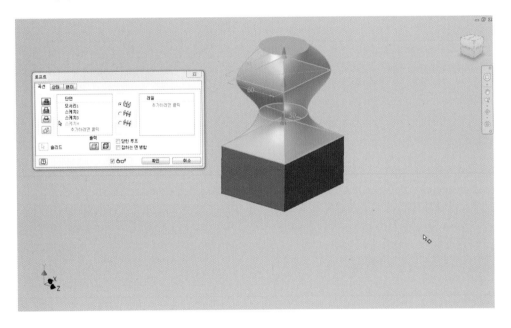

❶ 유형 : 작성되는 로프트 피처가 어떤 타입으로 생성될지 결정한다.(합집합/차집합/교집합 새 솔리드)

❷ 단면 : 로프트로 이을 단면을 선택한다. '추가하려면 클릭'을 선택해 단면을 추가한다.

❸ 경로 : 로프트가 지나가는 경로를 선택한다.

– 레일 : 모서리를 기준으로 생성

– 중심선 : 단면의 중심을 기준으로 생성

– 면적 로프트 : 영역을 통해서 생성

❹ 레일 : 로프트의 안내곡선을 선택한다. '추가하려면 클릭'을 선택해 단면을 추가한다.

❺ 결과 : 결과물을 솔리드로 할지, 곡면으로 할지 결정한다.

❻ **닫힌 루프** : 로프트의 처음과 끝 단면을 이어서 닫힌 루프를 생성한다.

❼ **접하는 면 병합** : 피처의 접하는 면 사이에 모서리가 작성되지 않도록 로프트 면을 병합한다.

3.2 솔리드웍스(Solidworks)

돌출 명령

돌출 명령이란 스케치 프로파일을 스케치 평면의 직각 방향으로 밀어내는 형상을 작성하는 명령으로 다음 그림처럼 밑바닥의 스케치 형상을 위로 밀어내는 듯한 형상으로 작성된다.

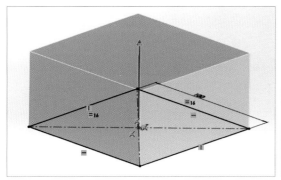 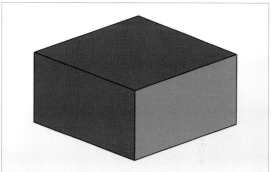

방향 – 블라인드 옵션

돌출의 높이를 지정하는 가장 기본적인 옵션이다. 바로 돌출되어 밀어내는 거리를 사용자가 직접 수치를 입력해 작성하는 옵션이다. 작업 화면에 보이는 화살표를 선택해 마우스로 드래그하여 돌출 높이를 격자를 이용해 조정할 수 있다.

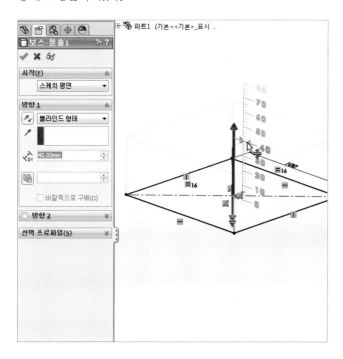

회전 명령

하나 이상의 스케치 프로파일을 하나의 중심선을 기준으로 회전시키는 3차원 형상을 만드는 명령이다. 프로파일과 중심축이 스케치 프로파일에 각각 하나씩만 존재할 때 회전 미리보기가 바로 생성된다.

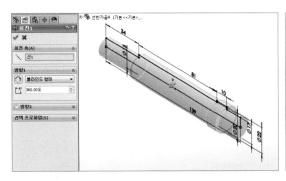 

프로파일과 중심축이 스케치 프로파일에 두 개 이상일경우에는 직접 선택해서 회전 피치를 작성한다.

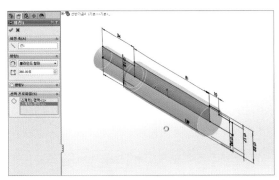 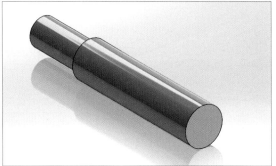

스윕 명령

프로파일이 경로를 따라가면서 솔리드 형상을 만드는 명령으로 프로파일과 경로는 각각 하나씩만 선택하게 되어 있다.

스윕 생성 조건 = 프로파일+경로1 + (안내곡선1 + 안내곡선2…)

옵션 타입

❶ 경로 따라 : 프로파일이 경로와 항상 같은 각도를 유지한다.

❷ 기본값 계속 유지 : 프로파일이 경로와 항상 같은 각도를 유지한다.

❸ 경로 및 제1 안내곡선 따라 : 안내곡선에 따라 작성된다.

❹ 제1, 제2 안내곡선 따라 : 두 개의 안내곡선에 따라 작성된다.

❺ 경로 따라 꼬임 : 경로의 속성에 따라 프로파일이 꼬이게 된다.

❻ 일정 반경으로 경로 따라 꼬임 : 프로파일이 경로에 따라 꼬이게 될 때 시작 프로파일에 계속 평행을 유지하며 꼬이게 된다.

로프트

같은 평면상에 놓여있지 않은 두 개 이상의 스케치 프로파일을 연결해 3차원 솔리드 형상을 만드는 명령이다. 솔리드웍스에서 곡면 형상의 솔리드 피처를 만드는 가장 고급 명령이며 그 옵션이 다양하여 여러 가지 형태의 곡면 피처를 작성할 수 있다.

로프트 생성 조건 = 프로파일1+프로파일2 + ... (중심선 파라미터 + 안내곡선1 + 안내곡선2 + ...)

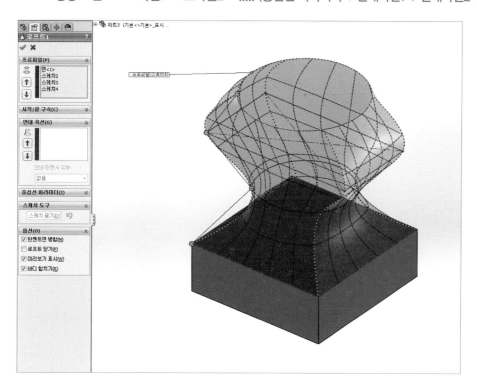

❶ 프로파일 : 로프트의 단면으로 쓰일 프로파일을 선택한다.

❷ 시작/끝 구속 : 시작 프로파일과 끝 프로파일에 탄젠트 구속을 적용한다.

　－ 기본 : 첫 번재와 마지막 프로파일 사이의 부드러운 곡선의 근사치를 예측하여 작성한다.

- 없음 : 탄젠트 구속이 적용되지 않는다.

- 방향 벡터 : 방향 벡터로 지정한 요소를 기준으로 탄젠트 구속을 적용한다.

- 프로파일에 수직 : 시작/끝 프로파일에 수직인 탄젠트 구속을 적용한다.

- 면에 탄젠트 : 인접해 있는 면들을 선택한 시작 프로파일이나 끝 프로파일에 탄젠트가 되도록 한다.

- 면에 곡률 : 선택한 시작 프로파일이나 끝 프로파일에 매끄러운 곡률 연속 로프트를 작성한다.

- 안내곡선 : 로프트 형상을 보조하기 위한 바깥 경계선을 선택한다.

❸ **중심선 파라미터**

- 중심선 : 로프트 형상을 안내하기 위한 중심선을 지정한다.

- 단면의 수 : 슬라이더를 조절하여 프로파일과 중심선 둘레에 단면수를 조절한다.

- 단면 표시 : 로프트 단면을 표시한다.

❹ **옵션**

- 접촉면 병합 : 해당 선분이 접할 경우에 로프트 생성시 곡면이 합치도록 한다.

- 로프트 닫기 : 첫 번째 프로파일과 마지막 프로파일을 이어주는 로프트 형상을 작성한다.

3D 프린팅 활용을 위한 공유 플랫폼

현재 기술의 진보와 더불어 보급형 3D 프린터의 기능과 성능도 점점 더 빠른 속도로 발전을 하고 있으며 장비 가격의 하락과 함께 개인 사용자들도 점차 많아지고 있는 추세이다. 또한 미래에는 3D 프린터로 인해 디자인, 제작, 유통 등의 분야에 혁신적인 변화가 올 것이라는 예상은 쉽게 예측할 수 있을 것이다. 기존의 방식으로 제작한다면 적지 않은 시간 낭비에 비용 부담까지 고려하지 않을 수 없지만 향후 보급형 3D 프린터에서 사용가능한 다양한 소재의 개발까지 가능해진다면 개인 제조 공장이 많이 생겨날 것이다. 3D 모델링이나 CAD는 기술이 필요한 부분으로 모델링에 약한 초보자라면 여기서 소개하는 무료 모델링 공유 플랫폼들을 한 번씩 방문하여 원하는 데이터를 검색해서 직접 출력해보길 바라며 국내에서도 3D 프린터라는 하드웨어 말고도 3D 컨텐츠 관련 생태계 구축이 시급하다고 할 수 있다.

싱기버스 (http://www.thingiverse.com/)

3D 프린터에 관심 있는 사용자라면 누구나 한번 씩은 이용해 본 경험이 있는 사이트일 것인데 렙랩 오픈소스를 기반으로 하여 크게 성장한 미국 MakerBot에서 운영하는 3D 모델링 & 디자인 공유 플랫폼이다. '개방과 공유를 통한 공동 발전'이란 취지의 컨셉으로 만들어진 이 온라인 커뮤니티는 기존의 전통적인 생산 방식에 익숙해져 있던 대중들이 막연하기만 했던 3D 프린터를 가지고 무얼할 수 있을까 고민할 필요없이 플랫폼에 올라와 있는 3D 프린팅용 데이터를 내려받아 직접 출력하거나 자신의 취향에 맞게 변형하여 다시 회원들과 공유하기도 한다.

싱기버스

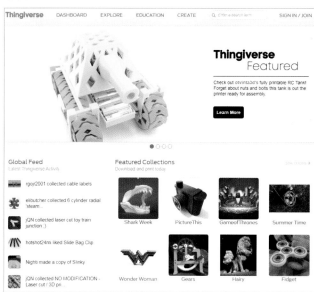

심지어 일부 3D 프린팅 출력 서비스 사업자들은 3D 프린터가 없는 사람들을 타겟으로 하여 싱기버스에 올라와 있는 모델을 유료로 출력을 해주는 서비스까지 생겨났을 정도이다.

마치 렙랩의 멘델처럼 끊임없이 복제하고 공유하면서 전세계인이 참여하는 거대한 플랫폼으로 성장했으며 MakerBot의 강력한 무기가 된 싱기버스에 올라와 있는 데이터들 중에는 놀라울 정도로 혁신적인 것도 있지만 재료만 낭비하고 실용성이 떨어지는 것들도 적지 않으니 사용자가 잘 판단해서 이용하기 바란다.

GrabCAD Community (http://grabcad.com)

GrabCAD의 워크벤치(Workbench)는 CAD 파일의 공유, 관리 및 협업 도구를 제공하는 유무료 솔루션으로 엔지니어들끼리 3D Library, Tutorial을 공유할 수 있고 프로젝트를 쉽게 관리할 수 있는 기능을 제공하는데 보안이 유지되어야 하는 프로젝트의 경우 클라이언트와 협업하는 엔지니어들만 공유가 가능하다. 또한, 체계적인 구조로 접근이 용이하며 스마트폰, 태블릿, PC 등에서도 언제든지 접속하여 데이터 확인이 가능하며 이 기능은 유료 회원의 등급(FREE, PROFESSIONAL, ENTERPRISE)에 따라 사용가능한 프로젝트 수와 용량에 제한을 받는다.

현재 GrabCAD의 Community에는 약 395만여 명의 멤버들과 215만여 개의 free CAD 파일이 공유되고 있으며 무료로 회원 가입만 하면 무제한 다운로드가 가능하다. 국내 엔지니어나 디자이너들이 흥미를 느끼고 방문하는 온라인 커뮤니티이다. Library에서는 중립 파일인 STEP, IGS, STL로 변환 외에 간단한 치수의 측정, Explode, Section 등의 처리도 가능하다. 또한 Tutorial에서는 엔지니어 상호 간 궁금한 사항들을 질문하고 답변해주는 공간으로 3D CAD 분야별로 카테고리가 잘 정리되어 있어 편리한 플랫폼이다.

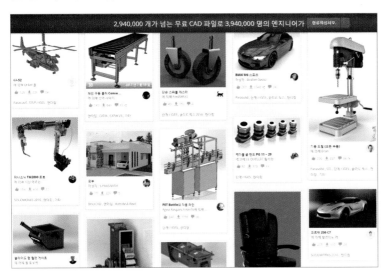

출처 : https://grabcad.com/library

YouMagine (https://www.youmagine.com/)

YouMagine은 MakerBot의 경쟁사인 얼티메이커 B.V.에서 운영하는 공유 플랫폼으로 현재 12,000여 개의 오픈소스 디자인 데이터가 공개되어 있으며 특히 얼티메이커 3D 프린터 사용자를 위한 CURA에 최적화된 데이터를 제공한다.

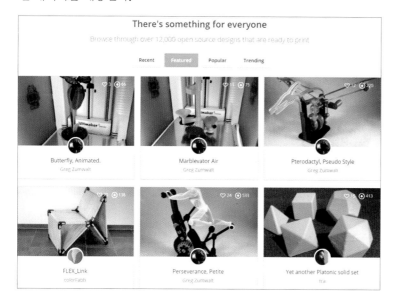

3D Warehouse(https://3dwarehouse.sketchup.com/)

3D Warehouse는 여러 가지 기능이 복잡하게 들어가 있어 성능은 뛰어나지만 배우기 어려운 3D CAD 프로그램들에 비해 비교적 간단하게 배워 사용할 수 있는 스케치업 기반의 3D 모델링 소스 공유 플랫폼이다.

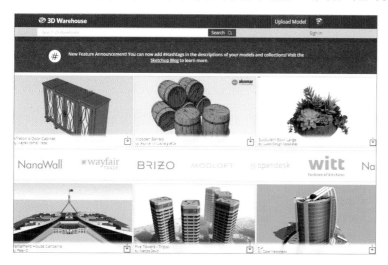

3Dupndown(http://www.3dupndown.com/)

3Dupndown은 국내 플랫폼으로 유료로 3D 파일을 업로드하여 수익을 창출할 수 있는데 다국어로도 지원이 되고 있다.

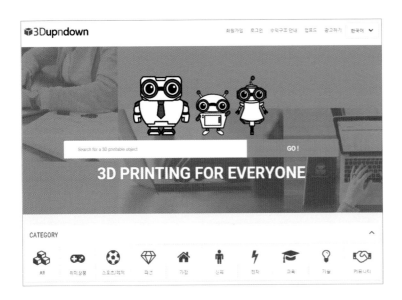

3DBANK(http://www.3dbank.or.kr/)

3D상상포털 3D뱅크도 국내 플랫폼으로 대부분 무료 파일 다운로드가 가능한데 맷돌이나 옹기그릇과 같은 우리 전통 문화재 같은 파일들도 업로드 되어 있다.

파프리카 3D(http://paprika3d.com/)

파프리카 3D도 국내 플랫폼으로 주로 피규어와 디자인 관련 파일들이 많이 있으며 무료와 유료로 제공이 되는 3D 프린팅 오픈마켓 플랫폼이다.

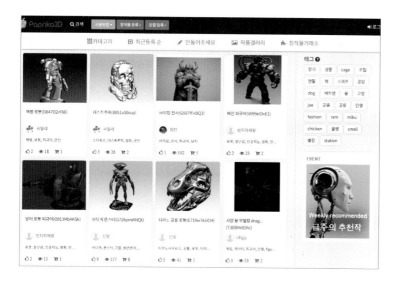

My Mini Factory(https://www.myminifactory.com/)

2013년에 시작한 My Mini Factory는 전 세계의 3D 디자이너가 파일을 업로드하여 3D 프린터 소유자가 무료로 다운로드 받을 수 있도록 디자인을 공유하고 있는 커뮤니티 플랫폼이다. 2018년 10월 현재 약 5만 5천여 개가 넘는 출력 가능한 모델과 12천여 명의 디자이너가 활동하고 있는데 월별 보고서를 통해 월간 다운로드 수와 인기있는 카테고리, 디자이너의 프로필 등을 공개하고 있다.

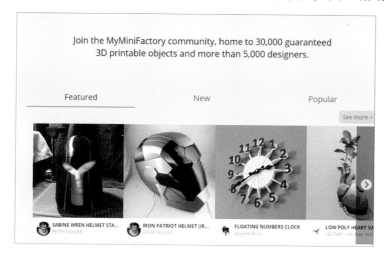

FAB365(https://fab365.net/)

팹365는 국내 3D 모델 마켓플레이스 플랫폼으로 3D 프린팅에 최적화된 고품질의 데이터를 유무료로 제공하고 있다. 콘텐츠 저작권자가 파일을 업로드하여 수익을 창출할 수 있으며, 3D 프린팅 사용자는 파일을 유무료로 내려받아 출력할 수는 있으나 상업적 용도로는 사용할 수 없다.

큐브무늬 미니 화분	천정 조명 C (큐브 패턴)	천정 조명 B
미니 화분	천정 조명 시리즈	천정 조명 시리즈
₩ 1000	₩ 4000	₩ 6000

yeggi(http://www.yeggi.com/)

yeggi는 현재 165만 건이 넘는 3D 모델 데이터를 검색할 수 있으며, 3D 모델을 제공하는 3D 커뮤니티 및 플랫폼 등에서 데이터를 수집하여 제공하고 있는 3D 모델 검색 엔진으로 싱기버스나 pinshape, GRABCAD 등의 플랫폼으로 연결되는 특징이 있다.

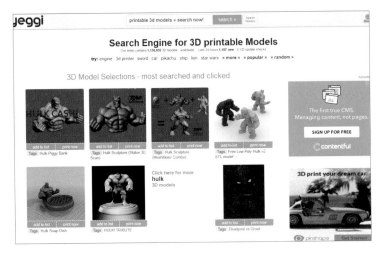

pinshape(https://pinshape.com/)

formlabs에서 운영하는 3D 프린팅 플랫폼인 pinshape는 디자이너와 제조업체들을 위한 플랫폼으로 7만 여 개의 3D 프린팅 파일을 지원하고 있다.

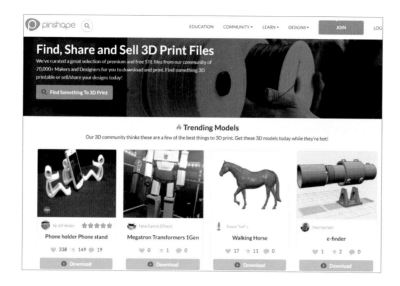

터보스퀴드(https://www.turbosquid.com/)

TURBOSQUID는 15만여 개의 3D 모델 데이터가 있는 사이트로 지원하는 파일 형식도 매우 다양하며 인체, 동물, 자동차, 선박 등 다양한 고품질의 유무료 데이터를 제공하고 있다.

터보스퀴드의 무료 모델

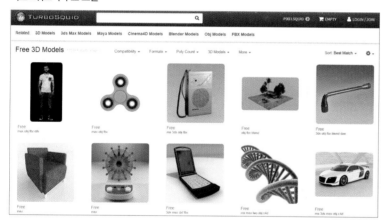

터보스퀴드의 유료 모델

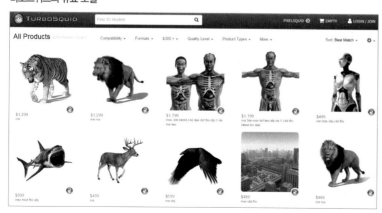

yobi3D(https://www.yobi3d.com/)

yobi3D는 무료 3D 모델 검색 엔진으로 모델별로 다양한 파일 형식을 지원하며, 해당 파일을 3D로 돌려보며 확인할 수 있고 모델을 다운로드 받기 위해서는 다운로드 소스에 연결된 사이트(예 : sketchfab.com, design3dmodel.com 등) 로 이동해야 한다.

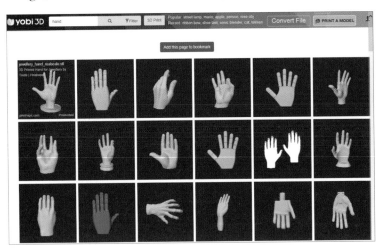

스케치팹(https://sketchfab.com/)

2012년 초 파리에서 시작한 스케치팹은 웹이나 VR에서 손쉽게 3D 콘텐츠를 게시 및 공유하고 검색할 수 있는 플랫폼으로 스케치팹의 플레이어는 웹 상에서 직접 삽입할 수 있으며 소셜 미디어에서 3D 및 VR 콘텐츠를 보고 공유할 수 있다.

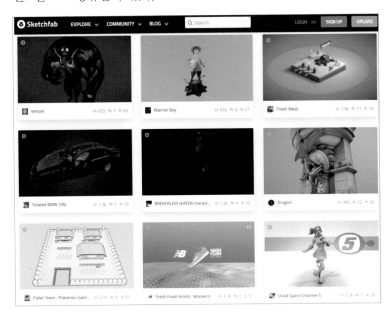

06 3D 프린팅과 지적재산권

1. 지적재산권의 이해

우리 일상에 필요한 물건을 손수 만들어 사용하던 자급자족의 생활 방식은 눈부신 산업의 발전에 따라 점차 사라져서 현재 우리는 제품을 생산하는 제조자와 실제 사용자가 완전히 분리되어 있는 시대에 살고 있다. 이제 사람들은 각자 일해서 번 돈을 가지고 다른 누군가가 만든 제품과 교환하는 방식으로 필요한 물건을 얻고 있다. 그리고 이러한 생산과 소비의 간격을 적극적으로 좁혀가고자 시도하는 사람들이 있는데 완제품을 사용하는 소비자로만 머물지 않고 '스스로 만드는 과정'을 통해 기성 제품을 자신의 입맛에 맞게 직접 개조하는 제품 해커, 메이커들이 바로 그들이다.

해킹이라고 하면 가장 먼저 컴퓨터나 모바일 등의 IT & 인터넷 범죄가 연상되지만, 실제 판매되는 기성 제품의 개조를 지칭하는 새로운 의미의 해킹이 서서히 확산되고 있다. '제품 해킹'이라는 말이 다소 낯설지 몰라도, 다른 사람이 이미 만들어 놓은 제품을 자신의 필요에 따라 수정 및 개조하는 행위는 제품의 탄생부터 함께 했다고 해도 과언이 아닐 것이다.

일례로 보통 오래 사용해 질렸거나 용도에 맞는 기능이 수명을 다한 물건에 새로 칠을 한다든가 잘라내고 덧붙여 새롭게 탄생시키는 '리폼(reform)'도 그에 해당할 것이다. 그런데 본래의 디자인을 수정해 새롭게 다시 만든다는 뜻의 리폼의 본질을 넘어, 해킹에는 보다 적극적인 변형과 변용의 의미가 깃들어 있다. 제품 해커들은 필요에 의해서이든 취미와 재미를 위해서이든, 나에게 맞고 나에게 보기 좋은 물건을 만들기 위해 기존 제품을 재료로 삼는 것이다.

신세대 감각에 맞는 차별화된 디자인과 저렴한 가격으로 유명한 스웨덴의 브랜드인 이케아(IKEA)는 해당 브랜드의 제품 해킹 사례만을 모아놓은 이케아 해커스(www.ikeahackers.net)라는 별도의 커뮤니티 사이트가 있을 정도로 대표적인 해킹 브랜드라고 할 수 있다. 이 사이트에서는 다양한 해킹 및 아이디어 카테고리로 이케아 제품의 해킹 사례와 제품에 대한 수정 및 용도 변경 방법에 대해서 공유하고 있다. 특히 이케아의 제품을 소개하는 전시회에 해킹 제품이 함께 소개되고 있을 정도라고 한다. 실제로 2010년 빈에서 열린 전시회 '이케아 현상(The IKEA Phenomenon)'에서는 이케아의 대표적인 제품 및 컬렉션과 함께 이케아 해킹 사례들을 별도로 모아 전시하기도 했다.

제품 해킹에 최적화되어 있는 이케아 제품들이지만 처음부터 해킹 가능성을 염두에 두고 디자인된 것은 분명 아닐 것이다. 제품의 원가를 절감하기 위한 대량생산에 있어 필수적인 표준화 덕택에 어느 정도는 서로 다른 제품 간 부품의 호환이 가능하지만, 유명한 블록형 완구인 '레고'처럼 모든 제품을 자유자재로 조립할 수 있도록 만든 모듈형 제품은 아니라는 말이다. 따라서 머릿속에 떠오른 다양한 해킹 아이디어를 구현하기 위해서는 원래 주어진 디자인과 다른 규격의 제품과 결합하기 위한 별도의 조립 부품이 필요할 경우가 있는데 이 한계를 뛰어넘을 수 있는 대안으로 제시되고 있는 것이 바로 3D 프린터인 것이다.

현재 각 분야에서 3D 프린팅의 다양한 활용 가능성에 대해 많은 논의와 활발한 움직임이 있는데 그 중에서도 가장 주목할 만한 것은 대량 생산에 적합하지 않은 제품의 소량 맞춤 제작을 용이하게 해준다는 점이다. 또한, 값비싼 3D CAD 소프트웨어가 아니더라도 무료나 오픈 소스 형식으로 온라인 등을 통해 자유롭게 공유되는 소프트웨어가 그 영역을 확장한다는 점 역시 제품 해킹의 온라인 공유 방식과 닮아 있다. 이런 3D 프린팅의 특징을 살린다면 해킹을 위한 조립 및 변형에 필요한 추가 부품을 손쉽게 만들 수 있으며 제작 방식을 해킹 사이트를 통해 공유할 수 있다. 이제 제품 해킹을 통해 새롭게 만들어 낼 수 있는 물건의 가능성은 무한대로 높아진 것이다.

3D 데이터 공유 플랫폼을 이용하면 손쉽게 다운로드하여 수정하거나 출력할 수 있는데 해당 사이트의 저작권 방침에 대해서 반드시 숙지할 필요가 있다.

타인의 3D 모델링 파일에 대해 지식재산권을 침해하는 문제는 크게 3가지로 분류할 수 있다.

첫 번째, 원저작권자의 사전 동의나 허락이 없이 파일을 다운로드받아 커뮤니티나 타 사이트 등에 배포하는 경우이다. 예를 들어 아이들이 좋아하는 캐릭터 중에 저작권 있는 것을 그대로 모델링하여 무료로 배포하는 경우를 말한다.

두 번째, **저작권을 침해한 3D 모델링 파일을 등록하는 행위를 해당 사이트에서 방관하는 경우 사이트 운영자에게도 일부 법적 책임을 물을 수 있는데 국내 저작권자가 해외의 사이트들을 대상으로 책임 소재를 따지기는 쉽지 않은 현실이다.** 또한, 대부분의 사이트에서는 가입시 약관을 통해 책임을 회피해 갈 수 있도록 한 경우가 많다.

세 번째, 이미 **상표권이나 지적재산권이 등록된 게임, 애니메이션 캐릭터와 같은 3D 모델링 파일을 다운로드받아 자신이 보유하고 있는 3D 프린터를 이용해 제작하여 오프라인 매장 같은 곳에서 상업적으로 판매하게 된다면 해당 판매자는 법적 처벌 대상이 될 수 있다.**

하지만 저작권이 존재하는 파일을 내려받아 원본과 비교가 힘들 정도로 모델링을 변형하고 수정을 했다면 저작권 관련한 분쟁은 또 하나의 논란거리가 될 수도 있을 것이다.

2. 크리에이티브 커먼즈 라이선스(CCL)

블로그(Blog)나 웹사이트를 운영하는 사람들 중에 자신의 저작물을 보호하기 위한 대책으로 흔히 사용하는 방법으로 '마우스 우측 버튼 사용 금지'나 '자동 출처 사용' 외에 'CCL'을 적용하는 경우이다. 사실 '마우스 우측 버튼 사용 금지'나 '자동 출처 사용' 과 같은 방법은 사이트 방문자가 의도적으로 해제할 수 있기 때문에 실제 불펌(인터넷 상에서 타인의 게시물, 즉 글이나 사진 등을 원저작자의 동의를 구하지 않고 가져오거나 사용하는 일)에 따른 저작권 문제를 근본적으로 차단하거나 방지하는 효과는 그리 크지 않다.

흔히 사용하는 라이선스 대책으로 크리에이티브 커먼즈 라이선스(Creative Commons License, 이하 CCL)를 들 수 있는데 'CCL'은 자신의 창작물에 대하여 일정한 사용 조건과 이용방법을 준수한다면 다른 사람들이 자유롭게 해당 저작물을 사용할 수 있도록 허락해주는 '자유이용 라이선스'를 말한다. 타인의 라이센스를 이용하고 싶은 사람은 해당 저작물에 표시된 심벌마크를 이해하고 사용했다면 지극히 정상적인 행위로 불펌에서 자유로울 수가 있다.

'CCL'은 저작물에 대한 불펌방지나 저작권 보호를 위한다기 보다는 저작물의 공유와 관련된 사항으로 자신의 저작물을 타인과 공유하고자 할 때 적용하는 것이 바람직하다.

4.1 CCL 이용 방법 및 사용 조건

한편 국내에서는 사단법인 코드(C.O.D.E)에서 크리에이티브 커먼즈 코리아(CCL)를 운영하고 있으며, CCL은 자신의 창작물에 대하여 일정한 조건 하에 다른 사람의 자유로운 이용을 허락하는 내용의 자유이용 라이선스(License)로 소개하고 있다.

CC 라이선스를 구성하는 이용허락조건은 4개가 있으며, 이 이용허락조건들을 조합한 6종류의 CC 라이선스가 존재한다.

① 이용 허락 조건

우선, CC 라이선스의 종류를 설명하기 전 CC 라이선스를 구성하고 있는 이용허락조건에 대해 살펴보겠다. 앞서 설명한 것과 같이 내 저작물을 이용하는 사람들은 저작물에 적용된 CC 라이선스에서 표시하고 있는 이용허락조건에 따라 저작물을 자유롭게 이용하게 된다. CC 라이선스에서 선택할 수 있는 이용허락조건은 아래와 같이 4 가지이다.

Attribution (저작자 표시)
저작자의 이름, 출처 등 저작자를 반드시 표시 해야 한다는, 라이선스에 반드시 포함하는 필수조항입니다.

Noncommercial (비영리)
저작물을 영리 목적으로 이용할 수 없습니다. 영리목적의 이용을 위해서는, 별도의 계약이 필요하다는 의미입니다.

No Derivative Works (변경금지)
저작물을 변경하거나 저작물을 이용한 2차적 저작물 제작을 금지한다는 의미입니다.

Share Alike (동일조건변경허락)
2차적 저작물 제작을 허용하되, 2차적 저작물에 원 저작물과 동일한 라이선스를 적용해야 한다는 의미입니다.

② 라이선스 이용조건 및 문자표기

CC 라이선스에는 4개의 이용허락조건들로 구성된 6종류의 라이선스들이 있다. 원하는 이용허락조건들로 구성된 CC 라이선스를 선택 후 CC 라이선스 표기 가이드에 따라 자신의 저작물에 선택한 CC 라이선스를 표기하도록 한다. 참고로, 각 라이선스별로 CC 라이선스를 쉽게 읽고 이해할 수 있도록 이용허락규약을 요약한 일반증서(Commons Deed)와 법률적 근거가 되는 약정서 전문인 이용허락규약(Legal Code)이 있다.

라이선스	이용조건	문자표기
CC BY	**저작자표시** 저작자의 이름, 저작물의 제목, 출처 등 저작자에 관한 표시를 해주어야 합니다.	CC BY
CC BY NC	**저작자표시·비영리** 저작자를 밝히면 자유로운 이용이 가능하지만 영리목적으로 이용할 수 없습니다.	CC BY-NC
CC BY ND	**저작자표시·변경금지** 저작자를 밝히면 자유로운 이용이 가능하지만, 변경 없이 그대로 이용해야 합니다.	CC BY-ND
CC BY SA	**저작자표시·동일조건변경허락** 저작자를 밝히면 자유로운 이용이 가능하고 저작물의 변경도 가능하지만, 2차적 저작물에는 원 저작물에 적용된 것과 동일한 라이선스를 적용해야 합니다.	CC BY-SA
CC BY NC SA	**저작자표시·비영리·동일조건변경허락** 저작자를 밝히면 이용이 가능하며 저작물의 변경도 가능하지만, 영리목적으로 이용할 수 없고 2차적 저작물에는 원 저작물과 동일한 라이선스를 적용해야 합니다.	CC BY-NC-SA
CC BY NC ND	**저작자표시·비영리·변경금지** 저작자를 밝히면 자유로운 이용이 가능하지만, 영리목적으로 이용할 수 없고 변경 없이 그대로 이용해야 합니다.	CC BY-NC-ND

출처 : http://www.cckorea.org/

3. 3D 저작물 사용 사례

타인의 저작물인 3D 모델링 파일을 무료 플랫폼을 통해 다운로드하여 손쉽게 프린팅해보는 사람들이 많이 있을 것이다. 거꾸로 자신이 직접 제작한 디자인 파일을 업로드하여 전 세계 누구나 무료로 사용할 수 있도록 제공하는 경우도 있다. 하지만 무료 플랫폼에서 다운로드 받은 파일로 출력하여 상업적으로 판매한다거나 원본 파일을 타 플랫폼에 유료로 등록하여 판매한다면 향후 원저작자로부터 저작권이나 상표권에 관한 사항으로 법적인 문제에 직면할 수도 있으니 반드시 주의해야 한다. 자신이 만든 모델의 사용과 공유에 대해서는 무관심해도 크게 손해 볼 게 없겠지만 타인의 모델을 사용함에 있어서는 법적인 문제를 제대로 인지하고 있어야 한다.

다이징오프(Dizingof)로 널리 알려진 3D 프린팅 아티스트 어셔 나미아스는 수학공식을 추상적으로 표현하는 매스아트(Math Art)로 자신의 저작물에 CC BY-NC-ND 3.0 라이센스(제작자 이름 표시 의무, 상업적 사용 및 변형 금지) 사용을 조건으로 온라인에 공개함으로써 3D 프린팅 분야에서 큰 명성과 인기를 끌었다.

하지만 이 아티스트의 작품을 일부 유명 3D 프린팅 기업들이 자사 3D 프린터로 출력하여 박람회나 기업광고 등에서 전시 및 이용하였는데 문제는 원저작자의 이름 등을 명시하지 않는 사례를 목격하고 자신이 공개한 모든 디자인을 삭제하는 결정을 내리게 되었다고 한다.

이와 같은 원저작자의 조치는 3D 프린팅 업계 전반에 경종을 울리는 계기가 되었지만 수많은 팬들로부터 부정적인 반응을 불러 일으키게 되었고 이후 다이징오프는 사이트를 통해 FREE 다운로드 가능한 디자인 파일과 유료 디자인 파일을 구분하여 사용 가능하게 조치하고 있다.

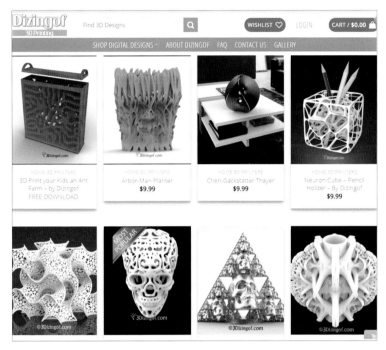

출처 : © http://www.3dizingof.com/3D-Printing/

CCL 라이선스 표기가 된 무료다운로드 파일

팅커캐드 모델링하기

3D 모델링 초보자나 초·중생들의 교육용 프로그램으로 국내에서도 많이 사용하고 있는 웹 기반의 TinkerCAD는 창의공학교육에 활용하기 좋은 모델링 툴로 간단한 모델링 실습과정을 수록하였다.

1. 이름표 모델링하기

❶ [기본 쉐이프]에서 [상자]와 [원통]을 선택하고 작업평 면으로 가져온다.

❷ [상자]의 크기를 가로 60, 세로 20으로 하고 높이를 3 으로 만든다.

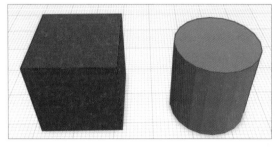

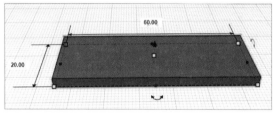

❸ [원통]의 크기를 20으로 하고 높이를 3으로 만든다.

❹ 다음과 같이 상자의 양쪽 끝에 원통을 위치시킨다.

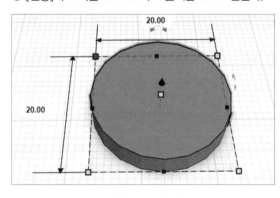

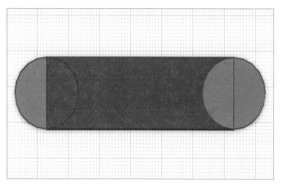

❺ [기본 쉐이프]에서 [상자]와 [원통]을 선택하고 작업평 면으로 가져온다.

❻ 모든 도형을 선택한 후 [그룹 만들기]를 실시한다.

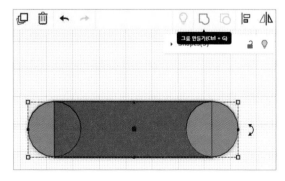

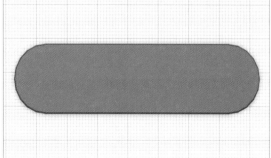

❼ [기본 쉐이프]에서 [문자]를 가져와 크기와 문자를 변경해 주고 문자를 위로 3mm 이동시킨다.

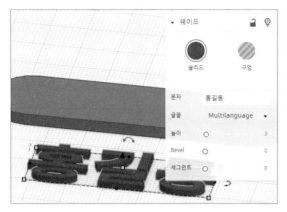

❽ 문자를 도형 위에 올려 놓은 후 [정렬] 기능을 이용하여 가운데에 정렬시킨다.

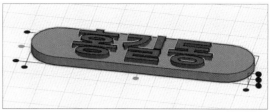

❾ 문자와 도형을 전부 선택한 후 [그룹 만들기]를 실시한다.

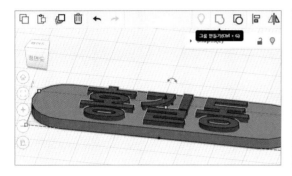

❿ 이름표에 구멍을 뚫기 위해 구멍 [원통]을 가져와서 크기를 변경한다.

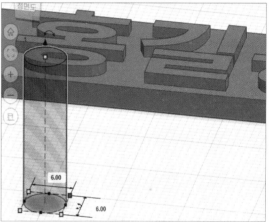

⓫ [인쪽 반원의 중간점에 구멍 [원통]을 위치시킨 후 아래로 조금 이동한다.

⓬ 간단한 이름표가 완성되었다.

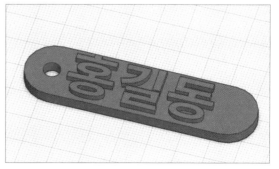

[내보내기]를 선택하고 stl 파일로 저장하여 3D 프린터로 출력한다.

1 다음과 같이 이름표를 모델링해 보자.

2 다음과 같이 이름표를 모델링해 보자.

2. 숫자 주사위 모델링하기

❶ [기호]에서 주사위 도형을 선택하고 작업평면으로 가
져온다.

❷ [문자]에서 다음과 같이 숫자 도형을 가져온다.

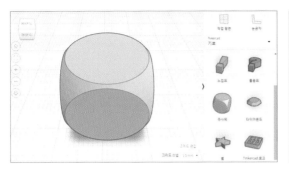 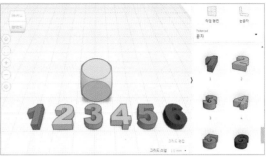

❸ 숫자 1 도형을 선택하고 위로 이동한다.

❹ 숫자 1 도형과 주사위 도형을 선택한 후 [정렬] 기능
을 이용하여 정렬한다.

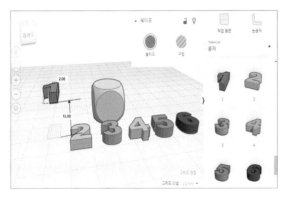 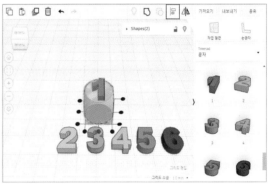

❺ 숫자 1 도형과 주사위 도형을 함께 선택한 후 180도
회전시킨다.

❻ 숫자 6 도형을 위로 이동 후 주사위에 배치하고 정렬
시킨다.

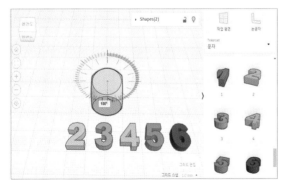 

❼ 위와 같은 방법으로 나머지 숫자 도형들을 배치하고 정렬시킨다.

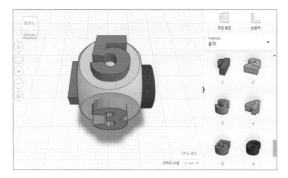

❽ 숫자 도형 배치를 마쳤으면 전부 선택한 후 [그룹 만들기] 를 실시한다.

❾ [그룹 만들기]를 실시하면 한가지 색상으로 통일이 된다.

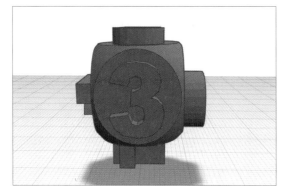

❿ [솔리드]를 선택한 후 [여러 색]에 체크하면 원래 숫자들의 색상으로 돌아온다.

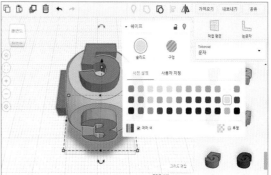

1 다음과 같이 주사위를 모델링해 보자.

2 다음과 같이 주사위를 모델링해 보자.

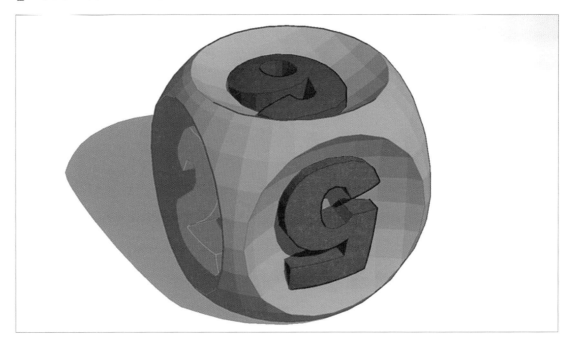

3. 워크플레인 기능으로 숫자가 파인 주사위 모델링하기

❶ [기본 쉐이프]에서 상자 도형을 선택하고 작업평면으로 가져옵니다. 만약 모서리 부분을 둥글게 하고 싶다면 [쉐이프 창]에서 반지름을 입력해 주면 된다.

❷ 우측 상단의 [작업 평면]을 마우스 왼쪽버튼을 누른 채 작업할 면에 위치시킨다.

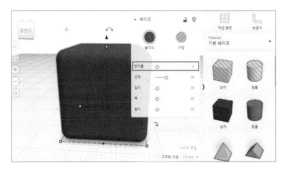

❸ [문자]에서 숫자 1 도형을 선택하여 작업 면에 위치시킨다.

❹ [정렬] 기능을 이용하여 보기 좋게 가운데로 정렬시킨다.

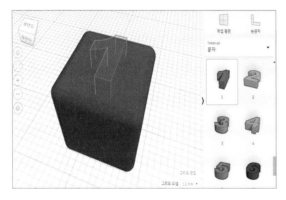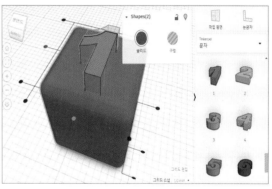

❺ 숫자 1 도형을 선택한 후 [쉐이프창]에서 [구멍]을 선택해준다.

❻ 숫자 6 도형을 상자 윗면 높이에 맞게 아래로 4mm 이동시켜준다.

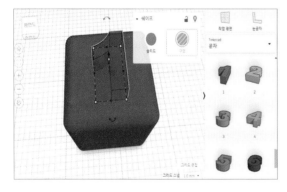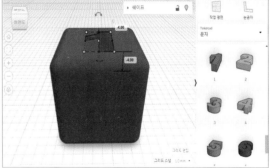

❼ 마우스 우측 버튼을 누른 채 화면 시점을 이동해가며 나머지 숫자 도형들도 워크플랜 기능을 활용하여 같은 방법으로 작업한다.

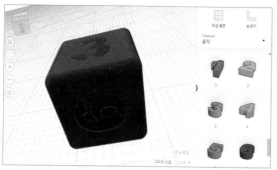

❽ [작업 평면]을 드래그하면 원래 화면으로 돌아온다. 이제 전체 도형을 선택한 후 [그룹 만들기]를 실시하면 숫자가 파인 주사위가 완성되었다.

연습 모델링

1 다음과 같이 주사위를 모델링해 보자.

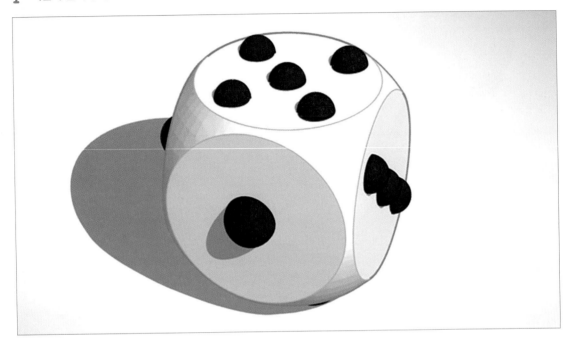

2 다음과 같이 주사위를 모델링해 보자.

4. 머그컵 모델링하기

❶ [기본 쉐이프]에서 원통 도형을 선택하고 작업평면으로 가져온다. 현재 사용 중인 머그컵의 치수를 측정해서 만들어보겠다. 원통의 치수를 80.00mm로 변경하고 높이를 75.00mm로 변경한다.

❷ 컵의 내부를 만들기 위해 원통을 복사한 후 치수를 70.00mm 로 수정한다.

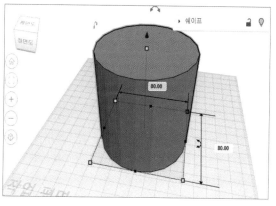
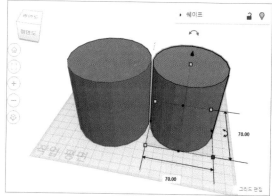

❸ 바닥면을 만들기 위해 원통 도형을 바닥에서 5.00mm 위로 이동한다.

❹ 내부 속을 만들 원통 도형을 이동시킨 후 [정렬] 기능을 이용하여 가운데로 정렬시킨다.

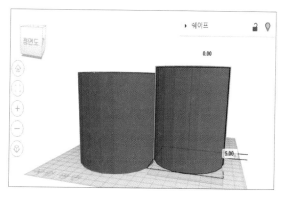
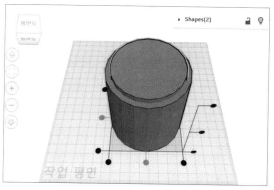

❺ 내부 원통 도형을 선택한 후 [쉐이프 창]에서 [구멍]을 선택해준다.

❻ 손잡이를 만들기 위해 [기본 쉐이프]에서 [토러스]를 가져와 크기를 변경해준다.

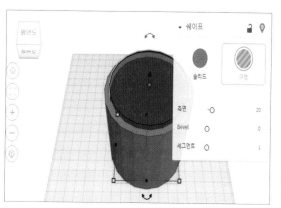
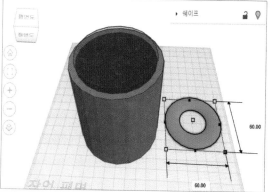

❼ [토러스]를 90도로 회전시킨다.

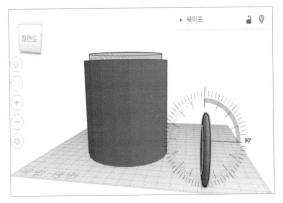

❽ [토러스]를 작업평면 바닥에서 8.00mm 위로 이동시킨 후 90도 회전시킨다.

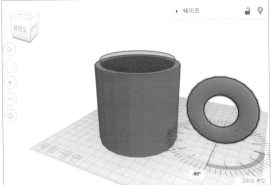

❾ 손잡이를 완성하기 위해 도형을 전체 선택한 후 [그룹 만들기]를 실시한다.

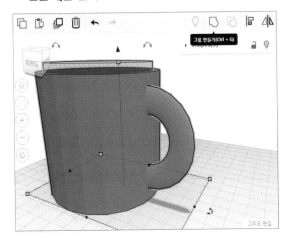

❿ 간단한 머그컵이 완성되었다.

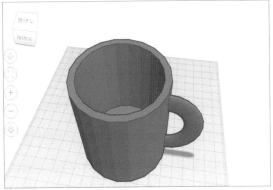

1 다음과 같이 컵을 모델링해 보자.

2 다음과 같이 컵을 모델링해 보자.

5. 피젯 스피너 모델링하기

❶ 상자 도형을 가져온 후 가로 75mm, 세로 26mm, 높이를 7mm로 만든다. 사용할 볼 베어링의 치수는 안지름 : 8mm, 바깥지름 : 22 mm. 두께 : 7mm이다.

❷ 원통 도형을 가져온 후 가로와 세로를 26mm, 높이를 7mm로 만들어 준다.

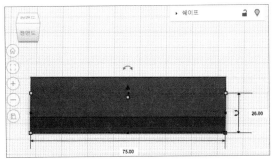

❸ 원통 도형을 상자 도형의 좌우 끝선에 위치시킨다.

❹ 베어링을 삽입할 구멍을 만들기 위해 구멍 원통 도형을 가져와 가로와 세로를 22mm로 만든다.

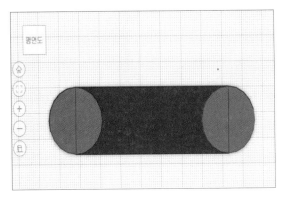

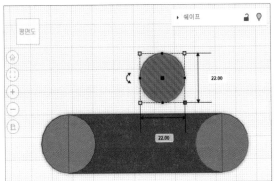

❺ 구멍 원통 도형을 가져와서 복사하여 붙여넣기해서 3개소를 중심에 맞게 정렬시킨다.

❻ 전체 도형을 선택한 후 [그룹 만들기]를 실시한다.

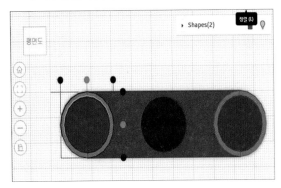

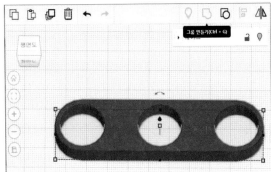

❼ 합쳐진 도형을 선택한 후 [복제]를 선택하고 45도 회전시킨다.

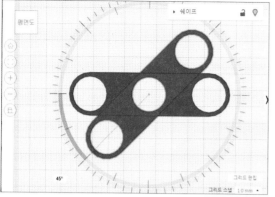

❽ [복제]를 2번 연속해서 선택하면 45도의 동일한 간격으로 복제가 된다.

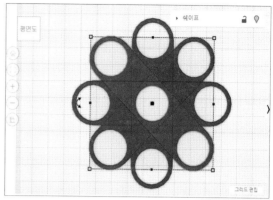

❾ 전체 도형을 선택한 후 [그룹 만들기]를 실시한다.

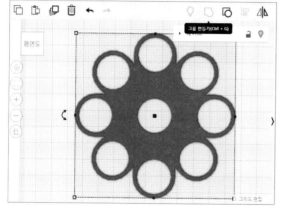

❿ 피젯스피너 몸체가 완성되었으므로, 좌우 손잡이를 만든다. 원통 도형을 가져와서 하나는 가로와 세로를 26mm, 높이를 3mm로 만들어 주고, 하나는 베어링 안지름에 맞추어 가로와 세로를 8mm, 높이를 3mm로 만들어 준다.

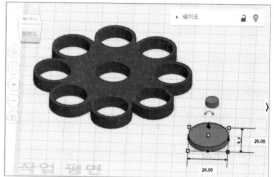

⓫ 작은 원통 도형을 바닥에서 3mm 올린 후 큰 원통 도형에 위치시키고 [그룹 만들기]를 실시한다.

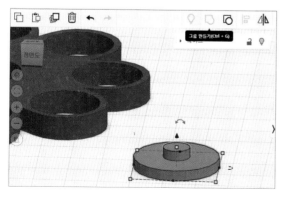

⓬ 손잡이를 하나 더 복사하고 배치하면 간단한 피젯 스피너가 완성되었다.

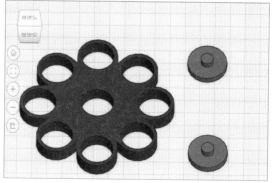

1 다음과 같이 피젯 스피너를 모델링해 보자.

2 다음과 같이 피젯 스피너를 모델링해 보자.

6. 렌치 공구 모델링하기

❶ 원통 도형을 가져와 평면 핸들의 길이와 너비를 25mm, 원통 위의 핸들을 이용하여 높이를 5mm로 만든다.

❷ 구멍 원통 도형을 가져와 길이와 너비를 12.5mm로 만든다.

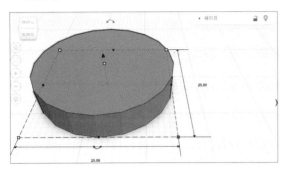

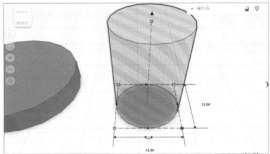

❸ 두 도형을 선택하고 정렬 버튼을 누른 후 가운데 정렬시킨다. 검은색 정렬 핸들은 두 도형을 중심에 맞추는데 도움이 된다.

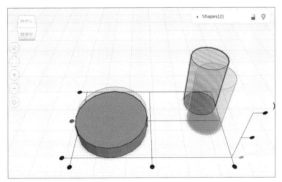

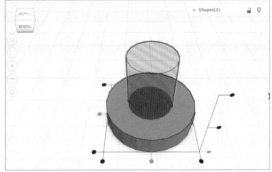

❹ 정렬이 완료되었으면 [그룹 만들기]를 실시하여 구멍을 생성해 링을 만든다.

❺ 상자를 가져와 길이를 100mm로 너비를 10mm로 만든다.

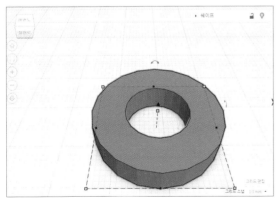

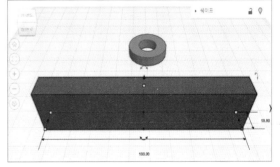

❻ 상자 위쪽의 핸들을 끌어내려 원통 높이와 일치하도록 5mm로 수정한다.

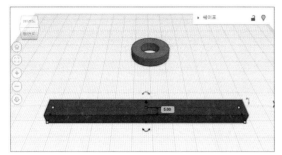

❼ 원통 도형을 가져온 후 직경 30mm의 원통을 만들고 폴리곤(다각형, Polygon)을 가져와 너비를 15mm, 길이를 34mm로 만든다.

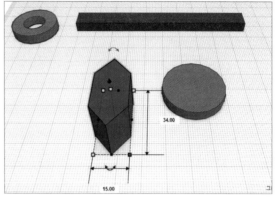

❽ 폴리곤을 선택하고 [쉐이프]에서 구멍 도형을 클릭한 후 정렬 도구를 이용해 정렬시킨다.

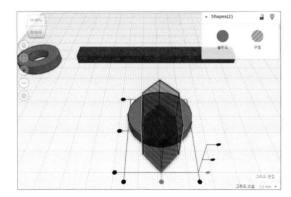

❾ 두 도형을 선택한 후 [그룹 만들기]를 실시하여 다각형 구멍을 생성시킨다.

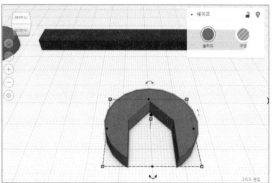

❿ 처음 만든 링을 사각 핸들과 함께 선택하고 링의 중심에 핸들이 위치하도록 정렬시킨 후 두 도형을 선택하여 [그룹 만들기]를 실시한다. 하나로 합쳐진 두 도형은 주황색으로 통일된다.

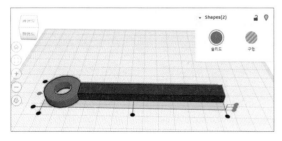
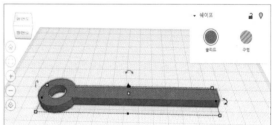

❶ XY 평면 회전 핸들을 이용하여 다음과 같은 방향으로 60도 회전시킨다.

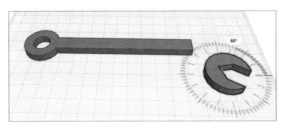

❷ 사각 핸들로 이동시킨 후 정렬 기능으로 위치를 맞춘다.

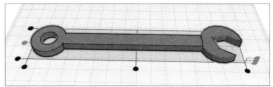

❸ 전체 도형을 선택한 후 [그룹 만들기]를 실시하면 간단한 렌치가 완성된다.

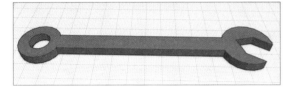

❹ 3D 프린터로 출력하기 위해 [내보내기]를 선택한 후 STL 파일로 저장한다.

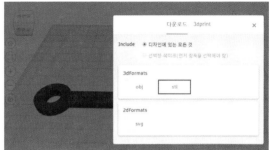

❺ 3D 프린터로 출력한 렌치 모델이다.

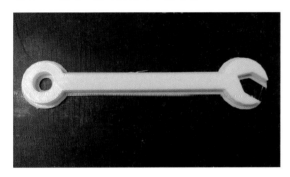

1 다음과 같이 공구를 모델링해 보자.

2 다음과 같이 공구를 모델링해 보자.

7. 도장 모델링하기

❶ 원통 도형을 가져와 높이를 10mm로 만든다. [눈
금자]를 작업평면 위로 가져다 놓으면 치수 확인이
쉽다.

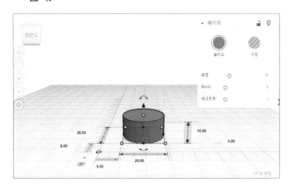

❷ 포물면 도형을 가져와 높이를 35mm로 만든다.

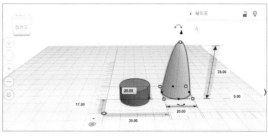

❸ 포물면 도형을 바닥에서 10mm 들어 올린다.

❹ 포물면 도형을 원통 도형으로 이동시킨 후 가운데 [정
렬] 시킨다.

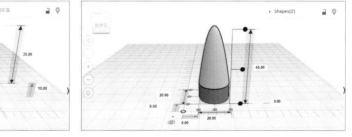

❺ 포물면 도형을 가져와서 180도 회전시킨 후 바닥에
서 25mm 들어 올린다.

❻ 정렬 기능을 이용하여 다음과 같이 가운데 [정렬] 시
킨다.

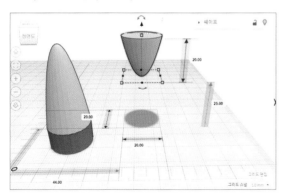

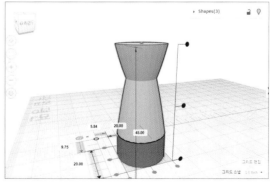

❼ 반구 도형을 가져와 들어올려 [정렬]시킨 후 전체 도형을 선택하고 [그룹 만들기] 한다.

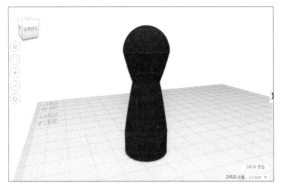

❽ 원통을 삽입하여 다음과 같이 크기를 변경해준다.

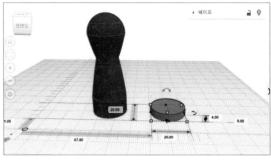

❾ 변경한 원통 도형을 복사하여 다음과 같이 크기를 변경시킨다.

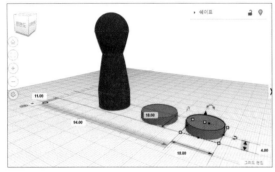

❿ 변경시킨 도형을 원통 도형으로 이동시키고 가운데로 [정렬] 한다.

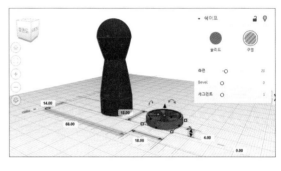

⓫ 원통 도형을 선택하고 [그룹 만들기] 한다.

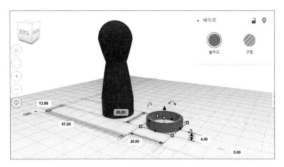

⓬ 문자 도형을 가져와서 글자를 입력하고 다음과 같이 크기를 변경하고 180도 회전시킨 후 원통의 가운데로 [정렬] 시킨다.

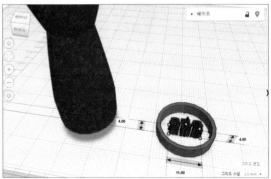

⑬ 도장 몸통을 위로 4mm 들어 올린 후 가운데 [정렬]시 킨다.

⑭ 전체 도형을 선택 후 [그룹 만들기]를 실시하면 도장 이 완성된다.

연습 모델링

1 다음과 같이 도장을 모델링해 보자.

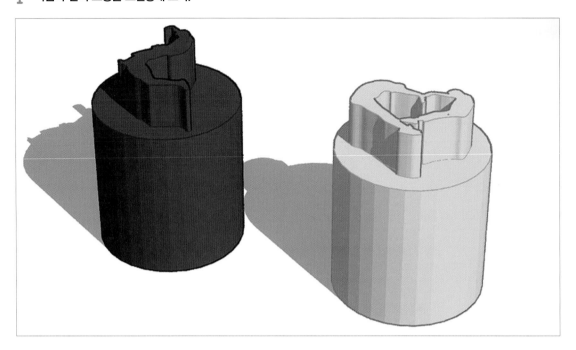

2 다음과 같이 도장을 모델링해 보자.

팅커캐드 아두이노 서킷 활용하기

1. 팅커캐드 아두이노 서킷

팅커캐드는 앞서 소개한 3D 모델링뿐만 아니라 무료 공개 프로그램이지만 타 3D 모델링 프로그램에서는 지원하지 않는 유용한 기능을 사용할 수 있는데 바로 아두이노 시뮬레이터 및 코드 에디터 기능으로 블록형 코딩, 일반 코딩이 가능한 아두이노 프릿징(Arduino Fritzing) 소프트웨어이다. 팅커캐드의 [Circuits]을 잘 활용하면 Fritzing 보다 깔끔한 회로설계를 하고 시뮬레이션해 볼 수 있을 것이다.

프릿징(Fritzing) 이란 회로도, 스키매틱, 설계도, 회로기판 등을 설계하고 시뮬레이션해 볼 수 있는 무료 소프트웨어를 말하는데 팅커캐드에서 지원하는 유용한 기능 중에 [Circuits]가 바로 그것이다. 개별적인 하드웨어 작품을 만들 때 아두이노 보드와 소자, 모터 등의 구성 요소들의 연결을 그려 놓은 그림을 회로도라고 한다. 프릿징은 아두이노를 활용하여 제작하는 경우 하드웨어 도면을 손쉽게 그릴 수 있도록 도와주는 소프트웨어로 이해하면 된다.

아두이노를 학습할 때 실물 부품이 없다거나 내 회로설계에 이상이 없는지 당장 확인하고 싶을 때 활용하면 상당히 유용한 도구이다.

특히 일선 교육기관에서 교강사들이 학생들을 대상으로 수업에 이용한다면 아주 강력한 교육용 툴이 될 것이다. 또한 실제 부품이나 아두이노 키트들이 시중에 많이 소개되어 있고 교육용 자료도 온라인을 통해 무료로 열람할 수 있는 것이 많으므로 스스로 학습하는데도 큰 무리가 없을 것이다.

그럼 여기서 '아두이노'란 무엇인지 잠시 알아보도록 하자.

아두이노(이탈리아어: Arduino 아르두이노[*])는 오픈 소스를 기반으로 한 단일 보드 마이크로컨트롤러로 완성된 보드(상품)와 관련 개발 도구 및 환경을 말한다. 2005년 이탈리아의 IDII(Interaction Design Institute Ivrea)에서 하드웨어에 익숙지 않은 학생들이 자신들의 디자인 작품을 손쉽게 제어할 수 있게 하려고 고안된 아두이노는 처음에 AVR을 기반으로 만들어졌으며, 아트멜 AVR 계열의 보드가 현재 가장 많이 판매되고 있다. ARM 계열의 Cortex-M0(Arduino M0 Pro)과 Cortex-M3(Arduino Due)를 이용한 제품도 존재한다.

아두이노는 다수의 스위치나 센서로부터 값을 받아들여, LED나 모터와 같은 외부 전자 장치들을 통제함으로써 환경과 상호작용이 가능한 물건을 만들어 낼 수 있다. 임베디드 시스템 중의 하나로 쉽게 개발할 수 있는 환경을 이용하여 장치를 제어할 수 있다.

아두이노 통합 개발 환경(IDE)을 제공하며, 소프트웨어 개발과 실행코드 업로드도 제공한다. 또한 어도비 플래시, 프로세싱, Max/MSP와 같은 소프트웨어와 연동할 수 있다.

아두이노의 가장 큰 장점은 마이크로컨트롤러를 쉽게 동작시킬 수 있다는 것이다. 일반적으로 AVR 프로그래밍이 AVRStudio(Atmel Studio[6]로 변경, ARM 도구 추가됨)와 WinAVR(avr-gcc)의 결합으로 컴파일하거나 IAR E.W.나 코드비전(CodeVision)등으로 개발하여, 별도의 ISP 장치를 통해 업로드를 해야하는 번거로운 과정을 거쳐야 한다. 이에 비해 아두이노는 컴파일된 펌웨어를 USB를 통해 쉽게 업로드 할 수 있다. 또한, 아두이노는 다른 모듈에 비해 비교적 저렴하고, 윈도를 비롯해 맥 OS X, 리눅스와 같은 여러 OS를 모두 지원한다. 아두이노 보드의 회로도가 CCL에 따라 공개되어 있으므로, 누구나 직접 보드를 만들고 수정할 수 있다.

아두이노가 인기를 끌면서 이를 비즈니스에 활용하는 기업들도 늘어나고 있다. 장난감 회사 레고는 자사의 로봇 장난감과 아두이노를 활용한 로봇 교육 프로그램을 학생과 성인을 대상으로 북미 지역에서 운영하고 있다. 자동차회사 포드는 아두이노를 이용해 차량용 하드웨어와 소프트웨어를 만들어 차량과 상호작용을 할 수 있는 오픈XC라는 프로그램을 선보이기도 했다.

출처 : https://ko.wikipedia.org/wiki/아두이노

아두이노는 2003년경 이탈리아에서 처음 공개가 되었는데 학생들의 수업을 위해 개발이 시작된 오픈소스 프로젝트의 결과물로 개발한 사람들은 선생님들이라고 한다. 렙랩 오픈소스 프로젝트를 통하여 공개한 3D 프린터와 마찬가지로 오늘날 교육 환경에 최적화되어 교육자, 학생 분만 아니라 개발자, 엔지니어, 취미생활 등에 아주 다양한 용도로 활용되고 있다.

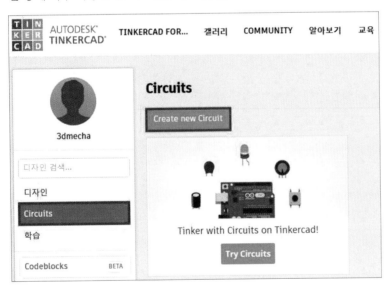

메인 화면 좌측 상단의 [디자인] 아래 [Circuits]를 클릭하고, 다음과 같이 [Create new Circuit]를 클릭하면 다음과 같은 화면이 나타난다.

아두이노는 전문적인 프로그래밍이나 소프트웨어를 학습하지 않고도 초보자도 쉽게 사용할 수 있는 프로토타이핑 플랫폼이다. 팅커캐드에서는 실물 부품이 없어도 회로를 설계하고 시뮬레이션해 볼 수 있는 기능을 지원하고 있어 참 편리하다.

2. Circuits 구성요소 이해하기

지금부터 팅커캐드의 [Circuits] 메뉴에서 지원하는 아두이노 개발 환경에 사용가능한 여러가지 부품들을 살펴보고 각각의 요소들의 모양과 역할에 대해 하나씩 살펴보면서 이해하고 간단한 실습을 해보도록 하겠다. [Components]에서 [All]을 선택하면 지원하는 구성요소들이 분류되어 나온다.

2.1 General

[General] 메뉴에 있는 구성 요소에 대해서 알아보자.

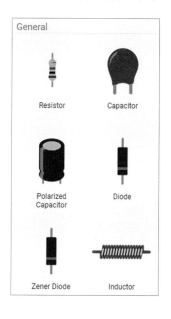

❶ Resistor

레지스터는 저항으로 회로에서 전류의 흐름을 제한시켜주는 역할을 하는데 저항의 연결은 직렬 연결과 병렬 연결 2가지로 나눌 수 있다.

❷ Capacitor

캐패시터는 축전기를 말하며 전기를 일시적으로 저장하는 역할을 하는데 두 개의 금속판 사이에 절연 재료로 만들어진 유전체를 샌드위치처럼 끼워 놓은 회로소자이다. 우리나라에서는 흔히 콘덴서(Condenser)라고 불리우며 전자회로에서 필수적인 부품이다.

❸ Polarized Capacitor

일반적으로 많이 쓰이고 있는 콘덴서는 전해 콘덴서로 작은 크기에도 큰 용량을 얻을 수 있는 장점이 있으며 극성을 가지고 있는 콘덴서이다.

❹ Diode

다이오드는 전류를 한 방향으로 흐르게 하고, 역방향으로는 흐르지 못하게 하는 성질을 지닌 반도체 소자 또는 2극 진공관을 말한다. 다이오드는 주로 전압의 안정, 역방향 전원 차단, 센서나 모듈 보호 등의 역할을 해주는 데 회로상에서 안전을 책임져 주는 요소로 이해하면 되겠다.

❺ Zener Diode

제너 다이오드는 반도체 다이오드의 일종으로 정전압 다이오드라고도 한다. 일반적인 다이오드는 순방향으로 사용되는 것에 비해 제너 다이오드는 역방향으로 사용된다는 특징이 있으며 전류가 변화되어도 전압이 일정하다는 특징이 있어 정전압 회로에 사용되거나 서지 전류 및 정전기로부터 IC 등을 보호하는 보호 소자로 사용된다.

❻ Inductor

유도기(인덕터)는 전류에 의한 자기장을 만들어 자기(Mabnetism)를 저장하는 원리로 많은 교류 회로, 특히 라디오 관련 회로에 많이 사용된다. 인덕터에 전류가 흐르면 코일 속에 자기장의 형태로 에너지가 일시적으로 저장된다. 유도기의 반대되는 개념으로 축전기(커패시터)가 있다.

2.2 Input

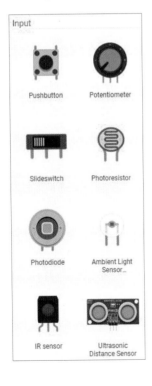

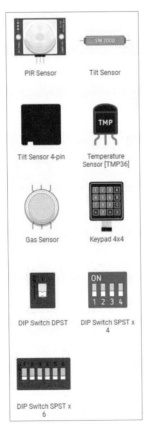

❶ Pushbutton

버튼을 누르면 두 개의 접촉 부분을 연결시켜 전기가 흐르게 만드는 간단한 부품으로 버튼을 누르면 딸깍딸깍 소리가 나며 버튼이 눌려진다. 푸시버튼은 눌렀던 손가락을 데는 순간 다시 원위치로 복귀하며 접점이 떨어지게 된다.

❷ Potentiometer

가변저항(Potentiometer)은 저항값이 고정되어 있지 않은 것을 말하며 가변저항을 이용하여 저항을 바꾸면 전류의 크기도 바꿀 수 있다. 우리 실생활 속에서도 흔히 접할 수 있는 소자로 스피커의 볼륨 조절 등에 부착되어 조절 슬라이더를 회전시키거나 앞뒤로 밀거나 당겨서 저항값을 조절한다.

❸ Slideswitch

위쪽에 달린 손잡이(노브)가 좌우로 미끄러지듯이 움직이기 때문에 슬라이드 스위치라는 이름이 생긴 것이다. 슬라이드 스위치는 왼쪽이나 오른쪽에 노브를 위치시킨 후 다시 움직이기 전까지 그 상태를 유지한다.

❹ Photoresistor

포토레지스터는 노출된 빛의 양에 따라 저항값을 변화시키는데 주변이 밝을수록 저항값이 증가하며 반대로 어두울수록 저항값이 작아지는네 흔히 광센서라고 불리운다.

❺ Photodiode

포토다이오드는 빛이 다이오드에 닿으면 전류가 흐르고 그 전압은 빛의 강도에 비례하는 광센서의 일종이다.

❻ Ambient Light Sensor

광조도센서는 주변의 빛의 양을 체크하며 빛의 양에 따라 아날로그의 전압이 높아지는 센서이다.

❼ IR sensor

IR(Infrared rays)센서는 적외선 센서로 적외선 리모콘을 누르면 센서가 신호를 받아 아두이노에 전달한다. 적외선은 우리 실생활에서 각종 리모콘, 열감지, 온도측정, 야간카메라 등 많은 분야에서 사용된다.

❽ Ultrasonic Distance Sensor

초음파 거리 센서는 어떤 대상에게 초음파를 발생시키고 반사되어 되돌아오는 시간을 측정한 후 그 진행 속도를 확인하여 거리를 측정하는 센서이다. 자동차나 로봇청소기 등에 초음파 센서를 달아 충돌을 방지하는 데 사용하는 센서이다.

❾ PIR Sensor

PIR(Passive Infrared Sensor)은 말 그대로 수동적 외적 센서로 적외선을 이용하여 사람의 움직임(모션)을 감지하는 인체감지 모션 센서이다.

❿ Tilt Sensor

기울기 센서는 정밀하지는 않지만 사물이 기울어져 있는지 판단할 수 있는 센서이다.

⓫ Tilt Sensor 4-pin

⓬ Temperature Sensor [TMP36]

온도센서는 물체의 온도를 감지하여 전기신호로 바꾸어주는 센서로 에어컨이나 전기밥솥 등 다양한 곳에서 사용하고 있다. TMP36 온도센서는 온도에 따른 전압의 변화량을 이용하여 온도를 측정하는 센서로 −40°C~120°C 까지의 온도를 측정할 수 있다.

⓭ Gas Switch DPST

스위치는 전기회로를 이어주거나 끊기 위해 사용되는 전자 부품이며 DPST는 스위치의 접점을 분류하는 기호 쌍극 단투(Double Pole Single Thorow) 타입이다.

⓮ DIP Switch SPST x4

⓯ DIP Switch SPST x6

2.3 Output

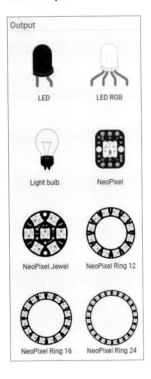

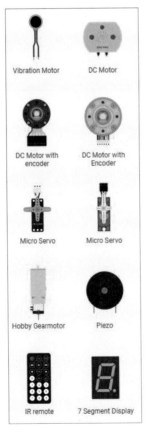

❶ LED

LED는 발광다이오드라고 하는 반도체 소자로 순방향으로 전압을 가했을 때 발광하는데 그 종류가 다양하고 활용 용도 또한 많은데 빛을 내고 싶은 곳이면 어디든 사용 가능한 부품이다. LED는 극성(양극과 음극)을 가지고 있으며 극성이 있는 부품은 극성에 맞게 연결해야 정상적으로 작동한다. 만약 LED를 반대 방향으로 연결하면 LED가 발광하지 않지만 그렇다고 연결된 부품이 손상되지는 않는다.

❷ LED RGB

LED RGB는 일반 LED와 유사하게 생겼지만 내부에는 세 개의 LED(빨강, 초록, 파랑)가 존재한다. 이 세 개의 LED의 밝기를 조절하여 혼합하면 원하는 색상을 만들 수가 있다. 이것은 물감을 이용하여 여러 가지 색상을 만들어내는 것과 유사한 원리라고 이해하면 된다.

LED RGB는 4개의 다리가 있는데 각각의 LED에는 양극 리드가 연결되어 있으며 세 개의 LED의 음극 리드는 하나로 묶여서 한 개의 음극리드로 나와 있다.

❸ Light bulb

❹ NeoPixel

네오픽셀은 Adafruit사에서 붙인 명칭으로 WS281x 칩이 내장된 LED를 말하며 다른 조명들에 비해 가격이 비싼 편이지만 밝고 수명이 길다는 장점이 있다. 네오픽셀은 각각의 LED에 대한 개별제어(색상, ON/OFF)가 가능하고 배선 연결이 간단하다는 장점이 있으며 단점으로는 컨트롤러가 필요하다는 점이다. 네오픽셀은 재품에 따라 링, 스트립, 스틱, 매트릭스, 소자 등 여러 가지 타입이 있다.

❺ NeoPixel Jewel

❻ NeoPixel Ring 12

❼ NeoPixel Ring 16

❽ NeoPixel Ring 24

❾ Vibration Motor

아두이노에서 많이 사용하는 진동 모터는 지름 10mm 정도의 소형 진동 모터가 내장된 모터 제어 모듈로 5V, GND, 제어신호 3핀으로 모터의 제어가 가능하다.

❿ DC Motor

DC 모터는 직류 전원으로 작동되는 모터를 말하는데 모형 자동차, 무선조정용 장난감 등을 비롯하여 빠르고 연속적인 회전이 필요한 곳 등 여러 방면에서 널리 사용되고 있다.

⓫ DC Motor with encoder

⓬ DC Motor with encoder

⑬ Micro Servo

서보모터는 PWM 신호를 통해 회전을 제어할 수 있는 모터로 저항이나 엔코더를 포함하는 경우도 있다. 일반적으로 서보모터는 0~180도의 회전각을 가지며 펄스폭을 통해 정밀한 위치 제어가 가능하다.

⑭ Micro Servo

⑮ Hobby Gearmotor

소형 DC 모터는 그 사용 분야가 광범위하며 아두이노 보드와 연결하여 모터의 ON/OFF와 속도 제어 등이 가능하다. 예를 들어 소형 DC 모터를 이용하여 RC카에서 리모콘을 이용하여 자동차의 속도를 조절하는 것이 가능하다.

⑯ Piezo

피에조 부저(Buzzer)는 피에조 효과를 이용하여 아두이노에서 간단한 소리를 낼 수 있는 소형 모듈(스피커)을 말한다. 피에조 효과란 세라믹이나 수정같은 결정체의 성질을 이용하여 압력을 가하면 변형이 발생하면서 표면에 전압이 발생하고, 반대로 전압을 걸어주면 응축, 신장을 하는 현상을 말하며 압전효과라고도 한다. 여기에 얇은 판을 붙여주면 미세한 떨림이 생기며 소리가 나게 되는 원리이다.

⑰ IR remote

IR 통신은 적외선을 이용한 통신 방법으로 TV나 에어컨 등에서 사용하는 리모컨이 바로 IR 통신방법을 사용하는 대표적인 예이다.

⑱ 7 Segment Display

⑲ LCD 16×2

2.4 Power

아두이노의 전원 공급 방식은 다양한데 그 중에서 배터리(건전지)를 이용하여 휴대용으로 쉽고 저렴하게 전원을 공급할 수 있다.

❶ 9V Battery

❷ 1.5V Battery

❸ Coin Cell 3V Battery

2.5 Breadboards

브레드보드는 일명 빵(Bread)판이라고 하며 흔히 전자 회로를 구성할 때 납땜 없이 구멍에 부품이나 전선

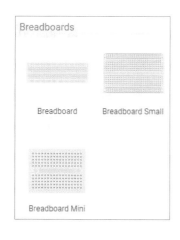

Breadboards

Breadboard

Breadboard Small

Breadboard Mini

을 꽂아주는 것만으로 회로를 연결해주는 전자부품으로 테스트를 하거나 프로토타입을 만들 때 유용하다.

❶ Breadboard

❷ Breadboard Small

❸ Breadboard Mini

2.6 Microcontrollers

아두이노 보드에는 마이크로콘트롤러가 포함되어 있는데 인간으로 치면 '두뇌'와 같은 역할을 하는 전자 부품이다. 아두이노 보드는 마이크로콘틀로러를 중심으로 여러 가지 전자 부품들을 보드 위에 연결하여 만든 마이크로콘트롤러 보드이다.

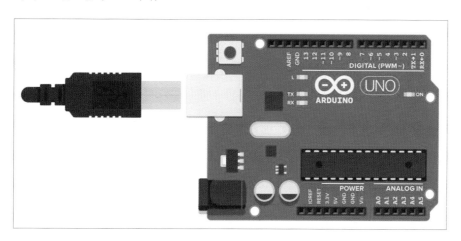

❶ Arduino Uno R3

❷ ATtiny

아두이노 우노는 초심자에게 알맞은 보드로 가격이 저렴하면서도 견고하여 현재 가장 많이 판매되고 있는 기본적인 보드이다. 아두이노 우노는 3번째 버전인 R3 보드가 가장 널리 사용되고 있는 보드로 총 44개의 핀과 단자들로 구성되어 있다.

PC와 USB 케이블을 연결할 수 있으며 이것으로 프로그램 다운로드 및 시리얼 통신에 사용된다.

그림 5-19 **아두이노 우노 보드**

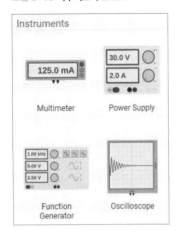

아두이노 보드의 주요 구성 요소 알아보기

그림 5-20 **아두이노 보드의 주요 구성 요소**

- **리셋 버튼** : 리셋 버튼은 재시동 스위치로 이 스위치를 누르면 마이크로컨트롤러의 재시동 핀으로 신호가 전달되어 프로그램을 다시 시작하고 현재 업로드된 코드를 재실행시키며 작업 메모리를 초기화하고 프로그램을 처음부터 시작한다. PC를 재부팅하는 경우와 유사하다고 생각하면 된다.

- **USB 커넥터(연결 포트)** : 아두이노 보드는 USB를 연결하거나 아래의 전원 포트에 DC 잭을 연결하여 전원을 공급 받을 수 있다. DC 어댑터나 건전지로 전원을 연결하는 경우 7V~12V 사이의 DC 전원을 공급한다.

- **전원 포트** : 외부 전원을 사용할 수 있는 아두이노 보드의 입력 전압 핀이다.

- **내장 LED** : 'L'로 표시된 LED는 바로 위의 디지털 입출력핀의 13번 핀과 연결되어 있으며 아래의 'TX'는 데이터 송신, 'RX'는 데이터 수신 중인지를 나타내 준다.

- **디지털 입출력핀** : DIGITAL 0부터 13까지의 레이블이 지정되어 있는 14개의 디지털 핀들은 입력이나 출력으로 사용할 수 있으며 이 디지털 핀들은 5V로 작동되며 최대 40mA를 출력하거나 입력받을 수 있다. 처음 두 개의 연결(0과 1)에는 수신을 의미하는 RX와 송신을 의미하는 TX라고 하는 레이블도 지정되어 있다.

- **전원핀과 접지핀** : 전원 관련 핀을 통해 아두이노와 브레드보드 회로에 전원을 공급한다. 3.3V 출력 핀은 레귤레이터에 의해 출력되는 전압이 3.3V 전압으로 최대 50mA의 전류를 사용할 수 있으며, 5C 출력 핀은 아두이노에 의해 출력되면 5V 전압이 되며 두 개의 GND(그라운드 핀들)은 접지핀이다.

- **아날로그 입력핀** : 아날로그 입력핀에는 A0~A5까지 6개의 핀이 있는데 이들 핀은 기본적으로 아날로그 입력이기는 하지만 디지털 입력(Input)이나 출력(Output)으로도 사용 가능하다.

- **전원 LED ON 표시** : 아두이노를 켰을 때 전원이 연결되어 있는지를 나타내 준다.

- **크리스탈 오실레이터** : 양쪽 모서리가 둥근 은색 사각형의 부품은 크리스탈 오실레이터(수정발진기)로 1초에 1,600만번의 클릭을 발생시키는데 한 번의 클릭마다 덧셈이나 뺄셈과 같은 수학 연산을 하나씩 실행할 수 있다.

- **마이크로 컨트롤러** : 아두이노 보드에서 핵심 역할을 하는 검은색 칩은 ATmega 328P로 사람의 두뇌에 해당하며 검은색 직사각형 모양의 이 칩은 28개의 핀을 가지고 있다.

2.7 Instruments

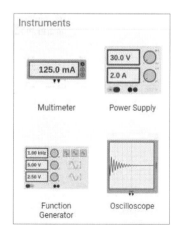
Multimeter Power Supply
Function Generator Oscilloscope

❶ Multimeter

멀티미터는 회로의 전기적인 특성을 알려주는 계측기로 전압, 저항, 전류를 측정할 수 있다.

❷ Power Supply

전자 장치가 작동을 하기 위해서는 전원의 공급이 필요한데 전원은 AC(교류)와 DC(직류)로 구분할 수 있다. 일반적으로 아두이노 보드는 전원 공급을 가정의 전기 콘센트에 꽂아서 하는 것이 아니라 PC의 USB 포트로 한다. USB는 한 포트당 5V, 200mA이므로 $5 \times 0.2 = 1W$가 된다.

❸ Function Generator

❹ Oscilloscope

오실로스코프는 특정 시간 대역의 전압 변화를 확인할 수 있는 장치로서 오실로스코프를 통해 시간에 따라 변화하는 신호를 주기적으로 반복적인 하나의 전압형태로 파악할 수 있다.

2.8 Intergrated Circuits

아두이노 간 통신 빙식으로 비동기 빙식인 UART와 동기식 빙식인 I2C, SPI를 주로 사용한다.

❶ Timer

타이머는 특정 시간이 경과한 후에 작동하도록 한다거나 똑같은 간격으로 움직이고자 하는 경우 사용하는 부품이다.

❷ Dual Timer

❸ 741 Operational Amplifier

❹ Quad comparator

❺ Dual comparator

❻ Optocoupler

2.9 Power Control

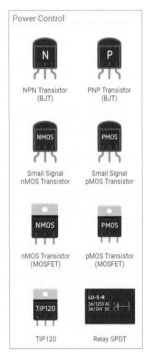

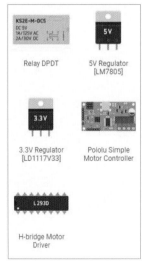

2.10 Networking

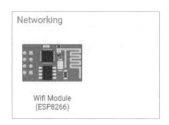

Networking

Wifi Module
(ESP8266)

❶ Wifi Module(ESP8266)

2.11 Connectors

아두이노를 사용하기 위해서는 전원 공급이 필수적인데 일반적으로 USB 케이블을 PC와 연결하여 전원을 공급하거나 전원 커넥터에 어댑터나 건전지를 사용하여 전원을 공급하는 방법이 다.

Connectors

8 Pin Header   USB standard A

❶ 8 Pin Header

❷ USB standard A

2.12 Logic

Logic

74HC00   74HC02
Quad NAND gate   Quad NOR gate

74HC08   74HC32
Quad AND gate   Quad OR gate

74HC86   74HC04
Quad XOR gate   Hex Inverter

74HC14   74HC132
Inverting Schmitt   Quad NAND
Trigger   Schmitt Trigger

74HC10   74HC11
Triple 3-Input   Triple 3-Input AND
NAND gate   gate

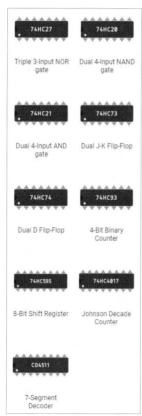

74HC27   74HC20
Triple 3-Input NOR   Dual 4-Input NAND
gate   gate

74HC21   74HC73
Dual 4-Input AND   Dual J-K Flip-Flop
gate

74HC74   74HC93
Dual D Flip-Flop   4-Bit Binary
                 Counter

74HC595   74HC4017
8-Bit Shift Register   Johnson Decade
                 Counter

CD4511
7-Segment
Decoder

2.13 LED 깜박거리게 하기

먼저 우측 [Components]에서 [All]을 선택하면 지원하는 모든 구성요소들이 나타나는데 여기서 먼저 스크롤바를 아래로 내려 [Microcontrollers]에서 [Arduino Uno R3]를 선택하고 드래그하여 가져 온다.

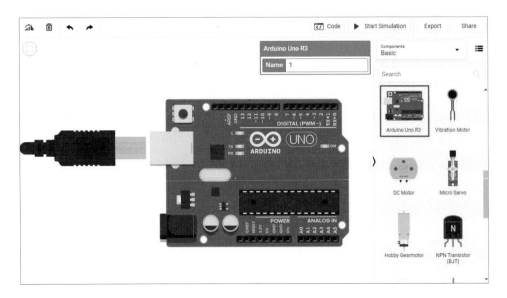

다음으로 저항(Resistor)을 가져오고 Name을 2, 저항값은 220 옴으로 설정해 보았다.

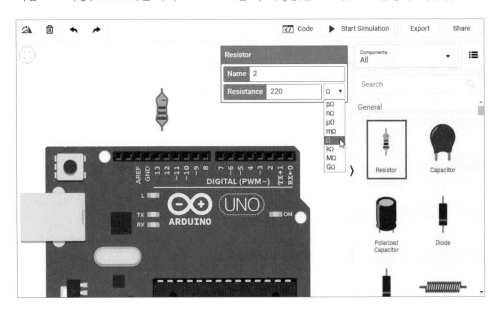

다음으로 LED를 가져와 Name을 3으로 설정해 보았다.

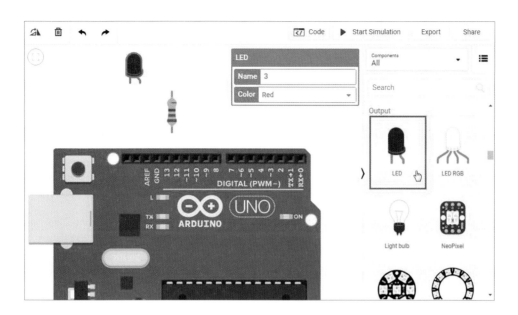

이제 LED를 깜빡이게 하기 위해서 LED와 저항을 연결해주고 입력핀에 LED와 저항을 연결해 준다. 내장 LED에서 TX와 RX라고 표시된 부분은 아두이노가 데이터를 주고(TX) 받는(RX) 상태를 알려주며, L이라고 표시된 부분은 13번 핀과 연결되어 있다.

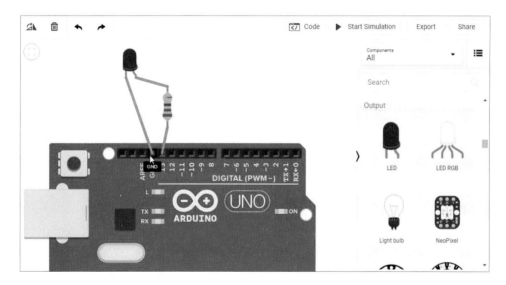

다음으로 상단 메뉴의 [Code] 토글 코드 에디터를 이용하여 코드를 작성할 수 있다.

[Code]를 클릭하면 다음과 같이 코드가 기본 설정값으로 [Blocks]으로 나타난다. 블록 이외에 [Blocks+Text], [Text]로도 코드를 작성해 볼 수 있다.

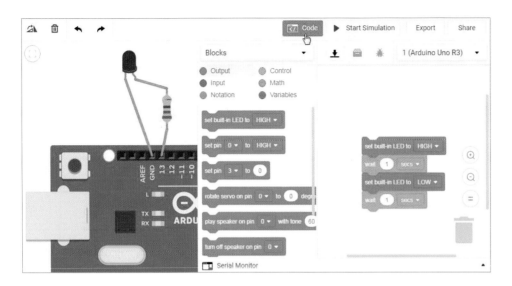

다음으로 상단 메뉴의 [Start Simulation]을 클릭하면 아두이노 보드의 내장 LED와 외부 LED가 깜빡거리는 것을 확인할 수 있다.

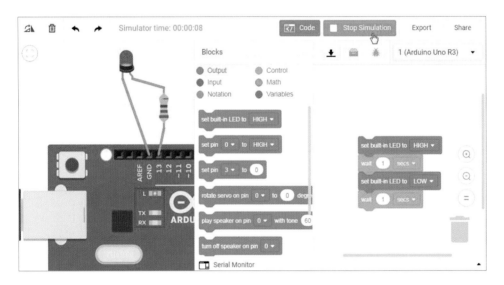

이와 같이 팅커캐드의 [Circuit]을 활용하면 아두이노를 이용하여 회로를 설계하고 간편하게 시뮬레이션 해볼 수 있는데 교육용 무료 도구로 상당히 매력적인 기능이라고 생각한다.

3. 팅커캐드 코드블록

팅커캐드는 계속 진화하고 있는 소프트웨어로 4.0 버전부터 교실에서 아이들과 함께 하는 S/W 교육에 활용할 수 있는 블록코딩 기능을 선보이며 코드블록 베타 버전을 공개하고 있는데 블록코딩으로 3D 모델링을 실행할 수 있다는 멋진 툴인 것이다.

01 먼저 [Codeblocks]를 클릭한다.

02 그럼 다음과 같은 창이 나타나는데 [Table]을 선택해 본다.

03 [Table]을 선택하면 책상에 관련된 코드블록이 자동으로 생성되며, 우측 작업화면은 초기에는 빈 화면 상태이지만 상단 메뉴의 [Run]을 클릭하면 코드가 생성되면서 점점 모델링이 완성되어 가는 것을 확인할 수 있다.

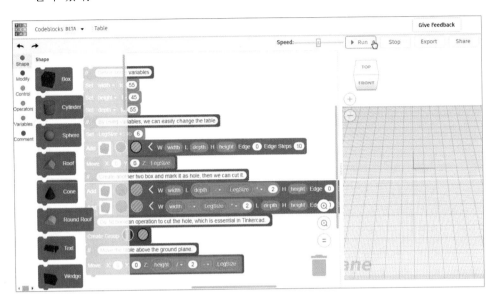

04 책상의 BOX 사이즈가 width : 55, height : 45, depth : 55로 되어 있고 LegSize가 6으로 설정 되어 있는데 설정값을 width : 75, height : 65, depth : 75로 되어 있고 LegSize가 10으로 수정한 후 [Run]을 클릭하면 책상의 크기가 자동으로 커지는 것을 확인할 수 있다.

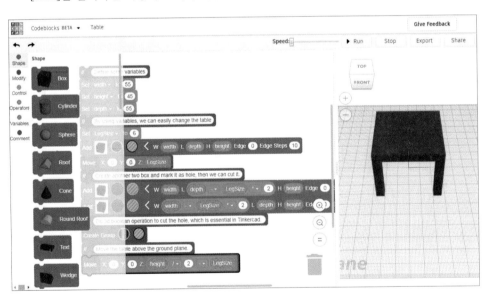

05 만약에 이 책상을 3D프린터로 출력하고 싶다면 상단 메뉴에서 [Export]를 누르고 STL이나 OBJ 형식으로 파일을 변환하여 저장 후 3D 프린터로 출력하면 된다.

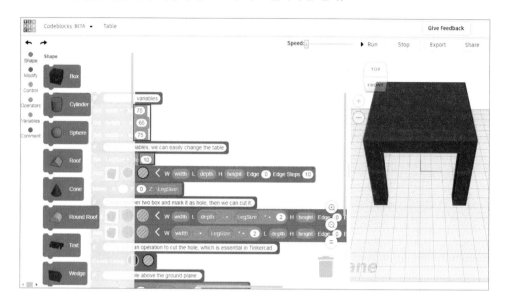

이처럼 팅커캐드에서는 코드블록 기능을 이용하여 다양한 도형을 가지고 코딩을 하여 모델링하는 것이 가능해졌다.

01 이번에는 코드블록 기능을 활용하여 간단한 모델링을 해보도록 하겠다. 먼저 [New Design]을 클릭한다.

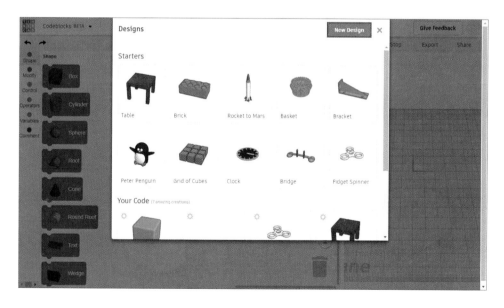

02 그러면 이런 화면이 나타날 것이다.

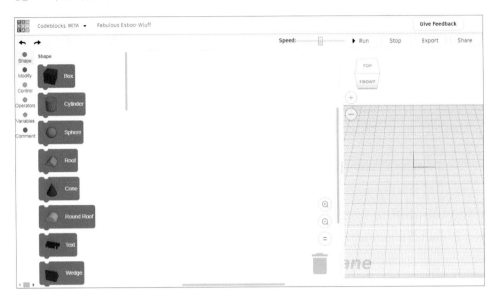

03 [Shape]에서 [Box]를 드래그하여 가져오면 박스가 추가되며 색상이나 크기 등을 변경할 수 있다.

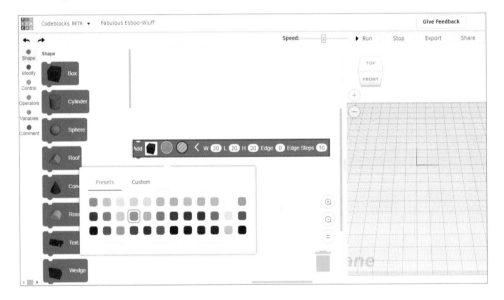

04 여기서 크기를 변경하고 싶은 치수들을 변경해 준다.

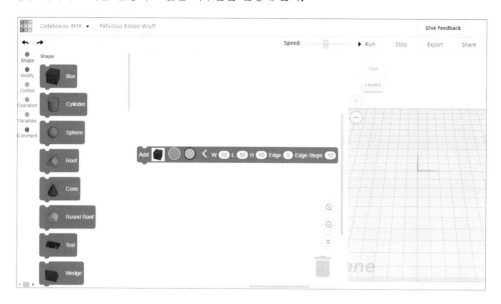

05 다음으로 [Run]을 클릭하면 수정된 치수의 크기로 모델이 생성된다.

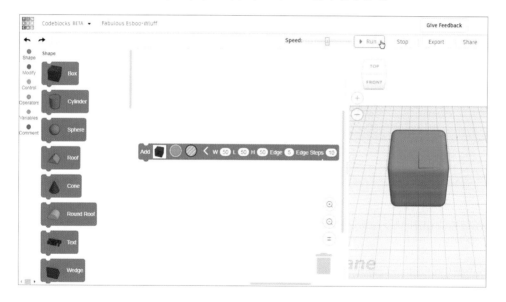

123D 디자인으로 모델링하기

이번에는 123D 디자인 프로그램을 활용하여 모델링하는 과정을 알아보자. 123D 디자인은 현재 업그레이드가 중지되었지만 설치파일이 있어 교육에 많이 활용되고 있는 툴이다.

1. 휴대폰 케이스 모델링

첫 번째 예제는 간단한 기본 도형과 기본적인 솔리드 명령을 이용해 휴대폰 케이스 모델링을 진행해 보도록 하겠다.

1.1 완성된 모습

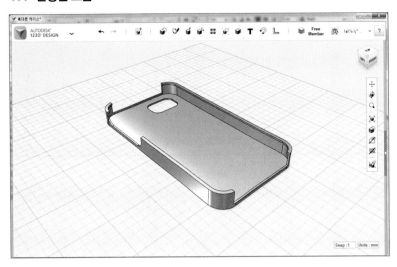

1.2 간략한 모델링 순서

01 기본 박스 형태를 작성한다.

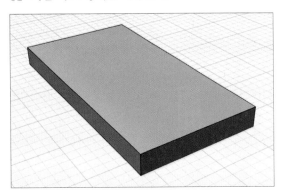

02 대략적인 케이스의 형상을 만든다.

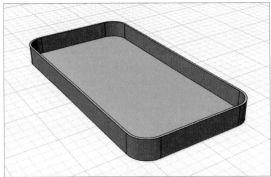

03 버튼부와 카메라부를 잘라낸다.　　　　04 모깎기를 해서 형상을 마무리한다.

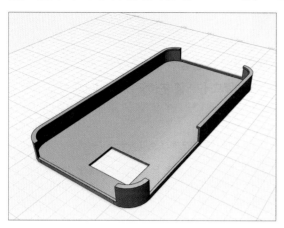 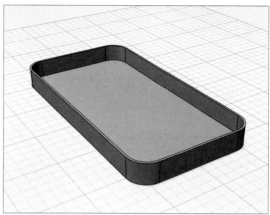

1.3 기본 형상 작성하기

Primitives(기본 도형) 명령과 Fillet(모깎기), Shell(쉘) 명령으로 기본 형상을 작성해 보자.

01 123D 프로그램을 실행시킨 후, Start a New Project(새로운 프로젝트를 시작) 버튼을 클릭한다.

02 123D 프로그램을 실행시킨 후, Start a New Project(새로운 프로젝트를 시작) 버튼을 클릭한다.

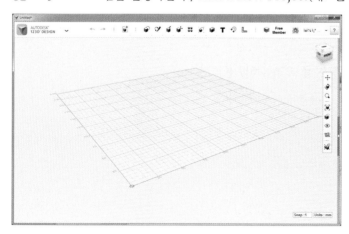

03 아이콘 바에서 Primitives → Box(상자) 명령을 클릭한다.

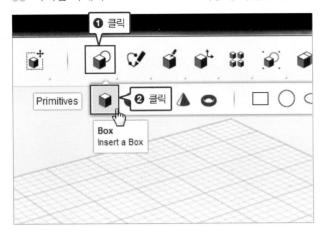

04 마우스 커서에 상자가 표시되어 나타난다. 아래쪽 메뉴에서 상자의 길이, 넓이, 높이를 입력한 다음 원하는 위치에 클릭한다.

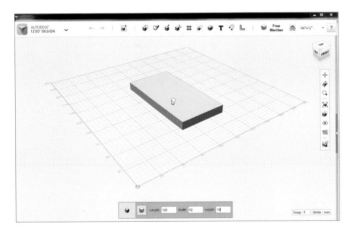

TIP 각 치수 입력 칸은 TAB키를 눌러서 이동합니다.

용어 해설
· Length = 길이
· Width = 넓이
· Height = 높이

05 다음과 같이 박스가 화면에 배치된다.

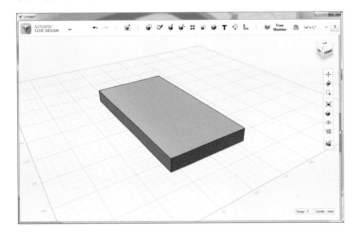

06 아이콘 바에서 Modify → Fillet(모깎기) 명령을 클릭한다.

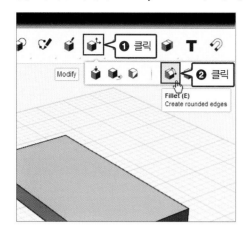

07 마우스 커서로 다음 두 모서리를 클릭해 선택한다.

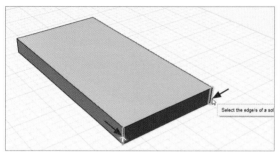

용어 해설 Select the edge/s of a solif to Fillet
→ 모깎기를 하기 위해 솔리드에 포함된 모서리(들)를 선택하시오.

08 마찬가지로 반대쪽 두 개의 모서리도 이어서 클릭해 선택한다.

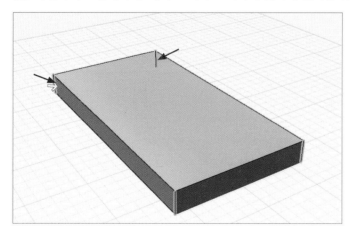

09 아래쪽 크기 제어 옵션 란에 반지름을 입력한다.

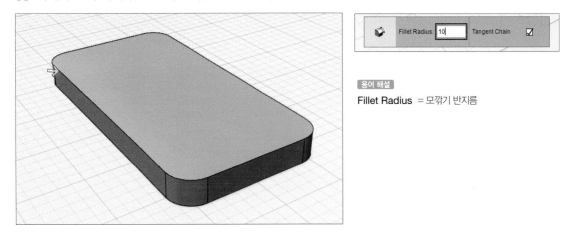

용어 해설
Fillet Radius = 모깎기 반지름

10 Enter키를 누르거나 화면 빈 곳을 마우스로 클릭하면 Fillet 작성이 마무리된다.

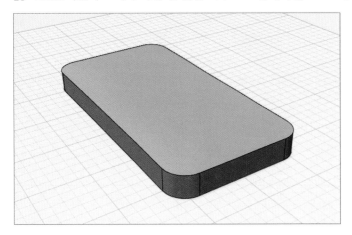

TIP▶ 여러 개의 모서리에 Fillet을 작성할 때에는 반드
시 모서리를 우선 선택한 후에 반지름 값을 입력
하도록 하자.

1.4 케이스 껍데기 형상 작성하기

Shell(셸) 명령과 Extrude(돌출) 명령으로 케이스의 껍데기 모양을 완성해 보도록 하겠다.

01 아이콘 바에서 Modify → Shell(셸) 명령을 클릭한다.

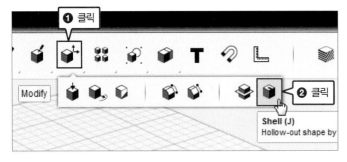

02 제거할 껍데기에 해당하는 면을 클릭한다.

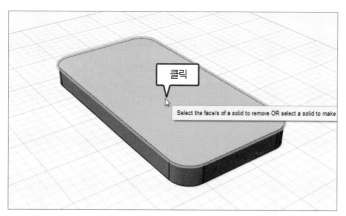

용어 해설

Select the face/s of a solid to remove OR
select a solid to make hollow Shell
→ 껍데기 형상을 작성하기 위해서 솔리드를 선택하거나
솔리드에 포함된 면을 선택하시오

03 껍데기 모양이 미리보기가 되면 하단의 크기제어 옵션 창에서 두께를 지정한다.

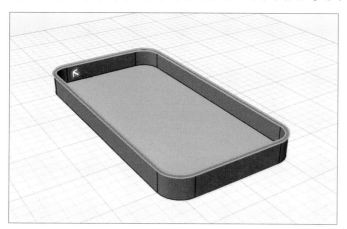

용어 해설

Thickness Inside = 안쪽 두께

04 화면 빈 곳을 클릭하면 쉘 명령이 마무리된다.

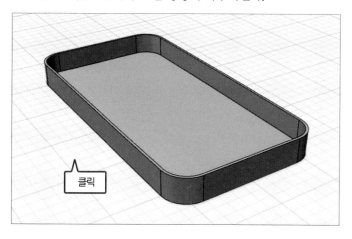

TIP 명령을 마무리하기 위해서는 Enter 키를 누르거
나 화면 빈 곳을 클릭하시오

05 아이콘 바에서 Sketch → Project(형상 투영) 명령을 클릭한다.

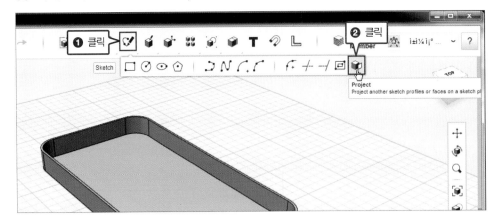

06 다음 면을 클릭한다.

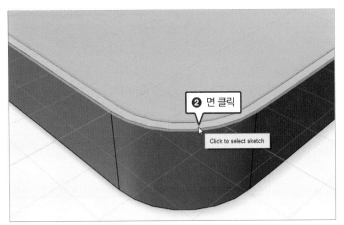

용어 해설

Click to select sketch
→ 원하는 요소를 선택해 스케치를 작성하시오.

07 안쪽 모서리를 클릭해서 선택한다.

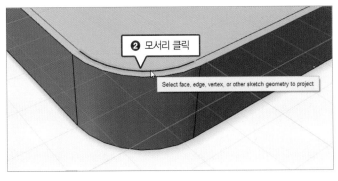

용어 해설

Select face, edge, vertex, or other geometry to project
→ 형상 투영할 면, 모서리, 점 또는 다른 스케치의 요소를 선택하시오.

08 이어지는 모서리들을 연달아 클릭해서 선택한다.

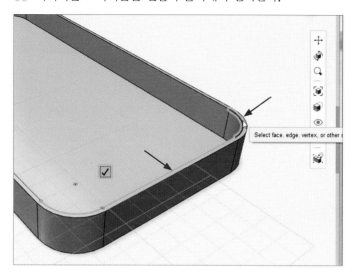

09 연속적으로 안쪽의 모서리들을 전부 선택한다.

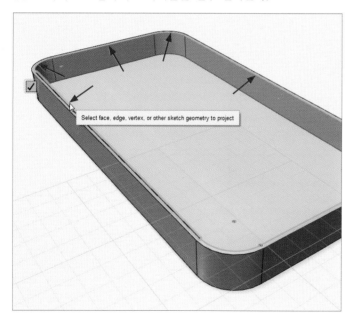

10 Exit sketch(스케치 종료) 버튼을 클릭한다.

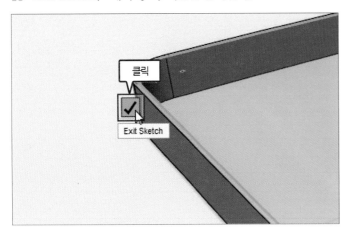

11 다음과 같이 형상투영된 모서리가 진한 녹색으로 화면에 표시된다.

12 아이콘 바에서 Sketch → Offset 명령을 클릭한다.

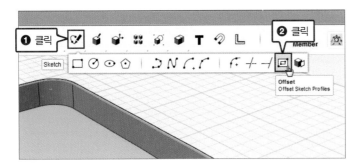

13 형상투영된 스케치 선을 선택한다.

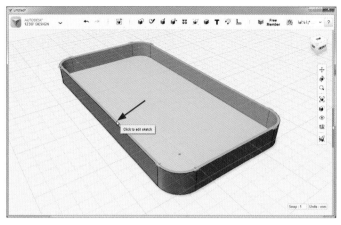

TIP 이전에 작성한 스케치에 포함된 요소를 작성하려면 스케치 요소를 선택해서 Click to edit sketch 메시지가 표시될 때 클릭해서 작성해야 한다.

14 이전 스케치에서 작성한 형상투영된 곡선을 선택한다.

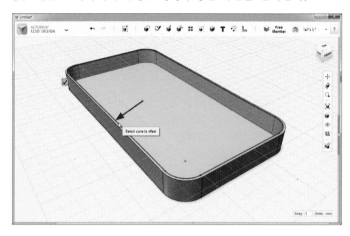

용어 해설
Select curve to offset
→ 간격띄우기를 하기 위한 곡선을 선택하시오.

15 마우스를 안쪽으로 움직이면 간격 띄우기 된 선이 붉은색으로 표시된다.

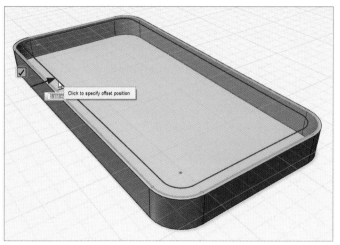

용어 해설
Click to specify offset position
→ 간격 띄우기할 위치를 클릭하시오.

16 거리창에 간격띄우기할 거리를 입력한 후 Enter 키를 누른다.

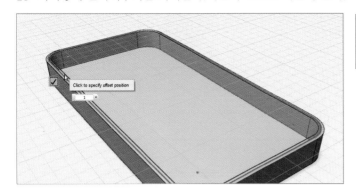

17 다음과 같이 간격띄우기가 완료되었다.

18 아이콘 바에서 Construct → Extrude(돌출) 명령을 클릭한다.

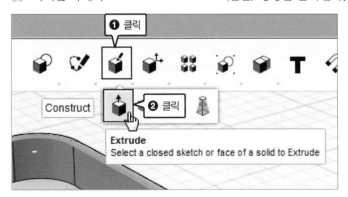

19 마우스로 앞에서 작성한 스케치의 형상투영 모서리와 간격띄우기 모서리 사이의 공간을 클릭한다.

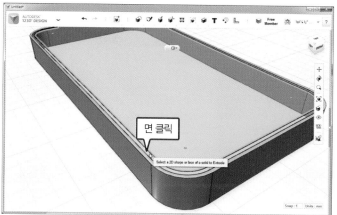

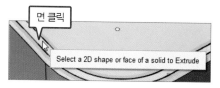

용어 해설

Select a 2D shape or face of a solid to Extrude
→ 돌출을 하기 위해서 2차원 형태나 솔리드에 포함된 면을 선택하시오.

20 화면에 표시된 노란 화살표에 마우스 커서를 위치시키면 다음과 같이 손바닥 모양으로 커서가 변경된다.

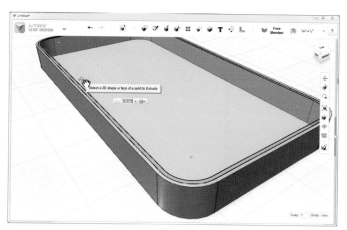

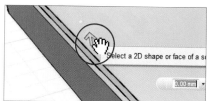

21 화살표를 클릭해서 아래로 드래그한다.

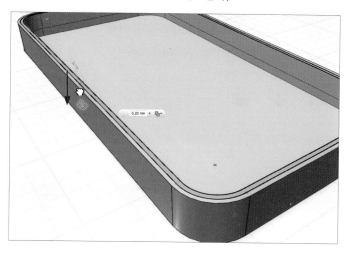

22 크기제어 옵션창에 돌출 거리를 입력한다.

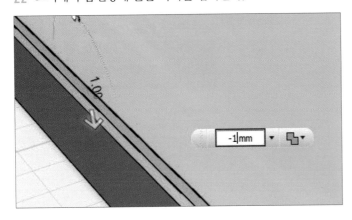

TIP▶ 화살표 방향이 반대가 되면 거리값이 (−)가 된다.

23 Enter키를 누르거나 화면 빈 곳을 마우스로 클릭하면 돌출 명령이 마무리된다.

1.5 버튼부와 카메라부 작성하기

Extrude 명령의 Subtract(차집합) 옵션으로 작성한 형상을 제거해 보도록 하겠다.

01 아이콘 바에서 Sketch → Sketch Rectangle(스케치 사각형) 명령을 클릭한다.

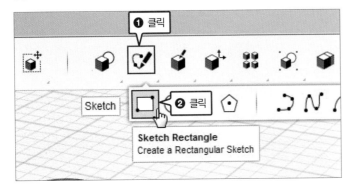

02 마우스 커서로 다음 면을 클릭한다.

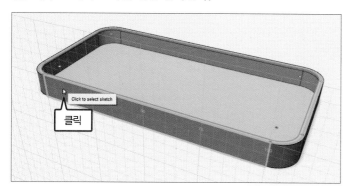

03 사각형의 첫 번째 점을 작성할 수 있게 커서가 변경된다.

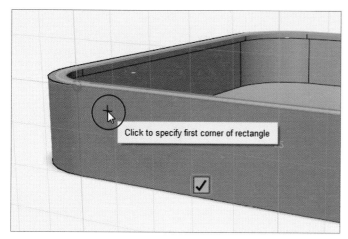

Click to specify first corner of rectangle
→ 사각형의 첫 번째 구석점을 클릭하시오.

04 다음 구석점을 클릭한다.

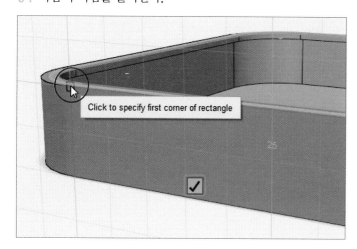

05 마우스를 다음 방향으로 움직이면 사각형의 대략적인 모양이 표시된다.

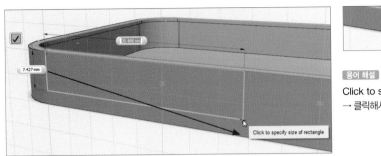

용어 해설
Click to specify size of rectangle
→ 클릭해서 사각형의 크기를 결정하시오.

06 두 번째 점을 클릭하지 말고 가로 거리 옵션창에 가로 거리를 입력한다.

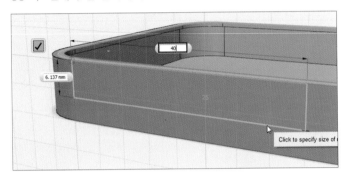

07 Tab(탭) 키를 누르면 사각형의 세로 길이 옵션창으로 커서가 움직인다.

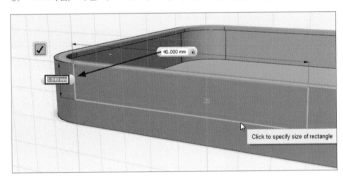

08 세로 길이를 다음과 같이 입력한다.

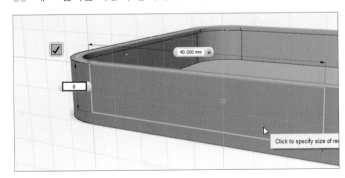

09 Enter키를 누르거나 화면 빈 곳을 마우스로 클릭 하면 사각형 작성이 마무리된다.

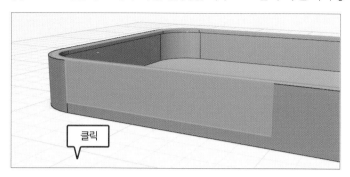

10 아이콘 바에서 Construct → Extrude(돌출) 명령을 클릭한다.

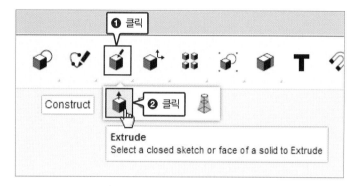

11 이전에 작성한 사각형 형상을 클릭한다.

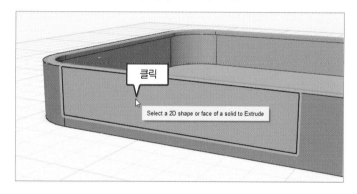

12 돌출 방향에 해당하는 화살표가 표시된다.

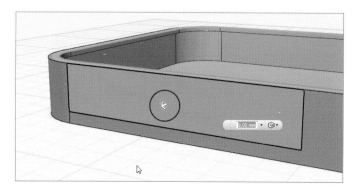

13 화살표를 다음 방향으로 드래그하면 옵션이 자동으로 Subtract(차집합)으로 변경된다.

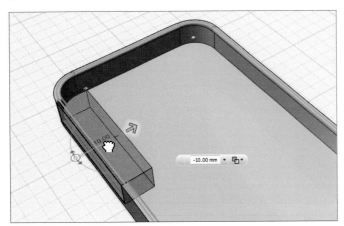

14 Enter키를 누르거나 화면 빈 곳을 마우스로 클릭하면 돌출 명령이 마무리된다.

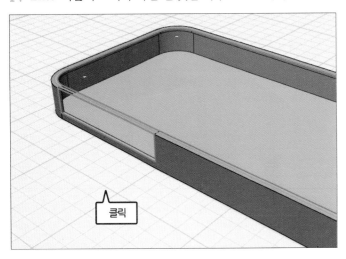

클릭

15 화면을 회전해서 아래쪽 면이 보이게 한다.

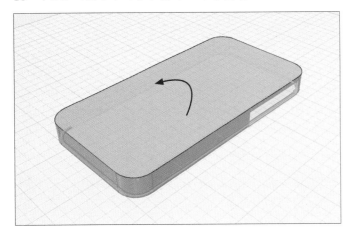

16 아이콘 바에서 Sketch → Sketch Rectangle(스케치 사각형) 명령을 클릭한다.

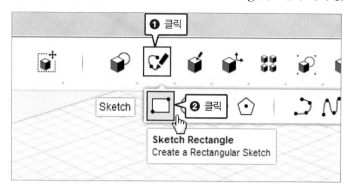

17 마우스 커서로 다음 면을 클릭한다.

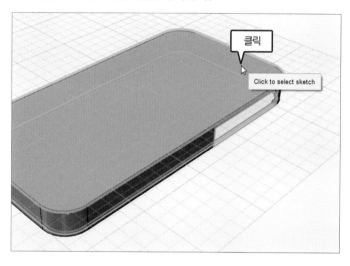

18 사각형의 첫 번째 점을 작성할 수 있게 커서가 변경된다.

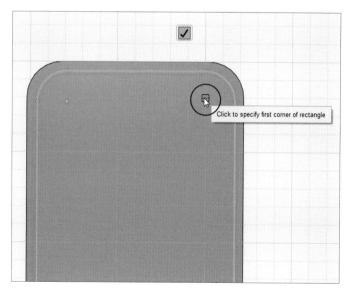

19 모눈종이의 격자에 맞게 다음 첫 점을 클릭해 마우스를 이동한다.

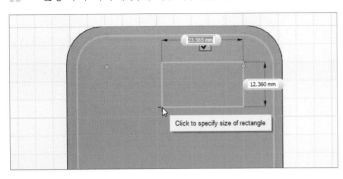

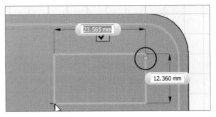

TIP 대략적인 형상 모델링 시에는 모눈종이의 격자에 맞춰 위치를 정하는 것도 좋은 방법 중의 하나이다.

20 사각형의 가로 길이와 세로 길이를 입력한다.

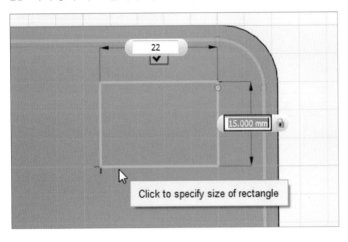

21 Enter키를 누르거나 화면 빈 곳을 마우스로 클릭하면 사각형 작성이 마무리된다.

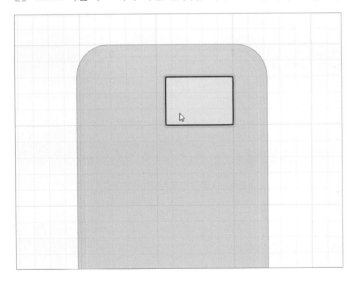

22 작성된 사각형을 클릭하면 퀵 메뉴가 표시된다. Extrude(돌출) 명령을 클릭한다.

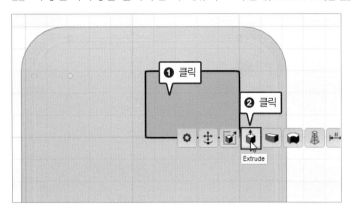

23 화살표를 반대 방향으로 드래그해서 다음과 같이 잘라내기를 한다.

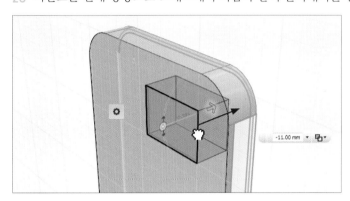

24 Enter키를 누르거나 화면 빈 곳을 마우스로 클릭하면 잘라내기가 마무리된다.

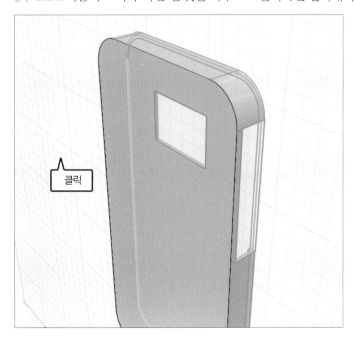

25 아이콘 바에서 Sketch → Sketch Rectangle(스케치 사각형) 명령을 클릭한다.

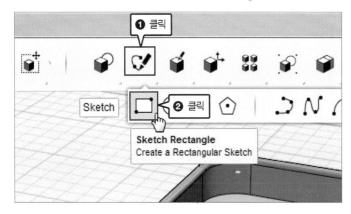

26 마우스 커서로 다음 면을 클릭한다.

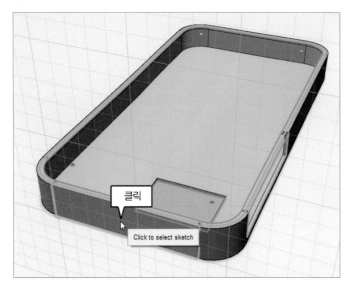

27 모눈종이의 격자에 맞게 다음 첫 점을 클릭해 마우스를 이동한 후, 사각형의 가로 길이와 세로 길이를 지정한다.

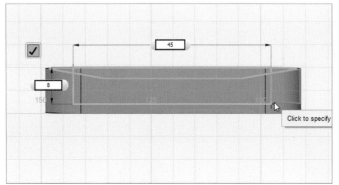

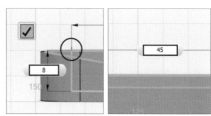

TIP ▶ 사각형 작성시 구석점은 초록색 선을 선택해서 맞추어 준다.

28 사각형 작성을 마무리한 다음, 작성된 사각형을 클릭한다.

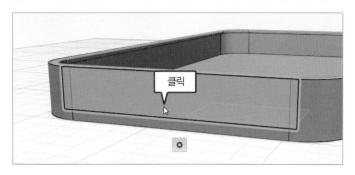

29 퀵 메뉴가 표시되면 다음과 같이 Extrude(돌출) 명령을 클릭한다.

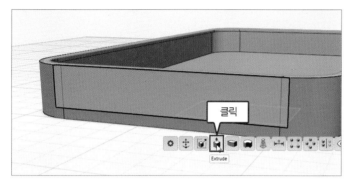

30 다음과 같이 화살표를 드래그해서 잘라내기 한다.

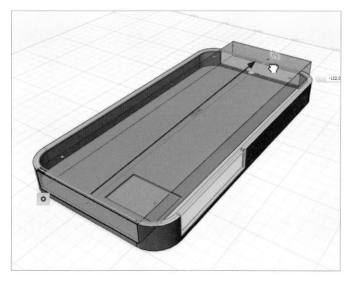

31 Enter키를 누르거나 화면 빈 곳을 마우스로 클릭해 잘라내기를 마무리한다.

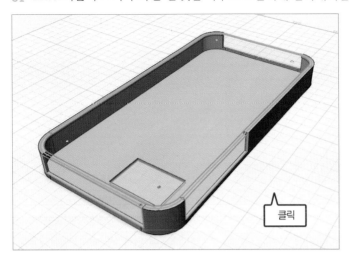

32 Display바에서 Visibility(표시) 항목의 Hide Sketches(스케치 숨김)를 클릭한다.

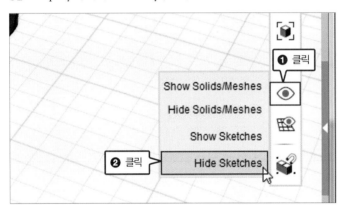

33 화면상의 모든 스케치가 사라진다.

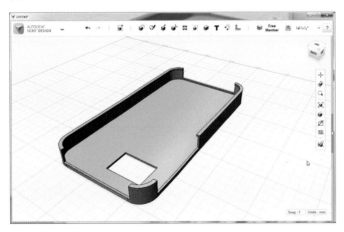

TIP▶ 화면상의 스케치는 현재 화면상에서 사라진 것일 뿐 삭제된 것은 아니다. Show sketch 명령을 사용하면 다시 나타난다.

1.6 세부 모양 다듬기

Fillet(모깎기) 명령을 이용해 모서리를 다듬어 보자.

01 아이콘 바에서 Modify → Fillet(모깎기) 명령을 클릭한다.

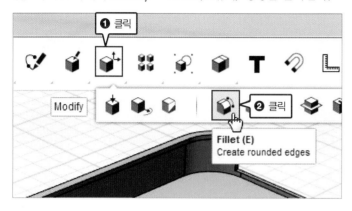

02 다음 두 개의 모서리를 클릭한다.

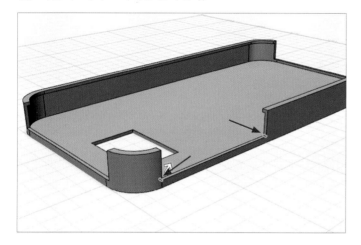

03 크기제어 옵션 창에 반지름을 다음과 같이 입력한다.

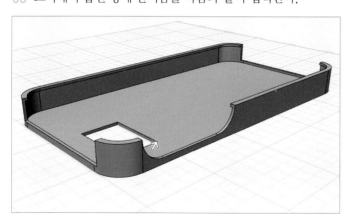

04 Enter키를 누르거나 화면 빈 곳을 마우스로 클릭하면 Fillet 작성이 마무리된다.

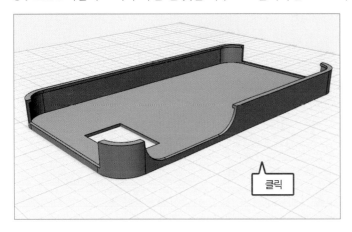

클릭

05 아이콘 바에서 Modify → Fillet(모깎기) 명령을 클릭한다.

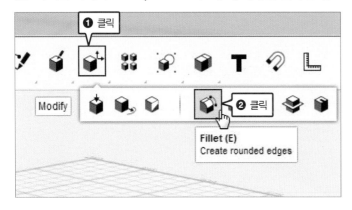

06 다음 네 개의 모서리를 클릭한다.

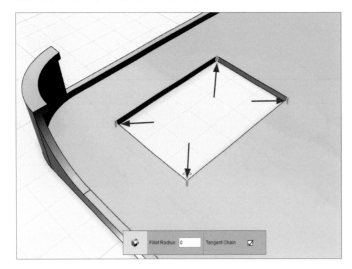

07 크기제어 옵션 창에 반지름을 다음과 같이 입력한다.

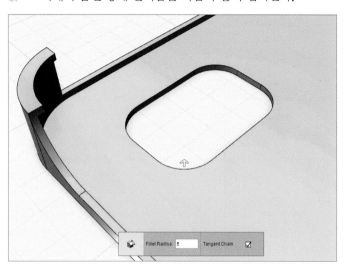

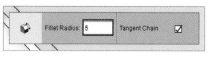

08 Enter키를 누르거나 화면 빈 곳을 마우스로 클릭하면 Fillet 작성이 마무리된다.

09 다음과 같이 휴대폰 케이스의 전체 모양이 작성되었다.

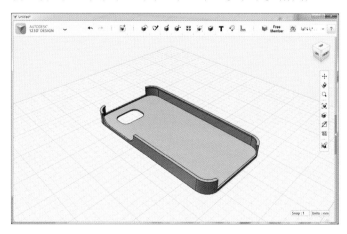

1.7 재질 적용하기

Material(재질) 명령을 이용해 모델링에 다양한 색상을 입혀보자.

01 아이콘 바에서 Material(재질) 아이콘을 클릭한다.

02 아이콘 바에서 Modify → Shell(쉘) 명령을 클릭한다.

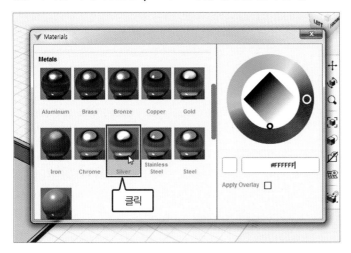

03 아이콘 바에서 Modify → Shell(쉘) 명령을 클릭한다.

04 모델링에 선택한 재질이 적용된다. 마우스 커서로 화면 빈 곳을 클릭하면 재질 적용이 마무리된다.

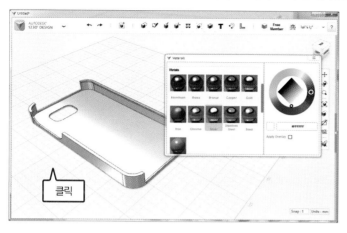

TIP 반드시 화면 빈 곳을 클릭해야 재질 적용이 완료된다.

05 아이콘 바에서 Modify → Shell(쉘) 명령을 클릭한다.

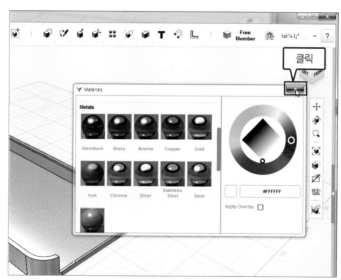

06 아이콘 바에서 Modify → Shell(쉘) 명령을 클릭한다.

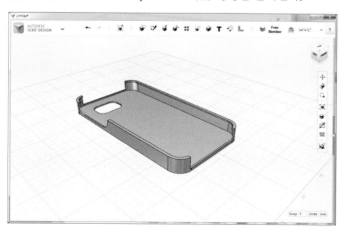

1.9 작성한 모델 저장하기

작성한 모델은 사용자의 컴퓨터에 개별 파일로 직접 저장할 수 있다.

01 컴퓨터에 개별 저장하기 위해서는 어플리케이션 버튼을 클릭해서 Save → To My Computer를 클릭한다.

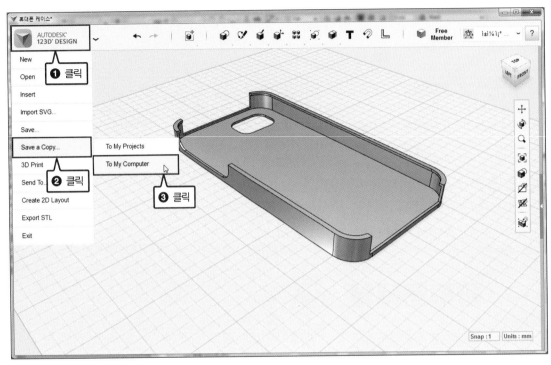

TIP▶ 2017년 4월을 기점으로 오토데스크사에서 더 이상의 소프트웨어 업데이트나 개발을 지원하지 않고 있으며, 기존의 웹 클라우드 기반 플랫폼 이용과 신규 업데이트 지원은 이루어지고 있지 않기 때문에 클라우드에 저장(To My Projects) 항목은 이용할 수 없다.

02 원하는 경로에 파일 이름을 지정해 저장 버튼을 클릭한다.

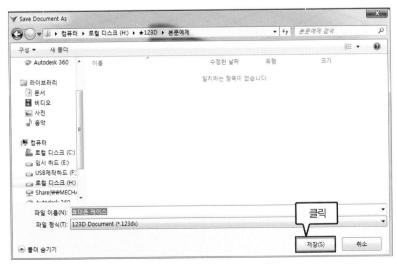

03 파일 저장이 완료된다.

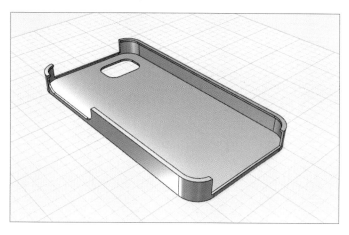

FINISH! 본문 풀이 과정을 동영상으로 확인해 보세요!

2. 컵 모델링

이번 시간에는 간단한 스케치 명령과 솔리드 명령을 활용한 컵 모델링을 진행해 보겠다.

1.1 완성된 모습

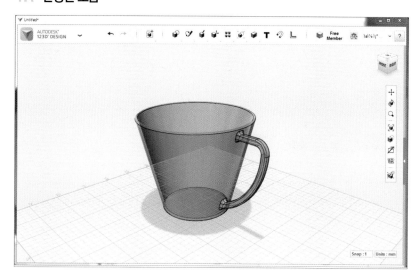

2.2 간략한 모델링 순서

01 컵 형상을 만든다.

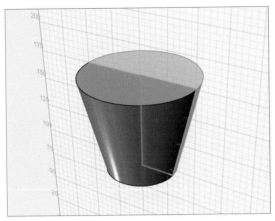

02 손잡이 형상을 만든다.

03 컵 안쪽 형상을 작성 후, 컵과 손잡이를 합친다.

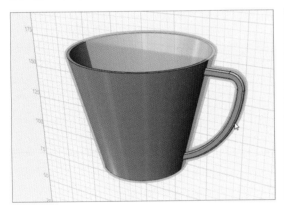

04 모깎기를 해서 형상을 마무리한다.

2.3 컵 형상 작성하기

Polyline(폴리선) 명령과 Revolve(회전) 명령을 이용해 컵 형상을 작성해 보도록 하겠다.

01 아이콘 바에서 Sketch → Polyline(폴리선) 명령을 클릭한다.

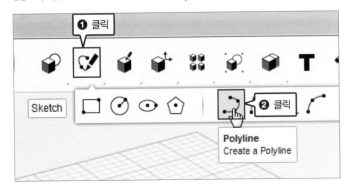

02 마우스 커서가 다음과 같이 변경되면 그리드를 클릭한다.

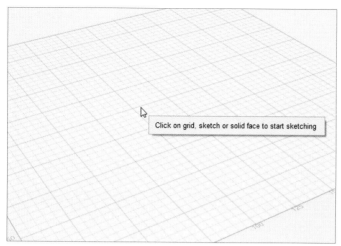

Click on grid, sketch or solid face to start sketching
→ 스케치를 시작하기 위한 그리드, 스케치 혹은 솔리드 면을 선택하시오.

03 사각형의 첫 번째 점을 지정할 수 있도록 커서가 변경된다.

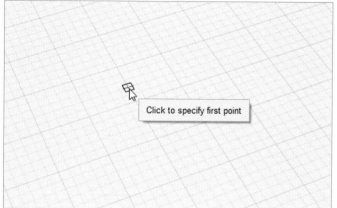

Click to specify fist point
→ 첫 번째 점을 지정하시오.

04 화면 우측 상단의 뷰 큐브의 TOP 면을 클릭한다.

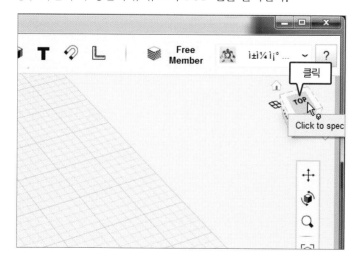

05 다음과 같이 그리드가 화면에 정렬되어 표시되면 첫 번째 점을 클릭한다.

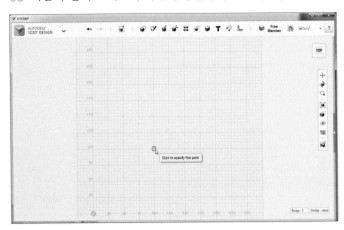

TIP▶ 뷰 큐브의 표준 평면을 클릭한 후 그리드를 화면
에 정렬시키면 스케치 작업이 한층 수월하다.

06 화살표를 왼쪽으로 움직이면 다음과 같이 선이 작성된다. 좌측으로 50mm 만큼 움직인 다음 클릭한다.

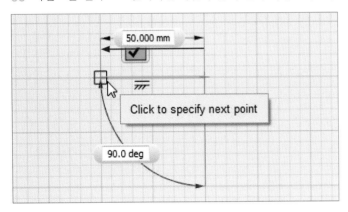

07 첫 번째 점을 클릭한 다음, 아래쪽으로 80mm 만큼 마우스를 움직인 다음 클릭한다.

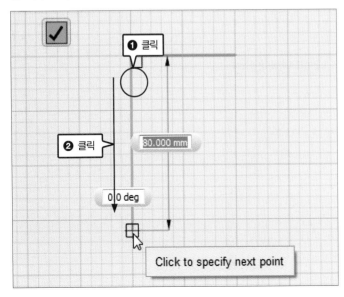

08 두 번째 점을 클릭한 다음, 오른쪽으로 30mm만큼 마우스를 움직인 다음 클릭한다.

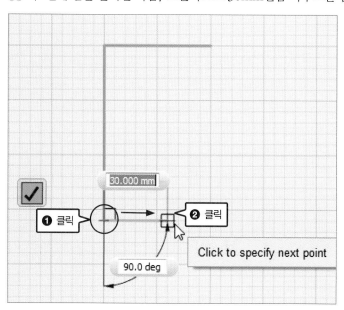

09 마우스를 움직여서 첫 번째 선의 시작점을 이어서 프로파일 작성을 마무리한다.

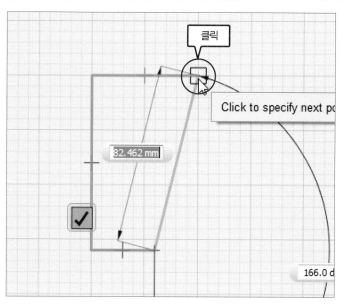

10 Exit sketch 버튼을 클릭해서 스케치 환경을 마무리한다.

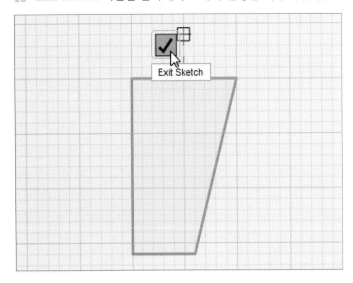

11 아이콘 바에서 Construct → Revolve(회전) 명령을 클릭한다.

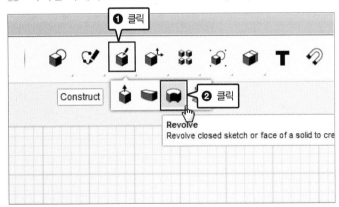

12 회전 프로파일로 쓰기 위해서 스케치 프로파일을 다음과 같이 선택한다.

용어 해설

Select a 2D shape of face of a solid to Revolve
→ 회전을 하기 위해서 2차원 형태나 솔리드에 포함된
면을 선택하시오.

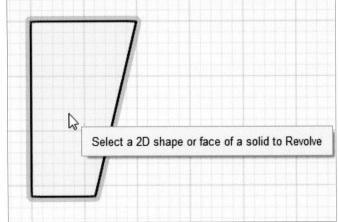

13 다음과 같이 프로파일이 선택된다.

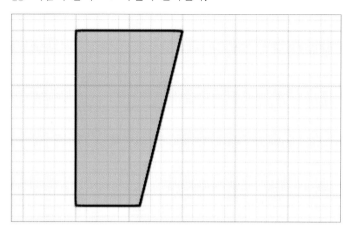

14 Axis 옵션 버튼을 클릭한다.

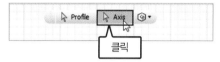

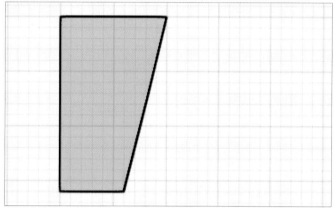

15 회전 축으로 쓰기 위한 선을 다음과 같이 선택한다.

용어 해설

Select a face, edge, line or click on grid to refer as axis of revolution
→ 회전축으로 쓰기 위해서 면이나 모서리 혹은 선을 선택하시오.

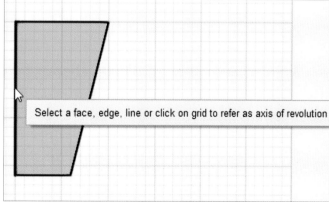

Select a face, edge, line or click on grid to refer as axis of revolution

16 다음과 같이 회전 핸들이 표시된다. 마우스 커서로 회전 핸들을 선택한다.

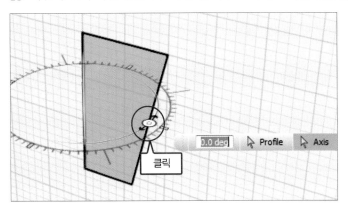

17 다음과 같이 핸들을 다음 방향으로 드래그한다.

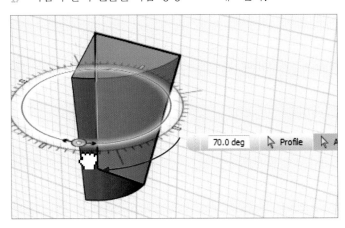

18 1바퀴 회전을 하기 위해서 회전 각도에 360도를 직접 기입한다.

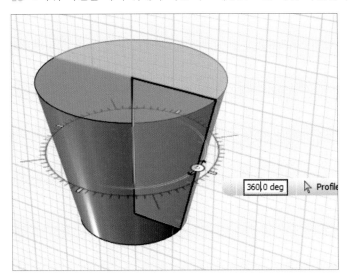

19 화면 빈 곳을 클릭하면 회전이 완료된다.

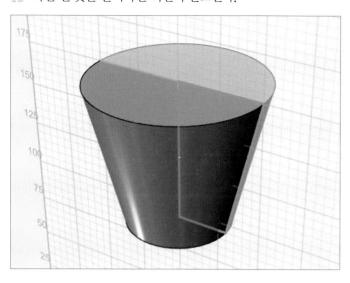

2.4 손잡이 형상 작성하기

Polyline(폴리선), 3 Point arc(3점호), Extrude(돌출), Fillet(모깎기) 명령을 이용해 손잡이 형상을 작성해 보도록 하겠다.

01 아이콘 바에서 Sketch → Polyline(폴리선) 명령을 클릭한다.

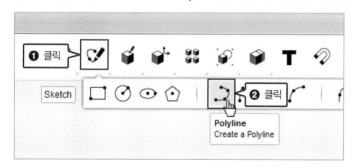

02 화면 우측 상단의 뷰 큐브의 TOP 면을 클릭한다.

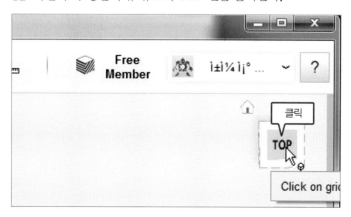

03 선의 첫 번째 점을 클릭한다.

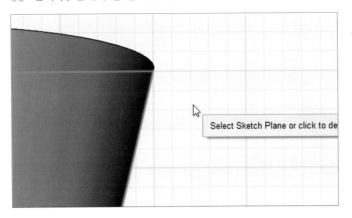

04 마우스를 우측으로 15mm만큼 움직인 다음 클릭한다.

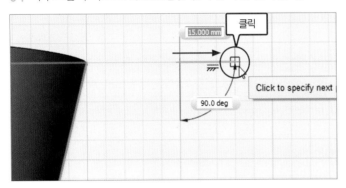

05 아이콘 바에서 Sketch → Three point arc(3점호) 명령을 클릭한다.

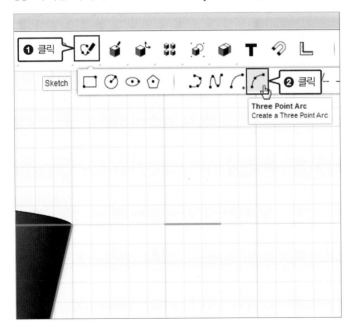

06 이전에 작성한 선을 클릭해 스케치 편집 모드로 전환한다.

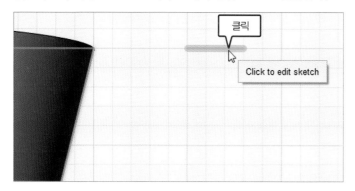

07 첫 번째 점을 클릭한다.

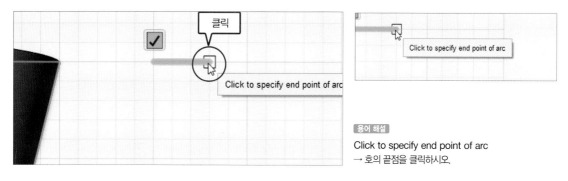

Click to specify end point of arc
→ 호의 끝점을 클릭하시오.

08 다음 위치에 두 번째 점을 클릭한다.

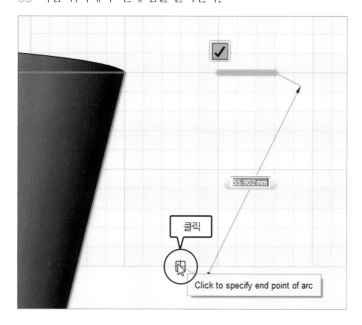

09 다음 위치에 호의 중간점을 클릭한다.

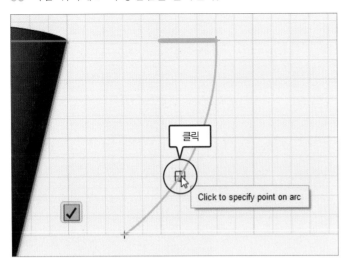

10 아이콘 바에서 Sketch → Offset(간격띄우기) 명령을 클릭한다.

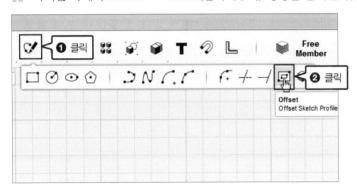

11 앞에서 작성한 선을 클릭해 스케치 편집 모드로 전환한다.

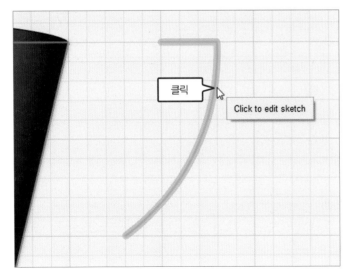

12 다음 곡선을 선택한다.

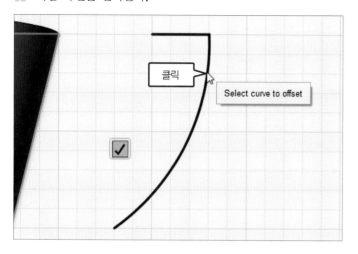

13 마우스를 바깥 방향으로 5mm 만큼 움직인 다음 클릭한다.

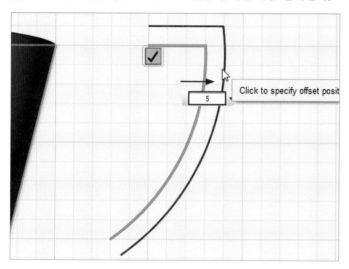

14 다음과 같이 간격띄우기가 완료되었다.

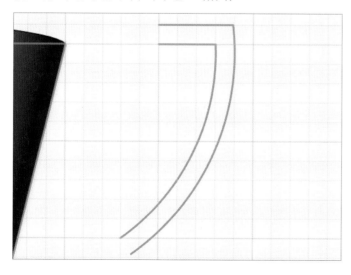

15 아이콘 바에서 Sketch → Polyline(폴리선) 명령을 클릭한다.

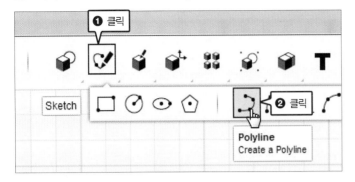

16 앞에서 작성한 선을 클릭해 스케치 편집 모드로 전환한다.

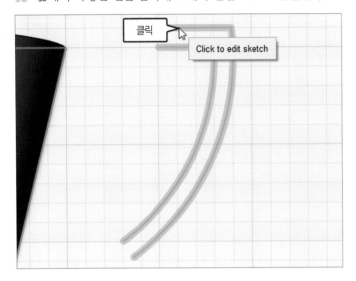

17 다음 점을 첫 번째 점으로 클릭한다.

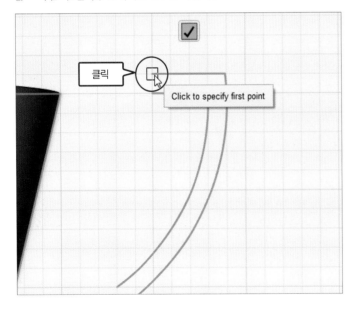

18 다음 점을 두 번째 점으로 클릭한다.

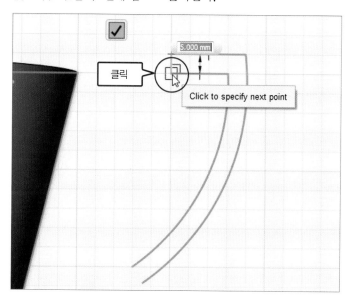

19 아래쪽으로 마찬가지로 선을 이어서 작성한다.

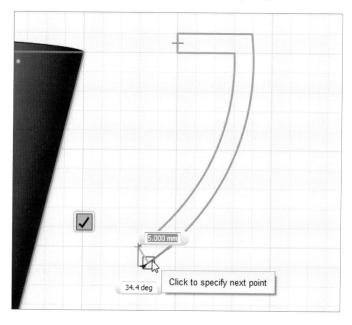

20 Exit sketch 명령을 클릭해서 스케치 작성을 마친다.

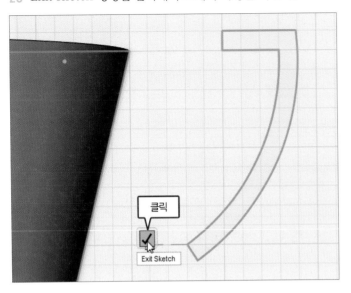

21 아이콘 바에서 Construct → Extrude(돌출) 명령을 클릭한다.

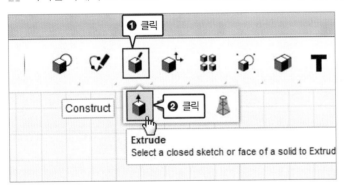

22 작성한 스케치 프로파일을 선택한다.

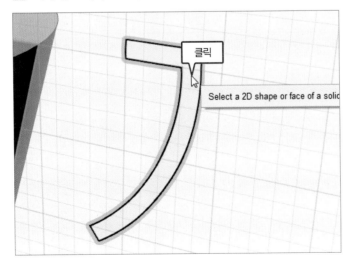

23 다음 방향으로 화살표를 드래그한 다음 돌출 거리를 입력한다.

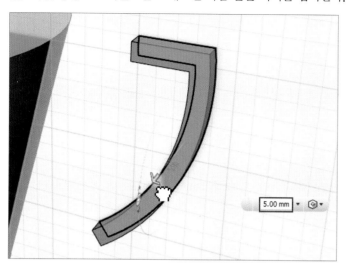

24 화면 빈 곳을 클릭하면 돌출 명령이 마무리된다.

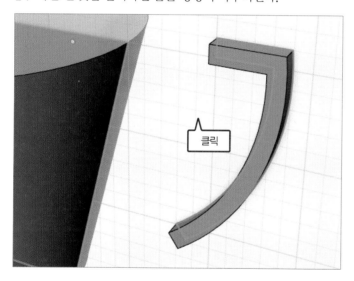

25 손잡이 부분의 길이를 변경해 보도록 하겠다. 아이콘 바에서 Modify → Press Pull(밀고 당기기) 명령
    을 클릭한다.

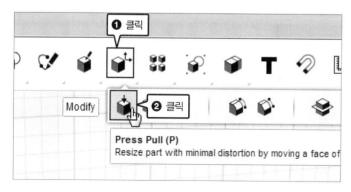

26 다음 면을 선택한다.

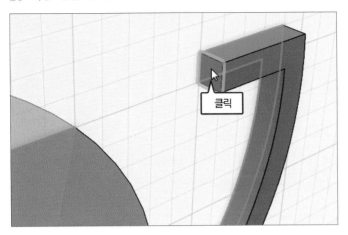

27 조정 핸들을 클릭한다.

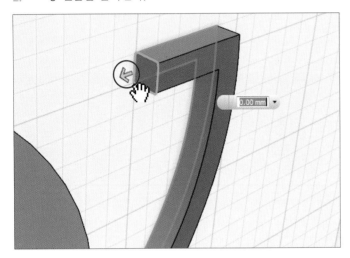

28 다음 방향으로 20mm 만큼 드래그해서 이동한다.

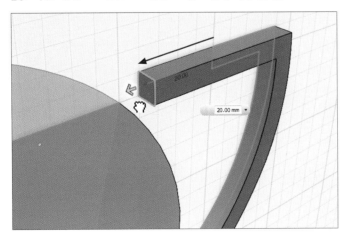

29 화면 빈 곳을 클릭하면 면 이동이 완료된다.

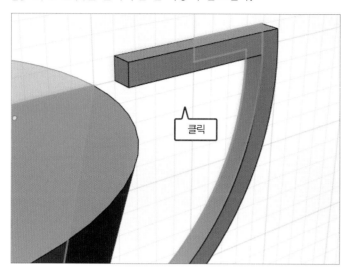

30 아이콘 바에서 Modify → Press Pull(밀고 당기기) 명령을 클릭한다.

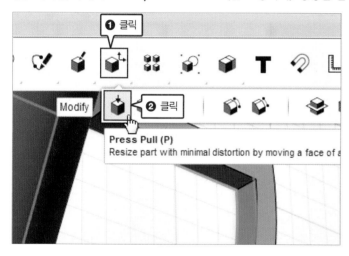

31 다음 면을 선택해서 조정 핸들을 선택한다.

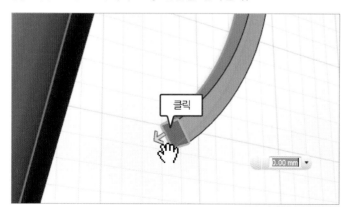

32 다음 방향으로 20mm 만큼 드래그해서 이동한다.

33 화면 빈 곳을 클릭하면 면 이동이 완료된다.

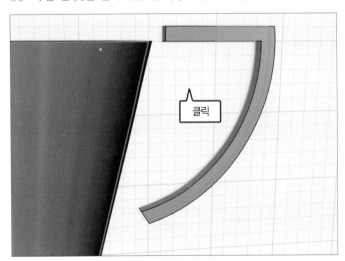

34 아이콘 바에서 Modify → Fillet(모깎기) 명령을 클릭한다.

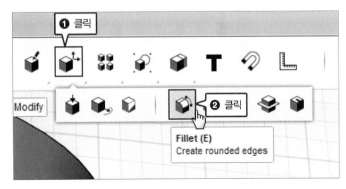

35 다음 모서리를 선택해서 반지름을 입력한다.

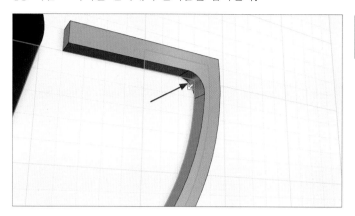

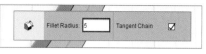

36 화면 빈 곳을 클릭해서 모깎기를 마무리한다.

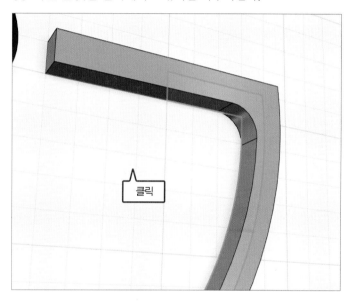

37 아이콘 바에서 Modify → Fillet(모깎기) 명령을 클릭한다.

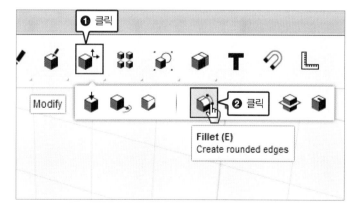

38 다음 모서리를 선택해서 반지름을 입력한다.

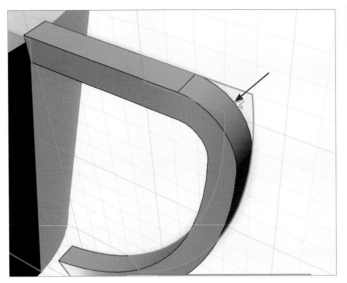

39 아이콘 바에서 Modify → Fillet(모깎기) 명령을 클릭한다.

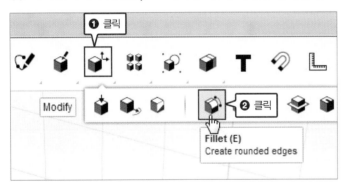

40 다음 모서리를 선택한다.

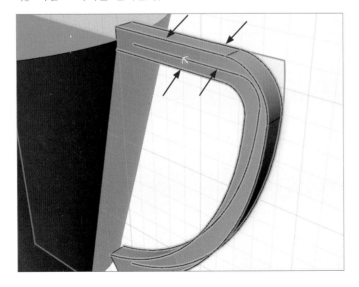

41 반지름을 입력한다.

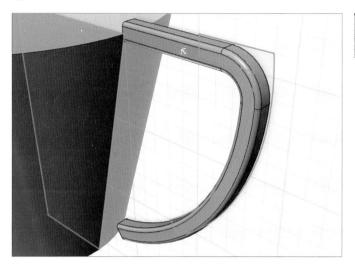

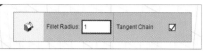

42 화면 빈 곳을 클릭하면 모깎기가 마무리된다.

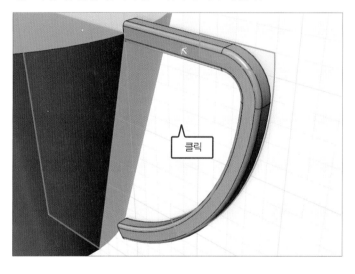

2.5 컵과 손잡이 형상 합치기

Merge(솔리드 합치기) 명령과 Subtract(솔리드 빼기) 명령을 이용해 컵과 손잡이 형상을 합쳐 보도록 하겠다.

01 아이콘 바에서 Ttansform → Move/Rotate(이동/회전) 명령을 클릭한다.

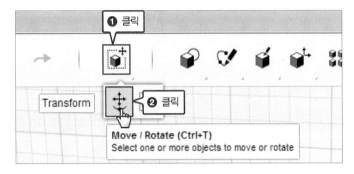

02 작성한 손잡이를 선택한다.

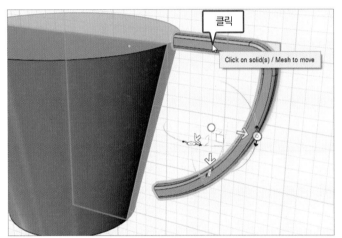

용어 해설

Click on solid(s)/Mesh to move
→ 이동할 솔리드 혹은 메쉬를 선택하시오.

03 다음 이동 핸들을 선택한다.

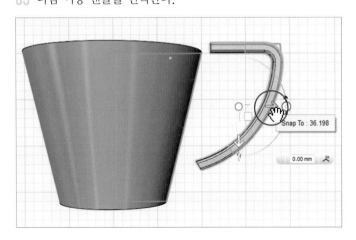

04 이동 핸들을 다음 방향으로 드래그해서 적당한 거리에 위치시킨다.

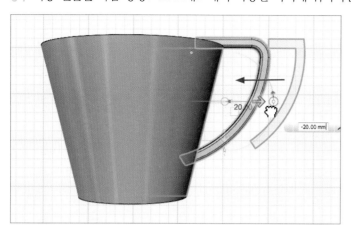

05 마찬가지로 아래쪽 핸들을 선택해서 아래쪽으로 적당한 거리만큼 드래그해서 위치시킨다.

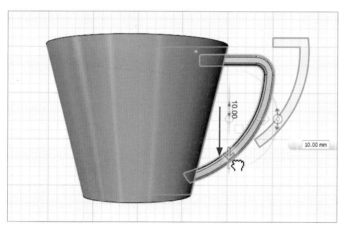

06 손잡이를 돌출한 두께의 절반 정도의 거리만큼 다 음 방향으로 이동한다.

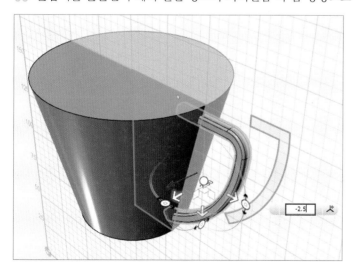

07 화면 빈 곳을 클릭하면 이동이 마무리된다.

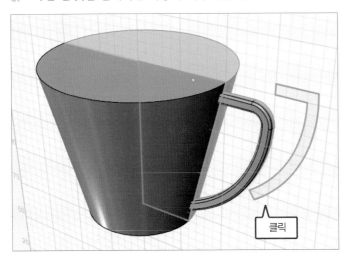

08 컵 본체를 선택해서 Ctrl+C(복사), Ctrl+V(붙여넣기)를 하면 다음과 같이 똑같은 위치에 동일한 형상이
복제되면서 이동 핸들이 표시된다.

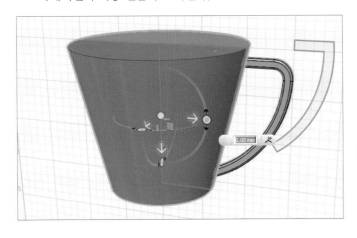

TIP 다음 작업은 손잡이 형상에 컵 형상을 제거 하는
과정에서 필요한 같은 모양의 컵을 하나 더 복제해
놓는 과정이다. 다음 빼기 작업시 손잡이 모양에서
컵 모양을 빼면 컵 모양이 사라져 버리기 때문에
예비로 하나 더 컵 모양을 준비해 놓는 것이다.

09 화면 빈 곳을 클릭하면 복제가 완료된다.

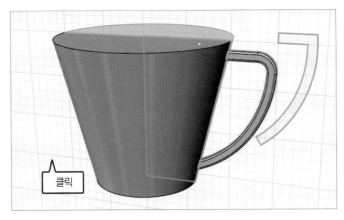

10 아이콘 바에서 Combine → Subtract(솔리드 빼기) 명령을 클릭한다.

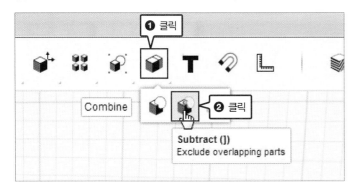

11 Target Solid/Mesh 항목에서 손잡이 형상을 선택한다.

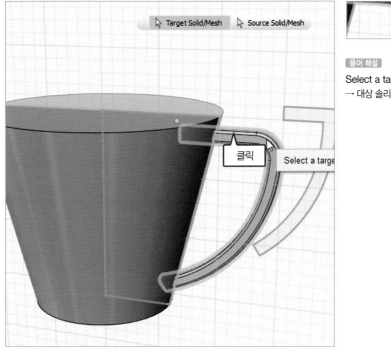

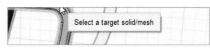

용어 해설

Select a target solid/mesh
→ 대상 솔리드 혹은 메쉬를 선택하시오

12 Source Solid/Mesh 항목 상태에서 컵 형상을 선택한다.

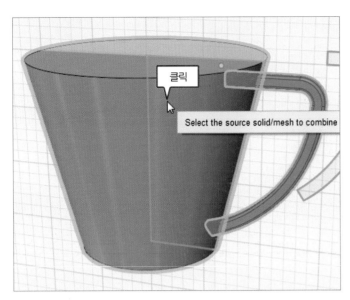

용어 해설

Select the source solid/mesh to combine with target solid/mesh
→ 원본 솔리드/메쉬와 결합하기 위해 타겟 솔리드/메쉬를 선택하시오.

13 화면 빈 곳을 클릭하면 컵 형상에 대해서 손잡이 자르기 작업이 완료된다.

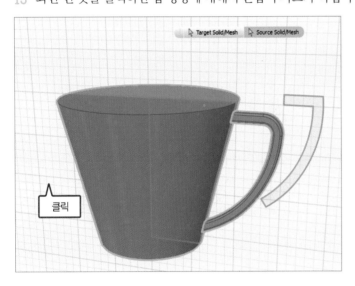

14 아이콘 바에서 Modify → Shell(쉘) 명령을 클릭한다.

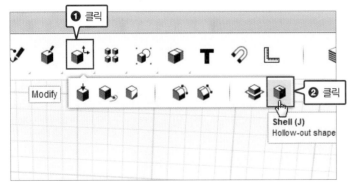

15 제거할 껍데기에 해당하는 면을 클릭한다.

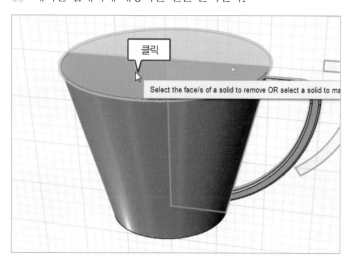

16 껍데기 모양이 미리보기가 되면 하단의 크기제어 옵션 창에서 두께를 지정한다.

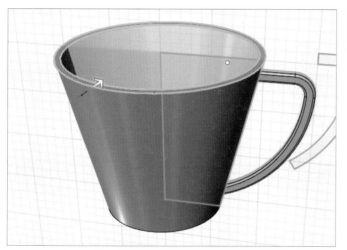

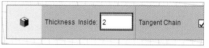

17 화면 빈 곳을 클릭하면 쉘 명령이 마무리된다.

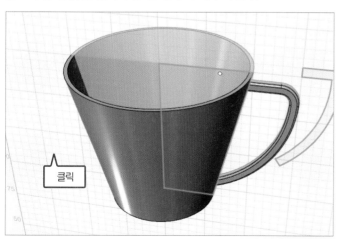

18 Display바에서 Visibility 항목의 Hide sketch를 클릭해서 화면상의 스케치를 숨긴다.

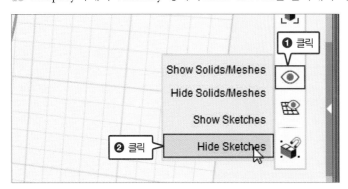

19 아이콘 바에서 Combine → Merge(솔리드 합치기) 명령을 클릭한다.

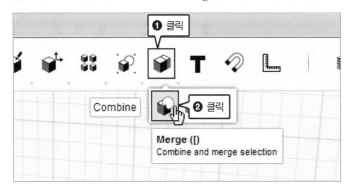

20 Target Solid/Mesh 항목에서 컵 형상을 선택한다.

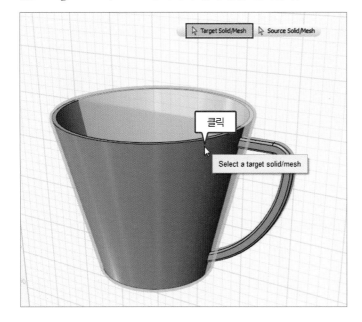

21 Source Solid/Mesh 항목 상태에서 손잡이 형상을 선택한다.

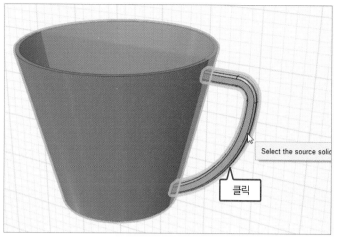

22 다음과 같이 컵과 손잡이 솔리드가 합쳐진다.

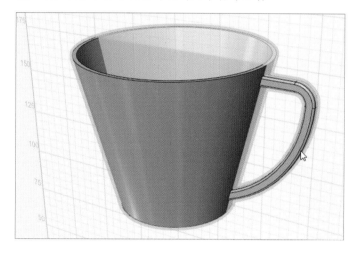

2.6 세부 모양 다듬기

Fillet(모깎기) 명령을 이용해 세부 형상을 다듬어 보도록 하겠다.

01 아이콘 바에서 Modify → Fillet(모깎기) 명령을 클릭한다.

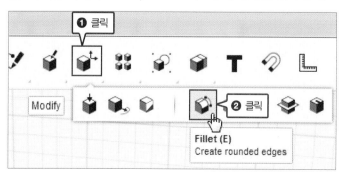

02 컵의 위쪽 모서리 두 개를 선택한다.

03 아래쪽 크기 제어 옵션 란에 반지름을 입력한다.

04 화면 빈 곳을 클릭하면 모깎기 작업이 완료된다.

05 아이콘 바에서 Modify → Fillet(모깎기) 명령을 클릭한다.

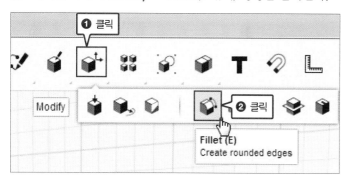

06 다음 모서리를 선택한다.

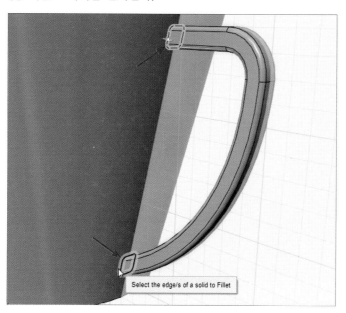

07 아래쪽 크기 제어 옵션 란에 반지름을 입력한다.

08 아이콘 바에서 Modify → Fillet(모깎기) 명령을 클릭한다.

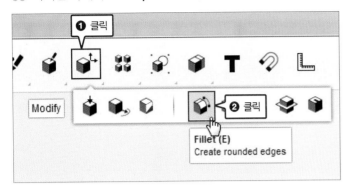

09 다음 모서리를 선택한 후 아래쪽 크기제어 옵션란에 반지름을 입력한다.

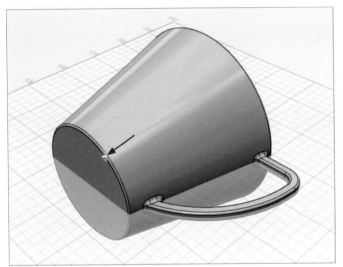

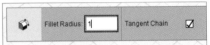

10 화면 빈 곳을 클릭하면 모깎기 작업이 완료된다.

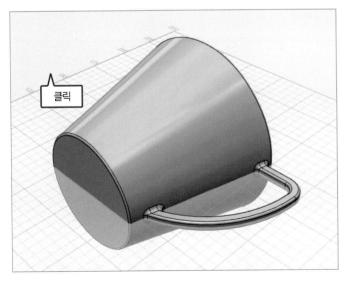

11 아이콘 바에서 Ttansform → Move/Rotate(이동/회전) 명령을 클릭한다.

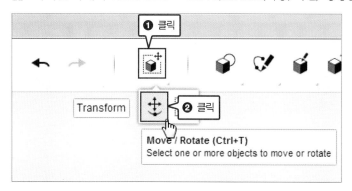

12 컵을 선택한 후 회전 핸들을 선택한다.

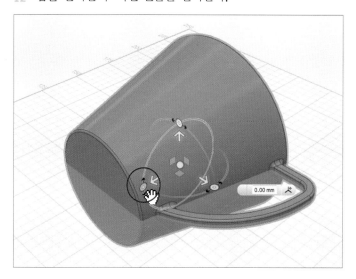

13 아래쪽으로 다음과 같이 드래그해서 90도만큼 회전한다.

14 다음 이동 핸들을 선택해 위로 드래그해서 컵 형상을 모눈종이 위로 올라오게 이동한다.

15 화면 빈 곳을 마우스로 클릭하면 이동이 마무리된다.

2.7 재질 적용하기

Material(재질) 명령을 이용해 모델링에 다양한 색상을 입혀보자.

01 아이콘 바에서 Material(재질) 아이콘을 클릭한다.

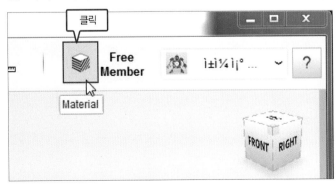

02 다음과 같이 원하는 재질을 선택한다.

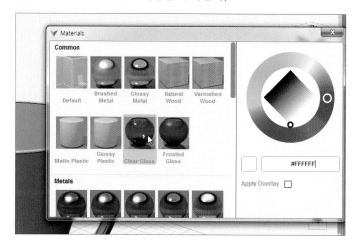

03 컵 형상을 선택한 후 화면 빈 곳을 클릭하면 재질 적용이 완료된다.

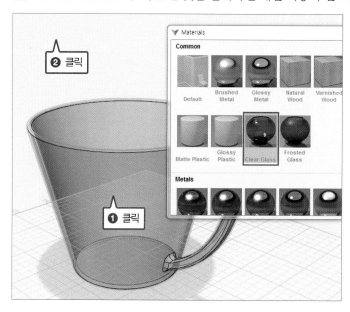

04 재질 창을 닫으면 컵 작성이 완료된다.

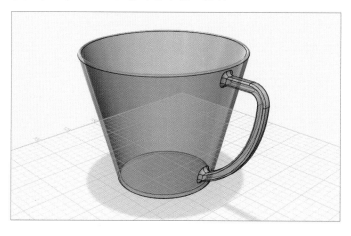

Meshmixer 활용하기

오토데스크 Meshmixer는 초보자용 소프트웨어는 아니지만 잘 익혀두면 아주 유용하게 사용할 수 있는 툴로 캐릭터나 동물뿐만 아니라 기계부품 등 모델링 된 그 어떤 메쉬라도 간단하고 쉽게 보정하고 믹싱(다른 모델들을 합치는 등) 할 수 있는 최적화된 3D 프린팅 디자인 툴로 간단한 사용법을 소개한다.

1. 메쉬사이즈 조절하기

❶ 메쉬믹서를 실행하여 [Import Sphere]를 클릭하고 구 형상을 불러 온다.

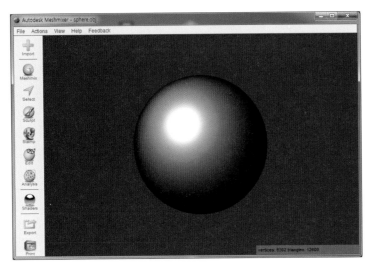

❷ 왼쪽 도구 모음에서 [Sculpt] 툴바를 선택하고 [Brushes]메뉴에서 [Reduce]를 선택한다.

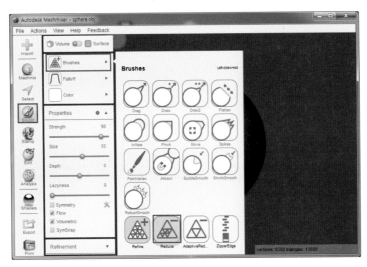

❸ Properties에서 [Strength, 강도]와 [Size, 사이즈]를 각각 90으로 설정한다.

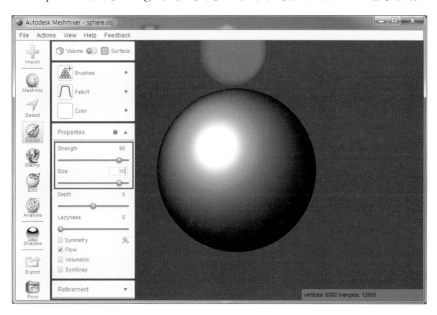

❹ 마우스로 구의 임의의 부분을 선택한 후 키보드에서 단축키 [W]를 클릭하고 [View]의 [Show Wireframe, 와이어프레임으로 보기]기능을 설정하면 다음과 같이 삼각형 면으로 이루어진 구의 형상을 확인할 수 있다.

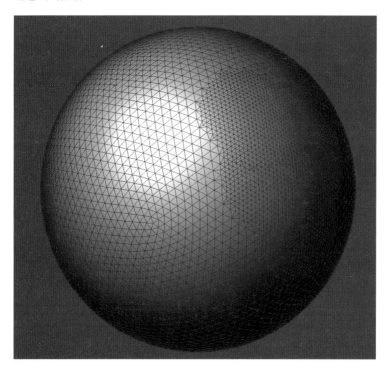

반대로 [Brushes]메뉴에서 [Refine]기능을 사용하면 선택한 부분의 메쉬 밀도를 최대값으로 높일 수도 있다.

❺ [Edit]의 [Plane Cut]기능으로 구를 반으로 잘라 서로 다른 해상도를 비교해 볼 수 있다.

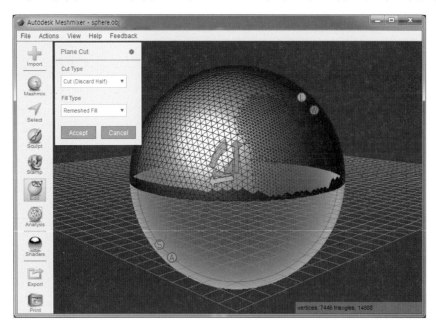

그림 5-21 **[Plane Cut] 선택 후 [Accept] 실행**

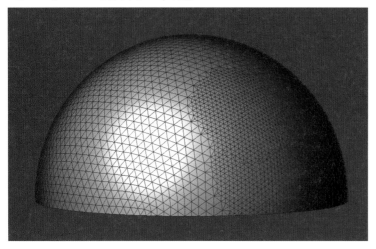

메쉬 사이즈를 조절한 모델링 파일을 [Export]를 클릭하고 STL 파일로 변환하여 저장한 후에 가지고 있는 3D 프린터의 기종에 맞는 슬라이서에서 구의 크기를 각각 100%, 150%, 200%로 설정하여 3D 프린터로 출력하여 비교해 보면, 200% 사이즈의 경우 눈으로 보았을 때 큰 차이점을 느끼지 못할 것이다. (단, 출력 조건 설정에서 레이어 두께 설정은 0.1mm로 Infill(내부 채움)은 0%로 구의 속을 채우지 않음으로 설정한 경우)

그림 5-22 슬라이서에서 각각 100%, 150%, 200% 확대한 모델

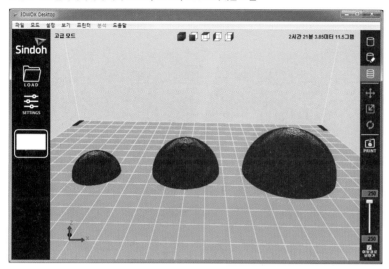

열가소성 고체 필라멘트를 소재로 사용하는 FFF 3D 프린터에서 확대한 모델을 실제 출력해 육안으로 확인해 보면 작은 사이즈일수록 출력물의 메쉬 차이가 크지 않음을 알 수 있지만 액상 기반의 소재를 사용하는 SLA/DLP 3D 프린터로 출력해 보면 표면의 메쉬 차이는 좀 더 명확하게 구분될 수 있을 것이다.

2. 파일 사이즈 최적화하기

아래 예제 파일은 3D 프린터 출력용 모델 공유 플랫폼인 싱기버스에서 다운로드한 STL 파일로 처음 다운로드 받았을 때의 파일 용량은 35.1 MB 이었다.
(예제 출처 : https://www.thingiverse.com/thing:1582713)

❶ 메쉬믹서를 실행하여 다운로드한 STL 파일을 오픈한다.

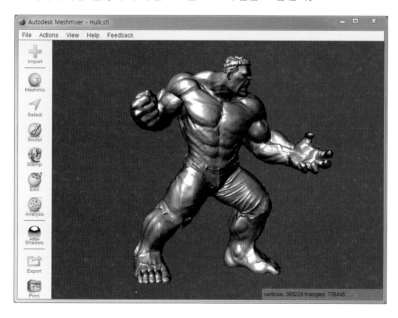

❷ [Select] 툴바를 선택하고 오브젝트를 마우스로 더블 클릭하거나 단축키 [Ctrl+A]한다. 오브젝트를 선택하면 자동으로 주황색으로 변하는데 이 상태에서 와이어프레임을 활성화(단축키 W)시켜 확인한다.

❸ [Edit]에서 [Reduce]를 선택하고, Percentage를 50%로 설정한 후 [Accept]를 눌러준다. 다음으로 [Export]를 선택하고 STL Binary Format(*.stl)으로 저장하여 파일 용량을 확인해보면 17.5MB로 줄어든 것을 확인할 수 있다.

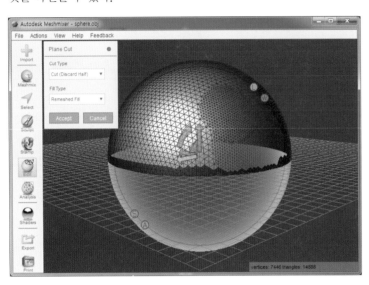

❹ 동일한 방식의 작업으로 파일 용량을 4.38 MB까지 줄인 후 메쉬를 확인해 본 것이다. 실제로 원본 모델과 용량을 확 줄인 모델을 3D 프린터로 출력해 비교해보면 출력물의 표면 차이는 크게 다르지 않다는 것을 확인할 수 있을 것이다.

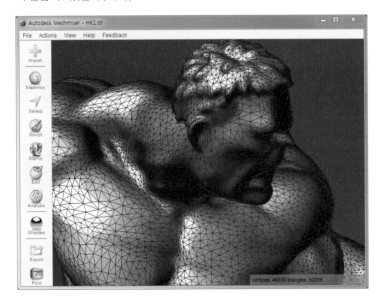

이렇게 파일 용량을 줄이는 실습을 해 본 이유는 불필요한 고해상도의 파일을 출력하는 경우 출력물의 기능이나 목적에 알맞은 목적으로 최적화된 해상도 비율을 찾으려는 것이다. 만약 3D 스캔 등을 통하여 얻은 고

해상도의 모델을 가지고 있다면 아주 고해상도의 출력물이 필요한 경우 이외에는 메쉬믹서를 실행한 후 파일을 열고 수정하지 않은 상태에서 STL Binary 형식으로 변환하여 저장한다. 그러면 자동으로 파일 사이즈는 원본보다 줄어들게 되는 것을 확인할 수 있다.

3. 파일 오류 복구하기

메쉬믹서는 STL 파일의 메쉬(Mesh)를 직접 수정할 수 있는 프로그램으로 [Analysis]기능은 3D 모델 파일의 유효성을 검사할 수 있는 강력한 도구이다. 아래는 싱기버스에서 다운로드한 에펠탑의 STL 파일로 메쉬믹서에서 [Import]를 클릭하여 불러들인 화면이다.

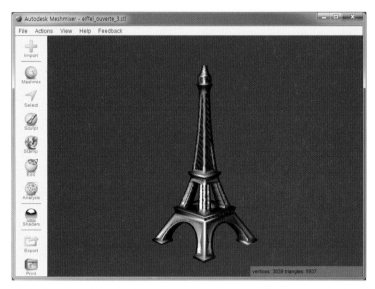

파일 다운로드 (https://www.thingiverse.com/thing:440546)

❶ [Analysis]를 선택하고 [Inspector]도구를 클릭한 후 [Auto Repair All]을 선택한다.

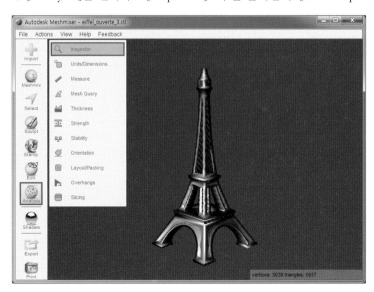

이 때 파일에 오류가 있다면 색깔 코드가 부여된 원형 아이콘이 나타날 것이다.

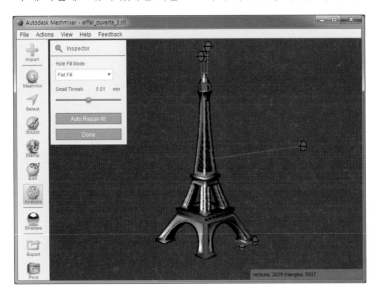

● 파란색은 메쉬에 구멍이 있다는 것을 알려준다.(자동보정가능)
● 빨간색은 Edge와 Face의 수가 일치하지 않아 Non-manifold(비다양체)영역을 나타낸다.
● 분홍색은 모델링 파트가 일반적인 메쉬로부터 Disconnected(이격)되었음을 나타낸다.

원형 아이콘을 마우스 좌측 버튼으로 클릭하여 모델링 문제를 해결해 본다. 원형 아이콘의 색상이 회색으로 변하면 복구가 실패한 것이다. 이런 경우 [Ctrl]키를 누른 채 마우스 우측 버튼을 클릭하여 다른 메쉬믹서 도구를 수동 선택해서 복구 가능하다.

[Inspector]메뉴에서 [Auto Repair All]을 클릭하면 모든 오류가 한번에 복구된다. 하지만 소프트웨어의 특성상 모델 자체가 사라지거나 일부분이 없어지는 경우도 발생할 수 있다. 아래는 [Auto Repair All]을 클릭하여 자동복구를 수행한 상태로 탑의 상단 부분이 사라져버린 것을 확인할 수 있다.

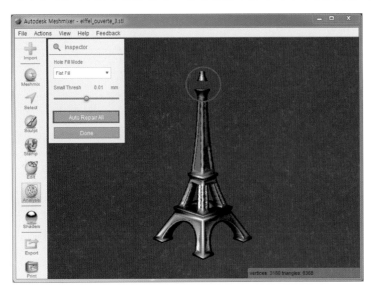

이런 경우 [Edit]의 [Make Solid]를 시도해보면 오브젝트가 출력이 가능해지는 경우도 있지만 출력물 표면의 품질은 많이 저하된다는 점에 유의한다.

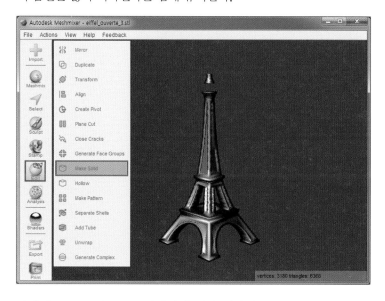

파란색 오류 표시는 3D 데이터의 면이 연결되어 있지 않거나 구멍이 있는 경우를 표시하며, 빨간색 오류 표시는 폴리곤이 오버랩되어 있는 경우를 표시하고, 분홍색 오류 표시는 모델의 크기에 비해 작은 부분(예를 들어 손톱이나 손가락, 눈썹 등)을 표시하는데 메쉬믹서에서 오류를 수정하는 방법은 구멍이 있는 곳은 메워주고 오버랩이 되어 있거나 작은 부분은 삭제를 하는 작업을 한다. 따라서 작은 부분에 오류가 생기거나 오류의 범위가 큰 경우 해당 파트나 모델 자체가 사라져버리는 현상이 발생하기도 한다. 이런 경우에는 [Shift+마우스 왼쪽버튼]클릭하여 수동으로 오류를 수정해 주는 것이 좋으며, [Inspector]에서 [Small Thresh]값을 줄여주는 것이 좋다. 0.01은 전체 모델의 크기 중 1% 미만을 필요없는 부분으로 인식하겠다는 의미인 것이다.

4. 스캔 데이터 보정하기

이번에는 사람을 스캔한 데이터를 간단하게 보정하는 작업을 실시해보자. 3D 스캐너는 저가형 Sense 스캐너를 사용하여 스캐닝한 것으로 모델의 형상이 제대로 되어있지 않고 움푹 파이거나 잘린 부분들이 보인다.

그림 5-22 Sense 스캐너

❶ 스캔한 모델을 불러온 후 [Analysis]-[Inspector]를 선택한 다음 [Auto Repair All]을 클릭한다.

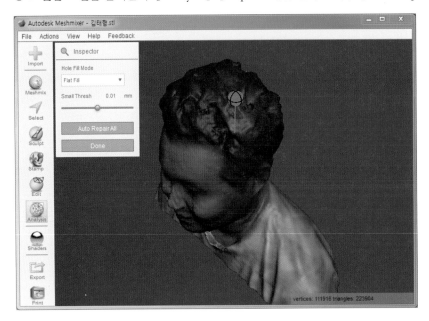

그러면 분홍색으로 표시되어 이격되었던 메쉬가 자동으로 복구된다.

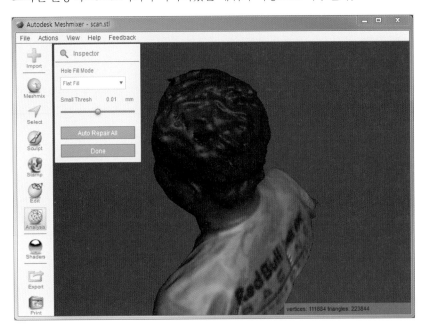

❷ [Select]를 선택한 후[Brush Mode]에서 사이즈를 [30]으로 줄이고 부드럽게 변형시키고 싶은 부분을 선택해준다.

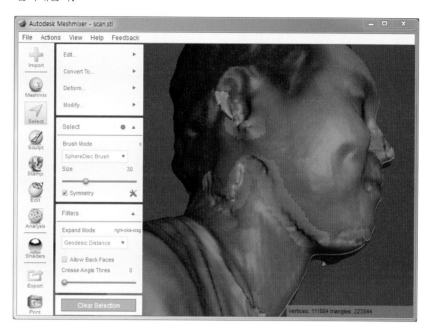

❸ [Deform]-[Smooth]를 선택하고 [Accept]를 클릭한다.

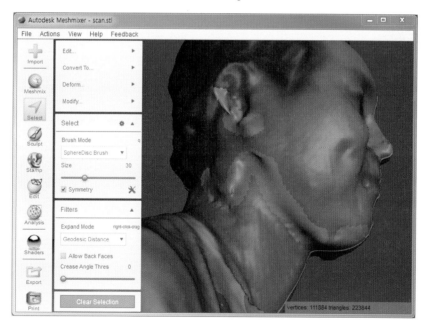

❹ [Clear Selection]을 클릭하면 다음과 같이 선택 영역이 부드럽게 처리된 것을 알 수 있다.

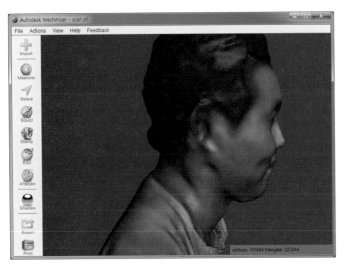

이런 식으로 모델을 회전시켜 가며 수정할 부분을 선택하여 스캔 데이터를 부드럽게 변형시켜 마무리 한다.

5. 모델의 내부 속 비우기

3D 프린터로 출력서비스 의뢰시 소요되는 재료의 양이나 출력물 형상의 크기, 출력 시간 등에 따라 출력 비용이 계산되는 것이 보통인데 출력물의 내부를 일정한 비율로 비우기 할 수 있다. 특히 액상 기반의 소재를 사용하는 SLA나 DLP, PolyJet 방식 또는 분말 기반의 소재를 사용하는 SLS, CJP 등의 방식으로 출력물을 의뢰시에는 출력비용이 많이 계산될 수 있으므로 불필요하다고 판단되는 모델의 내부는 출력 가능한 최적의 형태로 비워주는 것이 좋을 것이다.

아무래도 속이 100% 꽉 찬 모델을 출력하는 경우 특별한 강도나 요구사항이 있지 않는 한 소재의 낭비가 될 수 있는데 이렇게 속을 비워주는 쉘 기능을 이용해 보자.

❶ 내부 속을 비우기할 모델을 불러온 뒤 [Edit]-[Hollow]를 선택한다.

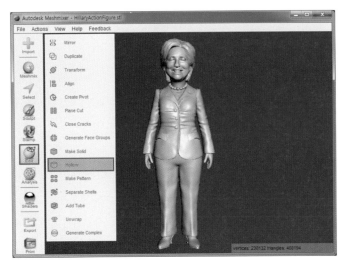

❷ [Offset Distance]의 설정값을 조절하여 외벽 두께를 설정 한 후 [Update Hollow]를 클릭한다. 모델이 반투명 상태로 변하며 내부가 표시된다.

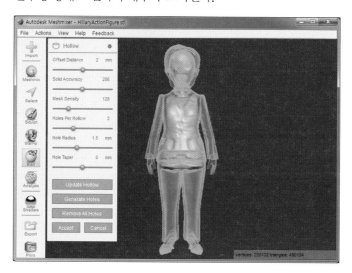

[Offset Distance]는 벽 두께를 설정하는 부분으로 최소 [0]~[4]mm 까지 설정 가능하지만 최소 2mm 이상의 두께를 가질 수 있도록 설정하는 것이 좋다.

❸ [Holes Per Hollow]와 [Hole Radius]를 이용하여 구멍의 개수와 반지름을 설정한 후 [Generate Holes]를 선택하면 반지름 설정값에 따라 모델에 초록색 원기둥과 빨간 색 구가 생기는데 드래그하여 구멍을 뚫을 적정한 위치로 이동시킨다.

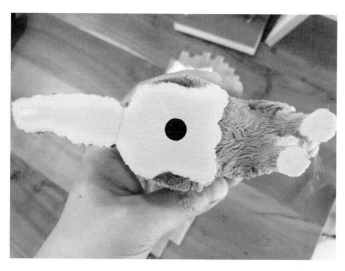

[Generate Holes]는 모델에 구멍을 내는 기능인데 SLA나 DLP 출력 방식의 경우 내부에 액상의 소재가 차 있게 되면 출력에 악영향을 미치고 분말 기반의 출력 방식은 값비싼 소재가 내부를 채우고 있다면 불필요한 낭비가 되므로 조형 후 소재가 빠져나갈 수 있는 공간을 만들어 주는 것이다.

만약 속을 비워낸 부분을 좀 더 매끄럽게 다듬고 싶다면 [Solid Accuracy]와 [Mesh Density]의 설정값을 높여주게 되면 보다 깔끔한 면을 얻을 수 있지만 속 비우기 작업 속도가 오래 걸린다는 단점이 있으니 참고하기 바란다.

❹ 모델에 구멍을 낼 부분을 확대한 화면으로 원하는 위치에 배치되었다면 [Accept]를 클릭한다.

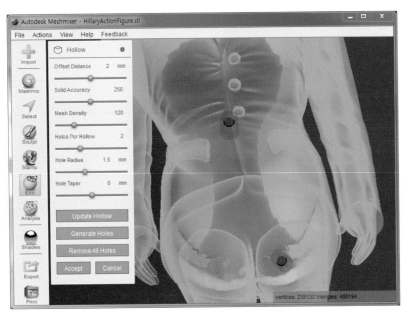

❺ 모델에 구멍 생성이 완료되었다.

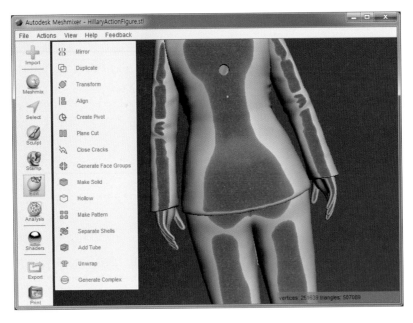

6. 코끼리 귀 모양 변형시키기

❶ [Select]를 선택하고 변형시키고자 하는 귀 모양을 선택한다. 이 때 대칭 브러시가 적용될 수 있도록 [Symmetry]에 체크해 준다.

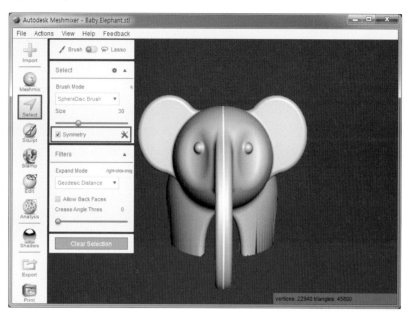

❷ [Select]-[Edit]-[Erase & Fill]을 선택한 후 [Accept]를 실행하여 귀를 없애 준다.

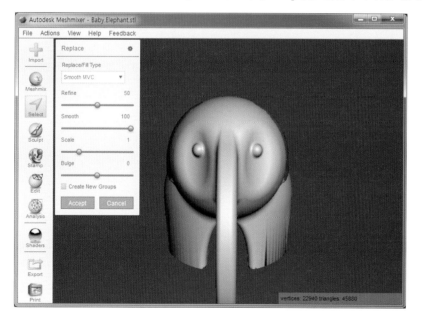

❸ [Meshmix]-[Primitives]-[Ears]를 선택하고 등록되어 있는 귀를 하나 선택하여 드래그한다.

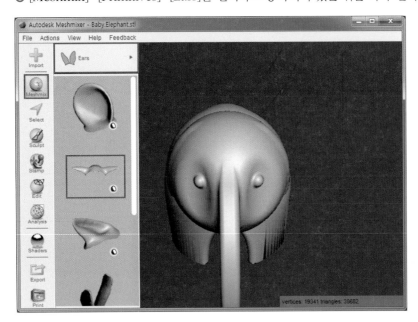

❹ 추가한 귀를 회전시키고 사이즈를 적당히 키워준다.

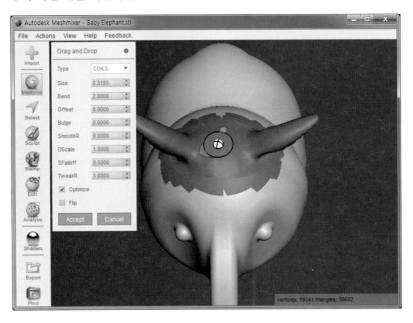

❺ 만약 눈 위에 뿔 같은 것을 만들고 싶다면 [Sculpt]−[Brushes]−[Draw]를 선택하고 생성해 주면 된다.

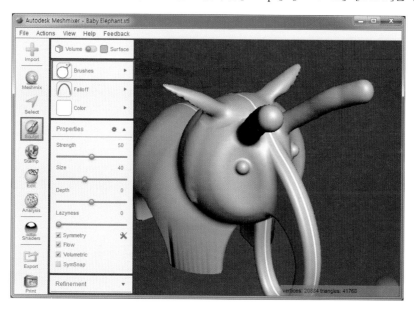

7. 켄타우로스 만들기

이번에는 그리스 신화에 나오는 유명한 켄타우로스를 만들어 보자. 말의 데이터는 싱기버스 사이트에서 다운로드 받았다.(출처 https://www.thingiverse.com/thing:925638)

❶ 다운로드 받은 말의 데이터를 임포트하여 [Analysis]−[Inspector]로 오류가 있는지 체크하여 오류를 수정해 준다. 만약 오류가 있는 모델이라면 [Auto Repair All]로 오류를 자동 수정해준다.

❷ [Select] 머리 부분을 선택하고 [Edit]−[Erase & Fill]을 선택하여 머리 부분을 제거한다.

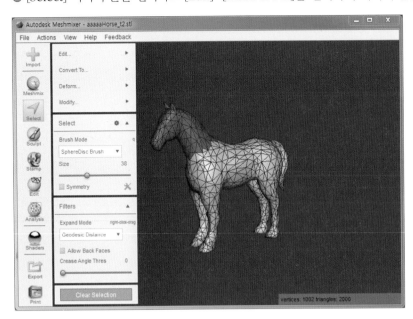

❸ 잘려진 부위를 부드러운 곡선으로 만들기 위해 [Refine]값을 100으로 조정해 준다.

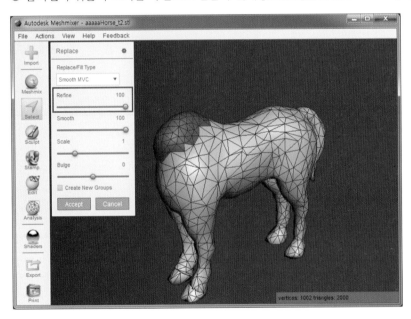

❹ [Meshmixer]−[Miscellaneous]에 있는 데이터를 드래그하여 적당한 곳에 위치시킨 후 화살표와 동그라미 기호를 이용하여 이동 및 회전시키고 사이즈를 적절하게 조정한다.

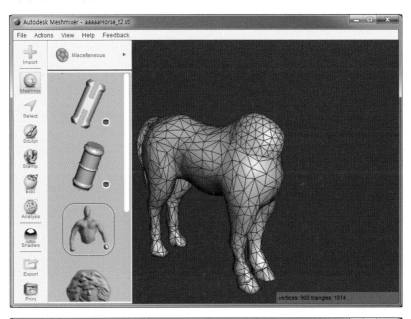

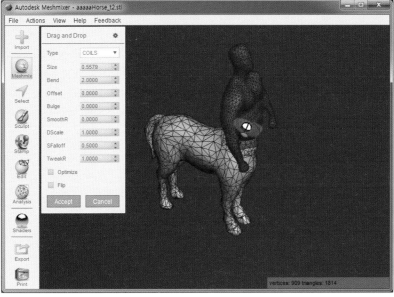

❺ 합쳐진 모델의 어색한 부분은 [Sculpt]에 있는 브러쉬 도구를 사용하여 부드럽게 마무리 해준다.

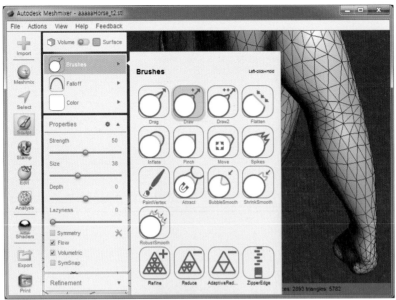

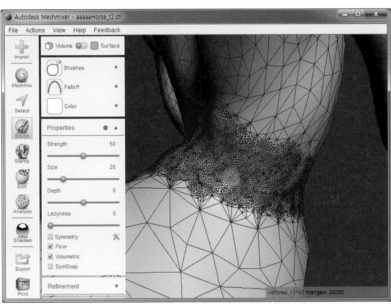

❻ 켄타우로스가 완성되었다. 날개를 달아 본다든가 다양한 형태로 메쉬를 조정하여 변형시켜 보기 바란다.

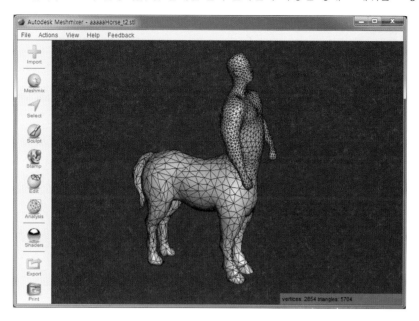

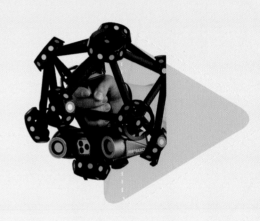

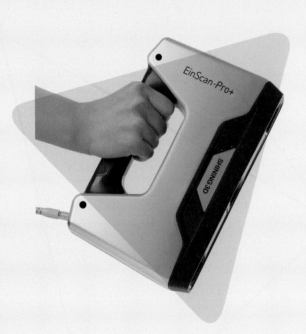

PART

6

3D 스캐닝과
3D 데이터 획득

스캔 방식에 따른 3D 스캐너의 원리

3D 스캐닝 기술은 사람이나 사물의 3차원 형상을 계측하여 3D 데이터를 얻을 수 있는 기술로 레이저 광선을 대상물의 외형에 조사(照射)하여 대상물을 스캔(Scan, 계측)하고 그 정보를 디지털화하려 3차원상의 좌표(X, Y, Z) 데이터를 얻는 기술이다. 이 작업을 반복적으로 수행하면 대상물 전체가 점군(Cloud point)으로 3D 데이터화 되는 것이다. 이 데이터를 원래 폴리곤이나 곡면 데이터로 변환하고 역설계(리버스 엔지니어링)나 검사, 측정 등의 분야를 중심으로 폭넓게 활용되고 있으며 최근에는 문화재 복원에도 큰 역할을 해 주목을 받고 있는 기술이다. 컴퓨터 기술의 발전과 더불어 3D 데이터는 4차 산업혁명 시대의 제품 제작과 복원에 있어 없어서는 안될 필수적인 존재가 되어가고 있다.

고정밀 3D 스캐너는 마이크로미터 단위로 아주 정밀하게 사물의 3D 데이터를 획득할 수 있다는 장점이 있지만 아직은 장비가 수천만 원대 이상의 고가이며 사용하는 전용 소프트웨어도 고가이기 때문에 개인이 접근하기에는 상당히 어렵다는 점은 아쉬운 부분이다.

그림 6-1 **3D 스캐너의 스캔(계측) 순서**

예를 들어 제품의 기획이나 개발의 과정에 있어서 도면이 존재하지 않는 목업(Mock-up) 등의 입체물에서 3D 데이터로 변환이 필요한 경우가 있다. 최근 들어 3D 프린터가 각광받기 시작하면서 주목을 받고 있는 제품 중의 하나가 바로 이 3D 스캐너이다. 그동안 정밀 3D 스캐너는 일부 특정 분야에서만 사용하던 고가의 장비였지만 이제는 일반 사용자들도 손쉽게 사용할 수 있는 보급형 3D 스캐너의 등장과 함께 가격도 많이 하락하고 있으며 사용하기 편리하고 손으로 들고 작업할 수 있는 핸드헬드(Handheld)형 제품들이 속속 등장하고 있는 추세이다. 측정기술에 있어 기초가 되는 삼각측량(Triangulation)의 측정원리를 이용한 스캐너는 삼각형의 원리에 따라 떨어진 지점까지의 거리를 계측하는 방법을 말하며 이런 삼각측량의 원리를 이용함으로써 멀리 떨어진 곳에 있는 물체의 3차원적 형상을 측정하는 것도 가능한 것이다.

3D 스캐닝은 의료, 자동차 및 부품 제조업, 산업 디자인, 건축 디자인, 의상 디자인, 캐릭터, 제품설계 및 로봇 분야, 완구 및 애니메이션, 영화, 광고 분야 등 우리 일상 생활 전반에 걸쳐 사용되지 않는 분야가 없을 정도로 2D에서 3D로 빠르게 전환시키는 촉매제가 될 것으로 예측되고 있다.

일반적으로 3D 스캐너는 접촉방식에 따라 크게 **접촉식**과 **비접촉식**으로 분류할 수 있다. **접촉식 3D 스캐너**는 대상물의 표면과 직접 접촉하는 프로브(Probe, 탐폭자)의 상대 이동 값으로 3차원의 데이터를 얻는 것을 의미하며 3축 머신에 Tracer Prove를 부착한 측정 방식의 CMM(Coordinate Measuring Machine)과 로봇 관절의 이동 좌표를 환산하여 곡면 분석 등에 사용하는 다관절 로봇 방식이 있다.

측정의 정확도와 정밀도가 우수한 편이지만 시스템이 복잡하고 다른 스캐닝 방식에 비해 측정 속도가 느리다는 단점이 있다. 또한 유지보수 측면이나 사용자의 입장에서 고려했을 때 전문 지식이 요구된다는 점과 진동이나 온도 등 사용 환경에 따라 민감하기 때문에 일반 사용자들에게는 제한적인 부분이 있다.

그림 6-2 **CMM**

출처 : © www.coord3-cmm.com

그림 6-3 **다관절 로봇**

출처 : © www.faro.com

비접촉식 3D 스캐너(Non-Contact 3D Scanner)는 3차원 스캐너가 직접 빛을 피사체에 쏘는 여부에 따라 능동형과 수동형 스캐너로 분류할 수 있다. 보통 레이저 방식과 백색광 방식이 있는데 광학적으로 이미지 프로세싱을 하여 대상물에 직접 접촉하지 않고도 3차원 데이터를 얻는 방식을 말하며 산업계에서 많이 사용하는 능동형 스캐너를 3차원 스캐너라고 부르기도 한다.

레이저 스캐닝은 거리 관측 방식에 따라 TOF(Time of Flight) 방식, 위상차(Phase shift) 방식, Triangulation 방식 등으로 분류되는데 레이저 스캐너로부터 얻은 점군(Cloud point)으로부터 폴리곤 메쉬 모델(polygon mesh model), 서페이스 모델(surface model), 솔리드 CAD 모델(solid CAD model) 등을 생성할 수 있으며, 대부분의 활용분야에서는 서페이스 모델이나 CAD 모델이 주로 이용된다.

특히 레이저 스캐너의 주요 활용 분야로 건설이나 토목공학 분야의 공정 자동제어, 교량이나 플랜트 설비 설계나 도면 작업, 현장 모델링이나 설계 도면 작업, 공정 및 품질 관리, 도로 설계, 게임 산업, 분해 공학(reverse engineering), 문화재 및 유적지 복원, 의학 분야, 품질 검증 및 제조 산업 분야, 제품 표면처리 분석 등 고정밀 3차원 모델 구축에서부터 의료, 제조, 게임 산업에 이르기까지 다양한 분야에서 활용될 수 있을 것으로 기대된다.

1. TOF(Time of Flight) 광대역 방식 스캐너

TOF 장치로 널리 알려진 레이저 펄스 기반의 스캐너는 빛의 이동 시간을 측정하여 거리를 계산해내는 간단한 개념을 기반으로 개발된 기술로서 레이저 신호의 변조 방법에 따른 TOF 원리를 이용하여 작동하는데 Time of Flight의 약자로 비행시간을 의미한다.

이는 빛(주로 레이저)을 대상 물체의 표면에 조사하여 그 빛이 대상물에 도달하고 다시 되돌아오는 시간을 측정하여 센서로부터 대상물과 측정원점 사이의 거리를 측정하는 방식으로 빛의 이동 속도가 매우 정확하고 안정적이라는 사실을 기반으로 하는 TOF 방식의 정확도는 시간을 얼마나 정확하게 측정할 수 있는가에 좌우되며 건물, 선박, 교량, 항공기 등 대형물 측정에 많이 활용된다.

출처 : © www.faro.com

2. 레이저 광선 방식(광절단법)

그림 6-4 광 삼각법의 원리

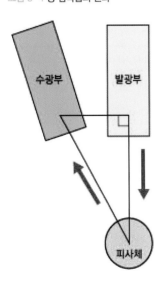

레이저 방식은 Laser 선(line)이나 점(dot)을 이용한 측정 방식으로 이러한 측정기는 측정이 어려운 검은색 재질이나 반사가 심한 제품의 측정에 적합하다.

레이저 광선을 물체에 조사하여 선으로 형상을 인식하는 것으로 데이터를 얻을 수 있는 스캔 방식이며, 물체에 조사된 레이저 광선의 반사광을 센서로 인식하고 물체까지의 거리를 반사각과 도달시간에 의해 계측한다.

저가형 핸드헬드 스캐너도 광 삼각법을 이용하며 피사체에 투사하는 레이저 발광부와 반사된 빛을 받는 수광부(주로 CCD) 그리고 내부 좌표계를 기준 좌표계와 연결해주는 시스템으로 구성되어 있으며 최근에는 기술의 발달로 인해 암실이 아닌 형광등 불빛 아래에서나 야외에서도 계측이 가능한 제품도 출시되고 있다.

3. 백색광 방식(패턴 광투영 방식)

스캔하고자 하는 대상물에 레이저를 조사하는 대신 프로젝터를 활용하여 QR코드와 같은 특유의 패턴광을 반복적으로 투영하고 투영된 영역의 변형 형태(각 라인 패턴의 위치 판별)를 파악해 데이터를 얻는 방법이다. 투영된 패턴광의 변형형태를 식별하는 것으로 대상물의 형상을 산출하고 데이터를 얻을 수 있는데 이 방식의 3D 스캐너는 전반적으로 고속 스캐닝이 가능하며 정밀도가 높은 것이 특징이지만 대상물에 투영한 패턴광을 식별할 수 없는 환경에서의 스캐닝은 어려운 편이다. 백색광 방식은 최근들어 많이 사용하는 방식으로 정확도가 높으며, 역설계나 제품 검사 등에 많이 사용하는 방식이며 요즘에는 할로겐을 사용하는 광원에서 LED 방식으로 바뀌고 있는 추세로 LED의 경우 램프의 수명 뿐만 아니라 재질에 대한 영향을 적게 받는다.

그림 6-5 **LED 백색광 스캐너(TU-200)**

출처 : © http://onscans.com/

일반적으로 3D 스캐너는 스캔 방식에 따라서 Optical Scanner, Arm Scanner, CT Scanner, Hand held Scanner 등으로 분류하기도 한다. 이러한 다양한 스캐닝 솔루션을 제품의 크기와 정확도로 구분을 해보면, 광학방식은 Laser point를 이용하여 측정하는 방식으로 이러한 측정기는 기계 가공 중에 발생하는 Burr의 측정이나, 반도체와 미세 기구물의 측정에 적합하다. 이외에도 X-Ray를 이용하는 산업용 CT 스캐너는 과거에는 인체의 측정에 사용되어오다 최근 들어서는 산업용 제품 측정에 많이 사용되고 있는 방식으로 내부의 형상이 복잡하거나 혹은 절단이 불가능한 제품의 비파괴 검사용으로 사용되고 있다.

스캔 대상에 따른 3D 스캐너의 종류

3D 스캐너는 스캔 방식뿐만 아니라 어떤 것을 대상으로 스캔하느냐에 따라서도 분류가 가능한데 크게 구분하면 산업용, 인체용 그리고 대형 구조물 등으로 나눌 수 있다.

1. 산업용 3D 스캐너

제품의 역설계, 검사 등의 다양한 산업 분야에서 사용되고 있으며 로봇 장착형 CMM 스캐닝과 같이 생산라인과 현장에서 부품의 3D 자동 검사를 수행할 수 있도록 설계된 것도 있다.

출처 : © www.creaform3d.com

그림 6-6 자동차 부품 스캔

그림 6-7 스캔 데이터

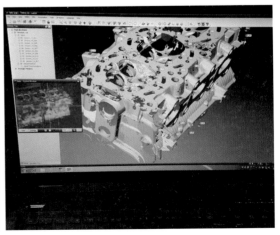

2. 인체용 3D 스캐너

움직이는 사람이나 동물 등의 3차원 데이터를 얻는데 사용되고 있다. 흔히 공항 검색대에서 사용하는 것을 쉽게 볼 수 있고 용도에 따라서 의료용 전신 스캐너도 있으며 인체용(머리, 얼굴, 발, 허리, 등, 어깨 등의 스캔)으로 레이저 방식이 아닌 LED 백색광을 광원으로 하는 스캐너도 있다.

Artec Eva

출처 : © www.artec3d.com

온스캔스의 IU-50

출처 : © http://onscans.com/

3D Body 스캐너

출처 : © http://www.vitronic.de/

위 그림 중 좌측 상단에 있는 Artec Eva 3D 스캐너는 가벼우면서 다목적으로 활용 가능한 휴대용 고정밀 핸드헬드 3D 스캐너로, 국내외에서도 많이 알려진 제품이다. 저가의 핸드 스캐너 대비 영화산업이나 게임산업 등에 활용되며 World War Z, 터미네이터 제네시스, 쥬라기월드 등 헐리우드 블록버스터 영화 제작에 사용된 바 있으며, 미국의 버락 오바마 대통령을 스캔하여 첫 번째 3D 초상화를 제작하는 데에도 사용되었다.

국내 시판가 약 2~3천만 원대의 이 스캐너는 백색광 기술기반 핸드헬드 3D 스캐너로 Artec Studio라는 전용 3D 스캔 데이터 처리 소프트웨어를 지원하고 있다.

특히 건축, 공학, 의학, 예술 분야 등의 학교 교육 현장에서 활용하면 여러 가지 신기술을 습득하고 활용의 기회를 넓히는 효과를 기대할 수도 있을 것이다.

3. 광대역 측정(Time of Flight) 방식

현장 발굴, 건물이나 선박 등의 구조 및 외관 등과 같은 대형물과 구조물 등의 측정 및 측량에 사용이 되고 있으며 스캐너의 크기도 소형화 되어 선보이고 있다.

그림 6-8 **FARO FOCUS 3D**

출처 : © http://www.faro.com

요즘은 문화재나 지형측량 등에 3차원 광대역 스캐너가 많이 활용되고 있는데, 문화재의 경우 초정밀 광학 스캐너를 사용하여 데이터의 품질을 높이고 있으며 획득한 데이터는 정확한 위치와 형태, 색상 정보를 포함하게 된다.

레이저 스캐닝을 통해 추출된 데이터는 전용 소프트웨어에서 후처리 과정을 거쳐야만 비로소 완전한 3차원 데이터로 변환이 가능하고 3차원 데이터는 일련의 작업 과정을 통해 2차원 도면으로 생성할 수 있다.

스캔한 데이터는 전용 스캐닝 소프트웨어에서 포인트 데이터로 불러들여 불필요한 데이터를 제거하고 다른 프로그램으로 전환 작업을 하며 스캐닝 소프트웨어에서 변환된 3차원 원시 데이터들을 병합 및 폴리곤으로 변환하여 고해상도 데이터, 웹용 데이터, CAM 데이터 제작 등을 위해 별도의 소프트웨어를 사용한다.

특히 광대역 스캐너는 대형 문화재나 유적지 등의 스캐닝에 적합하며, 3차원 스캔 데이터는 정사투영에 의해 원근감이나 높이 차 등의 왜곡을 제거한 이미지 추출이 가능하고 위치정보와 시각정보를 가지고 있기 때문에 CAD 도면화가 용이하다. 3차원 스캔데이터를 후처리한 결과물은 정사투영 이미지, 역설계 도면, 영상콘텐츠, 웹 3D 콘텐츠 등으로 활용이 가능하다.

카메라 사진에 의한 3D 스캐닝

스캐너가 없는 경우 스마트폰이나 카메라로 촬영한 사진을 이용하여 데이터를 얻는 방법이 있다. 디지털 카메라로 피사체를 중심으로 여러 방향의 각도에서 사진을 촬영하여 3D 모델링 데이터를 얻는 방법으로 촬영한 사진이 많을수록 정밀한 스캔 결과를 얻을 수 있지만 그만큼 데이터 용량이 커지고 이미지 처리 시간 또한 오래 걸린다는 단점이 있다. 오토데스크사의 123D Catch와 같은 무료 소프트웨어를 사용하면 여러 장의 사진을 자동으로 결합시켜서 3D 모델링 데이터를 얻을 수 있으며 간단하게 약 20여 장의 사진만으로도 스캔 결과를 얻을 수가 있다. 123D Catch는 안드로이드폰 및 아이폰이나 아이패드 앱, PC에서 사용할 수 있는 간편한 프로그램으로 사진이 앱을 통해 오토데스크 서버로 바로 전송되어 3D 모델이 완성되게 된다.

그림 6-9 **123D Catch**

출처 : ⓒ http://www.123dapp.com/catch

보다 정밀한 3D 데이어의 획득을 위해서 DSLR 카메라를 수십대 설치하여 사람이나 반려동물을 동시에 촬영하여 얻게 되는 사진을 가지고 별도의 그래픽 소프트웨어를 활용하여 실사적인 3D 데이터를 얻을 수 있다.

이렇게 해서 얻어진 섬세한 디테일의 3D 데이터는 3D 프린터의 출력 뿐만 아니라 게임이나 영화, 패션 산업 등에서 다양하게 활용할 수 있다.

고해상도 DSLR 카메라를 이용한 3D데이터 획득

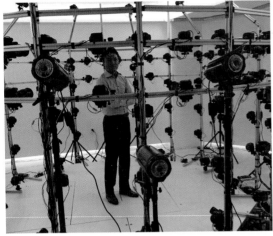

BobbleShop 3D 스캐닝 & 피규어 제작 솔루션

모듈 카메라를 이용한 전신 포토 스캐닝 시스템

3D 레이저 크리스탈 제품

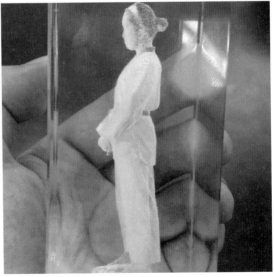

포토 스캐너를 이용하여 데이터를 획득한 후 디자이너가 머지, 리터치 등의 작업을 통해 더욱 세밀한 3D 데이터를 얻을 수 있는데 이렇게 해서 획득한 데이터는 SLA나 DLP 3D 프린터로 출력한 후 미적 감각을 지닌 작업자가 채색하여 결과물을 얻기도 한다.

Artec 3D Shapify Booth

Clone Scan 3D Photo Booth

키넥트에 의한 3D 스캐닝

키넥트(Kinect) 센서는 기본적으로 3개의 렌즈로 구성되어 있는데 가운데 렌즈는 RGB인식, 좌측은 적외선을 픽셀 단위로 쏘아 주는 방식으로 적외선 프로젝트라고도 부른다. 마이크로소프트에서 출시된 XBOX 360 콘솔 게임기에서 움직임을 감지하는 센서로 이스라엘의 프라임센스(PrimeSense)사에서 개발된 기술이라고 한다.

이 장치가 출시된 후 리눅스, Mac OS X 및 윈도우 운영체제의 PC에서도 실행이 가능한 드라이버가 개발되었으며 이후 내장된 리얼 센스 카메라를 3D 스캐너로 사용할 수 있도록 해주는 솔루션도 많이 공개되었다.

고가의 3D 스캐너를 사용하면 보다 정밀한 데이터를 얻을 수 있지만 일반적인 스캐너만으로는 완벽한 데이터를 얻기 힘들며 메쉬업 프로그램 등을 이용하여 불필요한 부분을 잘라내고 터지거나 뚫린 부분을 막아주거나 구멍을 채워넣고 손질하고 기타 잘못된 부분은 보정해서 사용해야 한다. 키넥트는 고가의 전문가용 스캐너를 도입하기 전, 또는 단순한 취미 생활을 즐기려는 사람나 교육용 등으로 활용시에 적합한 장치로 이해하면 될 것이다.

그림 6-10 **XBOX 360**

그림 6-11 **키넥트 구조**

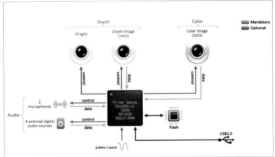

출처 : © https://www.ifixit.com/

보급형 3D 스캐너로 인물 스캔하고 출력하기

고가형이 아닌 수십만 원대의 저가형 3D 스캐너만으로도 사람이나 사물을 스캔하여 3D 프린터로 출력을 할 수가 있다. 3D Systems사의 Sense 스캐너는 수십만 원대로 구입이 가능하며 사람을 직접 스캔하고 스캔한 모델을 편집하고 보정하는 작업을 거쳐 STL 파일로 변환한 후 3D 프린터로 출력하는 과정을 살펴보겠다.

1. 바탕화면의 아이콘을 더블 클릭하여 프로그램을 실행하고 스캔할 대상을 선택한다. 사람이면 [Person], 사물이면 [Object]를 선택한다.

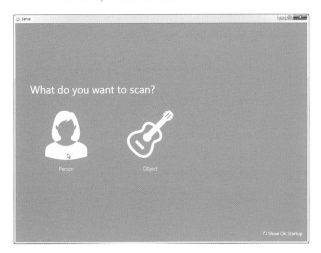

2. 상반신만 스캔할 경우에는 [Head], 전신을 스캔할 경우에는 [Full Body]를 선택한다. 여기서는 상반신을 선택해서 스캔해보도록 하겠다.

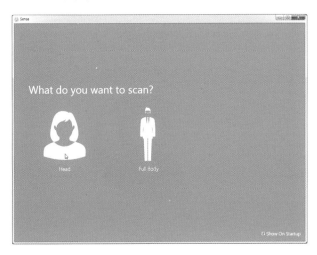

3. [Scan]의 처음 화면이 나타나면 스캐너로 모델의 초점을 맞춘다.

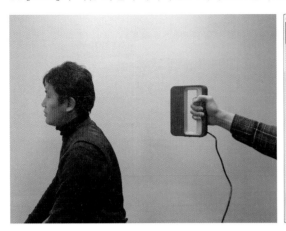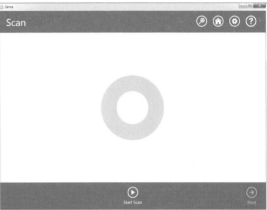

4. 모델이 화면의 도우넛 부분을 응시하고 움직이지 않고 있으면 초점이 잡히고 하단의 [Start Scan] 아이콘을 클릭하고 스캔을 시작한다.

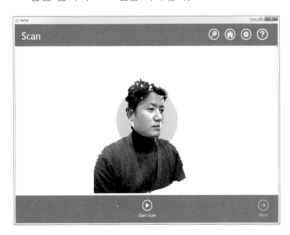

5. 스캔이 시작되면 천천히 초점을 맞추어 스캐너를 돌려가며 모델을 스캔한다. 스캔이 완료되면 [Pause Scan] 아이콘을 클릭하여 스캔 작업을 마친 후 [Next] 버튼을 클릭한다.

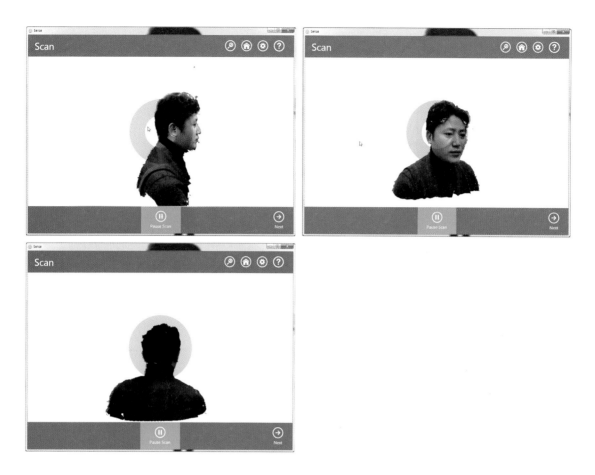

6. 스캔을 완료했다고 해서 바로 출력용 데이터로 사용하기에는 부족하다. Edit 기능에서 [Crop] 버튼을
   클릭하여 불필요한 부분을 마우스로 드래그한다.

7. 불필요한 부분을 삭제하기 위해서 [Erase] 버튼을 클릭한 다음 마우스로 드래그해서 지워준다. 작업이 완료되면 [Next] 버튼을 클릭한다.

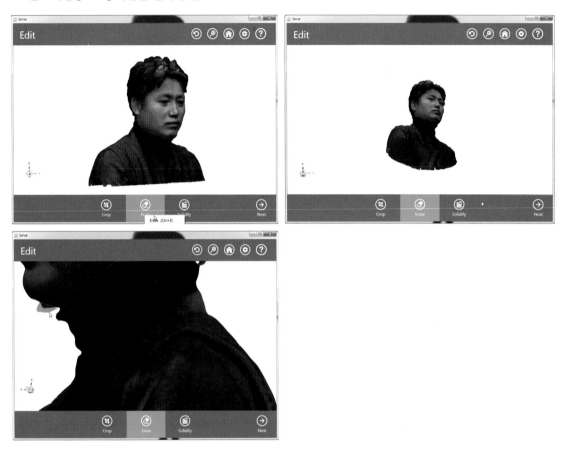

8. [Solidify] 아이콘을 선택하여 속이 비어있는 부분을 채워준다.

9. Enhance 화면에서 [Auto Enhance]를 클릭하여 스캔한 모델의 밝기 및 선명도를 향상시켜준다.

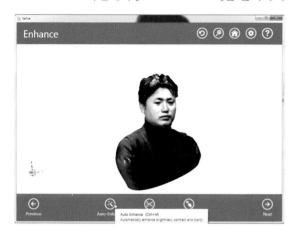

10. 이번에는 [Touch Up] 아이콘을 선택하여 스캔한 모델의 매끄럽지 못한 부분이나 지저분한 부분을 마우스로 드래그해서 부드럽게 보정작업을 해준다.

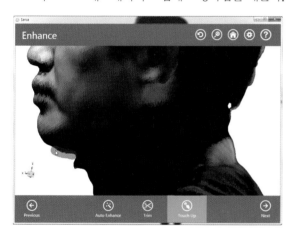

11. 3D 프린터로 출력하기 위해서 [Trim] 아이콘을 선택하고 잘라내고 싶은 부분을 드래그해서 반듯하게 잘라주고, 작업이 완료되면 [Next] 버튼을 클릭한다.

12. [Share] 화면으로 이동되면 [Save] 버튼을 클릭하고 STL 파일 형식 또는 OBJ 파일 형식으로 스캔 데이터를 저장한다.

13. 이제 변환된 STL 파일을 3D 프린터로 출력하기 위해서 슬라이서 프로그램을 실행하여 데이터를 G-Code로 생성해준다.

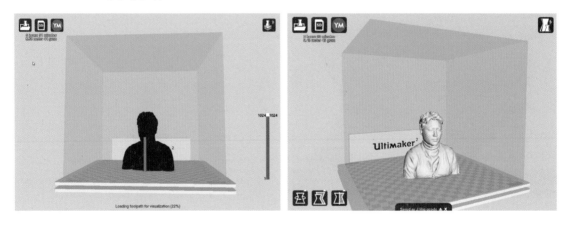

14. G-Code를 SD 카드에 입력하여 3D 프린터로 출력한다.

15. 출력된 결과물을 공구를 사용하여 불필요한 서포트를 제거해주면 모델이 완성된다.

출력물에 다양한 방법으로 도색을 하면 색다른 재미를 느낄 수가 있다.

우측의 컬러 3D 피규어는 DSLR 카메라로 촬영한 사진 데이터를
기반으로 CJP 방식의 3D 프린터로 출력한 사람이다.

3D 스캐너의 대중화와 지적재산권 문제

3D 프린터가 대중화되기 시작하면서 국내외에서 다양한 3D 플랫폼(Platform)들이 생겨나고 있으며 점점 전문화되고 다양화되기 시작하는 단계이다. 3D 프린터와 비교했을 때 상대적으로 가격이 비싼 정밀한 제품들은 대중 속으로의 진입이 더딘 편이지만 점차 3D 스캐너의 활용 분야 또한 폭 넓어지고 있으며 제품 가격도 하락하고 있는 추세이다. 현재 3D 스캐너는 편리한 사용성과 휴대성, 우수한 정확도로 점차 실 생활속에서도 그 활용범위를 넓혀가고 있는데, 스캐너의 정확도는 스캔 데이터와 실제 대상물과의 오차범위를 의미하며 수치가 작을수록 높은 정확도를 나타낸다. 스캔 정확도의 수치가 낮은 제품일수록 가격은 수천만 원에서 수억 원대를 호가하지만 3D 스캐너도 3D 프린터와 마찬가지로 저가형이면서 성능이 우수한 제품들이 속속 출시될 것으로 보이며 또한 제품 가격의 하락으로 일반인들도 손쉽게 접근할 수 있는 시대가 올 것이 분명하다.

3D 스캐너를 활용하여 문화재의 복원이나 다양한 콘텐츠의 제작이 가능하지만 저작권이나 상표권이 있는 피규어나 완구 및 액세서리 등을 3D 스캐닝을 하여 무단복제한 후 해당 제품의 모델링 데이터를 온라인 상에서 공유하게 된다면 3D 프린터를 이용하여 무분별하게 복제되어 유포될 가능성이 아주 높다.

저작권으로 보호받고 있는 제품들에 대해 3D 스캐닝하여 3D 프린터로 대량 재생산해서 판매한다면 분명 법적 분쟁이 발생할 소지가 다분하다. 이처럼 3D 스캐너가 대중화되는 이면에는 불법복제 등의 크고 작은 문제가 앞으로 걸림돌이 될 수도 있을 것이다.

출처 : www.3dsanstore.com

PART

7

3D 프린터 출력물의
후처리

후처리용 기본 공구

현재 가장 대중화되어 있는 FFF 방식 보급형 3D 프린터나 산업용 FDM 방식으로 인쇄한 출력물은 열가소성 플라스틱 소재를 고온으로 녹여 압출시켜 적층제작하는 방식의 특성상 출력물의 표면에 특유의 결(레이어)이 생겨 다소 거칠 수 밖에 없는데 출력물에 대해서 보다 나은 품질의 제품을 얻기 위하여 사포질, 연마 등의 표면처리와 채색, 도색, 도장, 도금 등을 실시하는 과정을 보통 후가공 또는 후처리라고 부른다. 이 장에서는 일반적으로 많이 사용하고 있는 여러 가지 후처리용 공구와 도색 및 도장의 개념에 대해서 간략히 알아보도록 하겠다.

사용하는 3D 프린터의 종류나 사용 재료에 따라 후가공을 하는 방식에 차이가 있는데 여기서는 보급형 FFF 3D 프린터로 출력한 출력물의 후처리에 필요한 도구들에 대해 알아볼 것이다. 보다 전문적인 후가공을 위해서는 기본적으로 모형 재료에 관한 지식, 표면처리 방식 선정에 따른 지식, 표면처리 후 조립에 관한 전문 지식 등이 필요하고 원하는 색상을 낼 수 있는 미적 감각이 필요한 분야이다.

간혹 ABS 소재의 출력물의 외관을 매끄럽게 하기 위하여 아세톤을 분사하여 후처리를 하는 경우가 있는데 세심한 주의를 기울여야 한다. 밀폐된 공간이나 화기 근처에서 작업은 엄격히 피해야 하며, 반드시 야외나 통풍과 환기가 잘 되는 공간에서 작업해야 한다. 일부에서는 아세톤 훈증기를 상품화하여 판매하는 경우도 있지만 개인적인 견해로는 이러한 후처리 방법은 권장하고 싶지 않다. 익히 알려진대로 아세톤은 위해, 위험물질로 취급시 반드시 주의사항을 숙지하고 안전하고 조심스럽게 다루어야 하는 물질이기 때문이다.

그림 7-1 **아세톤 훈증기로 출력물의 표면을 녹여 매끄럽게 한 것**   Polisher

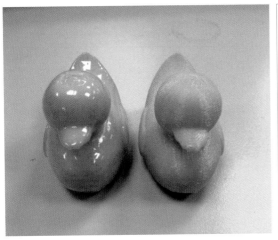

1. 니퍼

일반적인 니퍼의 사용 용도는 철사나 전선 등을 절단하는 경우에 사용하지만 3D 프린터로 출력한 모델에서는 불필요한 지지대(서포트)를 떼어내거나 절단할 때 사용한다. 기본적으로 사용되는 공구로 니퍼의 날이 열처리가 잘되어 견고한 것을 구입하는 것이 좋다.

그림 7-2 지지대가 있는 출력물

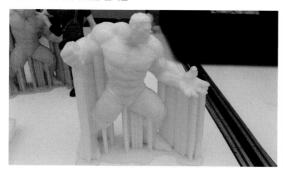

그림 7-3 니퍼

2. 디자인 나이프

펜처럼 생긴 손잡이 끝 부분에 소형 칼날을 고정하여 사용하는 날 교환식 나이프이다. 견고한 플라스틱 판을 작게 잘라내거나 적층 라인 처리, 부품이나 모양을 정밀하게 수정할 때 사용하는 공구로 디자인 나이프 또는 아트 나이프라고 부른다.

3. 줄

줄은 여러 가지 단면형태로 된 공구강에 수많은 작은 줄 눈을 만들고 단단하게 열처리한 대표적인 손다듬질용 공구로, 사용하는 용도에 따라서 철공용, 목재용, 가죽용, 왁스용 등으로 분류할 수 있다. 단단한 출력물의 표면을 깎고 다듬질 작업시 사용하는데 사포 작업에 비해서 다소 거친 편이다. 줄은 단면 형태에 따라 평줄, 반원줄, 원줄과 같은 것이 있고 거칠기에 따라 거친날, 보통날, 가는날, 고운날 등으로 구분되며 초보자들은 줄 세트를 구입하여 플라스틱 뿐만 아니라 금속이나 퍼티 종류에 따라 여러 가지 재료의 절삭에 사용할 수 있는 것을 구입하는 것이 좋다.

그림 7-4 **세공용 줄 세트**

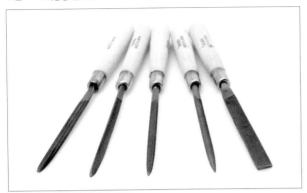

4. 핀셋

소형 부품을 접착하거나 좁은 공간에서의 작업, 데칼 등을 다룰 때 효과적인 공구가 바로 핀셋이다. 핀셋은 모양이나 용도에 따라 직선형, 곡선형, 역작동형이 있다.

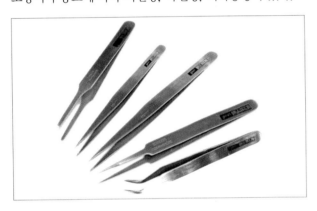

5. 커터

사무실에서도 흔히 볼 수 있는 커터는 재료를 잘라내거나 간단한 절삭 작업시에 편리하게 사용할 수 있는 공구인데 가능하면 소형 커터와 대형 커터의 2가지 종류를 준비하여 사용하면 좋다.

6. 전동공구

전동공구는 수작업으로 작업이 곤란한 소재에 구멍을 뚫거나 가공을 하기 위한 공구로 전동 모터를 내장한 공구를 총칭하는데 모형 제작시에 사용하는 전동공구는 보통 라우터라 불리는 전동모터가 내장된 것을 말하며 회전축의 끝에 구멍을 뚫는 용도의 드릴날이나 연삭용의 비트를 장착하여 사용한다.

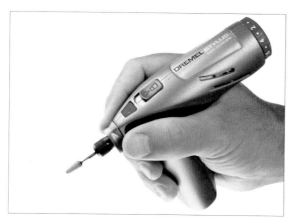

FFF 방식 출력물의 후처리 샘플

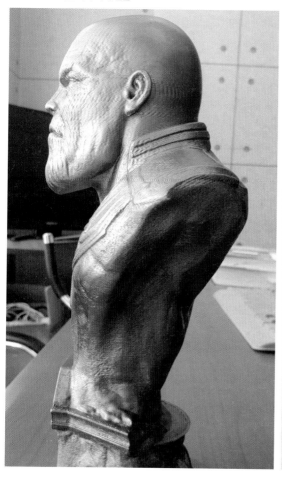

퍼티는 모형의 접합선 수정이나 표면 정리 등 보다 세밀한 작업을 하거나 출력물의 틈새나 흠집 등을 메울 때 사용하는 찰흙같은 성질을 지닌 제품이다. 서페이서와 유사한 효과를 낼 수 있지만 젤 형태의 퍼티는 도료로 가릴 수 없거나 사포질로 수정이 불가능한 부분을 매끄러운 표면으로 만들기 위한 용도로 사용하는 재료이다.

1. 락카 퍼티

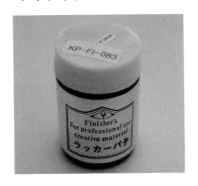

작은 흠집이나 패인 곳을 메우는 데 사용하며 락카 계열의 용제를 포함하고 있어 기화하면서 딱딱해지는 반고체 상태의 퍼티로 모형의 표면에 발라서 질감을 바꾸는 용도로 사용한다. 플라스틱이나 기타 부품의 흠집을 메우거나 갈라진 틈새를 메우는 용도로 적합하다.

2. 폴리 퍼티

적당히 붙여서 굳은 뒤에 다듬는 용도로 사용하는 퍼티로 폴리에스텔 수지가 주성분인 조형용 퍼티로, 건조속도가 빨라 경화시간이 짧고 퍼티를 바른 후 가공을 빠른 시간 내에 할 수 있다는 점과 적당히 단단하여 가공이나 정형을 하기에 용이하다. 하지만 굳을 때 냄새가 심하다는 단점이 있기 때문에 안전 마스크 착용과 작업장의 적절한 환기는 필수이다.

3. 에폭시 퍼티

폴리에폭시수지를 원료로 한 퍼티로 주제와 경화제로 나뉘어져 있으며 찰흙처럼 주물러서 디테일을 만들수 있는 퍼티로 경화 후에는 자유롭게 조형할 수 있고 경화시간, 질감, 절삭성이 좋다. 주로 메꿈 작업과 조형 작업에 적합한 퍼티로 주제와 경화제를 1:1의 비율로 떼어내어 마블링이 보이지 않을 때까지 잘 반죽하여 수정할 부분에 퍼티를 붙여 펴주고 경화 후에 사포질을 한다.

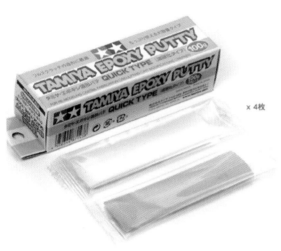

4. 순간 접착 퍼티

순간 접착제에 파우더를 혼합하여 사용하는 퍼티로 경화시간이 매우 짧으며 강력한 접착력이 특징이다.

사포

사포는 출력물의 표면을 곱게 샌딩(연삭)하기 위해 사용하는 도구로 바탕이 되는 종이에 연마용 가루(금속이나 숫돌입자)를 부착시킨 것으로 후처리 작업시에 가장 많이 사용한다.

1. 종이 사포

가장 일반적인 샌딩용 사포로 원하는 크기나 형태로 자유롭게 잘라서 사용할 수 있다.

2. 스틱 사포

버팀판이 부착되어 있는 사포로 적당한 탄력이 있으며 평면을 다듬거나 표면을 매끄럽게 하는 작업에 많이 사용된다.

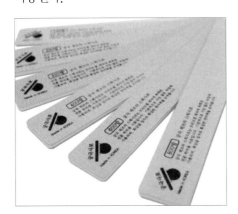

3. 스폰지 사포

스폰지 표면에 사포가 붙은 형태로 되어 있는 내수성 사포이며 구부려서 사용할 수 있고 주로 곡면을 다듬는 데 사용한다. 표면과 밀착도가 좋고 찌꺼기가 늘어붙어도 물로 세척하면 재사용이 가능하다.

4. 샌딩 가이드

모형 작업에서 많은 시간을 할애하는 연삭 작업인 만큼 손잡이가 달려 있어 손의 피로를 덜어주고 안정적인 작업을 할 수 있도록 도움을 주는 사포 부착용 도구로 필름 사포를 별도로 구입하여 부착해서 사용할 수 있는 제품이다.

서페이서(Surfacer)

서페이서는 샌딩작업으로 출력물 표면에 생긴 미세한 스크래치를 덮어 안정화시키고 도료를 칠하기 전에 표면의 마감, 밑도장(바탕색)을 칠하는 용도로 도료의 착색을 원활하게 해 줌과 동시에 미세한 흠집을 메우는 곳에 사용한다. 서페이서를 사용할 때는 여러 방향으로 손을 빠르게 움직여서 칠해주는데 이는 서페이서를 골고루 많은 부위에 칠하기 위함이다. 서페이서의 호칭 번호가 높을수록 입자가 곱다.

1. 플라스틱용 서페이서

일반적으로 플라스틱 모델에 사용하는 것으로 기본 색상은 회색이다.

2. 레진 프라이머

일반 플라스틱 서페이서는 레진(수지)이나 금속 재질에 정착이 잘 되지 않는데 이런 재질에 사용하는 서페이서이다.

3. 메탈 프라이머

금속용 바탕 도료(하지도장용)로 메탈 부품이나 스테인리스와 같은 금속 표면에 도색 전에 붓으로 바르거나 에어브러시로 뿌려주면 착색이 좋아지고 도료 피막이 튼튼하게 유지될 수 있도록 해준다.

여러 가지 후처리 출력물 샘플(Gluck)

도료(Paint)

1. 락카 계열 도료

모형용 락카 도료는 색상도 다양하고 가장 널리 사용되며 건조가 빠르고 특히 플라스틱에 점착성이 좋다.

2. 수성 도료

물 성분이 포함되어 있는 수용성 도료로 마른 후에는 내수성도 생기고 냄새도 순한 편이지만 락카 계열 도료에 비해 건조가 느린 편이다.

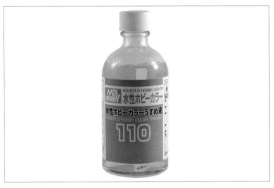 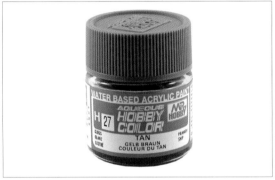

3. 에나멜 계열 도료

유성으로 건조 시간이 더디지만 도료의 발색이 좋고 잘 칠해져 붓도장에 적합하고, 또한 침투성이 좋아 먹선을 넣는 경우에도 사용하며 색상도 다양하다.

4. 마커

도색용 페인트 마커는 펜 타입의 도료로 간편하게 칠할 수 있으며 색상이 구분되어 있지 않은 부분의 도색이나 패널 라인 등에 먹선 넣기, 웨더링 도색 등을 손쉽게 할 수 있다.

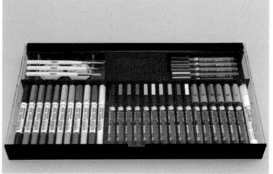

5. 캔 스프레이

손쉽게 분사하여 도색할 수 있는 장점은 있으나 조색이 불가하고 단위 가격이 비싼 편이다.

6. 웨더링 재료

웨더링은 도색작업을 마친 모형을 보다 사실적으로 표현하기 위해 모형 상에 진흙이나 먼지, 모래 등의 다
양한 재료를 부착하는 것으로 주로 디오라마에 사용한다.

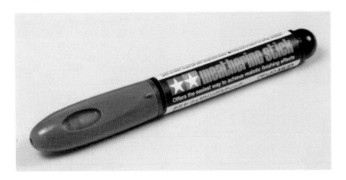

출력물의 후처리 샘플(Gluck)

도색 용구(Painting Tool)

1. 붓

붓은 호칭 숫자가 클수록 붓의 크기가 큰데 전체적인 면을 한번에 고르게 칠하는 경우 10호 이상의 붓을 사용하고 적은 면적이나 세밀한 부분을 칠할 때는 1~2호가 적당하다. 도료를 직접 묻혀서 작업할 수 있으며 다양한 느낌을 주는 다색 작업에 용이하고 저렴한 가격에 품질도 안정적인 합성모로 된 것이 무난하다.

2. 에어브러시(스프레이건)

스프레이건은 중력식과 흡상식의 두 종류가 있는데 작업장 환경과 용도에 알맞은 것을 선택해서 사용한다. 미려한 도색면을 얻기 위한다면 에어브러시를 사용하는 것이 가장 바람직하며 도료를 직접 분사하는 스프레이 건으로 정밀한 도장 작업에 사용한다.

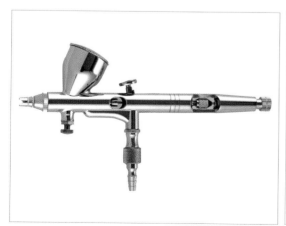

3. 컴프레셔

에어브러시에 압축 공기를 공급하는 장치로 용도에 따라 공업용과 모형용으로 분류한다.

4. 스프레이 부스

분사 도색 작업을 하기 위한 공간으로 외부 이물질의 침투를 막고 도색 작업시 유해한 냄새를 흡수한다.

5. 건조 부스

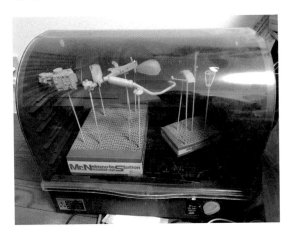

도색 작업 후에 먼지나 이물질이 달라 붙는 것을 방지하며 모형의 빠른 건조를 도와준다.

6. 보호 도구

사포질을 하는 경우 미세 분진이 발생할 수 있어 산업용 방진마스크와 보호 장갑 등을 착용하는 것이 좋으며 도색 작업시에도 작업자의 안전과 건강을 위해 착용하는 각종 보호 도구는 작업장 환경과 난이도에 따라 선택한다.

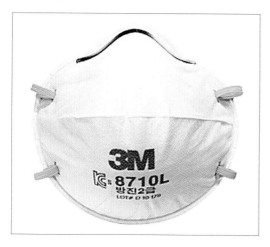

7. 아크릴 도료

아크릴 수지를 원료로 하여 만든 물감으로 비닐물감에 비해 부착력이 강하고 바탕재료에 착색할 수 있으며 건조가 빠르다는 장점이 있다. 아크릴 도료는 에나멜이나 락카의 단점인 유독성을 해결하여 어린이들도 사용할 수 있으며 유독성 위험물질인 신나 대신에 물을 섞어 사용할 수 있는 도료이며 냄새 또한 적지만 다른 도료들에 비해 건조시간이 느려 작업시간이 길어 드라이어를 사용하여 건조시키기도 한다.

접착제 도구

1. 수지 접착제

합성수지 성분이 포함된 일반적인 프라모델용 접착제이다.

2. 무수지 접착제

수지 성분이 포함되어 있지 않은 접착제로 플라스틱의 조직을 녹여 붙이는 타입이다.

3. 순간 접착제

공기 중이나 접착면의 수분에 의해 화학반응을 일으켜 빠르고 강력하게 접착시킬 수 있는 편리한 접착제이다.

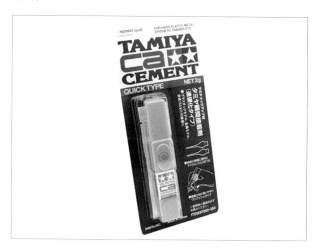

4. 에폭시 접착제

에폭시 재료를 짜서 접착면에 붙이는 것으로 경화 시간이 아주 빠르다.

기타 공구

1. 핀 바이스, 드릴

출력물의 구멍이 서포트 재료에 막혀있거나 둥근 구멍 가공이 필요한 경우 사용한다.

2. 컴파운드

부드러운 천이나 헝겊에 묻혀 사용하는 마감용 액상 재료이다.

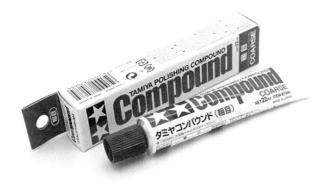

3. 조각도

출력물을 잘라내거나 정밀한 형상을 조각하기 위해 사용한다.

4. 악어 집게(모델링 클립)

도색 작업한 출력물을 공중에 띄워 건조시킬 때 사용하는 집게이다.

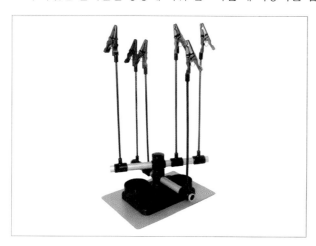

5. 페인팅 스탠드

악어 집게로 공중에 띄운 부품을 고정하는 용도로 사용하는 판으로 스티로폼으로 대신하기도 한다.

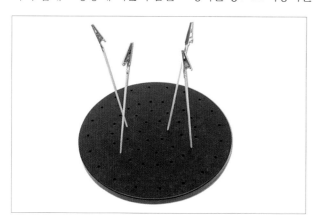

마감재

마감재는 후처리 작업 중에 가장 마지막 공정에 실시하는 도료 작업으로 도료의 변색이나 외부 충격에 의한 도료의 훼손을 방지해주는 역할을 한다.

1. 무광 마감재

은은한 무광 느낌을 주는 마감재로 부드러운 느낌을 원하는 곳에 사용한다.

2. 반광 마감재

일반적으로 반광 느낌을 줄 때 사용하는 마감재이다.

3. 유광 마감재

표면에 광택 느낌을 주고 싶을 때 사용하는 마감재이다.

후가공 하기

이번에는 PLA 소재를 가지고 출력한 강아지 모델을 간단하게 후가공하는 과정을 소개할 것인데 단색으로 출력된 출력물에 어떤 방식으로 후가공을 하느냐에 따라서 결과물은 많은 차이를 보이게 된다.

1. 강아지 모델의 출력물을 베드에서 제거한다.

2. 먼저 불필요한 바닥 보조 출력물을 제거한다.

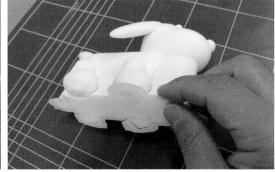

3. 니퍼 등의 공구를 이용해 지지대를 전부 제거해 준다.

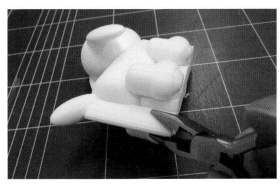

4. 지지대를 제거한 부위가 거칠므로 쇠줄을 이용하여 지저분한 부위를 갈아준다.

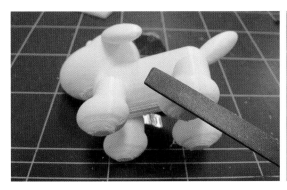

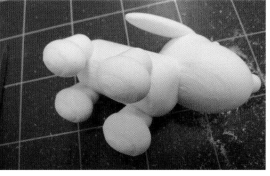

5. 거친 부분을 제거하고 난 뒤에 모형용 퍼티를 골고루 펴 발라준다.(안전 장갑 착용)

6. 퍼티가 건조된 후에 스틱 사포를 이용하여 표면을 매끄럽게 다듬질한다. 이때 미세 먼지나 분진이 발생할 수 있으니 안전 마스크를 착용하고 가급적 환기가 잘 되는 곳에서 작업할 것을 권장한다.

7. 2차 사포질이 완료되고 나면 캔 서페이서를 골고루 도포해준다.

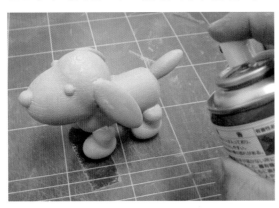

8. 서페이서가 완전히 건조된 뒤 캔 스프레이를 골고루 뿌려준다.

9. 검은색 마커를 이용하여 간단하게 눈동자와 코를 칠해준다.

10. 간단하게 강아지 모형 제작이 완성되었다.

주요 후가공 용어 정리

- 3D 프린팅 출력물 후가공은 지지대(서포트) 제거, 표면 다듬질, 도색(채색) 및 도장, 건조 및 경화 등의 단계로 출력물 소재의 특성에 알맞도록 출력물의 표면 또는 내면을 가공하는 단계를 말한다.

- 표면처리나 후가공 방법은 사용 소재(고체 기반, 액체 기반, 분말 기반 등)나 3D 프린팅 출력 방식에 따라 서로 상이할 수 있다.

- ABS나 PLA와 같은 고체 기반 소재의 표면처리에 사용하는 쇠줄은 비교적 단단한 출력물의 거친 표면을 갈아내는 용도로 사용하며, 사포는 출력물의 표면을 곱게 다듬질하기 위해 사용하는 도구로 종이 사포, 스틱 사포, 스폰지 사포, 샌딩 가이드 등이 있다.

- 사포질은 출력물의 상태에 따라 적층라인, 파트의 접합부분, 출력물의 수축부분, 흠집 등을 매끄럽게 다듬질하는 작업을 의미한다.

- 도색용 재료 중에 퍼티는 보다 디테일한 작업을 실시하거나 출력물의 틈새나 흠집을 메울 때 사용하는 일종의 찰흙같은 성질을 지닌 재료를 말하며 사용 용도에 따라 락커퍼티, 폴리퍼티, 에폭시퍼티, 순간접착 퍼티 등이 있다.

- 서페이서는 출력물에 도료를 칠하기 전에 바탕색(밑색)을 칠하는 재료로 부품 표면에 발생한 흠집을 제거하거나 다른 재료의 질감을 동일한 느낌으로 만들어주는 것으로 도료의 착색을 도와주고, 부품의 색상을 동일하게 한다거나 빛의 투과를 방지하는 용도로 사용한다.

- 도색작업에서 클리어 도색이란 부품의 표면 상에 투명한 도료를 칠하는 과정으로 표면의 광택을 얻거나 도색 및 마크의 보호 등을 목적으로 사용하며 클리어 도색용 도료에는 용제의 종류에 따라 광택의 차이가 있으므로 제품의 특징을 파악하여 사용 용도에 알맞은 도료를 선택해야 한다.

- 도색작업에서 마스킹이란 디테일한 부분의 구분 도색을 위하여 실시하는 작업으로 먼저 도료를 칠하고 나서 마스킹 테이프 등으로 덮어준 후 그 외의 부분에 덧칠하는 작업을 말한다.

- 출력물의 후가공 작업 중에서 가장 마지막 공정에 사용하는 마감재 도료 작업은 도료의 변색이나 외부 충격 등에 의한 훼손을 방지주는 역할을 하며 무광 마감재, 반광 마감재, 유광 마감재 등이 있다.

- 플라스틱 소재의 출력물을 접합시키기 위해 접착제를 사용하는데 그 종류에는 수지 접착제, 무수지 접착제, 순간 접착제, 에폭시 접착제 등이 있으며 각각의 특성이 있으므로 사용 용도에 알맞게 선택한다.

- 에어브러시를 이용한 도색은 간단한 캔스프레이와 유사하게 도료를 붓으로 칠하지 않고 뿌려서 작업하는 도색을 말한다. 에어브러시에 공기압을 전달하는 전용 공기압축기(컴프레서)를 수반하며 도색농도조절, 뿌리는 압력조절 방법 등을 파악하여 사용한다.

- 광택도색이란 출력물을 보다 미려하고 부드럽게 처리하기 위한 마감기법으로 도료막 표면의 미세한 굴곡을 깎아내서 다듬질하는 작업으로 거울면처럼 광택이 나는 상태로 마감할 수 있는데 전용 연마제를 사용

하여 마감한다.

- 도금처리란 플라스틱과 같은 출력물 소재를 가지고 금속이나 비금속의 느낌을 내게 하거나 시제품 제작 시 실물과 같은 효과를 내기 위해 실시하는 표면처리 기법을 말한다.

길딩왁스로 후처리한 출력물

PART

8

3D 프린터를 활용한 비즈니스 모델과 창업

3D 프린팅 관련 기술을 활용한 창업, 어떤 것들이 있을까?

1980년대 후반 디지털 데이터로부터 물리적인 3D Object를 만들어 낼 수 있는 3D 프린팅 기술이 발명된 지 40여년 가까이 되고 있는 현재 주요 기술의 일부 특허가 만료되고 오픈소스의 활용이 활발해짐에 따라 개인들도 직접 만들거나 국내외 제조사들이 많아지면서 일반인이나 학생들도 쉽게 접할 수 있을 정도로 3D 프린터가 널리 보급되고 있다. 한편 이런 수요로 인해 3D 기술 관련 서비스 산업에 종사하는 사람들이 상당히 많아졌음은 물론이고 일부 특성화고교나 대학 등에서는 정규 교과과정으로 편성하여 학교 수업에도 정착해나가고 있는 실정이다.

다양한 분야에서 활용되고 있는 만큼 과연 이 유망하다는 기술을 배워 어떤 비즈니스 모델을 만들어 수익을 창출할 수 있는지 그리고, 어떤 분야로 창업을 하거나 취업을 할 수 있는지에 대한 현실적인 부분도 요즘처럼 실업률이 높은 상황에서 많은 사람들의 지대한 관심을 모으고 있다. 또한 주변에서 3D 프린팅 기술을 접목한 1인 창업가나 소규모 스타트업들이 생겨나고 있는 것을 쉽게 접할 수가 있다.

하지만 아무리 유망한 기술일지라도 진입 장벽이 높고 수익성을 담보하지 못한다면 그 기술은 특정 전문가들의 영역으로 인식되어 버려 일반인들의 관심과 흥미를 끌지 못하고 서서히 잊혀져가는 기술이 될 수도 있을 것이다.

아직은 3D 프린팅 기술의 특성상 그 가능성에 의심을 품고 있는 독자들도 있을텐데 얼마전까지만 하더라도 3D 프린팅 업계의 고질적인 숙제였던 문제점들이 하나둘씩 개선되어 가고 신기술들이 진일보하면서 적층 제조의 확산을 더욱 촉진하는 변화의 흐름이 산업계 전반에 걸쳐 감지되고 있다.

특히 새롭게 개발되는 3D 프린터는 이전보다 다양한 소재를 사용할 수 있고 더 빠르고 더 저렴하게 생산해 내며 효율성이 극대화되면서 이를 이용한 응용 분야의 범위도 더욱 넓어져 가고 있다.

3D 프린팅 기술을 활용한 창업 방식은 어떤 아이템으로 접근하느냐에 따라 상당히 다양해질 수 있는데 창업을 준비하는 이들에게 있어 3D 프린터라는 하드웨어는 출력을 대행해주는 사무실의 기본 장비로 보는 시각이 필요하다. 3D 프린터는 단지 하나의 보조 생산 도구로 생각하고 이것만 갖추면 무엇이든 가능해질 것이라는 환상을 버리라는 이야기이다. 다만 3D 프린팅 기술과 관련된 연관 아이템을 활용한 창업을 실행해 보다보면 그 과정에 파생되는 수많은 비즈니스 모델의 세계가 보일 것이며 관련 기술을 활용한 새로운 아이템들도 폭넓고 무궁무진하다는 것을 인식하게 될 것이다.

지금부터 소개하는 창업아이템들은 필자가 3D 프린팅 기술을 사업 분야로 추가하면서 진행하고 있는 비즈니스 모델들로 뜬구름 잡는 식의 거창한 이야기보다는 실제 경험을 통한 실전 비즈니스 모델로 예비 창업자들에게 보다 구체적인 사례가 되지 않을까 하여 간략히 소개해 보고자 한다.

3D 프린터 및 소재 판매업

가장 손쉽게 창업할 수 있는 분야로 3D 프린터를 직접 유통하거나 유지·보수하는 업종을 들 수 있을 것이다. 현재 대형 포털 사이트에서 검색만 해보더라도 수많은 판매처들이 노출되는 것을 확인할 수 있는데 이 분야는 치열한 레드오션 시장으로 전문 대리점이나 개인사업자들이 서로 가격 경쟁을 하며 판매에 열을 올리고 있다.

국내 포털 1위 기업인 NAVER의 검색창에서 '3D 프린터'를 검색한 결과 쇼핑 카테고리에서만 3D 프린터 관련 상품이 19만여 개가 넘게 등록되어 있는 것을 확인할 수 있는데 그만큼 이 시장에 진입해 있는 사업자가 많다는 것을 알 수 있다.

온라인 쇼핑몰에는 수십만 원대의 저가형 DIY KIT형부터 수천만 원대의 산업용 제품까지도 등록되어 있는데 필자가 온라인 상에서 판매한 제품 중에서 수백만 원~1천만 원 이하의 비교적 고가의 제품들도 있었다.

하지만 해외 유수 기업의 고가형 산업용 제품의 총판이나 공식 대리점을 체결한다는 건 쉽지 않은 일이다. 또한 브랜드 있는 보급형 3D 프린터를 생산하는 국내외 기업들의 제품을 취급하기 위해서는 어느 정도 이 분야에서 역량이 있는 개인이나 기업이 유리할 것이다.

하지만 보급형 3D 프린터나 스캐너와 같은 경우 시장 진입장벽이 그리 높지만은 않기 때문에 한번 도전해 볼만한 창업 분야라고 생각한다. 필자의 경우도 해외 3개사 국내 3개사 정도의 제품을 선택하여 공식 대리점 계약을 체결하여 판매 중에 있다.

특히 오프라인 영업이나 온라인 마케팅에 자신이 있다면 누구든지 도전할 수 있는 분야라고 생각하는데 판매업에 뛰어든다면 가급적 소비자들로부터 어느 정도 검증받은 품질의 제품을 취급하는 것을 추천하며, 국내에서 많이 판매된 제품일수록 사용자가 당연히 많을 수 밖에 없으므로 향후 관련 소재나 소모품의 수요 또한 많을 것이기 때문에 취급하고자 하는 제조사의 제품에 대해 면밀히 조사해보아야 할 것이다.

3D 프린터 및 소재, 소모품 등의 판매를 주요 창업 아이템으로 생각하고 있다면 대당 판매 수익에서부터 제품 판매시 직접 설치 교육을 해주어야 하는지 판매만 하면 제조사에서 설치 교육이나 A/S 지원이 가능한지 여부도 소규모 사업자에게는 중요한 사항으로 작용할 것이다.

가령 1대를 판매하여 몇 십만 원의 이익을 가져갈 수 있지만 판매자가 직접 고객에게 배송, 설치교육까지 대행해야 하는 조건이라고 한다면 판매수익은 더 줄어들 수 있다. 사업장으로부터 멀리 떨어진 지역에 납품하는 경우 수익율은 크게 감소할 것이고 자칫하면 적자가 발생할 수도 있기 때문이다.

2017년도 3D 프린팅 분야별 시장 현황 (단위 : 백만원, %)

구분		2015		2016		2017		증감('16~'17)	
		금액	비율	금액	비율	금액	비율	금액	증감율
장비	장비제조	36,421	16.3	49,074	16.5	67,086	19.3	18,012	36.7
	장비유통	84,813	38.0	93,163	31.4	112,499	32.4	19,336	20.8
	소계	121,234	54.3	142,237	47.9	179,585	51.7	37,348	26.3
소재	소재제조	2,625	1.2	2,986	1.0	4,772	1.4	1,786	59.8
	소재유통	27,723	12.4	24,071	8.1	28,006	8.1	3,936	16.3
	소계	30,348	13.6	27,057	9.1	32,778	9.5	5,722	21.1
SW	S/W개발	21,313	9.6	23,525	7.9	25,115	7.2	1,590	6.8
	S/W유통	15,254	6.8	55,574	18.7	55,720	16.1	146	0.3
	소계	36,567	16.4	79,099	26.6	80,835	23.3	1,736	2.2
서비스	3D모델링	9,442	4.2	13,081	4.4	15,226	4.4	2,145	16.4
	출력	5,003	2.2	9,261	3.1	9,584	2.8	323	3.5
	교육	4,113	1.8	3,573	1.2	4,447	1.3	873	24.5
	컨설팅	15,308	6.9	22,518	7.6	24,017	6.9	1,498	6.7
	기타	989	0.4	319	0.1	449	0.1	130	40.8
	소계	34,855	15.5	48,752	16.4	53,723	15.5	4,969	10.2
합계		223,004	100	297,145	100.0	346,920	100.0	49,775	16.8

출처 : 2017 3D프린팅 산업 실태 및 동향 조사 [과학기술정보통신부, 정보통신산업진흥원]

출력 서비스 전문업

다음은 전문 출력서비스 사업을 들 수 있는데 아직 3D 프린터를 도입하고 있지 않은 개인이나 학생, 개발자, 디자인 전문기업이나 제조, 건축, 의료, 패션업 분야 등의 기업에서 시제품제작을 의뢰하는 경우가 많은데 이들을 주요 고객층으로 하는 출력 서비스 전문 대행업을 의미한다.

특히 소비자가 직접 방문하지 않고 온라인 서비스를 이용해 주문가능한 간편한 온라인 3D 프린팅 서비스 사업자들이 국내에도 많이 생겨나고 있으며 고객마다 원하는 소재의 종류가 다양하므로 보유하고 있지 않은 고가 장비의 경우 외부 업체와 업무협약을 맺고 진행한다면 부담이 덜 될 것이다.

이미 해외에는 쉐이프웨이즈(Shapeways)나 아이머티리얼라이즈(i-Materialise)와 같은 클라우드 기반 온디맨드(On Demand, 주문형) 대형 출력서비스 사업자가 활발한 비즈니스를 하고 있지만 아직까지 국내에서는 10인 미만의 소규모 사업자들이 주를 이루고 있으며 막강한 자본력이 있는 대기업이나 중견기업들이 이 시장에 적극적으로 진입하고 있지 않은 상태이다.

참고로 2007년 네덜란드 에인트호번에서 창업하여 지금은 뉴욕에 거점을 두고 있는 3D 프린팅 마켓 플레이스인 Shapeways는 필립스 출신들이 설립하였는데 개인 디자이너들의 창의적인 디자인을 웹상에 공개하고 소비자들로부터 수요가 발생할 시에 제품으로 출력해서 판매도 하며 디자이너가 정한 금액이 판매가가 되고 수익도 분배하는 시스템으로 운영되고 있다.

현재 Shapeways에는 1만여 개가 넘는 개인 샵이 입점해 있으며 업로드된 디자인만해도 수십만 개에 달하는 대형 3D 프린팅 마켓 플레이스이다. 그들이 벌어들이는 매출은 5억 달러를 상회한다고 알려져 있고 누구나 3D 디자인의 업로드가 가능한데 고객들로부터 인기가 많은 디자인일수록 수입은 증가할 것이다.

Shapeways에서 출력 가능한 소재는 플라스틱을 비롯하여 Steel, 알루미늄, 은, 금, 청동, 황동, 세라믹 등 다양한 소재의 출력 서비스 이용이 가능하다.

국내에서도 해외주문이 가능하며 출력물 가격은 크기와 소재에 따라 달라지는데 세상 어디에도 없는 나만의 디자인을 출력하고 싶은 경우 Shapeways 같은 기업이 대안이 될 수 있을 것이다.

온디맨드 3D 프린팅 기업들은 프린팅 외에도 다양한 부가 서비스를 제공하며 중소사업자들의 진입 장벽을 낮추고 있다. '샵인샵(Shop in Shop)' 형태의 디자인 유통 플랫폼은 그 중 하나이며 샵인샵은 고객이 의뢰한 제품 도면을 일반인에게 판매할 수 있도록 하는 온라인 상점이다.

쉐이프웨이즈는 고객들이 등록한 독창적인 3D 디자인 판매도 대행해 주고 있는데 판매는 물론이고, 3D 디자인을 고객이 선택하고 출력 주문을 하면 직접 3D 프린팅을 이용해 제품 제작, 포장, 발송 등의 업무를 대행해주고 있다. 아이머티리얼라이즈는 3D 디자인 앱을 무료로 배포하고 있으며, 3D 모델링 전문 디자이너를 고용하는 채널을 제공 중에 있다.

그림 8-1 Shapeways의 출력물 카테고리 중의 스마트폰 케이스

3D 프린팅 기업의 3D 디자인 콘텐츠 판매는 중소기업에게도 긍정적인 작용을 하고 있는데 디자인 콘텐츠 판매에 따른 수익의 일부가 3D 프린팅을 의뢰하는 고객에게도 돌아가 중소기업의 신규 매출원이 창출되는 효과를 기대할 수 있기 때문이다.

호주의 3D 디자인 전문 기업 퓨전 이미징(Fusion Imaging)은 셰이프웨이즈에 디자인 콘텐츠를 업로드한 뒤 세계 70여개 국가에 약 3,000여개의 제품을 판매하는 샵인샵(Shop in Shop)으로 성장했다. 샵인샵은 고객이 등록한 디자인을 일반인이 원하는 소재로 출력하여 판매할 수 있도록 해주는 온라인 마켓이다.

3D 프린팅 트로피
이 트로피는 국내 3D 프린팅 출력 서비스 전문기업 중에 하나인 글룩(Gluck)이라고 하는 업체가 아프리카 TV에서 실시하는 BJ 대상 트로피를 제작한 것인데 금색 부분이 SLS 3D 프린터로 제작되었으며 후처리를 통해 하나의 작품으로 탄생한 것이다.

3D 프린팅 마스크

이 마스크는 FFF 방식으로 출력한 후에 후처리를
실시한 것으로 도색과 도금 등의 기술을 이용하면
보다 고품질의 제품제작이 가능하고 후처리까지 대
행시에 더 많은 비용을 고객으로부터 받을 수 있다.

출력 서비스를 전문으로 하는 업체의 경우 이처럼
후처리나 후가공도 겸하는 곳이 많으며 출력에 필
요한 장비도 고객 수요에 따라 여러 가지 방식으로
갖추고 있는 것을 볼 수 있다. 필자의 경우에는 약
30여대의 프린터를 가지고 출력서비스 사업을 하
고 있다. 자신들이 디자인한 제품의 시제품제작 용
도나 개발 중인 상품의 검증용 제품을 출력해보려

는 욕구가 있기 때문에 여기저기 문의가 많이 오고 실제 출력 서비스를 활발하게 실시하고 있는 편이다.

기술방식별 출력물 예

그림 8-2 **의료 분야 CJP 방식 출력물**

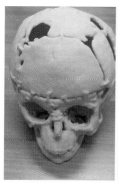

그림 8-3 **문화재 분야 CJP 방식 출력물**

그림 8-4 **지형물 분야 CJP 방식 출력물**

그림 8-5 **여러 가지 PolyJet 방식 출력물**

그림 8-6 금동미륵반가사유상

그림 8-7 제조업 분야 FDM 방식 출력물

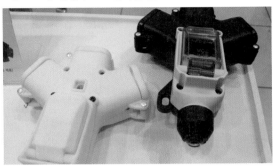

ProJet 660/ProJet 3500/ProJet 6000 3D 프린터 출력물

그림 8-8 영화산업분야 FFF 방식 출력물

그림 8-9 건축물 분야 SLA 방식 출력물

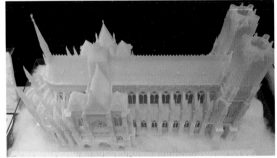

그림 8-10 스마트폰 케이스, 면도기 분야 DLP 방식 출력물

그림 8-11 신발 분야 LOM 방식 출력물

그림 8-12 패션 분야 SLS 방식 출력물

그림 8-13 치기공 분야 DMP 방식 출력물

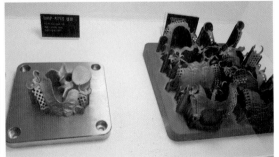

위의 다양한 출력물에 사용한 장비를 전부 갖춘 업체는 국내에서 손에 꼽기 힘들 정도인데 초기 사업자가 이렇게 다양한 장비를 전부 갖춘다는 것은 상당한 예산이 필요하고 운영비 또한 만만치 않게 필요할 것이다. 그리고, 장비 1~2대 정도만을 가지고 출력 서비스 사업을 제대로 한다는 것은 무리이며 특히 출력물의 수량이 많은 경우에는 절대 고객의 요청 기일내에 제작할 수 없을 것이다.

또한 고품질의 출력서비스나 디자인을 함께 의뢰하는 곳은 의외로 다양한데 방송 소품이나 디오라마 제작, 캐릭터, 행사용품, 시상식 등 특별한 용도의 출력물에 대한 일반 고객의 니즈는 매우 다양해지고 있다.

출력 비용의 산정은 출력물의 크기나 사용하는 재료, 장비, 출력 시간, 제작수량 등에 따라 천차만별이며 아직 소비자 공급가가 구체적으로 정해져 있지 않은 분야로 특히 대학가를 중심으로 대학생들의 졸업작품이나 과제, 전시품 등의 제작을 위한 출력 서비스 및 후처리 대행업이 몇몇 기업을 선두로 성업 중에 있으며 국내에도 3D 프린터를 활용한 시제품 전문 제작소가 몇 년 사이 급속도로 증가하고 있는 추세이다.

그림 8-14 해외 3D Printing factory

그림 8-15 해외 Proto Labs' 3D Printing factory

하지만 앞으로 3D 프린터 장비의 가격이 점점 하락하고, 누구나 관심을 가지고 시작하면 바로 시작할 수 있는 비즈니스라고 한다면 뛰어드는 사업자가 넘쳐날 것이고 서로간의 경쟁이 치열해질수록 출력 서비스 비용도 함께 하락할 것이기 때문에 초기 투자시 너무 무리하면 낭패를 볼 수 있다. 특히 새로운 기능과 편의 성능을 갖춘 신제품이 계속 출시되고 있으므로 사업 초기에 가격만 보고 제대로 검증되지 않은 제품을 많이 도입하는 것은 심각하게 고민해 보아야 하는 필수적인 사항으로 단지 프린터만 많이 갖추고 있으면 돈을 벌 수 있다는 생각은 환상에 지나지 않을 수도 있으니 유의해야 한다.

THe 9 unit Winbo 3D Printer

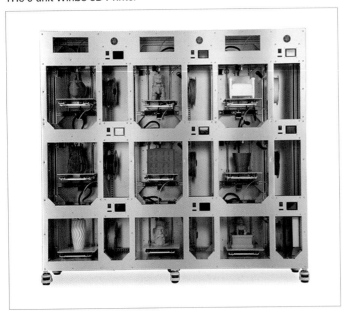

위는 FFF 3D 프린터의 생산성 향상을 위한 9 unit의 3D 프린터 패키지이다.

3D 모델링 & 제품 디자인 대행업

3D 모델링이나 제품 디자인, 설계 대행을 전문적으로 하는 업종도 창업이 가능한데 별다른 자본이나 공간 없이 컴퓨터와 소프트웨어를 잘 다룰 줄 아는 실력있는 디자이너의 확보가 필수적인 업종이다. 물론 창업자 자신이 직접할 수만 있다면 1인 창업이 가능한 분야로 주변에도 나홀로 창업하여 사업을 하는 사람이 많은 편이다.

요즘은 프리랜서들의 온라인 마켓들도 활성화 되어 있어 각 분야별 전문 디자이너들이 입점하여 고객의 주문을 받고 3D 모델링이나 디자인을 대행해주고 수익을 올리는 프리랜서나 개인사업자들도 많다.

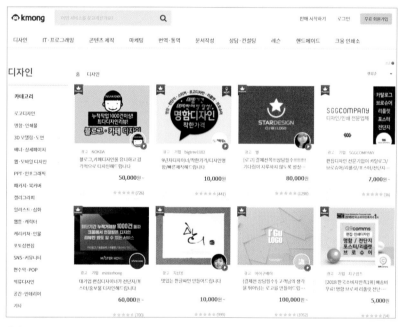

출처 : https://kmong.com/

이런 사업자들 중에는 3D 프린터도 몇 대씩 갖추고 디자인 이외에 시제품 제작까지도 필요한 고객에게 출력 서비스를 직접 해주고 부가적인 수익을 올리고 있음은 당연한 사항이다.

특히 디자인 능력이 부족한 개인이나 기업에서 자신의 아이디어나 발명품 등을 특허를 내기 위한 용도, 시제품제작을 하기 위한 용도 등으로 문의하는 경우가 종종 있으며 만약 디자인까지 직접할 수 있다면 출력 서비스와 겸업을 할 수 있으므로 유리할 것이다.

3D 모델링 & 프린팅 교육 서비스업

4차 산업혁명에 대한 열풍으로 이에 관련한 교육 서비스에 대한 관심도 점점 고조되고 있다. 이미 국내의 상당수 초등학교에서는 학생을 대상으로 한 3D 프린팅 방과 후 교실이 지난 2015년을 기점으로 활발하게 실시되고 있다. 기본적인 3D 프린터의 원리를 이해시켜주고, 간단한 모델링 실습을 통해 학생들의 창의적인 아이디어를 현실에서 직접 만져보고 느낄 수 있는 수업으로 아이들의 흥미가 매우 높은 편이라고 한다.

3D 프린팅 교육과 더불어 3D 모델링 교육의 수요 또한 제법 많은 편인데 교육전문업체의 창업도 고려해 볼 만하다. 이런 창업은 초기 큰 자본이나 시설이 별도로 들지 않으므로 개인이나 협회 등을 구성하여 전문적으로 강의를 하는 사람이나 단체도 점차 많아지고 있다.

이런 비즈니스를 하려면 우선 다양한 소프트웨어를 다룰 줄 알아야 하며 무엇보다 3D 프린팅 활용에 대한 폭넓은 지식이 필요하다. 특히 초등학생부터 성인까지를 교육 대상으로 한다면 TinkerCAD, 123D Design, Fusion360, Inventor 등과 같은 초급부터 고급 프로그램까지 전반적인 이해와 능숙하게 교육할 수 있는 기술이 필요할 것이다.

그리고 가급적이면 학교나 교육기관에서 손쉽게 설치하고 사용할 수 있는 무료 소프트웨어들이나 웹기반의 크라우드 CAD 등을 선택하는 것이 유리할 수도 있다.

앞으로 3D 관련 소프트웨어의 전문강사 수요는 더욱 늘어날 것으로 기대되며 단순한 모델링 교육 이외에도 접목할 수 있는 교육 분야가 많으므로 이런 업종을 준비하는 사람들은 남들보다 더 전문화된 교육 프로그램 운영과 강의를 준비하여 영역을 넓혀나간다면 좋을 것이다.

그림 8-16 Fusion 360 모델링 교육

콘텐츠 비즈니스

고객의 요구 사항에 따라 대규모 맞춤화(Mass customization) 생산 과정이 간단해지고 보다 진보된 디지털 기술의 정밀함 덕택에 기존 방식보다 제조에 들어가는 비용은 적어지면서 개인이 요구하는 다양한 사양을 최대한 수용하여 더 정확하게 맞춤 제작을 할 수 있게 된다.

아직까지는 대량생산이 어렵기 때문에 작품성이나 희소성을 가진 제품을 생산하여 부가가치를 창출해야 할 것이며 결국 3D 프린팅을 활용한 창업의 열쇠는 독창적인 콘텐츠에 그 무한한 가능성이 존재하고 있다고 보아야 한다.

콘텐츠 비즈니스 모델은 다양한데 그 중에서 나만의 독창적인 디자인을 유료로 판매하는 경우도 해당될 수 있을 것이다.

국내 기업인 Fab365(https://fab365.net/)는 3D 프린팅용 e-Product 마켓 플레이스로 3D 프린팅에 특화된 독특한 디자인을 등록하고 유료로 판매하여 수익을 올릴 수 있는 플랫폼으로 아직 디자인 데이터의 수량은 그리 많지 않지만 전 세계의 유저를 대상으로 디자인 콘텐츠가 판매되고 있는 점은 주목할 만하다.

3D 프린터로 출력한 제품을 판매하는 것이 아니라 고객이 자신이 원하는 디자인 데이터(출력용 데이터)를 유료로 구매하여 직접 자신이 3D 프린팅을 하는 것인데 접는 로봇 시리즈는 국내에서보다 해외 사용자들에게 더욱 인기가 높은 디자인 콘텐츠라고 한다.

Fab365 접는 로봇 B

그림 8-17 **접는 로봇 B**

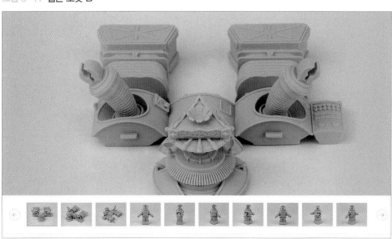

출처 : https://fab365.net/items/117

[Fab365 접는 로봇 B 디자인 콘텐츠 설명]

4D 프린팅을 준비하는 접는 방식의 로봇 시리즈 네 번째인 이 로봇은 TV 시리즈물 로스트 인 스페이스에 등장하는 로봇에서 영감을 얻어 디자인하였다. 금단의 혹성에 등장하는 Robby와 더불어 고전 SF 로봇 디자인의 대표적인 형태라고 할 수 있다. 복잡한 구조를 쉽게 접을 수 있도록 디자인한 이 제품은 차후 4D 프린팅이 활성화 되었을 때를 대비하여 그에 걸맞게 디자인한 것으로 서포트도 조립도 필요없이 단지 접기만 하면 되는 완전히 새로운 구조의 로봇으로서 3D 프린팅에 새로운 혁명을 가져올 것이다.

이 디자인은 조립이 필요하지 않지만 머리, 팔, 허리, 바퀴 등이 여러 각도로 회전할 수 있어서 다양하게 가지고 놀 수 있다. 특히 팔은 두 개의 방향으로 회전할 수 있도록 2중 구조를 지니고 있어서 많은 자세를 취할 수 있으며 접어야 되는 부분은 오목하게 만들어서 누구라도 쉽게 접어서 만들 수 있게 디자인되어 있다. 이 로봇은 다리가 없는 대신에 탱크와 비슷한 캐터필라를 가지고 있는데, 여기에 바퀴를 달아서 이것이 굴러갈 수 있도록 하였다.

이번 디자인의 가장 큰 특징은 접는 부분의 면적이 각각 다른 새로운 복합구조이다. 이것은 세계 최초의 새로운 3D 프린팅 구조로서 특히, 이렇게 새로운 복합 구조에서 추가적으로 하체와 상체가 회전할 수 있도록 디자인하는데 어려움이 많았다.

이 로봇을 접는 순서는 다음과 같다.

1. 하체 가운데의 핀을 들어 올린다.
2. 머리와 하체를 제외한 몸통 중간부분을 접는다.
3. 가운데 핀이 끼워지도록 하체를 조립한다.
4. 하체 바닥의 고리를 접어서 끼운다.
5. 바퀴를 눌러서 서로 끼워지도록 한다.
6. 머리 부분을 접어서 중간 몸통에 끼운다.

한 번의 출력으로 복잡한 움직임이 가능한 이러한 새로운 방식의 복합구조는 3D 프린팅의 또 하나의 가능성을 보여줄 것이다.

Fab365 접는 로봇-AM

그림 8-18 **접는 로봇-AM**

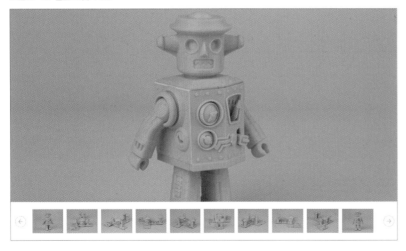

출처 : https://fab365.net/items/127

[Fab365 접는 로봇-AM 디자인 콘텐츠 설명]

이 로봇은 양철 장난감에서 영감을 얻어 디자인하였으며 이 제품은 오래된 양철 로봇 장난감의 표면에 그려진 그래픽들을 입체화하고 움직일 수 있도록 디자인하는 데 중점을 두었다.

복잡한 구조를 쉽게 접을 수 있도록 디자인한 이 제품은 차후 4D 프린팅이 활성화 되었을 때를 대비하여 그에 걸맞게 디자인한 것이다.

서포트도 파트별 조립하는 과정없이 출력 후 단지 접기만 하면 되는 완전히 새로운 구조의 로봇으로서 3D 프린팅에 새로운 혁명을 가져올 것이다. 이 디자인은 조립이 필요하지 않지만 머리, 팔, 다리 등이 여러 각도로 회전할 수 있어서 다양하게 가지고 놀 수 있다. 또한 접어야 되는 부분은 오목하게 만들어서 누구라도 쉽게 접어서 만들 수 있다.

이 로봇의 주요 특징은 가슴 부분의 그래픽을 움직일 수 있는 기계장치로 구현한 것인데 왼쪽 가슴의 원형 계기판들은 6번째 접는 로봇의 열쇠를 사용하는 방식을 채용하였다. 여기에 추가하여 두 개의 원형 계기판이 같이 움직일 수 있도록 안쪽에 톱니바퀴를 추가하였으며 열쇠는 6번째 로봇인 로봇-MD의 것과 같아서 호환할 수 있다.

원래 양철 장난감 로봇의 오른쪽 가슴에서 태엽의 움직임을 켜고 끄는 장치가 있는데, 이것을 손잡이를 사용하여 계기판 바늘을 움직이는 것으로 디자인했다.

위에서 소개한 디자인 콘텐츠 사례 이외에도 공공 데이터(문화재 스캔 데이터 등)를 활용하여 독창적인 아이템을 개발하여 비즈니스에 적극적으로 활용한다면 다양한 분야의 영역을 개척해 나갈 수 있을 것이다.

문화재 디자인 3D 프린팅 상품화 사례(Fab365)

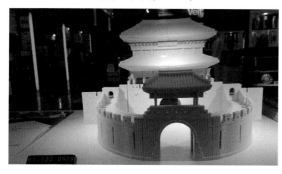

3D 스캐닝 & 역설계 비즈니스

역설계(Reverse Engineering)는 설계도면이 없는 제품의 형상을 광학식 3차원 스캐너를 이용하여 3차원 모델링 데이터를 생성하는 기술로 자유곡면으로 이루어진 복잡한 형상의 제품에 대한 데이터 생성이 가능하다.

3D 스캐닝을 통한 제품이나 문화유산 등의 복원 및 데이터화 하는 경우 뿐만 아니라 영화나 게임산업의 컴퓨터 그래픽스 분야, 의료 분야, 제조업 분야 등 다양한 곳에서 응용할 수 있다.

산업용 3D 스캐너는 수천만 원이 넘는 고가의 장비로 스캐너만 있다고 해서 제대로 된 비즈니스를 할 수는 없을 것이다. 스캐닝한 데이터를 전문적으로 편집할 수 있는 소프트웨어가 필요하게 되는데 이런 프로그램 또한 수천만 원대이고 3차원 CAD 등도 필요하므로 이런 서비스를 제대로 하기 위해서 갖추어야 할 소프트웨어 가격만 해도 상당할 것이다.

1998년도 CAD를 연구하던 한국의 배석훈 사장은 3차원 스캐닝 소프트웨어 래피드폼(Rapidform)을 개발하는데 래피드폼은 3차원 스캐너로 스캐닝하여 획득한 데이터를 바로 사용할 수 있게 도와주는 역설계 소프트웨어이다. 자동차 · 항공 · 선박 · 빌딩 · 지형 등의 형상 정보를 취득해 제품 설계나 품질관리에 사용하는데 숭례문 등 문화재를 복원할 때도 도면 데이터를 만들어 낼 수도 있고 3D 영화 제작에도 활용되고 있다.

래피드폼 특허를 기반으로 설립된 한국의 아이너스기술은 2000년도에 첫 제품을 출시하는데 주요 고객은 아우디 · 포드 · 제너럴모터스(GM) · 도요타 · 폭스바겐 · 소니 · 파나소닉 · 히타치 등의 해외 대기업으로 전체 매출의 80% 정도를 해외에서 올리며, 일본, 미국 시장이 각각 30% 유럽, 아시아퍼시픽이 각각 20%를 차지하면서 2004년 동종 업계 세계 1위가 된다.

하지만 2012년 10월경 미국의 3D 프린팅 관련 공룡 기업인 3D 시스템즈가 3,500만 달러(약 390억 원)로 한국의 아이너스기술을 인수하기에 이른다. 이후 회사명이 3D시스템즈코리아로 변경되면서 아이너스기술은 미국 기업이 되고 말았는데 변변한 국산 3차원 소프트웨어 하나 없는 우리 현실에서 안타까운 소식이 아닐 수 없었다.

현재는 Geomagic DesignX라는 역설계 소프트웨어로 판매되고 있으며 특히 3차원 스캐너에서 생성된 점군(크라우드 포인트) 및 메쉬데이터를 활용하여 가공할 수 있는 데이터를 생성하는데 적합한 솔루션으로 알려져 있다.

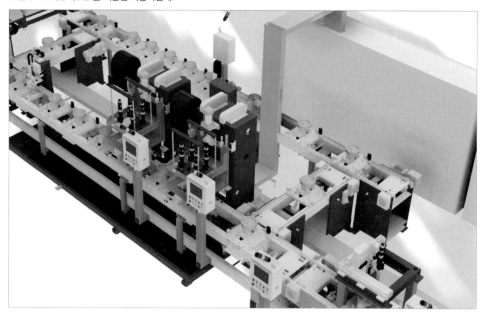

그림 8-19 **3D CAD를 이용한 자동화설계**

필자는 위에 언급한 3D 프린팅 관련 비즈니스 모델들을 대부분 병행하고 있다고 해도 과언이 아니다. 즉 하나의 아이템만 가지고 승부하기에는 부족하다는 말이다. 모델링이나 디자인이 필요한 고객, 시제품을 만들어야 하는 고객, 3D 프린터나 소재가 필요한 고객, 3D 스캐닝이나 역설계가 필요한 고객, 3D 모델링이나 프린팅 교육이 필요한 고객, 장단기적으로 3D 프린터의 임대가 필요한 고객, 출력물 제작이 필요한 고객, 3D 애니메이션이나 시뮬레이션이 필요한 고객 등 관련 수요처는 많다.

3D 프린터 렌탈 비즈니스

최근에 렌탈 비즈니스는 공유경제라는 용어와 함께 빠르게 성장하는 분야 중의 하나로 기존의 복합기와 같은 사무기기 이외에도 가전기기, 재능판매, 반려동물대여, 옷, 명품가방 대여 등 관련 시장이 성장 추세에 있는 분야이다.

3D 프린터도 마찬가지로 기업이나 개인 사용자들이 단기 또는 장기 임대를 하고 있으며 필요한 시간대에만 사용하고 반납하면 되므로 구매하지 않아도 이용이 가능하다.

사업체에서는 재고자산을 늘이지 않고 필요한 기간만 사용가능하고 비용처리가 쉬운 편이어서 장기 임대를 선호하는 곳도 있다.

또한 각종 기관의 행사지원 등에도 3D 프린터 렌탈 문의가 자주 오는 편이며 1~3일 정도의 단기 임대를 하거나 1달 이상 장기 임대하는 경우가 많으므로 일정 대수의 장비를 갖추고 있다면 해볼만한 사업이라고 생각한다.

현재 3D 프린터 렌탈은 사무기기 렌탈 기업들이 겸하고 있는 것을 쉽게 검색할 수 있는데 보급형 장비의 경우 월 10~25만원대의 비용으로 임대비를 받고 있다. 한두 대 정도 렌탈하는 경우도 있지만 5대 10대 정도를 렌탈하는 경우도 있고 큰 행사같은 곳에서는 10대 이상의 렌탈 요청도 간혹 들어온다. 렌탈업은 가급적 초기 투자비가 높지 않은 보급형 장비로 시작하는 것이 유리하며 원금 회수도 제법 빠른 편에 속하고 일정 기간 사용한 장비는 추후 중고로 판매하고 새로 나온 신제품을 다시 도입하여 항상 최신의 기종을 보유하는 것이 유리할 것이다.

또한 렌탈업에 사용하는 장비는 직접 대리점을 운영하는 곳에서 하면 수익성이 더 좋다. 대리점은 소비자가가 아닌 대리점가로 제품을 공급받게 되므로 투자 비용을 더 빠르게 회수할 수 있기 때문이다.

행사지원용 3D 프린터 렌탈

이외에도 3D 프린팅을 활용한 다양한 비즈니스 모델을 볼 수 있는데 전부 성공하는 것은 아니다. 요즘은 반려동물이나 사람을 스캐닝하거나 사진을 이용하여 3D 프린팅 피규어 등의 제작을 대행해 주는 기업들도 제법 눈에 띄고 있다. 하지만 고가의 컬러 프린터를 이용하는 경우 투자 비용이나 유지관리비가 만만치 않을 것이다. 몇몇 3D 피규어 전문 기업 중에 사진(정면, 측면)을 보내주면 프로그램으로 입체화하고 보정하여 DLP나 SLA 방식의 프린터 출력한 후 도색을 하여 상품화하는 사례도 있으며 엔터테인먼트사와 전속 계약을 하여 자사 소속의 연예인을 피규어로 제작하여 판매하는 곳도 있다.

또한 기존의 사진관을 운영하던 곳에서 3D 프린팅을 도입하여 2D 사진 이외에 3D 피규어로 제작을 해주기도 하는데 무엇보다 소프트웨어를 잘 다루는 전문 디자이너가 필요한 분야로 미대 출신을 고용하여 고객의 사진을 보고 출력물에 도색하고 건조하여 다양한 상품으로 다각화하여 온오프라인을 통해 활발하게 마케팅을 하고 있다.

그림 8-20 **연예인 피규어**

요즘은 다양한 분야와 결합하는 사례를 볼 수 있는데 3D 캐릭터를 피규어로 제작하여 아이들 돌잔치나 결혼 기념, 가족사진 대용, 감사패, 공로패, 트로피, 골프 싱글패, 개인 피규어, 3D 캐리커쳐 등 다양한 분야별로 독특한 제품을 만드는 추세이다.

3D 프린터 활용 제품제작 상품화 사례

다음 장에 소개하는 사례는 월간 CAD & Graphics 2018년 6월호에 '디지털 기술로 제품개발과 비즈니스를 혁신하다'라는 테마의 한 사례로 기고 요청받아 투고한 바 있는 내용을 다듬어 소개한다.

현재 교육계와 산업계 전반에 걸쳐 폭넓게 알려지고 많은 사람들이 관심을 갖고 사용하고 있는 3D 프린팅 기술은 필자가 처음 접하고 관심을 가졌던 몇 해 전과 다르게 국내 산업계나 교육계 전반에 걸쳐 급속도로 보급이 되고 있으며, 기계제조업 분야 이외에도 건축, 디자인, 의료, 패션, 예술, 군사, 자동차, 우주항공 등 어떤 특정 산업군에 국한되지 않고 활용되고 있으며 이제는 메이커들이 필수적으로 갖추어야 하는 장비가 되어가고 있다는 것은 의심할 여지가 없는 사실인 것 같다.

하지만 아직까지 해외 수입장비들은 FDM(Fused Deposition Modeling) 3D 프린터만 하더라도 수천만 원에서 수억 원을 호가하고 있으며 소재의 가격 또한 일반 개인들이 사업적으로도 부담하기엔 만만치않은 금액인 것이 사실이다.

그렇다면 비용면에서 부담이 가는 고가의 산업용 장비가 아닌 개인이나 스타트업들도 비교적 접근하기 용이한 보급형 3D 프린터를 이용하여 어떻게 수익을 창출할 수 있을까라는 고민은 창업을 준비하는 많은 이들이 안고 있는 공통적인 숙제일 것이다.

딱히 정답은 없겠지만 앞에서 서술한 필자의 경험 같은 것을 참고하기 바라며 인터넷 검색이나 발품을 팔더라도 남들의 비즈니스 모델을 지속적으로 연구하고 노력하여 발전시켜 나가면서 일반 소비자들에게도 판매할 수 있는 흥미로운 아이템을 내놓아야 할 것이다.

사업성 있는 3D 프린팅 제품을 기획하기 위해서는 적극적인 시장조사를 통한 다양한 자료수집이 필요하며 여러 경로를 통해서 관련 시장에 대한 기술, 시장동향을 파악하고 시장 세분화를 하는 것이 중요하다. 시장 세분화를 통해 얻은 지식을 기반으로 내가 창업하고자 하는 분야에서 필요한 조형 방식별 3D 프린터에 대한 구체적인 정보를 정확하게 이해하고 나서 실제 상품화 제작 판매할 제품의 타겟을 명확히 설정한 후 기획 제품군의 범위를 설정해야 할 것이다.

3D 프린팅 사업 추진을 위한 전략을 수립하는 경우, 제품 시장 분석―기업 분석―환경 분석―목표 수립―시장 세분화(표적 및 시장결정, 포지셔닝)―마케팅 믹스(제품 관리, 가격 관리, 유통 관리, 촉진 관리)의 기본적인 제품 관리가 필요하다. 3D 프린팅 제품은 많은 재고를 필요로 하지 않으며 주문 즉시 생산하여 고객에게 납품하는 방식으로 운용이 가능하므로 다양한 상품을 개발하여 온라인상에 상품을 등록하는 것이 유리할 것이다. 물론 상품에 따라 판매 실적이 저조한 제품도 있겠지만, 실제 제품으로 만들어 재고를 많이 쌓아두지 않아도 되기 때문에 투자 손실에 대한 우려는 줄어든다.

깎는 시대에서 쌓는 시대가 왔다

적층제조(AM) 방식의 가장 큰 단점으로 출력시간이 많이 소요된다는 것은 장비를 사용해 본 사람이라면 누구나 공감하는 사실일 것이다. 즉 생산성, 양산성이 좋지 않다고 할 수 있으며 아직까지 대량 생산을 해내기에는 부족한 점이 많은 제조 방식이다. 하지만 느린 출력시간 대비 전통적인 절삭가공에서는 절대로 구현할 수 없는 복잡한 형상을 만들어 낼 수 있다는 것은 큰 장점이라고 할 수 있다.

앞장에서도 기술한 바 있는 오픈소스 FFF(Fused Filament Fabrication, 용융압출적층조형) 방식은 FDM의 상표권 분쟁을 피하기 위해 명칭을 정한 오픈소스 랩랩 프로젝트의 제작 방식으로 FDM의 기본 특허의 만료로 인해 개인 및 세계 각국의 제조사들이 개인용 및 준산업용 데스크탑 프린터로 제작하기 시작하며 가격이 수십만 원에서 수백만 원대로 하락하고 대중화가 되는 촉매제 역할을 한 기술이라는 것을 기억할 것이다.

3D 프린팅의 기본 출력 원리는 조형 방식에 따라 차이가 있지만 디지털화된 3차원 제품 디자인 파일을 출력용 파일로 변환하고 모델의 2차원 단면을 연속적으로 재구성하여 한 층씩 인쇄하면서 적층하는 개념의 제조 방식으로 3D 프린터로 출력을 하기 위해서는 우선 3D 모델링 파일이 필요하며, 이 모델링 파일을 3D 프린터에서 제공하는 전용 슬라이싱 소프트웨어에서 G-Code로 변환한 후 프린터에서 출력을 실행하면 원하는 모델을 얻을 수 있게 되는 것이 기본적인 원리라고 것은 이미 이해하였을 것이다.

FFF 방식의 3D 프린터는 열가소성 필라멘트(Filament)를 주 재료로 사용하고 있는데 스풀(Spool)에 감겨진 필라멘트의 직경은 보통 1.75~2.85mm 정도이며 소재에 따라 약 180~300℃ 사이의 열에 녹으면서 압출되고 G-Code의 경로에 따라 모델이 조형되는 원리로 이제는 깎는 시대에서 쌓는 시대로 접어든 것이다.

그림 8-21 보급형 3D 프린터 출력용 PLA 필라멘트

그림 8-22 3D 프린터로 출력중인 모델

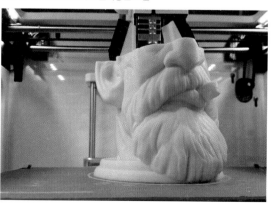

보급형 3D 프린터를 활용한 비즈니스 모델

사실 3D 프린터로 비즈니스를 한다는 것이 결코 쉬운 일은 아닐 것이다. 하지만 잘만 생각해보고 현존하는 다른 기술들과의 융합을 통해 아이디어를 낸다면 개인이나 스타트업도 다양한 비즈니스 모델을 만들어낼 수도 있는 재미있는 신개념의 제조 분야이기도 하다.

㈜메카피아의 3D사업부에서 실시하고 있는 3D 프린팅 비즈니스 모델 중에서 2017년도에 빅히트를 기록한 핸드토이의 사례를 들어보고자 한다. 고가의 산업용 3D 프린터나 금형제작 양산방식이 아닌 1백만원대 수준의 보급형 3D 프린터를 가지고 나름 대량생산을 해낸 이 핸드토이는 지금까지 누적 판매량이 B2C와 B2B를 합쳐 약 3만개 정도에 이르며 최초 출시하여 판매시에는 소비자가가 3만원이 넘었다는 사실에 주목해야 한다.

3D 프린터는 보통 개발품이나 디자인의 시제품제작용으로 많이 사용하는데 이번 사례는 독특하게 출력물 자체에 후가공을 전혀 실시하지 않고 바로 상품화하여 판매한 사례이다.

2017년 1월초 전 세계적으로 유행하며 곧 국내에도 한바탕 광풍이 불어올 것이라는 젊은 직원의 아이디어를 흘려듣지 않고 적극적인 시장 조사를 통하여 개발하고 제작하기 시작한 상품으로 당시뿐만 아니라 지금현재도 국내 유통상들의 값싼 중국산 대량 수입으로 인해 국내 제조사는 거의 찾아볼 수가 없는 상품이다.

메카피아는 기계가공이나 금형제작 등의 제조업을 영위하는 기업이 아니라 기술지식 기반 기업으로 보급형 데스크탑 3D 프린터 이외에는 별다른 장비를 갖추고 있지 않았지만 간단한 핸드프레스와 공구들을 이용하여 숙련된 전문 기술없이도 누구나 손쉽게 이 제품을 만들어낼 수가 있었다.

무엇보다 이 핸드토이가 언론에 노출되기 시작하고 3월에 개학을 하면서 더욱 판매량이 늘어났으며 특히 5월에는 어린이날 특수로 인하여 엄청난 매출을 기록하게 되었다.

오프라인 매장도 없기 때문에 당시 네이버의 스토어팜에 입점하여 판매하면서 파워블로거들에게 무료로 제품을 나누어주고 자발적인 블로그 포스팅을 하도록 했으며, 유명한 유튜브 크리에이터들에게도 자신의 동영상 콘텐츠를 제작할 수 있도록 아낌없이 제품 지원을 해주어 우리 제품을 마케팅하는데 성공했다.

2017년 5월에는 피젯스피너라는 단일 상품만으로 네이버 스마트스토어 쇼핑몰에서만 1억 2천만원이 넘는 매출을 달성했으며 이는 B2B는 제외한 매출 금액이다.

3D 프린터의 가장 큰 단점 중의 하나로 출력 시간이 느리다는 것인데 저가나 고가의 장비나 출력 속도는 큰 차이가 없다. 3D 프린터로 핸드토이 바디 한 개를 출력하는 데 걸리는 시간은 약 1시간 10분 정도 소요된다. 한 대의 장비에서 출력할 수 있는 하루 최대 수량이 6~7개인데 7개를 전부 출력하려면 약 8시간 이상

걸린다는 이야기이다. 물론 퇴근하면서도 출력을 할 수 있게 조치를 하여 주·야로 장비를 가동시켰다.

그림 8-23 **신도리코 DP200 3D 프린터로 피젯스피너 바디 출력 중**

하루에 3D 프린터 한 대로 최대 출력가능한 수량이 12~14개 정도 밖에 안되니 그 많은 주문 물량을 맞추기 위해서는 장비를 더 많이 보유해야만 가능했던 일이었다. 당시 5대 정도였던 장비를 20여대까지 늘려 1일 생산량을 확보하고 주야로 가동하며 제작하여 물량을 맞추었다.

유행상품이 그렇듯이 사람들에게 알려지고 나자마자 중국산 저가 제품이 물밀듯이 밀려오기 시작하고 가격경쟁이 치열하게 되면서 판매량은 2018년 현재 예전보다는 매출이 많이 줄었지만 당시 도입한 3D 프린터로 기업체 렌탈 서비스, 행사지원, 출력물 서비스 등에 활용하며 부가적인 수익을 올릴 수 있었으며 특히 고객이 원하는 디자인으로 주문시 고객맞춤형 다품종 소량 생산을 할 수 있다는 장점이 있어 장비 도입 비용은 크게 문제되지 않았다.

또한 3D 프린터로 생산하는 제품은 불필요한 재고를 쌓아놓지 않고 고객으로부터 주문이 들어오면 그 때 제작을 실시하므로 유리한 측면이 있다.

이후 이미 제 할 일을 다한 3D 프린터는 제조사에 AS를 받아 필요한 고객에게 중고로 판매하고 다시 신제품을 새로 들여와서 활용할 수 있었으므로 일석이조의 효과를 얻은 것이라고 할 수 있겠다.

핸드토이의 손잡이는 알루미늄 소재를 CNC 가공 후 아노다이징 처리를 하여 레이저 마킹을 이용하여 브랜드 로고를 각인하여 중국산 저가 제품들과 경쟁을 하였다.

제작 초기에는 핸드토이 바디를 3D 프린터로 출력하여 베어링을 압입하고 좌우 손잡이도 역시 3D 프린터로 출력하여 조립한 후 판매하였으나 플라스틱의 특성상 쉽게 파손되거나 끼워맞춤 공차 문제 등이 발생하여 손잡이만 별도로 기존 절삭가공인 CNC 머신을 활용하여 절삭성이 우수한 알루미늄 소재의 가공과 아노다이징처리를 실시하였으며 중국산 제품과 차별화를 하기 위하여 회사 로고를 손잡이에 레이저 머신으로 마킹을 하고 브랜딩을 하여 홍보를 시작했다.

그림 8-24 **중국산 ABS 재질 대량생산 피젯스피너**

유통업자들에 의해 대량으로 수입판매되는 중국산은 동네 문방구에서 몇천원 수준으로 판매되기 시작하였는데 쉽게 파손되고 ABS 재질 특성상 환경호르몬 등의 문제가 대두되기도 하였으며 성능 또한 제각각이고 유통과정 중에 베어링이 녹이 스는 등 제품의 완성도가 높지 않은 제품들도 많았다. 하지만 어느 정도 시간이 지나면서 몇천원짜리 제품들도 상당히 좋은 성능과 외관 그리고 국내 제조원가로는 절대 만들 수가 없는 저렴한 가격으로 수입되어 유통되기 시작하였다.

그림 8-25 **3D 프린팅 바디에 무게 균형용 베어링을 압입한 피젯스피너**   그림 8-26 **B2B 기업 고객 판촉용 상품 제안 제작**

 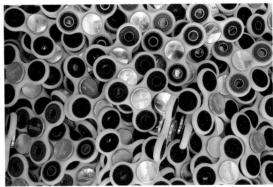

이에 우리는 친환경소재로 알려진 PLA 필라멘트만 사용하여 제작하였고 이를 마케팅에 적극 활용할 수 있었으며 3D 프린터라는 장비로 한층 한층 적층해가며 정성스럽게 제작한 3D 프린팅 핸드토이라는 점을 일

반 소비자들에게 부각시키고 적층 방식 3D 프린터의 제작 품질상의 한계를 이해시켰다.

3D 프린터의 소재가 되는 필라멘트는 제조사에 따라 다르지만 보통 2~3만원대면 700g~1kg의 PLA 필라멘트를 구입할 수 가 있다. 역으로 바디 한 개 제작하는데 약 5~7g정도 밖에 소요가 되지 않으므로 원가계산을 해보면 수익률을 쉽게 알 수가 있을 것이다.

이후 싼 가격으로 승부해서는 절대 중국 수입품과 경쟁이 되지 못함을 인지하고 고가의 고급 제품을 만들기 시작하였는데 금형제작을 고려하다가 재고부담 등의 문제로 결국 판매 가능하고 판단되는 일정 수량만 CNC 가공을 하기로 결정하고 진행하였다.

또한 가공 동영상이나 레이저 마킹 동영상 등을 공개하며 국내 제작품으로 중국산과의 차별화를 시도하여 어린이들 뿐만 아니라 키덜트에게도 인정받을 수가 있었다.

그림 8-27 **알루미늄 바디 CNC 가공**

그림 8-28 **로고 레이저 마킹**

바디 소재는 가공이 용이한 알루미늄을 선택하였으며 알루미늄으로 피젯스피너 바디를 가공한 후 소프트 아노다이징처리, 크롬도금, 황동도금 등을 통해 제품의 질을 향상시켜 판매하였다.

이 제품은 조잡한 품질의 중국산과 완전 차별화되어 입소문이 나기 시작하며 국산 명품으로 알려지기 시작하며 고가의 가격에도 판매가 되기 시작하였다.

그림 8-29 **알루미늄 가공 후 크롬도금한 바디**

또한 무게가 무거운 스피너일수록 오랜 시간 회전이 되므로 황동으로도 제작하고 당시 많이 사용하던 중심 베어링인 608베어링이나 r188을 공용으로 사용할 수 있도록 설계적용하여 고급형으로 판매하기 시작했다.

그림 8-30 **황동 소재 CNC 가공 핸드토이(중심 베어링 r188)**　　　그림 8-31 **황동 소재 CNC 가공 핸드토이(중심 베어링 608)**

그 외에도 다양한 디자인을 하여 3D 프린터 출력물만 판매하기도 하고 고객의 맞춤형 디자인을 수요에 맞게 출력서비스를 실시하였으며 다른 기술을 융합하여 다양한 형태로 적용하여 지금도 판매를 하고 있는데 이것은 3D 프린터가 없었다면 절대 불가능한 일이었을 것이다.

그림 8-32 **외국인 선물 및 관광단지 판매, 수출용으로 제작한 전통 자개 부착 핸드토이**

작년 수능 시즌 때에도 학업으로 지친 학생들의 집중력 향상, 스트레스 해소용 등의 재미있는 수능 선물로 기획하여 판매도 하였으며 LED를 접목하여 아이돌그룹 공연시 판촉용으로도 제작하였는데 간단한 제품이었지만 3D 프린터로 시제품제작을 넘어 판매 가능한 상품으로 제작하고 이에 전통적인 방식으로 가공까지 하여 여러 가지 제품으로 발전시켜 나갔던 이 비즈니스 모델 제작 경험은 지금도 많은 아이디어를 비즈니스에 접목할 수 있는 계기가 되었으며 상품을 기획하고 개발하여 마케팅, 판매에 이르기까지 직원들은 아주 유익한 경험을 할 수 있었다.

그 때의 작은 경험으로 회사에서는 지금도 3D 프린터를 가지고 다양한 고객맞춤형 출력서비스, 모델링 & 디자인 서비스, 3D 프린터 출력물 상품화, 렌탈 비즈니스, 3D 프린터 판매, 소재 판매, 교육서비스 이외에

콘텐츠 개발을 활발하게 실시하고 있다.

그림 8-33 **수능 응원 피젯스피너**

그림 8-34 **아이돌 그룹 LED 피젯스피너**

 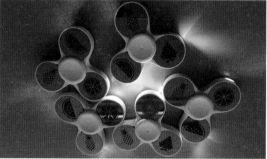

온라인 소셜 매뉴팩처링 시대

1. 소셜 매뉴팩처링

전통적인 제조업에는 마이크로기업이나 개인들에게는 여전히 높은 진입장벽이 존재하고 있으며 신제품이나 획기적인 사업 아이템 및 아이디어가 있더라도 부족한 자본력, 기술력, 마케팅, 지적재산권 등 여러 가지 높은 장벽들로 인해 개인이나 중소기업의 시장 성공률은 현저히 낮을 수밖에 없는 현실이며 일부 대기업이 시장을 독점하는 구조는 우리나라도 예외는 아니었다. 하지만 앞으로는 누구나 참신한 아이디어와 마케팅 네트워크만 있으면 소자본으로도 맞춤형 제조가 충분해지고 있으며 이런 제품을 판매하고 유통시킬수 있는 다양한 플랫폼(Platfrom)들이 생겨나면서 새로운 온라인발 제조 혁명이 시작되고 있다.

소셜 매뉴팩처링(Social Manufacturing)이란 소셜 네트워크 서비스(Social Network Service)를 제조업과 결합시켜 신 개념의 제조방식을 도입한 것으로 여러 부류의 사람들이 커뮤니티에 모여서 신제품에 대한 의견을 공유하고 거기에서 제안된 좋은 아이디어들을 반영하고 제품을 개선하여 직접 공장에서 생산하는 방식을 말한다.

소셜 미디어(Social Media)는 다양한 사람들의 생각과 경험, 관점 등을 공유하기 위해 참여하고 사용하는 온라인 플랫폼과 툴을 의미한다. 우리가 자주 사용하는 블로그(Blog), SNS, 카페, 팟캐스트(Podcasts) 등의 서비스가 있으며 이런 소셜 미디어의 등장 배경에는 인터넷 및 모바일의 대중화와 웹기술의 발달, 디지털 기기의 보급으로 인해 온라인 상에서 사용자들이 손쉽게 콘텐츠를 생산하는 동시에 소비도 하는 프로슈머(Prosumer)의 활동이 가속화될 수 있었기 때문이다.

기존의 제조업체 생산방식과 유통, 소비자의 소비구조와 비교한다면 제조업체 측에서 제품기획을 하여 아이템을 만들어 생산하고 유통하던 방식과는 정 반대의 생산 및 소비활동이 생겨나고 있는 것으로 이제는 소비자가 직접 만들고 유통까지 할 수 있다는 것이다. 그리고 최근에는 이러한 방식의 생산방식이 점점 트랜드화 되어가고 있다는 사실에 우리는 주목할 필요가 있겠다. 온라인 마켓에서 이슈가 되고 있는 대표적인 소셜미디어에는 블로그, 페이스북, 카카오톡, 카카오스토리, 네이버 라인, 트위터 등이 있으며 사용자들은 이런 다양한 SNS 미디어를 활용하여 개인들이 생산해내는 서비스나 제품을 공유하고 있으며 모바일 마케팅에 개인과 기업들이 많은 관심을 기울이고 있으며 점차 모바일 마케팅 플랫폼의 영향력이 커짐에 따라 모바일 마케팅 시장이 점점 성장하고 있는 추세이다.

소셜 미디어란 용어를 처음 사용한 사람은 가이드와이어 그룹(Guidewire Group) 창업자이자 글로벌리서치 디렉터 인크리스쉬플리(Chris Shipley)이며 최초로 소셜미디어란 용어를 언론에 보도한 사람은 SHIFT Communications의 토드데프런(Todd Defren)이라고 알려져 있다.

전통적인 제조업이 점차 디지털화되면서 스타트업이나 개인 창업자에게 더욱 유리한 쪽으로 작용하게 되었으며 3D 프린터나 3D 스캐너 등 강력한 디지털 제작 기술이 발전함에 따라 신제품을 출시하는 것이 보다 쉽고 비용적으로도 저렴해졌을뿐만 아니라 고객의 니즈에 알맞는 다품종 소량생산 방식이 가능해져가고 있기 때문이다.

이와 같이 3D 프린터와 소셜 네트워크의 협업을 통해 제조업의 디지털화와 민주화가 서서히 자리잡아간다면 새로운 제조 모델이 계속해서 나타날 것이다.

2. 크라우드펀딩

'크라우드펀딩'이란 스타트업이나 소기업이 은행이나 전문 투자사가 아닌 '일반 대중으로부터 자금을 끌어모은다'라는 의미의 자금조달 방식이다.

소셜미디어나 인터넷 매체를 활용해 자금을 모으는 투자 방식으로 영국에서 처음 시작하였으며 현재는 영국과 유럽, 그리고 미국 등지에서 활발하게 진행되고 있으며 개인을 넘어서 기업의 제품화 참여까지 발전하고 있다. 2018년 현재 전 세계적으로 약 200여개가 넘는 크라우드 펀딩 사이트가 개설되어 운영되고 있다고 하며 킥스타터, 인디고고, 고펀드미 등이 유명하다.

특히 기술 분야에서 큰 성공을 거두고 있는 킥스타터에는 자신들만의 독창적인 기술과 아이디어를 가진 크리에이터(Creator)들이 캠페인을 등록하여 3D 프린터나 각종 IT제품 등을 만들어 성공한 사례도 많다.

초창기 활발했던 킥스타터와 쿼키는 제조업과 관련된 비즈니스 모델로 최초 상품을 기획해서 디자인하고 생산하여 판매에 이르기까지 전형적인 제조업의 진화된 온라인 서비스라고 할 수 있을 것이다. 킥스타터에 한국과 관련된 주제를 가진 프로젝트들도 있는데 주로 영화를 비롯한 영상물과 공연, 드로잉 작품 등 예술 분야에 대한 것들이 많다.

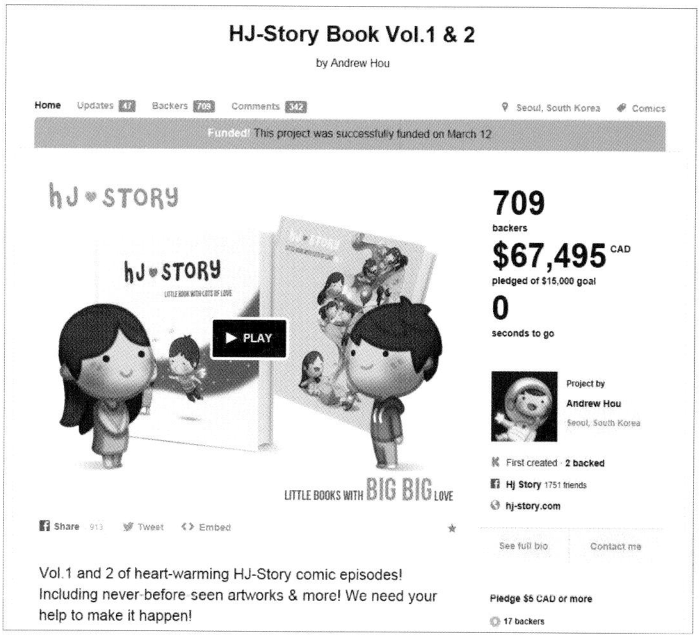

오른쪽 그림은 펀딩을 성공시킨 한국 관련 프로젝트로 HJ라는 이니셜의 한국인 여성을 만나면서 일어났던 코믹한 에피소드와 러브 스토리를 책으로 만든다는 프로젝트인데 709명의 후원자로부터

그림 8-35 HJ-Story Book Vol.1 & 2

67,495달러의 펀딩을 이끌어냈다. 출판도 제조업의 한 분야이므로 이러한 성공사례가 앞으로 더욱 많아졌으면 하는 바램이다.

킥스타터 (https://www.kickstarter.com/)

2009년 4월에 킥스타터(Kickstarter)가 오픈한 이래 수많은 프로젝트들에 대한 성공적인 펀딩을 이끌면서, 크라우드 펀딩(crowd funding) 사이트에 대해 관심이 높아지고 수많은 유사 사이트들이 등장하고 있다. 이전에도 네티즌 펀드라는 것이 있었는데, 투자자의 수익 확보를 목적으로 하다보니 부작용이 많았고 그래서 다 힘을 잃고 말아버렸다. 하지만 크라우드 펀딩은 '기부'의 형태의 개념을 가지고 있어서 자발적인 소비자의 참여를 유도하는 웹2.0시대의 네티즌 펀드, 한층 업그레이드된 실소비자 참여 펀딩의 한 예를 보여주고 있다.

유럽연합(EU)의 집행위원회에 따르면 2012년 유럽 내에서 발생한 크라우드 펀딩 규모는 7억 3천 500만 유로(한화 약 1조 600억원)에 달했다고 한다.

킥스타터 프로젝트 성공 사례

킥스타터에서 성공한 프로젝트의 사례도 많고 실패한 경우도 아주 많은데 2017년 2월 말 기준으로 모금에 성공한 프로젝트는 12만 1,342개에 달하며 전 세계의 약 1,250만명의 후원자가 후원한 금액은 무려 29억 3,000만 달러(약 3조 2900원)에 이른다고 한다.

2016~2017년도 사이에 한창 '피젯스피너'라고 하는 핸드토이가 세계적으로 유행하고 있을 당시 초대박을 친 상품이 있는데 바로 '피젯 큐브'라고 하는 손 장난감이 그것이다. 정말로 단순한 기능을 하는 이 장난감은 정육면체 각 면에 서로 다른 기능을 가진 버튼이 있는데 손가락으로 누르거나 돌리면서 가지고 노는 장난감으로 당시 개당 19달러에 예약 판매를 하였다.

그림 8-36 피젯 큐브(Fidget Cube)

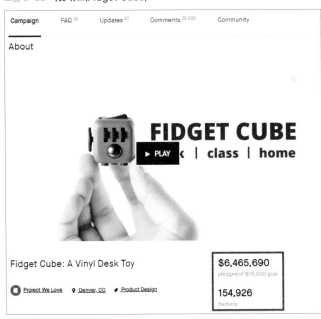

출처 : https://www.kickstarter.com/

2016년 8월 프로젝트를 등록하고 펀딩을 시작한 이후 50일 만에 처음 목표했던 금액인 15,000달러를 훨씬 상회하는 6,465,690 달러를 기록하기에 이르며 투자자로 참여한 사람의 숫자만 해도 전세계 154,926명에 달했다.

필자도 여기에 영감을 얻어 2017년 초 3D 프린터를 이용한 피젯스피너를 대량 생산하기 시작하면서 상품화에 성공한 사례가 앞에 소개되어 있는 내용이 그 사례이다.

2017년도에도 킥스타터를 통해 프로젝트를 성공시킨 사례가 많은데 그 중에서 정밀시계로 유명한 스위스 기술에 컬러 터치 스크린 기술을 융합한 하이브리드형 스마트 워치인 ZeTime이 26,828명의 후원자로부터 5,333,792 달러를 모금하는데 성공하였다.

Snapmaker는 모듈형 All-Metal 3D 프린터로 10여개의 부품을 조립하여 간단하게 완성시켜 사용할 수 있는 제품으로 주요 부품을 CNC로 정밀하게 가공하

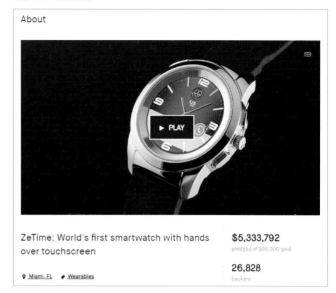

그림 8-37 Zetime

About

ZeTime: World's first smartwatch with hands over touchscreen

$5,333,792
pledged of $50,000 goal

26,828
backers

Miami, FL · Wearables

출처 : https://www.kickstarter.com/

며 3D 프린팅 헤드를 다른 모듈로 교체하여 레이저 각인이나 간단한 CNC 조각도 가능한 제품으로 5,050명의 후원자로부터 2,277,182 달러를 모금하는데 성공했다.

Snapmaker는 500mW 레이저 모듈을 사용하여 손쉽게 레이저 조각기로 변신시킬 수 있으며, CNC 모듈을(스핀들 속도 : 2,000~7,000 RPM)을 사용하여 목재, PCB 및 아크릴에 CNC 조각을 할 수도 있는 저렴한 제품이다.

그림 8-38 Snapmaker All-Metal 3D Printer

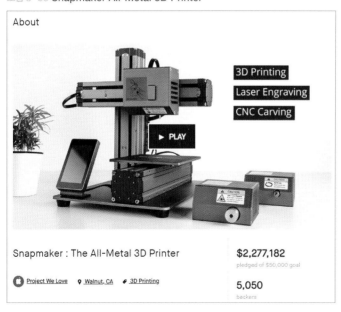

About

3D Printing
Laser Engraving
CNC Carving

► PLAY

Snapmaker : The All-Metal 3D Printer

$2,277,182
pledged of $50,000 goal

5,050
backers

Project We Love · Walnut, CA · 3D Printing

그림 8-39 Specification

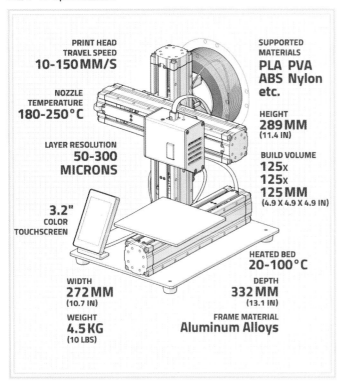

PRINT HEAD
TRAVEL SPEED
10-150 MM/S

NOZZLE
TEMPERATURE
180-250°C

LAYER RESOLUTION
**50-300
MICRONS**

3.2"
COLOR
TOUCHSCREEN

SUPPORTED
MATERIALS
**PLA PVA
ABS Nylon
etc.**

HEIGHT
289 MM
(11.4 IN)

BUILD VOLUME
**125x
125x
125 MM**
(4.9 X 4.9 X 4.9 IN)

HEATED BED
20-100°C

WIDTH
272 MM
(10.7 IN)

WEIGHT
4.5 KG
(10 LBS)

DEPTH
332 MM
(13.1 IN)

FRAME MATERIAL
Aluminum Alloys

출처 : https://www.kickstarter.com/

인디고고 (www.indiegogo.com)

2008년 1월 킥스타터보다 먼저 출발한 크라우드 펀딩의 개척자로 이들이 내건 슬로건은 'DIWO(Do-It-With-Others, 함께 하라)이다. 킥스타터가 미국 계좌를 가진 크리에이터만의 프로젝트를 소개하던 반면에 인디고고는 전 세계를 대상으로 한 글로벌 펀딩 엔진임을 자부하며 누구나 자신만의 프로젝트를 등록할수 있으며 까다로운 절차나 별도의 심사도 없었다. 간혹 뉴스를 보면 킥스타터에서 보기좋게 거절당한 프로젝트가 인디고고에서 오히려 성공하는 사례도 종종 있었다고 한다.

인디고고에서는 킥스타터에서도 볼 수 있었던 creative와 관련한 문화, 예술, 기술 프로젝트 이외에도 cause와 같은 자선 크라우드 펀딩, entrepreneurial과 같은 비즈니스 아이템 등 상당히 넓은 범위의 카테고리로 프로젝트들을 다루고 있다.

2013년 8월 8일까지 인디고고에 올라온 프로젝트는 총 14만 2301건이며 후원금이 크리에이터에게 바로전달되는 것도 다른 플랫폼들과 차별화된 큰 차이점이다. 또한 목표로 한 모금액에 도달하지 못한 경우에도 모금액 환불 여부를 크리에이터가 정할 수 있어 모금액 일부를 활용할 수 있다는 점도 장점이며 당시 책정된 수수료는 목표 금액 도달 시 모금액의 4%, 도달하지 못한 경우에는 9%를 부과한다. 지불 중개 수수료 3%는 별도라고 한다.

2017년 8월 글로벌 크라우드 펀딩 기업인 '인디고고'는 국내 스타트업의 글로벌 진출을 돕고자 인디고고 파일럿 프로그램을 국내에 진출시켜 모집한 바 있다.

이처럼 킥스타터나 인디고고의 성공 스토리 덕분인지, 이들 서비스와 유사한 성격의 사이트들이 국내외에서 많이 등장하였는데 자세히 모르긴 해도 크라우드 펀딩 사이트의 대표 주자인 킥스타터의 성공이 많은 창작인들의 의지를 불태우고 가정용 3D 프린터의 대중화처럼 대세가 될 조짐이 보이자 또 하나의 시대적 유행처럼 번지고 있는 것 같다. 우리나라에서도 크라우드 펀딩, 소셜 펀딩, 크라우드 소싱 등의 이름으로 다양한 사이트들이 우후죽순 생겨나고 있다.

국내에서는 텀블벅과 와디즈 등이 대표적인 크라우드 펀딩 사이트 중 하나로 주로 출판, 제품디자인, 공공예술, 음악, 미술, 보드게임 등 문화창작가를 위한 펀딩이 활발하게 운영되고 있다.

3. 소셜 상품 개발 플랫폼

Quirky(http://www.quirky.com/)

2009년도에 미국의 청년 사업가 벤 코프먼(Ben Kaufman)이 뉴욕에 설립한 퀴키(Quirky)라는 사이트가 대표적인 소셜 상품 개발 플랫폼으로 자리잡아가고 있었는데 퀴키는 크라우드 펀딩 사이트로 유명한 킥스타터나 인디고고처럼 좋은 아이디어를 가지고 있는 사람들이 자신의 프로젝트를 공개하고 제품을 제작하는 데 필요한 자금을 일반인들로부터 후원받는 방식이 아니라 다양하고 기발한 아이디어를 회원들로부터 온라인상에서 수집하여 최종 상품화할 수 있도록 시제품제작 단계에서부터 판매가격 책정, 마케팅, 유통, 수익분배 등에 이르기까지 모든 프로세스를 협업할 수 있는 합리적인 플랫폼이었던 것이다. 벤 코프먼은 18세 때 Mophie라고 하는 회사를 설립하였는데 이 회사는 아이폰용 배터리 케이스를 개발한 회사로 그 후 2009년 6월에 '누구라도 발명을 쉽게 하도록 하자(We Make Invention Accessible)'라는 모토로 20여명의 직원으로 퀴키를 설립하게 되었다고 한다. 아이디어가 있어도 실제로 상품화하고 세계 각지에 판매하려면 자금, 디자인, 마케팅, 엔지니어링, 제조공장, 프로모션, 물류, 판매, 유통채널 등의 지원을 필요로 한다.

퀴키에서 하나의 새로운 아이디어가 상품화 되기까지 다양한 형태로 참여하는 회원의 수는 평균적으로 1천 명 수준이라고 하는데 참여자의 수와 기여도에 따라 받는 수익분배금이 천차만별이라고 한다. 그래서 퀴키는 최종 제품 포장에 참여한 사람들의 이름을 넣어주고 그 제품에서 회원이 담당했던 역할을 알 수 있도록 표기까지 해주었다고 한다.

이처럼 퀴키는 회원들에게 물리적 보상의 많고 적음을 떠나 누군가의 아이디어가 자신들의 의견이 반영되어 제작되었다는 것에 커다란 보람을 느끼고 창의적 제품 개발에 참여했다는 자체로서도 큰 의미를 부여하던 온라인 제조 플랫폼이었던 것이다.

우리나라에서도 개인이나 중소기업들의 혁신적인 제품 개발을 지원하고 상생할 수 있는 제대로 된 플랫폼이 구축되길 희망해 본다.

■ 쿼키 Shop의 베스트셀러

그림 8-40 Desktop cord manager (할인 판매가 : $3.00)

그림 8-41 Pivot Power (판매가 : $29.99)

그림 8-42 Egg separator (할인 판매가 : $3.00)

그림 1-7 Earbud cord wrap (할인 판매가 : $1.00)

출처 : https://www.quirky.com/

'꿈의 공장' 쿼키, 파산 신청

이후 쿼키는 여러 벤처 캐피탈 회사로부터 1억 8500만 달러(약 2206억 6800만원)의 투자금을 유치할 정도로 승승장구하며 2014년도에 매출 1억 달러(약1192억원)를 달성하기도 했다. 하지만 아쉽게도 쿼키(Quirky)는 지난 2015년 9월 22일 자사 블로그를 통해 파산보호 신청을 알리면서 미국 연방파산법 챕터 11에 따른 파산 절차를 신청했다. 챕터 11 파산이란 일시적인 현금 흐름에 어려움이 있는 기업이나 기업체

를 운영하는 개인을 위한 절차를 말하는데 기업의 채무이행을 일시 중지시키고 자산매각을 통해 기업을 정상화시키는 절차로 '파산보호'라고도 하며 우리나라의 법정관리와 유사하다.

개인 크리에이터의 창의적인 아이디어를 발굴하여 제품화하여 히트를 치기도 했지만 결국 쿼키의 발목을 잡은 건 쿼키 운영진의 과도한 운영비용 지출과 실패한 제품들의 투자에 기인한 것이라고 볼 수 있다.

특히 냉장고 속에 들어 있는 달걀의 수량을 알려주는 '디지털 계란판'과 같은 제품은 쿼키의 수익성을 갉아먹은 대표적인 실패작이다.

Quirky EGG MINDER

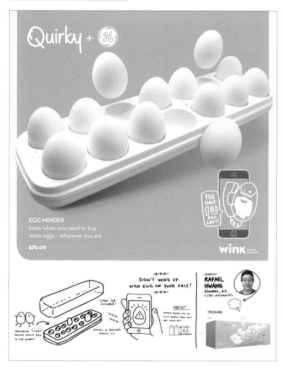

파산 이후 현재 뉴욕에 위치한 쿼키는 기존 실패를 교훈으로 삼아 새로운 비즈니스 모델을 보이고 부활을 꾀하고 있는데 전처럼 제품들을 한데 모아 직접 판매하지 않고 각 제품 테고리별로 독점계약기업에게 라이선싱을 통해 제조 판매할 수 있도록 하여 이들을 분산시켰다. 또한, "쿼키" 브랜드를 소비자에게 알릴 수 있도록 독점계약기업에게 제품을 고안한 커뮤니티명에 "Powered by Quirky"를 날인해 제품에 표시하도록 하거나 쿼키에서 네이밍한 제품 브랜드명을 해당 제품에 쓰도록 하고 있는데 라이선싱이 쿼키의 의도대로 추진될지 여부와 자체 제품 제작 및 판매를 포기함에 따른 매출 감소를 라이선싱 수익으로 대처 가능할지 여부가 향후 쿼키의 지속발전 가능성을 좌우하게 될 것으로 보인다.

인용 출처 : http://techneedle.com/archives/31995 [Yongkyoo Lee]

가까운 이웃나라 일본에도 CUUSOO(https://cuusoo.com/) 이라는 사이트가 2000년경 문을 열고 고객의 '소원을 이루어 주는 서비스' 즉 지금으로 치면 예약 판매 방식의 크라우드 펀딩 방식으로 소셜 매뉴팩처링 사업을 시작했다. 쿠수닷컴(CUUSOO.com) 창립자 니시야마 고헤이 대표가 제11회 세계지식포럼 리뷰에서 '앞으로 사용자들의 아이디어로 만들어진 제품이 팔리는 소셜 매뉴팩처링 시대가 올 것이다' 라고 말했다. CUUSOO는 크리에이터를 위해 사이트에서 6단계의 지원을 하고 있는데 잠깐 프로세스를 살펴보면 아래와 같았다. CUUSOO는 아이디어를 내는 크리에이터와 제품생산을 맡는 제조업체(브랜드), 그리고 참여자인 서포터들에게 참여할 수 있는 가이드를 제공하였다.

출처 : https://cuusoo.com/

당시만 해도 사용자 약 1만여명 이상이 아이디어를 등록했고 500여개 제조사들이 관심있는 아이디어에 참여해 제품을 만들어 냈다.

첫번째 제품은 아주 독특한 디자인을 한 탁상용 컴퓨터였는데 일반 컴퓨터에 비해 가격이 2배 가량이나 비쌌지만 당시 불타나게 팔려 나갔다고 한다. 이후 2002년에 휴대용 전등을, 2003년에는 1인용 소파가 히트를 했다. 무지(MUJI)에서 생산한 이 제품은 연평균 1,400만 달러의 매출을 올리기도 했다.

❶ 아이디어 등록 게시

개인이 만들고 싶은 구체적인 아이디어를 CUUSOO에 게시하고 사이트의 가이드라인에 따라 등록하고 설명을 한다. 이때 샘플이 있는 경우에는 사진을 찍어 올려 아이디어를 다른 CUUSOO 사용자들과 공유한다.

❷ 아이디어의 공유와 서포터

내가 게시한 아이디어를 공유하고 CUUSOO 블로그 및 트위터를 통해 프로젝트를 소개하고 회원들에게 전달하여 투표를 진행하고 모인 투표수에 따라 CUUSOO가 적극적으로 제품화를 지원한다.

❸ 아이디어 실현 검토

1000명의 팬들이 모이면 제품화 할 수 있는 업체를 찾는 등 CUUSOO에서 이 아이디어의 실현을 검토하게 된다.

❹ 크라우드 펀딩을 통한 예약 판매

CUUSOO는 개인이 등록한 아이디어를 실현할 수 있는 기업을 발굴하고 제품 생산을 위해 예약 판매에 의한 사전 크라우드 펀딩을 실시한다.

❺ 생산 및 배송

예약 판매 목표 수가 모이면 제조 업체는 생산에 필요한 자금을 확보하게 된다. 아이디어를 바탕으로 제작된 제품이 생산되는대로 업체에서 사용자에게 발송한다.

❻ CUUSOO 또는 다양한 채널에서 판매

일단 제품화에 성공한 제품은 제조업체의 희망에 따라 예약 판매 및 일반 판매를 계속 하게 되며 CUUSOO 또는 다양한 채널에서 유통도 가능하다.

아이디어를 상품으로 제작하여 유통하기까지 이 프로젝트에는 일반 사용자의 지지 댓글과 아이디어 개선을 위한 유용한 정보가 기록된다. 이 사이 CUUSOO는 아이디어의 제품화를 면밀하게 검토하고 공급자와 첫 회 생산 제품의 수량, 가격 그리고 필요시 브랜드 파트너를 결정한다. 이 과정은 약 1~2개월 정도 소요되고 CUUSOO는 제품 판매가격의 30%를 시스템 사용료로 부과한다고 한다. 이렇게 해서 제작된 상품의 판매가 이루어지면 매출에서 수익금을 분배받는 구조였던 것이다.

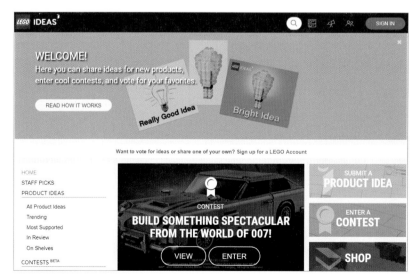

출처 : https://ideas.lego.com/#all

이후 2008년 11월 덴마크의 유명 기업 LEGO사와 Lego Cuusoo를 시작하면서 2014년까지 CUUSOO 및 LEGO®는 LEGO® CUUSOO 크라우드 소싱 플랫폼(Crowd sourcing Platform)을 운영하여 LEGO® Shinkai 6500, LEGO® HAYABUSA, LEGO®와 같은 LEGO®의 성공적인 제품 출시를 성공적으로 이끌었다.

2010년 CUUSOO 서비스를 종료하였으며 이후 Lego Cuusoo를 LEGO사에 매각하면서 현재는 Lego Ideas로 사명이 변경되었다. 자신의 창작품을 레고 아이디어를 생성하여 등록하고 그 아이디어가 1만명 이상의 지지를 받고 레고 본사의 심사를 통과하게 되면 레고 상품화가 되는 방식이다.

한편 국내에도 크라우드 펀딩을 활용한 개인 및 스타트업들의 다양한 제품 제작 시도가 활발하게 실시되고 있으며 현재 텀블벅(https://tumblbug.com/), 와디즈(https://www.wadiz.kr/), 카카오메이커스 (https://makers.kakao.com/) 등의 크라우드 펀딩 사이트들이 있다.

2017년 텀블벅에서는 2,275개의 프로젝트가 자금 조달에 성공하였으며 445,040명의 후원자가 147억원을 후원하였다고 한다. (관련 내용 출처 https://year.tumblbug.com/2017/)

다음은 필자가 텀블벅에서 작년 봄에 실시했던 피젯스피너 크라우드 펀딩 프로젝트로 많은 후원자를 모집하지 못했지만 약 550만원이 넘는 금액을 모금하여 프로젝트가 성공적으로 진행된 경험이 있는데, 지금도 자꾸 새로운 아이디어를 머릿 속에 그리고 사람들에게 관심을 이끌만한 프로젝트를 구상 중에 있다.

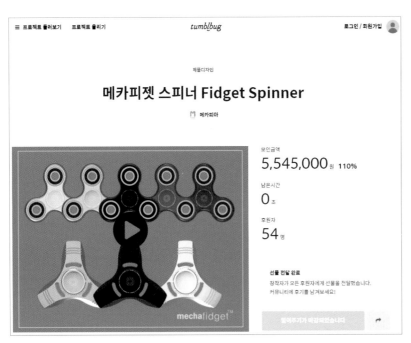

출처 : https://tumblbug.com/fidget

다음은 카카오메이커스에서 3D 프린팅으로 제작하여 판매한 아트토이 사례로 공감과 힐링을 전하는 스토리로 사랑을 받은 책 1cm 시리즈 속의 곰군, 백곰양 캐릭터를 아트토이로 제작한 것이다.

다음은 텀블벅에서 3D 프린팅으로 만든 네버랜드 식물키트, 세 번째 에디션으로 큰 금액을 모금하지는 못했지만 목표 금액을 초과달성하였다.

다음은 네이버의 공감펀딩인 해피빈에서 시각장애인과 일반인 모두를 위한 손으로 만지는 시계 프로젝트의 성공 사례인 '브래들리타임피스'라는 시계의 펀딩 성공 사례이다. 당시 펀딩 목표 금액을 1천만원으로 등록했는데 최종적으로 9천2백만원 넘는 금액을 달성하였다.

2012년 김형수 대표가 출시한 브래들리 타임피스는 킥스타터에서 약 60만달러를 모금하며 성공적으로 펀딩한 바 있으며, 현재는 전 세계 18개국 이상에서 팔리고 있는 스토리가 있는 시계로 2014년 그래미 어워드 시상식에서 유명한 시각장애인 가수 '스티비원더'가 차고 나왔던 시계로도 유명하다.

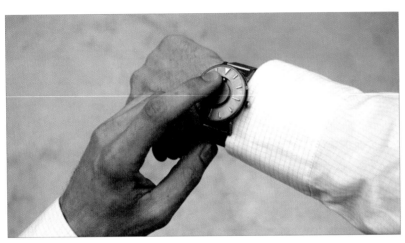

출처 : https://happybean.naver.com/crowdFunding/Intro/H000000133520

이 책을 읽는 독자 여러분들도 자신만의 아이디어가 있다면 한번 관심을 가지고 크라우드 펀딩에 꼭 한번 도전해보길 희망한다.

3D 프린팅 기술의 발전 방향

이처럼 3D 프린팅 기술의 발전은 제조업 프로세스의 혁신을 가져오고 기존 대비 생산제품의 다양화 뿐만 아니라 소자본 창업의 활성화와 더불어 관련 디자인 콘텐츠 시장이 더욱 확대될 것으로 예상한다.

3D 프린팅 산업은 독자적으로 발전할 수 없는 산업적인 특성을 가지고 있는데 크게 아래 4가지 분야와의 융합으로 점점 발전할 것으로 전망된다.

① 3D 프린터 분야

3D 프린터를 제조하는 기업은 다양하지만 향후 3D 프린터는 사용하는 용도나 분야(제조, 교육 등)에 따라 그 기능이 더욱 세분화되고 시장의 요구에 따른 제품을 맞춤 개발함으로써 하드웨어 시장은 세분화될 것으로 전망된다.

② 렌탈 서비스 및 소재 판매 분야

2D 프린터와 마찬가지로 앞으로 3D 프린터는 렌탈 비즈니스가 더욱 활성화될 것으로 판단되며 고객은 필요한 시기에 적절한 장비를 선택하고 사용하는 기간에 다른 과금만 지불하면 될 것이다. 임대 업자는 고객에게 소재를 지속적으로 공급해주고 장비를 관리해주며 새로운 장비로 교체하여 수익을 창출해 나갈 수 있을 것으로 예상된다. 특히 3D 프린터의 보급과 활용이 늘어날수록 소비시키는 소재나 소모품의 수요와 공급도 마찬가지로 증가할 수 밖에 없을 것이며 이런 고객의 니즈를 충족시킬 수 있는 기업들에게는 미래의 수익원이 될 수도 있다고 보며 얼마나 많은 고정 거래처를 확보할 수 있느냐 하는 것이 관건이 될 것이다.

③ S/W 및 교육 분야

안타깝게도 소프트웨어 분야는 우리의 독자적인 기술이 많이 뒤처진 분야 중의 하나로 3D 프린팅 디자인에 최적화된 소프트웨어는 3D 프린팅 산업을 더욱 발전시켜나갈 수 있는 중추적인 역할을 수반할 수 있는 분야라고 할 수 있다. 또한 관련 소프트웨어의 교육에 대한 수요가 더욱 커질 것으로 예상되며 지금도 이러한 전문 소프트웨어를 잘 다루는 인력들이 필요한 실정이다.

④ 디자인 콘텐츠 분야

소프트웨어를 활용하여 개인 디자이너나 소규모 기업에서도 다양한 디자인 콘텐츠를 개발하여 웹이나 앱상의 온라인 플랫폼에 등록하고 유료로 공개하여 내가 만든 독창적인 디자인 콘텐츠를 사용하는 전 세계의 모든 이용자로부터 저작권 사용료를 받아 수익을 창출할 수 있는 분야이다.

앞으로는 각 분야별로 전문화되고 세분화된 디자인 콘텐츠 관련 플랫폼들이 등장하기 시작할 것으로 예상되며 이러한 플랫폼의 발전과 더불어 3D 프린팅 관련 산업에도 영향을 미칠 것이다.

◆ 이 책을 만드신 선생님 ◆

지은이 **노수황** mechapia_com@naver.com

평택기계공업고등학교 기계과

경기과학기술대학교 기계자동화공학과 공학사

아주대학교 경영대학원 MBA 석사

현) 주식회사 메카피아 대표이사

현) NAVER 카페 '메카피아' 매니저

현) 사단법인 3D 프린팅산업협회 수도권지회 부회장

현) 유한대학교 I·M융합산업협의회 디자인 콘텐츠 분과위원장

2015 대한민국 소상공인대회 국무총리 표창

2015 3D 프린터용 제품제작 NCS 및 활용패키지 개발위원

2016 NCS 기업활용 컨설팅 전문가 인증(재직자훈련분야)

2016 NCS 개발·개선 퍼실리테이터 인증

2017 3D 프린팅 디자인 NCS 및 활용패키지 개발위원

2017 Smart HRD 콘텐츠 동영상강의 개발 및 집필위원

2018 (사)3D 프린팅산업협회 표창

[주요 저서]

3D 프린터실무활용가이드북

초보자를 위한 3D 프린터 첫걸음

Autodesk Fusion 360 3D 모델링 & 3D 프린팅:입문편

AUTODESK FUSION 360과 3D 프린팅 실전 활용서:실전편

Autodesk 정식한글버전 틴커캐드(TINKERCAD V2)+3D 모델링 & 3D 프린팅

Meshmixer 베이직 3D프린터용 제품제작 활용서

기계설계도표편람 제6판(전면개정판)

철강 및 비철금속재료 규격편람

솔리드웍스 201X~2018 사용자를 위한 Solidworks 2018 Basic for Engineer & 3D프린팅

전산응용기계제도(CAD)실기 기능사·산업기사·기사 과제 도면 예제집

전산응용기계제도(CAD) 2D & 3D 실기 퍼펙트 가이드(2017):전산응용기계제도기능사 작업형 실기

창의 메이커스 교육 & 3D 프린팅 활용을 위한 오토데스크 123D Design과 3D 모델링 입문 활용서

Inventor 2012-2018 사용자를 위한 인벤터 3D 설계 가이드북

틴커캐드 3D 모델링과 아두이노 & 3D 프린팅 활용 가이드북

NCS 기반 3D프린터운용기능사 필기 핵심이론 및 문제집 외 다수

- 弁理士 小玉秀男, [3Dプリンターの発明経緯とその後の苦戦] 快友国際特許事務所(2014)
- 테크노공학기술연구소, [재미있는 3D 프린터와 3D스캐너의 세계] 엔지니어북스(2015)
- 노수황, [개정판, 3D 프린터 실무활용 가이드북] 메카피아(2016)
- 노수황, 이원모, [초보자를 위한 3D 프린터 첫걸음] 대광서림(2016)
- KCL, 3D 프린팅(AM)장비 · 소재 · 출력물 품질평가 가이드라인(안)
- 노수황, [개정판, 3D 프린팅 & 모델링 활용 입문서] 메카피아(2017)
- 노모토 겐이치, [최신 개정판, 중고급 프라모델러를 위한 테크닉가이드] (주)에이케이커뮤니케이션즈(2017)
- 김남훈, [차세대 제조 혁명 이끌 '꿈의 기술' DfAM에 주목하라], 세상을 잇(IT)는 이야기 삼성뉴스룸(2018)
- 양원호 [3D 프린팅 유해물질이 건강에 미치는 영향] 대구가톨릭대학교 산업보건학과(2018)
- [2017 3D 프린팅 산업 실태 및 동향 조사] 과학기술정보통신부, 정보통신산업진흥원
- 노수황, 권현진, [NCS 기반 3D프린터운용기능사 필기 핵심이론 및 문제집] 피앤피북(2018)
- 김호찬, [급속조형을 위한 데이터 변환 및 최적 지지대 자동 생성 시스템 개발] 부산대학교 대학원 생산기계공학과(1998)

[참고 국내외 웹 사이트]

www.reprap.org

www.3dsystems.com

www.fab365.net

www.3dizingof.com

http://enablingthefuture.org/

www.3dcubicon.com

https://www.xyzprinting.com/

https://bigrep.com/

https://www.faro.com/ko-kr/

www.stratasys.com

www.all3dp.com

www.thingiverse.com

http://ccl.cckorea.org

www.sindoh.com

https://kr.dmgmori.com/

https://ultimaker.com/

https://colorfabb.com/

memo